Christoph v. Mettenheim

ALBERT EINSTEIN
oder
Der Irrtum eines Jahrhunderts

2. Auflage

ALBERT EINSTEIN

oder

Der Irrtum eines Jahrhunderts

2. Auflage

von

Christoph v. Mettenheim

© 2009 Christoph v. Mettenheim
2. Auflage 2012
Satz, Umschlaggestaltung, Herstellung und Verlag:
BoD – Books on Demand

ISBN: 978-3-8448-2367-7

›Unanfechtbare Wahrheiten gibt es überhaupt nicht,
und wenn es welche gibt, so sind sie langweilig.‹
THEODOR FONTANE

›Es ist nicht genug, sich an ein würdiges und bedeutendes
Problem zu machen, die Kunst ist, es würdig zu behandeln.‹
GALILEO GALILEI

INHALT

> ›I therefore declare myself unambiguously in
> favour of a particle interpretation although I am
> in love with waves‹
>
> KARL POPPER

Im Jahr 2011 wurden bei Experimenten des CERN im Rahmen der multinationalen OPERA-Collaboration Überlichtgeschwindigkeiten von Neutrinos gemessen. Die Entfernung zwischen der Emissionsstation bei Genf und der Empfangsstation in Süditalien betrug 730 Kilometer. In mehr als 15000 Messungen fand man, daß die Teilchen schneller reisten als das Licht. Da das der Speziellen Relativitätstheorie widerspricht, berief das CERN eine Pressekonferenz ein und bezeichnete die Messungen als ›Anomalie‹[1]. Um etwaige Fehlerquellen zu auszuschließen, änderte man die experimentelle Anordnung und wiederholte die Experimente. Neue Messungen ergaben zunächst wieder Überlichtgeschwindigkeiten[2]. Auch damit gab man sich nicht zufrieden. Im März 2012 wurden dann schließlich doch Geschwindigkeiten unterhalb der Lichtgeschwindigkeit gemessen[3]. Die Auswertung der Ergebnisse ist noch nicht abgeschlossen. Was bedeuten sie für dieses Buch?

I

Aus wissenschaftstheoretischer Sicht sind zwei Aspekte wichtig. Der Fall zeigt zunächst, daß die Spezielle Relativitätstheorie *die Forschung aktiv behindert.*

Hätten die Neutrino-Messungen von Anfang an Unterlichtgeschwindig-

---

1   CERN, Pressemitteilung vom 23. September 2011.
2   CERN, ergänzende Pressemitteilung vom 18. November 2011.
3   CERN, Update vom 16. März 2012.

keit ergeben, dann hätten sie kein gesteigertes Aufsehen erregt, wären vermutlich auch nicht fortgesetzt worden. Das weltweite Staunen galt allein dem Konflikt mit der Speziellen Relativitätstheorie, und die Fortsetzung der Messungen diente weniger der Ergebniskontrolle als der Beseitigung des Konflikts.

In einer empirischen Wissenschaft hätte das anders laufen müssen. Wenn Überlichtgeschwindigkeiten vielleicht doch möglich sind, wäre das eine aufregende Entdeckung. Man male sich nur die Folgen aus: Welche technischen Möglichkeiten könnten sich bieten, wenn Licht überholt werden kann! Ein ganzes Universum neuer physikalischer Anwendungen wäre denkbar und würde der Entdeckung harren. Eigentlich hätte jeder Physiker die Messungen des CERN begeistert begrüßen müssen. Er hätte hoffen müssen, sie in weiteren Messungen bestätigt zu sehen, vielleicht sogar selbst Partikeln zu entdecken, die noch schneller sind als Neutrinos.

Aber die theoretische Physikwissenschaft unserer Zeit sucht nicht nach empirischen Entdeckungen, ganz im Gegenteil. Sie glaubt fest an die Spezielle Relativitätstheorie, und sie will vor allem recht behalten! Deshalb macht sie die Lichtgeschwindigkeit zum Eisernen Vorhang der Wissenschaft. Er trennt erlaubte Forschung von unerlaubter und wird von Fachverlagen für theoretische Physik scharf bewacht. Überlichtgeschwindigkeiten dürfen nicht erforscht werden, denn sie widersprechen der Relativitätstheorie. Und Kritik an der Relativitätstheorie könnte Zweifel aufkommen lassen, womöglich sogar Diskussionen heraufbeschwören. Dazu soll es gar nicht erst kommen, deshalb wird sie nicht veröffentlicht. Daß man damit auch Einstein großes Unrecht tut, habe ich im Buch gezeigt. Sein größter Beitrag zur theoretischen Physik war so originell, daß er bis heute kaum verstanden wird.

II

Der andere wichtige Aspekt der Neutrino-Experimente des CERN betrifft die Theorie von Licht und Materie. Er zeigt, daß die Auseinandersetzung zwischen der Partikeltheorie und der Wellentheorie, die nach dem

Zweiten Weltkrieg zum Stillstand gekommen ist, dringend fortgesetzt und entschieden werden müßte.

Einstein hat seine Annahme, die Lichtgeschwindigkeit sei eine Grenzgeschwindigkeit, die nicht überschritten werden könne, nie *empirisch*, sondern immer nur *mathematisch* begründet. Sie war für ihn eine mathematische Konsequenz seiner Hypothese der Konstanz der Lichtgeschwindigkeit. Empirisch ließe sich die Annahme, daß die Lichtgeschwindigkeit nicht überschritten werden könne, allenfalls plausibel machen, wenn Licht aus Partikeln (Photonen) bestünde und diese wirklich die allerkleinsten, also schlechthin letzten Bausteine der Natur wären. In diesem Fall wäre es zwar nicht notwendig, aber immerhin plausibel, daß solche kleinsten Bausteine schneller sein könnten als alle anderen. Wenn dagegen Photonen nur die kleinsten Teilchen sind, die wir *wahrnehmen* können, dann schließt das nicht aus, daß jenseits dieser Wahrnehmbarkeitsgrenze noch sehr viel kleinere Bausteine existieren, die wir nicht einmal mittelbar als einzelne Teilchen, sondern immer nur als »Wolken« wahrnehmen können. Wenn es für solche Strukturen überhaupt eine geeignete Methode der Darstellung gibt, dann könnte jedenfalls nicht die Partikelthteorie, sondern nur eine Wellentheorie sie bieten. Und wenn wir versuchen, die Natur mithilfe einer solchen Theorie zu beschreiben, dann gibt es *aus empirischer Sicht* überhaupt keinen Grund, warum andere Wellen nicht schneller sein sollten als das Licht. Mit den bekannten Messungen der Lichtgeschwindigkeit hätte das nichts zu tun, denn selbst wenn Licht unabhängig vom Bewegungszustand der Lichtquelle immer dieselbe Geschwindigkeit hätte, könnten kürzere Wellen sich anders verhalten; längere, wie etwa Schallwellen, tun es ja auch.

Wer also aus empirischen Gründen annehmen will, die Lichtgeschwindigkeit könne nicht überschritten werden, der muß stillschweigend voraussetzen, daß der Mensch das Maß aller Dinge sei, und daß das, was wir nicht wahrnehmen können, deshalb auch nicht existiert. Ein wenig mehr Bescheidenheit würde dagegen zu der Erkenntnis führen, daß der Streit zwischen Partikeltheorie und Wellentheorie eigentlich auf der empirischen Ebene ausgetragen oder zumindest weitergeführt werden müßte.

Dieser Streit ist nämlich nie entschieden worden; das habe ich schon in ›Popper *versus* Einstein‹ und erneut in diesem Buch gezeigt.

Nach meiner Überzeugung sprechen die weitaus besseren Gründe für die Wellentheorie. Die Stunde der Wahrheit wird wohl kommen, wenn der Fusionsreaktor ITER, der zur Zeit mit Milliardenaufwand in Südfrankreich gebaut wird, in Betrieb gehen soll. Auch er setzt nämlich voraus, daß es Partikeln gibt, und zwar solche, die dem Gravitationsdruck auf der Sonne standhalten, in einem Fusionsprozeß aber verschmolzen werden können. Nur wenn es solche Partikeln gäbe, könnte es vertretbar erscheinen, den Unterschied der Gravitationsverhältnisse von Erde und Sonne zu vernachlässigen. Wenn dagegen die Fusionsprozesse auf der Sonne in Wirklichkeit Wellenerscheinungen sind, dann liegt die Annahme nahe, daß Unterschiede der Gravitationsverhältnisse auch die Struktur der Wellen beeinflussen. Wenn also die Wellentheorie richtig ist, muß ernsthaft befürchtet werden, daß die Verhältnisse, unter denen solche Fusionen stattfinden, zwar in einer atomaren Explosion kurzzeitig auftreten können, daß aber eine dauerhafte Simulation in einem kontrollierbaren Fusionsprozeß auf der Erde nie gelingen wird. Ich habe schon 2008 im Vorwort zur ersten Auflage dieses Buchs die Überzeugung geäußert, daß der Large Hadron Collider des CERN (LHC) niemals zur Energiegewinnung beitragen wird. Für den Fusionsreaktor ITER, dessen Bau damals gerade erst begonnen wurde, gilt nichts anderes.

III

Mit diesem Buch möchte ich auch dazu beitragen, daß Einstein Gerechtigkeit widerfährt. Es wäre nämlich unfair, ihn für den sturen Dogmatismus verantwortlich zu machen, der sich nach ihm in der theoretischen Physik ausbreiten konnte. Wer seinen Aufsatz ›Zur Elektrodynamik bewegter Körper‹ (1905) sorgfältig liest, kann jederzeit feststellen, daß er die Hypothese der Konstanz der Lichtgeschwindigkeit nie begründet, sondern immer nur vorausgesetzt hat. Er schrieb wörtlich:

„Wir setzen noch der Erfahrung gemäß fest, daß die Größe ... V eine universelle Konstante (die Lichtgeschwindigkeit im leeren Raume) sei.“

Er ›setzte‹ also ›fest‹, weil er auf die ›Erfahrung‹ vertraute. Auch in seinen erkenntnistheoretischen Vorträgen betonte er stets, daß die Erfahrung in der Physik unter allen Umständen oberster Richter sein muß.

Einsteins Fehler bestand darin, daß er die Hypothese der Konstanz der Lichtgeschwindigkeit unkritisch übernahm, vermutlich weil einer seiner Lehrer in Zürich sie gelehrt hatte. Er merkte nicht, daß die Widersprüchlichkeit seiner Speziellen Relativitätstheorie schon in dieser Hypothese angelegt ist, also in der Behauptung, die Lichtgeschwindigkeit sei unabhängig vom Bewegungszustand der Lichtquelle immer gleich. Auch die ›Erfahrung‹, auf die er diese Hypothese stützte, gab es zu seiner Zeit ebensowenig wie heute.

Deshalb sollte man aus dem Umstand, daß schon Einsteins erste Gleichungen in der Begründung seiner Speziellen Relativitätstheorie einen mathematischen Widerspruch enthalten, keine Schlußfolgerungen ziehen, die ihn *moralisch* disqualifizieren. Die logische Widersprüchlichkeit der Speziellen Relativitätstheorie drängt sich auf und ist oft genug kritisiert worden. Sie erklärt, warum die Theorie den meisten Menschen unverständlich erscheint und warum sie auf keinem Computer programmiert werden kann. Aber in hundert Jahren hat niemand bemerkt, daß Einsteins Gleichungen sogar einen mathematischen Widerspruch enthalten.

Bei dieser Sachlage ist die Annahme nicht unwahrscheinlich sondern im Gegenteil äußerst lebensnah, daß auch Einstein den Widerspruch in seinen mathematischen Formeln nicht bemerkt hat. Hätte er ihn bemerkt, dann wäre es ein selbstverständliches Gebot wissenschaftlicher Redlichkeit gewesen, auf ihn hinzuweisen und darzulegen, wie er aufzulösen sei, statt Generationen von Wissenschaftlern in die Irre zu führen. Einstein müßte also unredlich gehandelt haben, wenn er den Widerspruch bemerkt, aber trotzdem verschwiegen hätte. Das widerspräche seinem Charakter, wie er sich in der Literatur darstellt, und ich sehe dafür auch keine Anhaltspunkte.

IV

Dieses Buch lag in erster Fassung seit 2005 im Internet aus und war seit dem Frühjahr 2009 mit erweitertem Vorwort auch im Buchhandel erhältlich. In dieser zweiten Auflage, die als E-Book erscheint, habe ich sprachliche Verbesserungen vorgenommen und Ergänzungen angebracht. An keiner Stelle sah ich Veranlassung, eine Aussage inhaltlich zu berichtigen. Das Vorwort der ersten Auflage erschien mir allerdings schon bald nach der Drucklegung als überfrachtet. Deshalb habe ich es nunmehr in den Anhang 5 am Ende des Buchs verschoben. So kann jeder Leser auch meine damaligen Aussagen noch nachlesen und kritisch beurteilen.

Königsbach-Stein, im Mai 2012 *Christoph v. Mettenheim*

EINLEITUNG
BELLUM PHYSICUM

>›Nicht die Schranke, welche uns das Denken setzt,
>wollen wir niederwerfen, wohl aber die Schranke,
>welche uns die Sinne setzten.‹
>
> HEINRICH HERTZ

Physica est omnis divisa in partes tres – so könnte auch dieses Buch beginnen. Den einen Teil bewohnen die Experimentalphysiker, die von natürlicher menschlicher Neugier angespornt werden und sich von ihr zu immer neuen Fragen an die Natur gedrängt fühlen. Sie suchen die Antworten auf solche Fragen im Experiment, das über die Richtigkeit ihrer Spekulationen entscheidet. Den zweiten bewohnen die theoretischen Physiker, denen es vor allem um mathematische Gesetzmäßigkeiten und Zusammenhänge physikalischer Erscheinungen geht. Den dritten aber bewohnen die Philosophen, die sich darum bemühen, unser Verständnis der Natur mit den anderen Feldern unseres Denkens in Einklang zu bringen. Doch ihnen ist leider nur bescheidener Erfolg vergönnt, denn die Gräben zwischen den drei Lagern werden immer tiefer. Worin liegt die Ursache?

I

Experimentalphysik muß es schon in grauer Vorzeit gegeben haben. Jeder Steinwurf ist in gewisser Hinsicht auch ein physikalisches Experiment. Jemand versucht, ein Ziel zu treffen, indem er durch Abstimmung von Impuls und Richtung die voraussichtliche Flugbahn des Steins bestimmt. Ein Anderer versucht vielleicht, einen schweren Baumstamm zu bewegen, indem er einen Hebel ansetzt. Ein Dritter will durch Reibung von Hölzern ein Feuer anzünden. Solche Vorgänge hat es immer gegeben und es gibt sie auch heute noch. Ihre physikalische Bedeutung wird meist wenig beachtet, aber manchmal denken wir auch bewußt über sie nach, um Erfolge zu wiederholen, Mißerfolge zu vermeiden oder bessere Ergebnisse zu erzielen. Deshalb können wir als sicher ansehen, daß physikalische Experimente einfachster Art ausgeführt wurden, seit Menschen sich überhaupt über die Natur Gedanken machen. Und spätestens seit Menschen mit Wasser und Feuer umgehen, wurden solche Experimente schon aus natürlicher Neugier auch zielgerichtet eingesetzt.

Dieses zielgerichtete Einsetzen von Experimenten könnte als Anfang der Experimentalphysik gelten. Insofern läßt sich also mit guten Gründen die Ansicht vertreten, die Experimentalphysik sei so alt wie die Physik selbst. Eine besondere *theoretische* Physik, die sich als eine weitgehend autonome Wissenschaft versteht, trat dagegen in Europa erst im 19. Jahrhundert in Erscheinung und entwickelte sich auch dann nur allmählich. Ihre Entstehung ist deshalb nicht nur wissenschaftshistorisch interessant. Sie ist auch untrennbar mit dem Beginn der Industrialisierung verknüpft und dadurch zugleich Teil der europäischen Wirtschaftsgeschichte.

Technische Erfindungen haben schon immer den Fortschritt angeregt. Deshalb waren Erfinder zu allen Zeiten gern gesehen und wurden schon seit dem Ausgang des Mittelalters in vielen Staaten besonders geschützt. Bereits im 15. Jahrhundert gab es in der Republik Venedig erste Ansätze einer Patentgesetzgebung. Aber erst im ausgehenden 18. Jahrhundert fand der Schutz geistigen Eigentums mit seiner Verankerung in der Verfassung der Vereinigten Staaten und in frühen Gesetzen der französischen Revolutionsregierung allmählich weltweite Anerkennung. Immer öfter wurden nützliche Erfindungen auch zu Quellen persönlichen Wohlstandes. Besonders diese Entwicklung setzte enorme kreative Kräfte frei. Für das 19. Jahrhundert läßt sich ohne Übertreibung sagen, daß sie eine Art geistiger Goldgräberstimmung auslöste. Der Schwerpunkt des wirtschaftlichen Lebens, der früher von der Landwirtschaft und vom Handel bestimmt worden war, verlagerte sich zunehmend auf die gewerbliche Produktion, die immer mehr zur industriellen Produktion wurde, und der vielfältige Konkurrenzkampf der einzelnen mündete in einem erbitterten wirtschaftlichen Wettstreit ganzer Nationen. Auf dem europäischen Kontinent galt es vor allem, den technischen Vorsprung der englischen Industrie einzuholen, den James Watt mit der Erfindung der Dampfmaschine (1765) und Edmund Cartwright mit der des mechanischen Webstuhls (1785) eingeleitet hatten und den England eifersüchtig verteidigte.

Diese wirtschaftliche Entwicklung weckte einen nie dagewesenen Bedarf an Physikern und Ingenieuren. Man spürte, daß die Zukunft der Menschheit in der Technik lag. Immer mehr einzelne Menschen vertrauten ihr deshalb auch die eigene Zukunft an. Dem Bedarf an Physikern folgte der Bedarf an physikalischer Ausbildung. Er nahm im 19. Jahrhundert geradezu sprunghaft zu. Lehrstühle, an denen Physik nur als Theorie unterrichtet wurde, waren zunächst bloße Behelfslösungen, mit denen man sich notgedrungen abfand, weil die Hochschulen den Anforderungen anders nicht mehr genügen konnten. Hochschullehrer standen zwar zur Verfügung, auch begabte und interessierte Lehrer, die Wissen, Begeisterung und hohes Verständnis für physikalische Zusammenhänge mitbrachten. Hörsäle waren ebenfalls kein Problem. Doch an Laborplätzen für die Ausführung praktischer Experimente fehlte es allenthalben, denn sie hätten finanzielle Mittel vorausgesetzt. Und die waren knapp. So wollte man den jungen Physikern wenigstens eine theoretische Ausbildung zuteil werden lassen und ernannte Professoren, auch wenn kein Labor zur Verfügung stand. Mancher Ordinarius der Physik hat jahrelang gewartet, bis er endlich unter halbwegs erträglichen Bedingungen eigene Experimente ausführen konnte. Heinrich Hertz, der Entdecker der elektromagnetischen Wellen, war ein berühmtes Beispiel[4].

Aber der Markt folgt eigenen Gesetzen und auch der theoretische Physikunterricht entwickelte bald seine eigene Dynamik. Wer als Professor der Physik nicht über ein Laboratorium verfügen konnte, versuchte dem unbefriedigenden Zustand abzuhelfen, indem er umso mehr durch theoretische Veröffentlichungen auf sich aufmerksam machte, die ihm eine Berufung auf einen anderen, besser ausgestatteten Lehrstuhl verschaffen sollten. Und hervorragende Leistungen auf dem Gebiet der Theorie, zu de-

---

4   Vgl. dazu die Schilderung bei Albrecht Fölsing, ›Heinrich Hertz – Eine Biographie‹, Teil I–III.

nen die zunächst benachteiligten Professoren auf diese Weise angespornt wurden, zogen natürlicherweise solche Schüler besonders an, deren Neigungen von vornherein der Theorie mehr als der Praxis galten und die vielleicht auch rhetorisch besonders begabt waren, das Experimentieren aber lieber anderen überlassen wollten. Nicht selten wurden die fähigsten unter ihnen ihrerseits Hochschullehrer. Immer häufiger wurden sie von Ministerialbeamten ernannt, die selbst von dem Fachgebiet wenig verstanden und sich deshalb an Veröffentlichungen orientieren mußten, die sie oft noch weniger verstanden. Sie waren auf Gutachter angewiesen, die wiederum Physiker sein mußten, sofern sie qualifiziert sein sollten. So generierte die theoretische Physik sich selbst. Schon in der zweiten Hälfte des 19. Jahrhunderts kam es zur Einrichtung von Lehrstühlen, die *nur noch* der Theorie dienen sollten. Zu den ersten Physikern, die von Anfang an reine Theoretiker waren, zählte Max Planck[5].

Auf diese Weise konnte sich die theoretische Physik im Laufe des 19. Jahrhunderts allmählich als ein eigenständiger, von der Experimentalphysik weitgehend unabhängiger Wissenschaftszweig etablieren. Seitdem liegt ihre Heimat irgendwo im Niemandsland zwischen Physik, Mathematik und Philosophie. Diese drei Einzeldisziplinen verhalten sich zu ihr ähnlich wie die Feen im Märchen. Die Physik beschert ihr die subjektive Gewißheit des Erfahrungswissens. Die Mathematik schenkt dazu die objektive Sicherheit logischer Beweisführung. Und die Philosophie ist die böse Fee, die eigentlich nicht geladen war. Sie legt dem Kind die Frage in die Wiege, wie aus der subjektiven Gewißheit des Erfahrungswissens und den objektiven Regeln der Logik ein Wissen gewonnen werden kann, das zugleich sicher ist und doch über die Erfahrung hinausreicht; und als Beigabe gibt sie ihm außerdem noch das ewige Rätsel mit, wie menschliches Wissen überhaupt möglich sei.

Zugleich verlagerte aber auch die Entwicklung der Wissenschaft ihren Schwerpunkt. Während in der Physik des 19. Jahrhunderts zunächst

---

5   Schon vorher gab es in Leiden einen Lehrstuhl für theoretische Physik, den Hendrik Antoon Lorentz innehatte. Vgl. v. Maÿenn in: ›Die Großen Physiker‹, Bd. II, S. 87, 89; auch Albrecht Fölsing, ›Heinrich Hertz – Eine Biographie‹, S. 195.

18

noch experimentelle Entdeckungen, wie etwa elektrische Induktion, Polarisation des Lichts, Röntgenstrahlen, elektromagnetische Wellen oder Radioaktivität im Vordergrund standen, erregte die theoretische Physik etwa seit der Wende zum 20. Jahrhundert das größere Aufsehen. Die Quantentheorie, die Relativitätstheorie und die Rutherford-Bohrsche Theorie des planetarischen Atommodells, deren Anfänge sämtlich in einen Zeitraum von kaum fünfzehn Jahren fallen, haben das Weltbild des täglichen Lebens wenig berührt; das wissenschaftliche Weltbild der modernen Physik haben sie mehr verändert als alle anderen physikalischen Entdeckungen seit Kopernikus. Das Streben nach theoretischer Vereinheitlichung des bekannten Wissens wurde für die theoretische Physik wichtiger als die Entdeckung physikalischer Effekte.

Aber seit einigen Jahrzehnten befindet sich die theoretische Physik in einer Krise. Grundsätzliche Fortschritte der theoretischen Erkenntnis sind schon seit langem nicht mehr zu verzeichnen und in der Praxis gehen die wichtigsten Impulse des technischen Fortschritts von anderen Disziplinen aus[6]. Dennoch geht wenigstens scheinbar alles seinen gewohnten Gang. Man liest von Zeit zu Zeit von schwarzen Löchern oder von der Entdeckung neuer, noch kleinerer Bausteine der Materie, aber die eintönige Regelmäßigkeit solcher Meldungen hat längst bewirkt, daß die Öffentlichkeit von ihnen immer weniger Notiz nimmt, zumal die Verständlichkeit theoretisch-physikalischer Gedankengänge seit langem sehr gelitten hat. Trotzdem werden aber von gläubigen Politikern noch immer öffentliche Mittel in die theoretische Physik investiert, deren Größenordnung für gewöhnliche Menschen kaum noch vorstellbar ist[7]. Das wiederum hängt damit zusammen, daß auch die Politiker, die solche Mittel bewilligen müssen, den Gedanken der theoretischen Physik nicht mehr folgen können und auf Gutachten angewiesen sind, die nur von theoretischen

---

6   Das gilt beispielsweise für die Kernspaltung (dazu näher unten S. 99 ff.), die Entwicklung des Lasers, der Halbleitertechnik, der elektronischen Datenverarbeitung u.v.a.m.

7   Hier ist z. B. an die Großbeschleunigeranlagen zu denken, die ihre Existenz und den fortdauernden Betrieb in erster Linie der physikalischen Spekulation verdanken, es werde mit ihrer Hilfe eines Tages gelingen, die Kernfusion technisch nutzbar zu machen. Vgl. dazu Vorwort zur 1. Auflage (unten Anhang 5), S. 349 ff.

Physikern erstattet werden können, oder auf Fachzeitschriften, deren Redaktionen mit theoretischen Physikern besetzt sind. So generiert die theoretische Physik sich nicht nur selbst; sie kontrolliert sich auch selbst.

Nur die Ergebnisse bleiben leider aus. Die wichtigsten Grundfragen der Physik sind weiterhin unbeantwortet. Das gilt nicht nur für die kontrollierte Kernfusion, die lange in greifbarer Nähe zu sein schien, um die es aber inzwischen recht still geworden ist, nachdem sie Milliardensummen verschlungen hat und weiterhin verschlingt[8]. Es gilt ebenso für die Beziehungen von Licht" und Materie oder für die Ursache der Gravitation. Es gilt für alle wirklich großen theoretischen Probleme der Physik und der Astronomie, selbst für den Magnetismus und die Erdrotation. Seit Jahrzehnten werden nicht einmal neue Ansätze zu ihrer Lösung sichtbar. Sie gelten als so hoffnungslos, daß sich niemand ihrer überhaupt noch annehmen möchte. Laien ist kaum mehr bewußt, daß es solche Probleme überhaupt noch gibt, und selbst unter Physikern scheinen sie allmählich in Vergessenheit zu geraten, obwohl der gegenwärtige Stand der theoretischen Physik allein wegen der Komplexität der Fragen, die sie offenläßt, um ein Vielfaches hoffnungsloser ist, als etwa die ptolemäische Lehre zur Zeit des Kopernikus.

---

8   Nachdem ich dies geschrieben und das Buch im Internet veröffentlicht hatte (2005), wurde der Bau des Versuchsreaktors begonnen. Einzelheiten sind auf der ITER-Website nachzulesen. Derzeit rechnet man wohl mit Gesamtkosten von 13 Mrd. Euro. Auf der Website wird (zu Recht) auch darauf hingewiesen, daß es unmöglich ist, auf der Erde die gleichen Gravitationsverhältnisse zu schaffen wie auf der Sonne.

    Der Unterschied der Gravitationsverhältnisse kann unwichtig erscheinen, wenn man annimmt, daß die Materie sich aus Partikeln zusammensetzt. Davon geht das ITER-Experiment aus. Geht man dagegen von einer Wellentheorie der Materie aus, dann dürfte in den Druckverhältnissen bei atomaren Explosionen und denen in einem Versuchsreaktor ein entscheidender Unterschied liegen. Da auch die Druckverhältnisse bei atomaren Explosionen in einem Versuchsreaktor nicht simuliert werden können und ich die Partikeltheorie der Materie für falsch halte (vgl. dazu „Popper *versus* Einstein", dort Teil II, sowie unten Vorwort zur 1. Auflage, S. 354 ff.), rechne ich nicht damit, daß das ITER-Experiment gelingen wird.

20

II

Die dargestellte Entwicklung ist mit der europäischen Geistesgeschichte eng verwoben. Die eindrucksvollen Fortschritte der experimentellen Naturwissenschaften im 19. Jahrhundert waren ein spätes Produkt des selbständigen und kritischen Geistes der Aufklärung, den die großen Entdeckungen am Ausgang des Mittelalters geweckt hatten, allen voran die Entdeckung Amerikas im Jahr 1492 und die heliozentrische Theorie des Kopernikus, die um 1514 entstand. Diese Entdeckungen veränderten das Weltbild der Menschheit tiefgreifend und für immer. Sie eröffneten der menschlichen Phantasie im Himmel und auf Erden neue Räume von schier unendlichen Dimensionen, und die Buchdruckerkunst, die Johannes Gutenberg um 1455, also ebenfalls am Ausgang des Mittelalters, geschaffen hatte, gab dazu die Flügel, mit denen der Geist ungezählter Menschen diese weiten Räume frei bereisen konnte.

In der Geisteshaltung der Aufklärung, die mit dem Ende des Mittelalters allmählich einsetzte und im ausgehenden 17. Jahrhundert ihrem Höhepunkt zustrebte, begannen diese großartig erweiterten Perspektiven sich auszuwirken. Galileo Galilei (1564–1642), René Descartes (1596–1650), Christiaan Huygens (1629–1695) und Isaac Newton (1643–1727) gehörten zu den ersten Naturforschern, denen es gelang, die geistigen Fesseln des Mittelalters abzuschütteln, indem sie überlieferte Dogmen respektlos in Frage stellten und neue Gedanken unvoreingenommen prüften. Mit ihnen ergriff der freie, undogmatische und schöpferische Geist der Aufklärung von den neu entdeckten Welten Besitz, indem er sie mit neuen, phantasievollen Theorien bevölkerte, die sich dann am Prüfstein der Wirklichkeit bewähren mußten.

Seinen deutlichsten Ausdruck fand dieser Geist der Aufklärung wohl in den philosophischen Lehren und künstlerischen Anschauungen des 18. Jahrhunderts, die in Deutschland besonders Gotthold Ephraim Lessing (1729–1781) und Immanuel Kant (1724–1804) artikulierten. Aber seine größte Wirkung zeigte er vermutlich in den Leistungen der Naturwissenschaften des 18. und 19. Jahrhunderts. Die Gedanken der großen Vorläufer hatten nun weite Verbreitung gefunden und erzeugten eine

Aufbruchsstimmung, die viele mit sich riß. Neue Gedanken wurden begeistert aufgegriffen und mit größter Unbefangenheit vorurteilslos geprüft. Vorgeschriebene wissenschaftliche Methoden gab es nicht. Man grübelte über den Rätseln der Natur, spekulierte und experimentierte nach Herzenslust, und der Erfolg allein zählte.

Und der Erfolg gab dieser freien, undogmatischen und offenen Wissenschaft recht, besonders in der Physik. Die ganze Entwicklung der Elektrizitätslehre von Galvanis ersten Untersuchungen über tierische Elektrizität (1789) bis zu Faradays Entdeckung der elektrischen Induktion (1831) dauerte kaum mehr als vierzig Jahre. In diese Zeit fällt auch die Entdeckung der Lichtinterferenz und der Polarisation des Lichts. Und nachdem man einmal begriffen hatte, daß es hinter der Welt sichtbarer Erscheinungen noch eine andere Welt von unsichtbaren Erscheinungen gibt, die noch zu erobern war, überschlugen sich fast die Ereignisse. Kathodenstrahlen, Röntgenstrahlen, Radioaktivität und elektromagnetische Wellen, photoelektrischer Effekt und viele andere physikalische Wirkungen, die den menschlichen Sinneswahrnehmungen eigentlich von Natur aus verborgen sind, wurden trotzdem in einem Zeitraum von nur wenigen Jahrzehnten entdeckt. Am Ende des 19. Jahrhunderts war die Welt der Experimentalphysik sozusagen auf den Kopf gestellt und von Grund auf neu erschaffen.

Die praktische Anwendung folgte auf dem Fuße. Neben die großen Forscher und Entdecker wie Galvani, Young, Faraday, Ampère, Roentgen oder Hertz traten mit gleichem Recht und mindestens ebensolchem Selbstbewußtsein die großen technischen Erfinder wie Watt, Cartwright, Stephenson, Morse, Siemens, Edison oder Otto. Ihre bahnbrechenden Entwicklungen der Dampfmaschine, des mechanischen Webstuhls, der Lokomotive, des Telegraphen, des Dynamos, der Glühbirne oder des Benzinmotors, um nur einige der gigantischen Leistungen jener Zeit zu nennen, haben die Welt in wenigen Jahrzehnten in einem Maße verändert, das vorher in Jahrtausenden kein Beispiel findet. Das Weltbild und die wirtschaftliche Entwicklung des nachfolgenden 20. Jahrhunderts wurden von diesen Entdeckungen maßgeblich gestaltet.

III

Aber parallel zu dieser Entwicklung verlief in der Physik immer zugleich auch eine andere geistige Unterströmung, der es weniger leicht fiel, sich zu neuen Entdeckungen zu bekennen. Sie schielte auf das Urteil der Mitmenschen und konnte den Mut zum Experiment nicht recht aufbringen. Neugier ist immer auch Wagnis. Sie setzt die Bereitschaft voraus, sich zum eigenen Nichtwissen zu bekennen, notfalls auch Fehler zu begehen, womöglich sogar öffentlich, und diese Fehler sich und anderen einzugestehen. Das konnten nur starke Naturen verkraften. Andere befürchteten Ansehensverluste. Sie versuchten, dem Risiko des Irrtums zu entgehen, strebten nach Unfehlbarkeit und klammerten sich deshalb an die Sicherheit der Mathematik. Sie glaubten viel zu wissen, und hofften, alles wissen zu können.

Wer so dachte, wer Wissen über Kritikfähigkeit stellte, an Neuigkeiten nicht interessiert war und sich ein eigenes Urteil nicht zutraute, war leicht geneigt, sich von rhetorischer Brillanz mehr beeindrucken zu lassen als von wissenschaftlicher Schöpfungskraft, selbst wenn diese mit geistiger Disziplin einherging. Theoretiker waren dieser Gefahr naturgemäß in weit höherem Maße ausgesetzt als Experimentalphysiker, denen die Natur selbst die Grenzen ihres Wissens im Experiment immer wieder handgreiflich vor Augen führte. Das angelsächsische Vorbild bewirkte ein übriges, und so wurden die mathematischen Überlegungen des englischen Physikers James Clerk Maxwell (1831–1879) innerhalb der physikalischen Wissenschaft zur vermutlich meistbewunderten Lehre des ausgehenden 19. Jahrhunderts[9]. Am Ende des Jahrhunderts behielt diese Richtung die Oberhand. Das verstärkte die erwähnte Entwicklung, die den theoretisch interessierten, mathematisch und rhetorisch begabten, der experimentellen Praxis aber eher abgewandten Physiker zu lange und zu stark begünstigte.

---

9   Maxwells Hauptwerke, ›A Treatise on Electricity and Magnetism‹ (1873); ›Matter and Motion‹ (1877), enthalten wohl die umfassendsten Darstellungen der mathematisch-physikalischen Theorien seiner Zeit.

Die Auseinandersetzung zwischen den großen geistigen Strömungen, die damit angedeutet sind, ist das eigentliche Thema dieses Buchs. Sie ist vermutlich so alt wie die Wissenschaft selbst. Letztlich ist sie nichts anderes als der sichtbare Ausdruck eines grundsätzlichen Gegensatzes, der immer dort begegnet, wo Menschen versuchen, die Mittel ihres Verstandes auf die Welt anzuwenden, in der wir leben, um sie uns verständlich zu machen. Der ewige Kontrast zwischen Faust und seinem Famulus Wagner beschreibt in mancher Hinsicht auch den Unterschied zwischen Sokrates und Platon, oder zwischen Huygens und Newton, oder zwischen Faraday und Maxwell[10]. Er kennzeichnet den Konflikt zwischen kritischem und dogmatischem Denken, der keiner Wissenschaft erspart bleibt, weil jeder Wissenschaftler in jeder Generation diesen Konflikt immer aufs neue mit sich selbst austragen muß. Die einen gehen dabei mutig voran; sie widmen ihr Leben der Leidenschaft für die Wahrheit und riskieren für sie viel, manchmal sogar alles. Wenn sie scheitern, sind sie meist bald vergessen; wenn sie aber Erfolg haben und dieser Erfolg auch sichtbar geworden ist, eifern ihnen die anderen nach und verraten um des eigenen Erfolges willen gelegentlich auch ihre Vorbilder.

IV

Für den Bereich der Physik tritt der Konflikt zwischen dogmatischem und kritischem Denken in Einsteins Werken besonders deutlich hervor. Einstein verkörperte ihn nicht nur wie kein anderer Physiker in seiner eigenen Person; er verwirklichte ihn sogar in seinem eigenen Leben und in seinem Werk. Immer wieder wollten die beiden Seelen, die in seiner Brust wohnten, sich voneinander trennen. Licht und Schatten liegen in seinem Denken so dicht beieinander, daß die Grenze zwischen beiden

---

10 Zum Unterschied der Geisteshaltung bei Sokrates und Platon vgl. Karl Popper, ›Die Offene Gesellschaft und ihre Feinde‹, Band I, ›Der Zauber Platons‹, besonders Kapitel 10, Abschnitte V–VII. Was die Unterschiede bei Huygens und Newton, oder bei Faraday und Maxwell angeht, muß ich den Leser um Geduld bitten. Ich hoffe, daß sie im weiteren Verlauf des Buchs von selbst deutlich werden.

sich oft kaum nachzeichnen läßt. Deshalb bildet Einsteins Gedankenwelt gewissermaßen den äußeren Rahmen dieses Buchs. Seine physikalischen Theorien und seine wissenschaftstheoretischen Überlegungen waren ein Spiegel seiner Zeit, ihr Einfluß auf die heutige theoretische Physik ist immer noch unermeßlich.

Wir werden sehen, daß Einstein trotz der Ausnahmestellung, die ihm gewöhnlich zugestanden wird, in Wirklichkeit kein Sonderfall war; er war im Gegenteil sehr normal, vielleicht sogar allzu normal. Er verkörperte sozusagen den Idealtypus des philosophisch interessierten Wissenschaftlers seiner Zeit. Nur deshalb konnte er so mühelos das symbolisieren, was seine Zeitgenossen sich unter einem Genie vorstellten. Sein größtes Problem lag darin, daß diese Vorstellung selbst auf einem Widerspruch beruhte, den er als erster sichtbar machte, ohne ihn aber auflösen zu können. Er wollte zugleich empirischer Forscher sein und doch die Sicherheit der Mathematik auf seiner Seite haben. Das erklärt, warum er sich dort, wo er recht hatte, immer im Einklang mit den fortschrittlichsten Wissenschaftlern seiner Zeit befand. Und es erklärt zugleich, warum er dort, wo er irrte, regelmäßig eine geistige Überlieferung zum Ausdruck brachte, die weit älter und weit stärker war als die Voraussetzungen, von denen er selbst ausging. Sein Irrtum war fast immer Ausdruck einer Tradition, die viele Jahrhunderte übergreift und deren Einfluß sich keineswegs auf die theoretische Physik beschränkt, sondern die auch heute noch alle anderen Wissenschaften in gleicher Weise erfaßt. Es war sogar eher umgekehrt so, daß Einsteins unglückselige Pionierleistung darin bestand, eine starke geistige Tendenz, die sich in der Philosophie bis zu Aristoteles und Platon zurückverfolgen läßt, erstmals auf die Physik zu übertragen und in physikalische Theorien umzusetzen.

Auch darin war Einstein ein Kind seiner Zeit. Der gedankliche Ansatz, dem er folgte, beherrschte das ausgehende 19. Jahrhundert und betrifft mehr oder weniger die gesamte theoretische Physik des vergangenen 20. Jahrhunderts. Auch Max Planck stand unter seinem Einfluß. Dieser Ansatz schlägt sich nicht zuletzt auch in der Quantentheorie nieder, und zwar sowohl in Max Plancks ursprünglicher Theorie, von der alles ausging[11], als auch in den späteren Entwicklungen, die besonders von Niels Bohr und Werner Heisenberg beeinflußt wurden[12].

Fast noch interessanter als solche gedanklichen Entwicklungen ist aber der geistige Nährboden, auf dem sie gedeihen konnten. Auch insofern wirft Einsteins Werk die größten Fragen auf. Logische Fehler unterlaufen in jeder Wissenschaft; deshalb kommt es in jeder Wissenschaft darauf an, eine kritische Diskussion zu gewährleisten. Die logischen Fehler in Max Plancks Theorie, die wir im 6. Kapitel sehen werden, lassen sich zwar gut lokalisieren, waren aber durchaus nicht offensichtlich. Seine Probleme lagen eher in der verfehlten Fragestellung. Einsteins Fehler dagegen, die ich im 6. und 7. Kapitel darstellen werde, waren so eindeutig, daß sie eigentlich geradezu ins Auge springen mußten. Trotzdem waren auch sie im Grunde harmlose Fehler, die einem jungen Wissenschaftler durchaus einmal unterlaufen können. In einem intakten Wissenschaftsbetrieb hätte einer seiner Lehrer oder ein kritischer Leser ihn darauf aufmerksam machen müssen, daß er die Bedeutung seiner Begriffe durcheinanderbrachte und seine Ableitungen deshalb mathematisch nicht haltbar waren. Damit wäre die Sache erledigt gewesen.

Das größte Rätsel liegt also in der Frage, warum das nicht geschah. Gerade weil Einsteins Fehler sogar mathematisch *beweisbar* sind, und zwar mit ganz einfachen Mitteln[13], erscheint es fast unerklärlich, daß seine Gedanken trotzdem Physiker und Nichtphysiker seit bald hundert Jahren nahezu ausnahmslos überzeugen konnten. Warum haben nicht nur große Zeitgenossen im In- und Ausland, in erster Linie Max Planck, sondern nahezu alle Physiker, ja selbst der große Philosoph Karl Popper Einsteins inhaltliche Verschiebung der Quantenhypothese geduldet, ohne die Konsequenzen zu bedenken? Warum haben sie auch seine Re-

---

11 Max Planck, ›Zur Theorie des Gesetzes der Energieverteilung im Normalspectrum‹, Verhandlungen der Deutschen Physikalischen Gesellschaft, Bd. 17 (1900), unten (Anhang 4, S. 340 ff.).

12 Zu diesen Entwicklungen, insbesondere zur Entstehung der Kopenhagener Interpretation der Quantenmechanik vgl. besonders Werner Heisenberg, ›Erinnerungen an die Entwicklung der Atomphysik in den letzten 50 Jahren‹, in: ›Deutsche und Jüdische Physik‹, S. 187 ff.

13 Vgl. dazu Anhang 2 (S. 287) ›Einsteins Rechenfehler‹.

lativitätstheorie beinahe kritiklos hingenommen, ohne sich an dem ihr innewohnenden Widerspruch zu stoßen? Wie war es möglich, daß die Äthertheorie, die seit Huygens und Newton dreihundert Jahre lang den meisten Physikern als richtig gegolten hatte, fast widerstandslos zugunsten der neuen Theorie eines bis dahin völlig unbekannten ›Experten dritter Klasse‹ des schweizerischen Patentamtes fallengelassen wurde? Und das, obwohl diese neue Theorie so vieles unerklärt läßt, was die Äthertheorie noch erklären konnte? Wie konnte die neue Theorie sich durchsetzen, obwohl sie einen *mathematischen* Fehler enthält, der geradezu ins Auge springt, sobald man ihn einmal bemerkt hat? Wie konnte es geschehen, daß die Leistungen ganzer Generationen von Physikern achtlos beiseite geschoben wurden? Kann es sein, daß ausgerechnet Physiker ein gestörtes Verhältnis zur Logik haben? Oder daß sie kritiklos fremde Meinungen übernehmen, ohne sich selbst ein eigenes Urteil zu bilden?

Solche Fragen drängen sich auf. Mir erscheinen sie weit wichtiger als Einsteins Fehler, denn sie befassen sich nicht mit Symptomen, sondern führen zu den Ursachen eines Problems. Wenn meine Interpretation richtig ist, folgt ihre Beantwortung zum einen aus der Entwicklung der Erkenntnistheorie, die sich nur mühsam und sehr allmählich von den jahrtausendealten Traditionen und geistigen Fesseln der aristotelischen Schule befreien konnte, und zum anderen aus der besonderen historischen Situation, in der die Physik am Beginn des 20. Jahrhunderts stand und in der mehrere entscheidende Faktoren zusammenwirkten.

Der überwältigende Erfolg, den Einsteins spezielle Relativitätstheorie bei theoretischen Physikern erzielen konnte, ist jedenfalls weder mit ihrer Originalität noch mit ihrer Überzeugungskraft auch nur halbwegs plausibel zu erklären. Einstein war nie ein verkanntes Genie, das der Entdeckung harrte. Er wurde beinahe von dem Augenblick an akzeptiert, in dem er als junger Mann erstmals die Bühne der Wissenschaft betrat, und war schon wenige Jahre später weltberühmt. Diesen überaus leichten Sieg verdankte er aber nicht der Stärke seiner Theorien, sondern hauptsächlich einer besonderen historischen Konstellation. Er formulierte seine Gedanken zu einer Zeit, in der das Selbstverständnis vieler Physiker durch die umwälzenden Entwicklungen des 19. Jahrhunderts in eine tiefe Krise gestürzt worden war. Die Relativitätstheorie eröffnete ihnen scheinbar die Möglichkeit, diese existentielle Krise zu überwinden und die Physik wieder als eine ›exakte Wissenschaft‹ zu begreifen. Einsteins Theorien brachten also das zum Ausdruck, was viele Wissenschaftler unter seinen Zeitgenossen sich wünschten; sie dienten den Wünschen der Wissenschaftler weit besser als den Zielen der Wissenschaft.

Das bedeutet, daß die Zeit der Wende vom 19. zum 20. Jahrhundert in der Geschichte der Physik eine außerordentlich wichtige Weichenstellung markiert. In diesen Jahrzehnten trennte sich die theoretische Physik endgültig von der Experimentalphysik. Einige Wissenschaftler suchten weiter nach neuen physikalischen Erklärungen und Effekten. Sie ersannen neue und originelle Experimente und machten so wichtige Entdeckungen wie etwa die Halbleitertechnik oder den Laser, die die technische und wirtschaftliche Entwicklung des ausgehenden 20. Jahrhunderts in geradezu unvorstellbarem Maße beeinflussen sollten. Die anderen bemühten sich um die Darstellung und Vervollständigung des theoretischen Systems. Damit begann das ›Schisma der Physik‹[14], das seitdem den Graben zwischen der Physik und den anderen Wissenschaften immer weiter vertieft und auch innerhalb der Physik zu immer größeren Verständigungsschwierigkeiten geführt hat, die sich heute kaum noch überbrücken lassen.

Die auffällige Stagnation der theoretischen Physik in der zweiten Hälfte des 20. Jahrhunderts ist eine direkte Folge dieser fehlerhaften Weichenstellung vor gut hundert Jahren. Ihre Ursache liegt in einem mißverstandenen Wissenschaftsbild, das in der Quantentheorie und der Relativitätstheorie besonders deutlich zum Ausdruck kommt und in weiten anderen Bereichen der theoretischen Physik auch heute noch ganz unangefochten herrscht. Diese Zusammenhänge werde ich in den folgenden Kapiteln genauer erklären.

---

14 Den Ausdruck übernehme ich aus dem Titel von Karl Poppers Buch ›Die Quantentheorie und das Schisma der Physik‹, deutsche Übersetzung von: ›Quantum Theory and the Schism in Physics‹.

ERSTER HAUPTTEIL
EINSTEIN ALS PHILOSOPH

›Wenn er philosophiert, so wirft er gewöhnlich ein angenehmes Mondlicht über die Gegenstände, das im ganzen gefällt, aber nicht einen einzigen Gegenstand deutlich zeigt.‹

GEORG CHRISTOPH LICHTENBERG

Albert Einstein wurde am 14. März 1879 in Ulm geboren und starb am 18. April 1955 in Princeton. Fünfzig Jahre nach seinem Tode ist der Zauber seiner Persönlichkeit noch immer ungebrochen. Er galt als der größte Physiker seiner Zeit. Seine wissenschaftlichen Leistungen, die er schon in jungen Jahren vollbracht hatte, seine moralische Integrität, seine sympathische Erscheinung und die persönliche Bescheidenheit seines Auftretens machten ihn außerdem auch zum meistbewunderten Mann des 20. Jahrhunderts. Bis zum heutigen Tage verkörpert er sozusagen den Inbegriff eines Genies.

Die ungewöhnlichen Aussagen seiner Theorien über die Relativität der Zeit und die Krümmung des Raums entzogen sich zwar dem Verständnis der Menge. Gerade darum berührten sie aber deren Phantasie in einer Weise, die sich heute kaum noch vermitteln läßt. Aus den Vereinigten Staaten wurde einmal berichtet, schon die Ankündigung seines Besuchs sei geeignet, eine Art Massenhysterie auszulösen. Wo immer er erschien, wollten Menschen ihn sehen und erleben, möglichst sogar anfassen, und meistens entsprach sein Auftreten ihren Erwartungen. Er war auch äußerlich sichtbar ein Mann des Geistes und der tiefen Gedanken. Vorzugsweise zeigte er sich in nachlässiger Kleidung, mit wirrem Haar, der Pfeife in der Hand, aber meistens freundlich lächelnd und oft auch mit dem Geigenkasten unter dem Arm, der ihn auf Reisen stets begleitete. Seine Vorträge müssen den Anwesenden unvergeßliche Erlebnisse gewesen sein. Ausgehend von einfachsten allgemeinen Erkenntnissen, die jedem einleuchten mußten, führten sie in Tiefen der Probleme von Geist und Natur, die vor ihm niemand erreicht hatte, und auf Wegen, auf denen nur wenige ihm folgen konnten.

Einsteins Ruhm ist untrennbar mit der Relativitätstheorie verbunden, aber seine Bedeutung als Physiker erschöpft sich keineswegs in ihr. Den Nobelpreis des Jahres 1921 für Physik, der ihm 1922 verliehen wurde, erhielt er zwar für Leistungen auf dem Gebiet der theoretischen Physik, aber nicht ausdrücklich für die Relativitätstheorie, sondern für die Entdeckung der Quantennatur des Lichts, die er ebenfalls 1905 publiziert hatte. Seine Gedanken haben die gesamte theoretische Physik in geradezu umwälzender Weise verändert und üben auch heute noch einen Einfluß aus, dessen sich viele Physiker kaum bewußt sind. Die Urknallhypothese, die Theorie der ›schwarzen Löcher‹, selbst der Laser und die Entdeckung der Kernenergie werden mit seinen Theorien in Verbindung gebracht[15].

Weniger bekannt, in seiner Wirkung aber weit wichtiger als diese einzelnen Zusammenhänge ist dagegen Einsteins Einfluß auf die *Methode* der theoretischen Physik. Einstein hat unzählige Vorträge gehalten, von denen sich viele hauptsächlich mit Fragen der Erkenntnistheorie befaßten, und hat sie als Aufsätze veröffentlicht. Mit solchen Themen hat er nicht nur ein breites Publikum erreicht; er hat auch die Richtung, in der sich die theoretisch-physikalische Forschung bewegte, für Jahrzehnte entscheidend beeinflußt. Sein Werk hat also auch eine ausgeprägte philosophische Dimension, der dieser erste Teil des Buchs gewidmet ist.

I

Einsteins philosophische Überlegungen wurzelten in seiner Tätigkeit als theoretischer Physiker. Er war schon früh so berühmt, daß er sich dem öffentlichen Interesse an seiner Person kaum noch entziehen konnte. Über seine großen Reisen, die ihn um den ganzen Erdball führten, und über

---

15 Mit Ausnahme der Theorie der Schwarzen Löcher besteht der Zusammenhang m. E. in Wirklichkeit nicht. Das werde ich für die Entdeckung der Kernenergie im 3. Kapitel näher darlegen (dort S. 96 ff.). Zur Urknallhypothese vgl. v. Mettenheim, ›Popper *versus* Einstein‹ (1998), Kapitel 9.

jeden seiner Vorträge wurde in der Presse ausführlich berichtet. Außerdem pflegte er eine umfangreiche Korrespondenz mit Freunden und mit anderen Wissenschaftlern, aus der sich auch die Entstehung und Entwicklung seiner Gedanken gut rekonstruieren läßt. Daher ist sozusagen jeder seiner Schritte fast lückenlos dokumentiert.

Aber obwohl das so ist, gibt sein Lebenslauf den Biographen auch heute noch Rätsel auf. Denn die Schaffenskurve im Leben dieses berühmten Mannes verläuft in einer eigentümlichen Kadenz, fast als Umkehrung seines Ruhmes in der Öffentlichkeit. Seine erstaunlichsten Leistungen vollbrachte er in ganz jungen Jahren. Als er 1905 innerhalb eines Zeitraums von wenigen Monaten seine Abhandlungen zur Lichtquantenhypothese und zur Brownschen Bewegung veröffentlichte und in einem dritten Aufsatz *Zur Elektrodynamik bewegter Körper* die Grundlagen der Lehre legte, die später von anderen als *spezielle Relativitätstheorie* bezeichnet wurde, war er erst 26 Jahre alt und als ›Experte dritter Klasse‹ des Berner Patentamtes der Fachwelt gänzlich unbekannt[16]. Zur gleichen Zeit entwickelte er auch schon seine heute wohl berühmteste Formel, nämlich die Gleichung $e = mc^2$, die vielen immer noch als die Erklärung der Kernenergie gilt, obwohl diese erst mehr als dreißig Jahre danach wirklich entdeckt wurde[17]. Nur elf Jahre später (1916), allerdings nachdem seine spezielle Relativitätstheorie schon weithin Anerkennung gefunden hatte, veröffentlichte er dann den Aufsatz über *Die Grundlagen der Allgemeinen Relativitätstheorie*, der in der modernen Physik als die Überwindung der Newtonschen Gravitationstheorie gilt und in dem viele seine größte Leistung sehen[18]. Sein Weg zur Weltberühmtheit begann, als der englische Physiker und Astronom Arthur Eddington die von dieser Theorie vorhergesagte Krümmung der Lichtstrahlen im Gravitationsfeld der Sonne

---

16 Albert Einstein, ›Über einen die Erzeugung und Umwandlung des Lichts betreffenden heuristischen Standpunkt‹, S. 132 ff.; ›Über die von der molekulartheoretischen Theorie geforderte Bewegung von in ruhenden Flüssigkeiten suspendierten Teilchen‹, S. 549 ff.; ›Zur Elektrodynamik bewegter Körper‹, S. 891 ff. (hier Anhang 4, S. 309).

17 Albert Einstein, ›Ist die Trägheit eines Körpers von seinem Energieinhalt abhängig?‹, S. 639. Einstein benutzte dort noch eine andere Notation.

18 Albert Einstein, ›Die Grundlagen der Allgemeinen Relativitätstheorie‹, S. 769 ff.

in seinen Berichten über die englischen Sonnenfinsternisexpeditionen der Jahre 1919 und 1922 bestätigte[19].

Einsteins allgemeine Relativitätstheorie blieb jedoch im Grunde ein Torso. Sie enthielt mathematische Ansätze, ergab aber keine direkten Anwendungen und offenbarte auch kein einheitliches Prinzip, aus dem solche Anwendungen hätten abgleitet werden können. Während die spezielle Relativitätstheorie in der heutigen Physik kaum in Frage gestellt wird, ist die allgemeine Relativitätstheorie deshalb immer noch umstritten, besonders im Hinblick auf die konkret aus ihr zu ziehenden Schlußfolgerungen. Sie interessiert einige Theoretiker, ist aber für die Praxis der Physik bedeutungslos. Und mit ihr endet auch schon die Reihe der großen Theorien, die Einstein gestalten konnte. Neben allgemeinen und populärwissenschaftlichen Texten veröffentlichte er noch einige wichtige Gedanken zur Quantentheorie. Aber hauptsächlich verbrachte er die folgenden Jahrzehnte seines Lebens mit der Suche nach einer einheitlichen Feldtheorie, in der die Formeln des elektromagnetischen Feldes und des Gravitationsfeldes vereinigt werden sollten.

An diesem Problem scheiterte er. Zwar widmete er ihm noch viele Aufsätze; zeitweilig verging kaum ein Jahr, ohne daß er wieder einmal die ›endgültige‹ Lösung des Problems ankündigte oder sogar veröffentlichte[20]. Aber alle diese Ansätze verfielen entweder seiner eigenen Kritik oder der seiner Fachkollegen. Und die große Zahl fehlgeschlagener Versuche und voreiliger Veröffentlichungen bewirkte nur, daß sein Ansehen in der Fachwelt Schaden nahm und seine wissenschaftliche Kritik schließlich auch dort nichts mehr galt, wo sie vielleicht berechtigt war[21]. Das Problem der

---

19 Ob diese Bestätigung zutreffend war, ist fraglich. Stephen Hawking zufolge waren Eddingtons Meßergebnisse in Wirklichkeit gar nicht aussagekräftig, sondern wurden von ihm lediglich zugunsten der Relativitätstheorie interpretiert. Vgl. S. W. Hawking, ›A Brief History of Time‹ S. 102; auch Albrecht Fölsing, ›Albert Einstein – Eine Biographie‹, S. 492 ff.

20 Vgl. die Darstellung von Armin Hermann in: ›Die Großen Physiker‹ Bd. II, 245 f; auch Fölsing, a.a.O. (Fußn. 20), S. 779 ff.

21 Gemeint ist Einsteins berühmte Kritik an der besonders von Niels Bohr und Werner Heisenberg beeinflußten ›Kopenhagener Interpretation‹ der Quantenmechanik. Vgl. Einstein, Podolsky, Rosen ›Can Quantum-Mechanical Description of Physical Reality

einheitlichen Feldtheorie blieb jedenfalls ungelöst und in den fünfzig Jahren, die seit Einsteins Tod vergangen sind, hat trotz intensiver Bemühungen auch kein anderer Physiker es lösen können. Die Fortschritte der Wissenschaft, die in den frühen Jahren des 20. Jahrhunderts hauptsächlich von den spektakulären Gedanken der Quantentheorie und der Relativitätstheorie auszugehen schienen, haben sich seitdem allmählich wieder auf die Experimentalphysik zurückverlagert. Dort werden in vorsichtig tastenden Einzelschritten sozusagen ingenieurmäßige Ergebnisse erzielt, die manchmal auch mit bescheidenen neuen Einblicken in die großen Rätsel der Natur verbunden sind. Aber keinem Physiker ist es gelungen, die von Einstein erträumte einheitliche Theorie zu entdecken und die ›Weltformel‹ darzustellen, die mit einem Schlag und durch ein einziges Prinzip alle Ungereimtheiten des derzeit herrschenden Theorienwirrwarrs beseitigt. Die theoretische Physik tritt seit Jahrzehnten hauptsächlich auf der Stelle.

Das wäre vielleicht hinzunehmen, wenn wenigstens die Lösungen, die gefunden wurden, befriedigend wären, aber selbst das ist nicht der Fall. Vielmehr sind die wirklich großen Probleme der theoretischen Physik weiterhin offen. Sogar das Problem der Gravitation, das doch eigentlich als gelöst gelten müßte, wenn Einstein mit seiner allgemeinen Relativitätstheorie wirklich die Newtonsche Theorie überwunden hätte, gilt weiterhin als ungelöst, und zwar anerkanntermaßen! Wenigstens in diesem Punkt waren einige der berühmtesten Physiker des ausgehenden 20. Jahrhunderts einer Meinung. Richard Feynman, Leon Lederman, Stephen Hawking und viele andere waren der Ansicht, daß die Probleme der Gravitation noch immer offen sind, und daß auch Einsteins allgemeine Relativitätstheorie sie nicht lösen konnte[22].

Das ist für sich genommen schon erstaunlich genug. Immerhin sind

---

Be Considered Complete?‹; dazu Karl Popper, ›Die Quantentheorie und das Schisma der Physik‹, S. 169 ff., sowie zum Problem der Fernwirkung mein: ›Popper *versus* Einstein‹ S. 156 ff.

22 Vgl. Richard P. Feynman, ›QED – The Strange Theory of Light and Matter‹, Kap. 5; Leon Lederman, ›The God Particle‹, Kap. 3; Stephen Hawking, ›A Brief History of Time‹, Kap. 8.

mehr als drei Jahrhunderte vergangen, seit Newton in seinen *Philosophiae naturalis principia mathematica* (1687) die für alle praktischen Anwendungen auch heute noch anerkannten Gravitationsgesetze formulierte. Aber obwohl seine Theorie sich als Beschreibung glanzvoll bewährt, können wir die Gravitation noch immer nicht *erklären*[23]. Dazu müßten wir die Ursache und das Wirkungsprinzip der Anziehungskraft kennen, die ihr zugrunde liegen soll, und sie hatte auch Newton nicht entdecken können. Wenn es um die Erklärung der Gravitation geht, sind wir also mit unserem Latein restlos am Ende. Wir glauben so gerne, alles zu wissen, und unsere Beherrschung der Technik verführt uns fast täglich zu der Vorstellung, daß wir sogar alles können. Aber in Wahrheit wissen wir selbst dreihundert Jahre nach Newton nicht einmal, warum wir auf dieser Erde stehen, statt nach den Regeln seines ersten Bewegungsgesetzes von der Fliehkraft der Erdrotation tangential in den Weltraum befördert zu werden. Warum wird das Trägheitsgesetz, nach dem jeder Körper seinen Zustand der Ruhe oder der geradlinigen Bewegung beibehält, solange er nicht durch eine von außen auf ihn einwirkende Kraft eine Bewegungs- oder Richtungsänderung erfährt, ausgerechnet durch die Materie selbst wieder aufgehoben? Welches ist der Wirkungsmechanismus der mysteriösen Anziehungskraft, die ihr angeblich innewohnt? Warum wirkt diese Kraft noch in Lichtjahren der Entfernung und läßt sich im Unterschied zu allen anderen bekannten Kräften der Natur durch keine Abschirmung und kein Filter beeinflussen oder unterbrechen?

Newton selbst hatte das Problem noch klar gesehen und wußte, daß

---

23   Die im Text vorausgesetzte Unterscheidung zwischen *Beschreibungen* und *Erklärungen* ist wichtig. Ich werde mehrfach auf sie zurückkommen. Sie beruht auf der nominalistischen Definition, die ich in: ›Popper *versus* Einstein‹ (S. 103) vorgeschlagen habe. Danach sollten wir, wenn wir Zweideutigkeiten vermeiden wollen, den Ausdruck ›Erklärung‹ für solche Sachverhalte reservieren, in denen die im *explicans* enthaltene empirische Information über die im *explicandum* enthaltene Information hinausgeht, indem sie zusätzliche, *neue* Information in das bisherige Satzsystem einführt. Charakteristisch für jede Erklärung ist also die Erweiterung unserer Information. Wo hingegen eine bereits bekannte Information lediglich wiederholt oder generalisiert wird, sollten wir nicht von ›Erklärungen‹, sondern statt dessen von ›Beschreibungen‹ sprechen, weil dies dem gewöhnlichen Sprachgebrauch am nächsten kommt und deshalb der Klarheit der Sprache dient.

eine Anziehungskraft der Materie eine Fernwirkung physikalischer Kräfte ohne übertragendes Medium bedeuten würde. Zwei Ereignisse müßten einander beeinflussen, ohne daß es zwischen ihnen eine Verbindung gibt. Diese Annahme hielt er für so absurd, daß er sich gegen eine solche Auslegung seiner Theorie nachdrücklich verwahrte. An seinen Freund Bentley schrieb er[24]:

> »It is inconceivable, that inanimate brute matter, should, without the mediation of something else, which is not material, operate upon and affect other matter without mutual contact, as it must be, if gravitation, in the sense of Epicurus, be essential and inherent in it. And this is the reason why I desired you would not ascribe innate gravity to me. That gravity should be innate, inherent, and essential to matter, so that one body may act upon another at a distance through a vacuum, without the mediation of anything else, by and through which their action and force may be conveyed from one to another, is to me so great an absurdity, that I believe no man, who has in philosophical matters a competent faculty of thinking, can ever fall into it. Gravity must be caused by an agent acting constantly according to certain laws; but whether this agent be material or immaterial, I have left to the consideration of my readers.«

Dennoch beschrieb Newton die Gravitation als anziehende Kraft, ohne den darin liegenden Widerspruch aufzulösen[25]. Auch Michael Faraday empfand die Theorie einer Anziehungskraft der Materie als unbefriedigend[26]. Und keinem späteren Physiker ist es jemals gelungen, ihre Ursache zu ergründen. Ebensowenig ist es gelungen, die innerhalb des Atoms wirkenden Kräfte, die den Atomkern zusammenhalten und die Bahnen der Elektronen bestimmen, mit der außerhalb des Atoms wirkenden Schwerkraft auf einen gemeinsamen Nenner zu bringen. Das ›Graviton‹, in dem manche den Träger der Schwerkraft vermuten, hat zwar schon vor Jahrzehnten einen Namen erhalten, ist aber noch immer

---

24 Vgl. die Ausschnitte aus seinem Briefwechsel der Jahre 1692–1693 mit seinem Freund Bentley, zitiert in: ›Sir Isaac Newton's Mathematical Principles of Natural Philosophy and his System of the World‹, dort Anh. Bd. II, S. 633 f.
25 Vgl. Newton, a.a.O. Bd. II, Propositions I ff.
26 Vgl. Faradays Brief an Reverend Jones, abgedruckt bei: Peter Day, ›The Philosopher's Tree, A Selection of Michael Faraday's Writings‹, S. 104.

nicht entdeckt[27]. Ja, man wird sagen müssen, daß wir von einer Lösung des Problems der Gravitation weiter denn je entfernt sind, seit die Familie der Teilchen, die man im Atomkern vermutet, immer größer und größer wurde, und seitdem selbst einige dieser Teilchen von der theoretischen Physik in noch kleinere ›Quarks‹ zerlegt wurden, denen wiederum unterschiedliche Eigenschaften oder Zustände beigemessen werden.

Aber noch erstaunlicher als der Umstand, daß diese Fragen nach so langer Zeit immer noch offen sind, ist die Tatsache, daß Newtons Theorie in der theoretischen Physik trotzdem als überwunden gilt. Für eine Wissenschaft ist das ein höchst ungewöhnlicher Vorgang. Ich wüßte in der Geschichte der Naturwissenschaften kein zweites Beispiel, das ähnlich gelagert ist. Im allgemeinen werden wissenschaftliche Theorien, die sich bewährt haben, erst abgelehnt, nachdem sie durch bessere ersetzt werden konnten. Die Newtonsche Theorie dagegen gilt in der theoretischen Physik als überwunden, obwohl es in der ganzen Geschichte der Physik nie eine Theorie gegeben hat, die physikalische Vorgänge genauer beschreiben konnte, obwohl sie sich auch heute noch praktisch glänzend bewährt und obwohl anerkannt ist, daß die allgemeine Relativitätstheorie, durch die Newtons Theorie überwunden sein soll, die Gravitation *nicht* erklären kann. Wie konnte eine solche Situation entstehen? Wir stehen damit vor einem ideengeschichtlichen Problem erster Ordnung. Eine größere Herausforderung für die Wissenschaftstheorie ist kaum denkbar[28].

---

27 Vgl. z. B. Stephen Hawking, ›A Brief History of Time‹, S. 157 ff., der Gravitonen ganz selbstverständlich als Träger der Gravitationskraft bezeichnet. Man bemerke die Parallele zu Suche nach dem ›Higgs-Teilchen‹ (vgl. dazu Vorwort zur 1. Auflage, Anhang 5, S. 355f.).

28 Ich bin allerdings der Ansicht, das physikalische Problem der Gravitation gelöst zu haben, und zwar in: ›Popper *versus* Einstein‹ (1998), dort Teil II. Die wissenschaftstheoretische Problematik bleibt aber davon unberührt. Die von mir vorgeschlagene Lösung ist auch bisher keineswegs anerkannt. Deshalb setze ich sie im Text nicht voraus.

Was machen wir falsch? Warum treten wir seit über 300 Jahren auf der Stelle? Vielleicht kommen wir der Frage näher, wenn wir zu verstehen versuchen, woran Einstein gescheitert ist.

Moderne Biographen sehen den Grund für den Rückgang der schöpferischen Leistung in Einsteins späteren Lebensjahren in einem tiefgreifenden Wandel seiner Anschauungen. Während er als junger Forscher der Beobachtung und dem Experiment größte Bedeutung beigemessen habe, also auch der empirischen Forschung stark verpflichtet gewesen sei, habe er sich später in immer stärkerem Maße rein mathematischen Prinzipien zugewendet.

Albrecht Fölsing hat in seiner wichtigen Einstein-Biographie viel Mühe darauf verwendet, diesen Wandel anschaulich zu machen[29]. In groß angelegter Darstellung, die nicht nur Einsteins Werk und seine äußeren Lebensumstände schildert, sondern anhand sorgfältiger Recherchen auch seinen persönlichen Charakter gut sichtbar werden läßt, zitiert er als symptomatisch für Einsteins spätere Einstellung eine Passage aus der Herbert Spencer Lecture ›*On the Method of Theoretical Physics*‹, die Einstein 1933 in Oxford hielt. Einstein sagte dort, »daß die axiomatische Grundlage der Physik nicht aus der Erfahrung erschlossen, sondern frei erfunden werden muß«, und gab seiner Überzeugung Ausdruck, daß »durch rein mathematische Konstruktion … dem reinen Denken die Erfassung des Wirklichen möglich sei«. – Fölsing, selbst ausgebildeter Physiker, der über die Relativitätstheorie sonst immer nur mit rückhaltloser Bewunderung berichtet, steht Einstein hier ausnahmsweise kritisch gegenüber und sieht in dessen Beurteilung eine »maßlose Überschätzung des reinen Denkens in Fragen der Naturerkenntnis«. Er zeichnet in diesem Zusammenhang schon für die Jahre seit 1931 das Bild eines Mannes mit deutlich beeinträchtigtem Urteilsvermögen, der »außerhalb seines Fachs schwach, unentschieden und widerspruchsvoll« erschien und der auch innerhalb seines Fachgebiets die großen Entdeckungen seiner Zeit wenig beachtete,

---

29 Albrecht Fölsing, ›Albert Einstein – Eine Biographie‹, S. 761, 779, 780.

ja fast nicht zur Kenntnis nahm, weil er der Überzeugung war, daß sie »das Verstehen des Fundaments vorläufig nicht zu erleichtern scheinen«.

Man wird die Frage stellen müssen, inwieweit diese Interpretation richtig sein kann. Einstein war zu der Zeit, auf die sich die erwähnten Aussagen bezogen, noch nicht 55 Jahre alt. Er war körperlich gesund, trank keinen Alkohol, nahm auch keine sonstigen Drogen zu sich und zeigte weder damals noch später irgendwelche Anzeichen einer geistigen Erkrankung. Nach medizinischer Erfahrung hätte er also auf der Höhe seiner vollen geistigen Schaffenskraft, jedenfalls aber auf der seiner Urteilsfähigkeit stehen müssen. Wie konnte es also zu einem so frühen Verfall der geistigen Kräfte kommen? Gab es ihn wirklich? Oder waren es vielleicht doch nicht Einsteins Fähigkeiten, die nachgelassen hatten, sondern das Urteil der Fachwelt über ihn, das sich gewandelt hatte? Und wenn das so wäre: Wie steht es dann mit Einsteins früheren Leistungen, besonders mit der Relativitätstheorie? War sie wirklich das Werk eines Genies? War also Einstein sozusagen ein *Genie auf Zeit*? Oder war auch sie das Werk eines Mannes von eher begrenztem Urteilsvermögen?

Auf den ersten Blick scheinen solche Fragen hauptsächlich für Psychologen und Wissenschaftshistoriker von Interesse zu sein. Sie haben aber auch einen erkenntnistheoretischen Bezug, denn sie führen zu der weiteren Frage, wie es eigentlich sein kann, daß Einsteins Relativitätstheorie so vielen Physikern als unbedingt richtige, ja unanfechtbare und deshalb auch jeder Diskussion entzogene Wahrheit gilt, während selbst begabte Wissenschaftler anderer Disziplinen schon mit der speziellen Relativitätstheorie immer wieder vor größte Verständnisschwierigkeiten gestellt werden, von der ungleich komplizierteren allgemeinen Relativitätstheorie ganz zu schweigen. Ist etwa der Verstand von Physikern grundsätzlich anders beschaffen als der gewöhnlicher Menschen? Und wessen Urteil ist dann maßgebend? Ist Physik nur für die Physiker da? Oder geht sie jeden etwas an? Ist die Relativitätstheorie vielleicht nur in der Jugend des Menschen erlernbar?

Die ersten Jahrzehnte des 20. Jahrhunderts waren keine gute Epoche, um solche Fragen unvoreingenommen zu diskutieren. In Deutschland stand einer sachlichen Diskussion zunächst weniger der aufkommende

Antisemitismus, als vielmehr das gespannte Verhältnis zu den Kriegsgegnern und späteren Siegermächten des Ersten Weltkrieges im Wege. Welcher Deutsche hätte sich nach 1914 noch die Kritik des Franzosen Sagnac an einem Wissenschaftler zu eigen machen wollen, den Deutschland für sich reklamierte[30]. Welcher hätte ihn kritisiert, als auf ihm nach 1918 die ganze Hoffnung der deutschen Wissenschaft ruhte, aus der durch den verlorenen Krieg verursachten Isolierung wieder zu internationalem Ansehen zurückzufinden? Und wer hätte sich widersetzen mögen, als dieser ›deutsche‹ Wissenschaftler mit schweizerischem Pass nach Eddingtons Experiment (1919) durch die Anerkennung der britischen Royal Society dann wirklich zu Weltruhm gelangte? Einstein galt zu jener Zeit als der wichtigste Repräsentant der deutschen Wissenschaft schlechthin. In Deutschland wurde er als ›Kulturfaktor‹ angesehen; seine Person war Regierungssache geworden. Das war in der historischen Situation verständlich; einer sachlichen Diskussion diente es aber leider nicht.

Fünfzig Jahre nach Einsteins Tod und hundert Jahre nach der ersten Veröffentlichung seiner speziellen Relativitätstheorie sollte die Zeit gekommen sein, um alle derartigen Fragen offen zu stellen und Einsteins Theorie sowie die geistigen Grundlagen, von denen sie ausging, unvoreingenommen zu diskutieren. Es sollte auch die Zeit gekommen sein, um aus Immanuel Kants *Kritik der reinen Vernunft* die Lehre zu ziehen, daß selbst theoretische Physiker endlich ernsthaft darüber nachdenken müssen, was unser Verstand eigentlich leisten kann und was nicht.

Denn die eigentlichen Probleme der theoretischen Physik liegen nicht auf der Ebene der Mathematik. Die Fähigkeiten der theoretischen Physiker im Umgang mit mathematischen Formeln sind und waren unbezweifelbar. Ihre Schwierigkeiten ergaben sich erst daraus, daß so viele von ihnen lieber Philosophen sein wollten und ihrer Liebe zur Philosophie immer wieder sogar die Logik und die Mathematik zum Opfer brach-

---

30 Georges de Sagnac hat in seinen Abhandlungen ›L'éther lumineux, démontré par l'effet du vent relatif d'éther‹ und ›Sur la preuve de la réalité de l'éther lumineux‹ physikalische Experimente vorgestellt, die es ermöglichen, Einsteins Hypothese der Konstanz der Lichtgeschwindigkeit mit sehr einfachen Mitteln empirisch nachzuprüfen. Ich werde Sagnacs Experiment in Kap. 3, II, 4 (S. 92 ff.) näher erörtern.

ten[31]. Fast alle berühmten theoretischen Physiker des 20. Jahrhunderts haben sich besonders durch philosophische Arbeiten hervorgetan, und sie haben ihre Theorien leider allzuoft davon abhängig gemacht, ob wichtige philosophische Grundfragen in dem einen oder dem anderen Sinne zu entscheiden sind.

Aber obwohl das so war, hat die theoretische Physik sich nicht, oder jedenfalls nicht erkennbar bemüht, diese Grundfragen selbst zu beantworten. Sie hat nicht versucht, von den Fortschritten zu profitieren, die in anderen Wissenschaftszweigen, besonders in der Erkenntnistheorie mittlerweile erzielt werden konnten. Einige der größten Wissenschaftler des vergangenen Jahrhunderts, darunter Poincaré, Whitehead, Russell, Tarski, Gödel und Popper, hat sie weitgehend ignoriert. Von Kant ist zwar gelegentlich die Rede, aber sein vernunftkritischer Ansatz macht sich trotzdem nirgendwo bemerkbar. Darin liegt ein verhängnisvoller Fehler, denn auch Wissenschaftler anderer Fachrichtungen verdienen ernst genommen zu werden. Keine akademische Disziplin kann es sich leisten, wichtige Erkenntnisse anderer Disziplinen jahrhundertelang zu vernachlässigen.

Dieser Vorwurf trifft allerdings Einstein selbst vielleicht am wenigsten. Er hat sich jedenfalls immer bemüht, die philosophischen Gedanken seiner Zeit aufzunehmen. Über die Wissenschaftstheorie hat er sich viele Gedanken gemacht und diese auch mehrfach veröffentlicht. Sie können uns sowohl sein physikalisches Werk als auch manche Reaktionen seiner Zeitgenossen auf die neuen Theorien, die er vorschlug, besser verständlich machen. Die Darstellung dieser philosophischen Gedanken und ihre Diskussion sind aber nicht einfach, weil es entscheidend darauf ankommt, die Widersprüche sichtbar zu machen, die sie enthalten und die das Ergebnis stark beeinträchtigen.

In dieser Widersprüchlichkeit liegt Einsteins eigentliches Problem. Seine philosophischen und erkenntnistheoretischen Schriften sind nicht frei von populistischen Zügen. Sie nehmen mehr oder weniger jeden Gedanken,

---

31 Das gilt besonders für Niels Bohr. Vgl. z. B. zu seiner Theorie der Komplementarität mein: ›Popper *versus* Einstein‹ (1998), S. 161 ff.

40

der in seiner Zeit modern war, unkritisch auf und bieten dadurch auch jedem etwas, der solchen Gedanken anhängt. Aber auf die innere Konsistenz der Gedankenführung legen sie keinen besonderen Wert. Darum ist es niemals möglich, anhand einzelner Aussagen ›den ganzen Einstein‹ zu bestätigen oder zu widerlegen. Zu fast jeder Interpretation gibt es auch widersprechende Passagen, die genau das Gegenteil belegen. Eine reine Textexegese führt also kaum weiter. Vielmehr muß eine kritische Diskussion sich mit den gegensätzlichen geistigen Grundströmungen auseinandersetzen, die in seinen Gedanken zum Ausdruck kommen.

1. *KAPITEL:*
DER DRITTE WEG ZUR ERKENNTNIS

Was wissen wir und wie sicher ist unser Wissen? Was also können Menschen überhaupt wissen und worin besteht die Besonderheit des naturwissenschaftlichen Denkens, das nun schon seit so vielen Jahrhunderten den technischen Fortschritt begleitet und den Menschen das Leben erleichtert?

Solche Fragen gehören seit der Antike zu den Grundfragen der Erkenntnistheorie und sie sind bis heute im wesentlichen unverändert geblieben. So oder jedenfalls ähnlich müssen deshalb auch die Fragen gelautet haben, mit denen sich Einstein zu Beginn des 20. Jahrhunderts im Rahmen seiner philosophischen Überlegungen auseinandersetzen wollte. Bevor ich genauer auf seine persönlichen Vorstellungen eingehe, möchte ich zunächst versuchen, den geistesgeschichtlichen Hintergrund zu rekonstruieren, vor dem sie entstanden.

I

Aus der Geschichte der Philosophie sind zwei erkenntnistheoretische Denkansätze bekannt, die gewissermaßen als klassisch gelten können, nämlich der deduktive und der induktive Ansatz.

(*1*) Der *Deduktivist* ist davon überzeugt, daß unser Wissen über die Natur im Wege logischer Deduktion aus Obersätzen gewonnen wird, die wir als richtig erkannt haben und deshalb auf konkrete Sachverhalte anwenden. Nach seiner Vorstellung besteht also das Wissen der Naturwissenschaftler in der Kenntnis solcher Obersätze. Als Beispiel für dieses Wissen könnte das zweite Newtonsche Gesetz dienen, also die Aussage:

> Die Beschleunigung eines Körpers entspricht der auf ihn einwirkenden
> Kraft dividiert durch seine Masse.

Sie gibt die typische Beschreibung eines physikalischen Gesetzes wieder,
formuliert also naturwissenschaftliches Wissen. Und die Anwendung
dieses Wissens besteht nach der Behauptung des Deduktivisten darin,
daß dem abstrakten Obersatz die Beschreibung eines konkreten Sachverhalts in der Form von Untersätzen zugeordnet wird, aus denen sich
dann im Wege des Deduktionsschlusses die Beurteilung des Sachverhalts
ergibt. Im Beispielsfall würde man also für ›Kraft‹ und ›Masse‹ konkrete
Größen einsetzen, etwa die Leistung eines Motors und das Gewicht eines
Fahrzeugs, und daraus die Beschleunigung errechnen.

Für den Formalismus der Schlußfolgerung kann sich der Deduktivist
auf Regeln berufen, die allen Anforderungen der formalen Logik genügen.
Aber die Frage, wie der Obersatz gewonnen und wie seine Richtigkeit
gesichert werden kann, bringt ihn in Verlegenheit. Denn noch nie ist
es gelungen, auch die Begründung solcher Obersätze mit rein logischen
Mitteln darzutun. Der Deduktivist muß sich also, wenn er den Obersatz
begründen oder gar beweisen will, auf andere Quellen beziehen.

Aber welche Quellen könnten das sein? Der Hinweis auf Evidenz kann
kaum überzeugen, schon gar nicht bei komplizierten Zusammenhängen.
Auch wenn der Deduktivist auf geistige Überlegenheit verweist, die er für
sich in Anspruch nimmt, oder auch auf andere Autoritäten, vielleicht auf
wissenschaftliche Ausbildung oder göttliche Offenbarung, oder einfach
auf seine persönliche Intuition, beendet er damit die rationale Diskussion. Denn bessere Einsicht, Offenbarung, wissenschaftliche Ausbildung
oder Intuition könnten wenigstens theoretisch auch anderen zuteil geworden sein. Deshalb taugen sie nicht zur Entscheidung zwischen einander
widersprechenden Obersätzen.

Der Deduktivist benötigt also ein Kriterium, um zwischen widersprechenden Einsichten, Offenbarungen oder Intuitionen zu unterscheiden,
und dieses Kriterium liefert seine Theorie nicht. Die Beantwortung
der Frage nach der Richtigkeit des Obersatzes ist in ihr gewissermaßen
nicht mehr enthalten. Auch die Möglichkeit, die von einem Obersatz

abgeleiteten Aussagen mit den Mitteln der Logik zu kontrollieren, endet deshalb früh. Da von der Richtigkeit des Obersatzes alles weitere abhängt und dieser Obersatz nicht seinerseits logisch deduziert werden kann, stellt sich aus erkenntnistheoretischer Sicht sogar die Frage, was mit der deduktiven Theorie überhaupt gewonnen sein soll.

(2) Der *Induktivist* hat das alles längst erkannt und weiß es besser. Weil der deduktive Ansatz nicht weiterzuführen scheint, schließt er messerscharf, es müsse in Wirklichkeit alles ganz anders sein. Der Ausgangspunkt des menschlichen Wissens bestehe nicht in der Kenntnis abstrakter Obersätze, sondern liege vielmehr in der Erfahrung, die wir aus Beobachtungen gewinnen.

Der Induktivist behauptet deshalb, wissenschaftliche Erkenntnis gehe tatsächlich nicht von Obersätzen, sondern vielmehr von Beobachtungen aus, aus denen wir durch Verallgemeinerung wesentlicher Merkmale auf ein zugrundeliegendes Prinzip schließen, das uns dann wiederum befähige, unter gleichen Bedingungen auch künftige Ereignisse zu prognostizieren. Aus der Wiederholung gleichförmiger Ereignisse, so sagt er, folgern wir, daß ihnen eine Gesetzmäßigkeit zugrunde liegen muß. Um auf diese Weise zuverlässig gesichertes, sozusagen ›wissenschaftliches‹ Wissen zu gewinnen, benötige der Wissenschaftler deshalb, so behauptet der Induktivist, eine möglichst große Zahl besonders sorgfältiger Beobachtungen. Je breiter und sicherer die empirische Basis, desto zuverlässiger werde auch die auf sie gestützte Schlußfolgerung sein. Wissenschaftlichkeit ist aus dieser Sicht nicht zuletzt ein Lohn des Fleißes.

(3) Aber damit gerät auch der Induktivist in logische Schwierigkeiten, die im Grundsatz schon David Hume gezeigt hat[32]. Denn nach den strengen Regeln formaler Logik kann keine auf Erfahrung gestützte Aussage jemals eine Schlußfolgerung tragen, die über diese Erfahrung hinaus-

---

32 Vgl. David Hume, ›A Treatise of Human Nature‹, Buch I, Teil III, Abschn. VI. Dazu hat Karl Popper sich oft geäußert. Vgl. z. B. ›Objektive Erkenntnis‹, S. 15 ff., 100 ff.; auch: ›Die Quantentheorie und das Schisma der Physik‹.

reicht. Wenn also der Induktivist in tausend Fällen beobachtet, daß die Beschleunigung eines Körpers der auf ihn einwirkenden Kraft dividiert durch seine Masse entspricht, folgt daraus nach den Regeln der Logik oder der Mathematik immer noch nicht, daß dies im tausendersten Fall auch so sein wird. Denn sein aus der Beobachtung gewonnener Obersatz bezieht sich auf tausend Fälle, aber leider nicht auf tausendundein Fälle.

Und der Induktivist hat sogar noch größere logische Probleme, auf die vor allem Karl Popper in seiner *Logik der Forschung* hingewiesen hat[33]. Denn er muß behaupten, daß auch abstrakt gültige Prinzipien wie etwa die Aussage, daß die Beschleunigung eines Körpers der auf ihn einwirkenden Kraft dividiert durch seine Masse entspricht, durch induktives Schließen aus der beobachteten Erfahrung gewonnen werden können. Also muß er aus den Beobachtungen der Vergangenheit Folgerungen für die Zukunft ableiten, was bedeutet, daß er noch weiter gehen muß, um seine Induktionsthese zu stützen. Er muß nämlich behaupten, daß seine Regel immer gelten wird, also nicht nur in tausend oder in tausendundein Fällen, und auch nicht in Millionen oder Milliarden von Fällen, sondern schlechthin für alle Zeiten. Das bedeutet, daß die Größe der Klasse, für die die behauptete Regel eine Aussage enthält, unendlich sein muß, weil sie keinerlei Einschränkung duldet. Das Ergebnis der induktiven Schlußfolgerung soll ja nach der Behauptung des Induktivisten eine gesicherte Regel sein, auf die wir uns unter allen Umständen immer verlassen können.

Dann aber führen die Regeln der formalen Logik zu dem Ergebnis, daß selbst noch so viele Beobachtungen nicht einmal eine Wahrscheinlichkeit für die Richtigkeit dieser Regel begründen können, jedenfalls dann nicht, wenn es sich um eine mathematische Wahrscheinlichkeit handeln soll, die aus dem Verhältnis der beobachteten Fälle zu den noch erwarteten Fällen errechnet wird. Denn wenn es auf mathematische Verhältnisse ankommt, ergibt das Verhältnis von endlich zu unendlich nach den Regeln der Mathematik immer Null, mag die Zahl der beobachteten Fälle auch noch so

---

33 Karl Popper, ›Logik der Forschung‹; vgl. dort bes. ›Zwei Mitteilungen über Induktion und Abgrenzung‹; vgl. auch Karl Popper, ›Wissenschaft: Vermutungen und Widerlegungen‹ in: Karl Popper, ›Vermutungen und Widerlegungen‹, Bd. I, S. 47 ff., 59 ff.

groß sein. Die Gleichung $1 : \infty = 0$ ist mathematisch ebenso korrekt wie die Gleichung $10^{50} : \infty = 0$. Deshalb ändern selbst Billionen oder sogar Billionen von Billionen zuverlässiger Beobachtungen, also alle Beobachtungen, die Menschen jemals machen können, nichts an der Tatsache, daß die durch das zahlenmäßige Verhältnis der Beobachtungen zu den Erwartungen ausgedrückte Wahrscheinlichkeit immer Null sein muß.

II

Der Gegensatz von Deduktivismus und Induktivismus führt mitten in die Grundprobleme der Erkenntnistheorie. Unter Naturwissenschaftlern war der Induktivismus lange Zeit die vollkommen herrschende Auffassung. Wenn man nicht die Kraft der Argumente, sondern die Zahl der Anhänger ansieht, ist er es vermutlich selbst heute noch.

Aber gerade das zeigt, wie wenig die Erkenntnisse der Wissenschaftstheorie in anderen Disziplinen beachtet werden. Denn als Theorie der Erkenntnis ist der Induktivismus seit langem widerlegt, spätestens nämlich seit 1934, als Karl Popper seine *Logik der Forschung* veröffentlichte. Er ist logisch unhaltbar und tatsächlich falsch. Seine Ausgangsbehauptung, daß wir tatsächlich im täglichen Leben aus der Erfahrung auf das Bestehen von Gesetzmäßigkeiten der Natur schließen, entspricht nicht der Realität. Sie übersieht, daß schon die Beobachtung, die zur Erfahrung führt, nur möglich ist, wenn wir zuvor einen Blickwinkel festlegen, unter dem wir beobachten wollen. Beobachtung ist immer nur im Lichte einer Theorie möglich. Wir gehen also in Wirklichkeit nie von der Beobachtung, sondern immer zuerst von der Theorie aus.

»Without waiting for premises we jump to conclusions«,

hat Popper einmal formuliert[34]. Da seine Darstellung der Zusammenhänge

---

34 Karl Popper, ›Wissenschaft: Vermutungen und Widerlegungen‹ in: Karl Popper, ›Vermutungen und Widerlegungen‹, Bd. I, S. 47 ff. Das Zitat entstammt dem englischen Text: ›Conjectures and Refutations‹, S. 46.

besonders anschaulich ist und nennenswerte Gegenargumente bis heute nicht bekannt sind, sollte sie im Original gelesen werden. Deshalb will ich seine Gedanken hier nicht in allen Einzelheiten wiederholen. Das Thema wird uns ohnehin noch öfter beschäftigen. Ich zitiere vorläufig nur eine kurze Passage aus einem Vortrag, den er 1953 in Cambridge hielt, weil sie mir besonders überzeugend erscheint. Popper sagte damals[35]:

»Der Glaube, daß der Weg der Wissenschaft von der Beobachtung zur Theorie führt, ist auch heute noch so weitverbreitet und so fest, daß ich oft auf Unglauben stoße, wenn ich ihm entgegentrete. Ich bin sogar verdächtigt worden, unaufrichtig zu sein – zu leugnen, was kein vernünftiger Mensch bezweifeln kann.

Aber in Wirklichkeit ist der Glaube absurd, daß wir allein mit reinen Beobachtungen beginnen können, ohne irgendeine Form von Theorie. Wir können uns das anhand der Geschichte von dem Mann klarmachen, der sein Leben der Naturwissenschaft weihte, alles niederschrieb, was er nur beobachten konnte, und dann seine unschätzbare Sammlung von Aufzeichnungen der *Royal Society* vermachte, um als induktive Tatsachen verwendet zu werden. Diese Geschichte zeigt uns, daß es zwar nützlich sein kann, Käfer zu sammeln, aber nicht, Beobachtungen zu sammeln.

Vor fünfundzwanzig Jahren versuchte ich dasselbe einer Gruppe von Physikstudenten in Wien klarzumachen, indem ich meinen Vortrag mit den Anweisungen begann: ›Nehmen Sie Bleistift und Papier zur Hand, beobachten Sie sorgfältig, und schreiben Sie auf, was Sie beobachtet haben!‹. Natürlich wollten sie wissen, *was* sie beobachten sollten. Die Anweisung ›Beobachten Sie!‹ ist klarerweise absurd. (Sie entspricht nicht einmal dem Sprachgebrauch, es sei denn, daß das Objekt des transitiven Verbs sich von selbst versteht.) Beobachtung ohne Auswahl gibt es nicht. Ihre Voraussetzung ist ein bestimmtes Objekt, eine begrenzte Aufgabe, ein Interesse, ein Standpunkt, ein Problem.«

Soweit Karl Popper. In meinen Augen ist die Behauptung des Induktivismus, der Vorgang der wissenschaftlichen Erkenntnis der Natur bestehe tatsächlich darin, daß wir aus der Erfahrung den Schluß auf das Bestehen von Gesetzmäßigkeiten der Natur ziehen, schon mit diesem einfachen Argument widerlegt. Es hat noch nie eine stringente Theorie der logischen

---

35 Karl Popper, ›Wissenschaft: Vermutungen und Widerlegungen‹ in: ›Vermutungen und Widerlegungen‹, Bd. I, S. 66 f.; vgl. auch Karl Popper, ›Models, Instruments and Truth, The Status of the Rationality Principle in the Social Sciences‹, in: ›The Myth of the Framework‹, S. 154 ff., 155.

Induktion gegeben und es wird sie auch nie geben. Davon gehe ich im weiteren aus. Leser, die das nicht akzeptieren und sich mit der Frage näher auseinandersetzen möchten, muß ich auf Poppers eigene Werke verweisen, besonders auf seine *Logik der Forschung* und die Mehrzahl der Aufsätze in *Vermutungen und Widerlegungen*.

Zu Einsteins Zeit war der Induktivismus aber trotz aller Fragen, die er aufwirft, die unter Naturwissenschaftlern weithin akzeptierte Anschauung. Wie unangefochten er herrschte, zeigt die Tatsache, daß die Universität Wien im Jahr 1895 sogar einen Lehrstuhl für ›Philosophie, insbesondere Geschichte und Theorie der induktiven Wissenschaften‹ einrichtete, dessen erster Inhaber Ernst Mach wurde[36]. Das wäre wohl kaum geschehen, wenn man nicht als selbstverständlich vorausgesetzt hätte, daß die Naturwissenschaften induktive Wissenschaften sind. Einigen mehr sprachanalytisch ausgerichteten Mitgliedern des sogenannten ›Wiener Kreises‹ erschien der Induktivismus damals als so zweifelsfrei richtig, daß sie das Problem der Erkenntnistheorie überhaupt nicht mehr im ›ob‹, sondern nur noch im ›wie‹ der induktiven Beweisführung sahen und sich deshalb vorwiegend darum bemühten, den Induktionsschluß als besondere Form des logischen Schließens zu etablieren. Noch heute gilt der Induktivismus vielen Wissenschaftlern völlig selbstverständlich als die fraglos einzig richtige Theorie der naturwissenschaftlichen Erkenntnis.

III

Der geistige Hintergrund, vor dem Einstein seine erkenntnistheoretischen Gedanken entwickelte, ist damit in groben Zügen skizziert. Die tief verwurzelte Überzeugung von der grundsätzlichen Unfehlbarkeit des Induktivismus ist ein wesentliches Element dieses Hintergrundes. Trotzdem läßt sich Einsteins eigene Theorie nicht ohne weiteres in das dargestellte Schema einordnen, denn er war weder reiner Deduktivist

---

36 Vgl. Dieter Hoffmann, ›Ernst Mach‹, in: Karl v. Mayenn ›Die Großen Physiker‹, Bd. II, S. 26.

noch reiner Induktivist. Den Deduktivismus erwähnt er in seinen Aufsätzen und Vorträgen nicht einmal besonders. Die Induktion scheint er dagegen immerhin als einen möglichen Weg zur empirischen Erkenntnis angesehen zu haben. Dennoch war dieser Weg nicht sein Weg.

Vielmehr glaubte Einstein, jedenfalls für den Bereich der Physik einen dritten, grundsätzlich anderen und sehr viel besseren Weg gefunden zu haben, um die großen Probleme der Erkenntnistheorie zu lösen. Dieser Königsweg zur Erkenntnis lag nach seiner Vorstellung in der Anwendung der *axiomatischen Methode*, also der Methode, der die Geometrie nicht nur ihre erstaunlichen Erfolge, sondern auch ihre unvergleichliche Überzeugungskraft verdankte. Sie, so dachte er, mußte auch den Schlüssel zur physikalischen Erkenntnis enthalten. Es kam nur darauf an, sie auf die Physik zu übertragen, um auch dieser den Rang einer vollkommen ›exakten Wissenschaft‹ zu sichern.

In diesem Abschnitt möchte ich versuchen, Einsteins Vorstellungen und die erkenntnistheoretischen Ansätze, von denen er ausging, darzustellen und so verständlich zu machen, daß die Darstellung als Grundlage einer späteren Kritik dienen kann. Einstein hat sich in vielen Vorträgen und Aufsätzen zu erkenntnistheoretischen Grundfragen geäußert[37]. Inhaltlich sind seine Gedanken trotz unterschiedlicher Formulierungen und Schwerpunkte im wesentlichen immer die gleichen geblieben. Deshalb genügen Zitate aus nur zwei Vorträgen, die zu seinen wichtigsten zählen, um diese Gedanken vollständig darzustellen. Diese Zitate sind allerdings umfangreich, damit der Zusammenhang seiner Gedanken erkennbar bleibt.

Einsteins Texte sind aber leider nicht leicht zu verstehen. Das liegt daran, so behaupte ich, daß sie in sich widersprüchlich sind. Die gedanklichen Widersprüche, die in diesen Textpassagen auftreten, werden uns später in anderen Zusammenhängen immer wieder begegnen. Dennoch fassen die Texte alle wesentlichen Gedanken zusammen, die Einstein an verschiedenen Stellen seiner Schriften zu Fragen der Erkenntnis-

---

37 Die wichtigsten Texte sind jetzt abgedruckt in: ›Albert Einstein, Mein Weltbild‹, hgg. v. Carl Seelig.

theorie formuliert hat. Sie machen also seinen erkenntnistheoretischen Standpunkt in knapper Darstellung so deutlich, wie das bei widersprüchlichen Gedanken möglich ist.

Ich werde Einsteins Texte in diesem Kapitel zunächst nur sehr kurz kommentieren und in den folgenden Kapiteln dann genauer auf den vorgeschlagenen Weg eingehen. Kritische Leser sollen so die Möglichkeit erhalten, sich anhand der zitierten Textpassagen selbst ein Urteil über Einsteins Erkenntnistheorie zu bilden. Es wird dann hoffentlich auch deutlich werden, daß die dargestellten Widersprüche nicht auf meiner Interpretation, sondern auf seinen eigenen Gedanken beruhen.

(*1*) Vor der Preußischen Akademie der Wissenschaften in Berlin hielt Einstein 1921 einen Festvortrag zum Thema *Geometrie und Erfahrung*[38]. In diesem Vortrag hat er seine wissenschaftstheoretischen Überzeugungen wohl zum ersten Mal im Zusammenhang formuliert. Ich hebe die Passagen kursiv hervor, auf die ich später besonders eingehen möchte.

»Die Mathematik genießt vor allen anderen Wissenschaften aus einem Grunde ein besonderes Ansehen: ihre Sätze sind *absolut sicher und unbestreitbar*, während die aller anderen Wissenschaften bis zu einem gewissen Grade umstritten und stets in Gefahr sind, durch neuentdeckte Tatsachen umgestoßen zu werden. Trotzdem braucht der auf einem anderen Gebiet Forschende den Mathematiker noch nicht zu beneiden, wenn sich seine Sätze nicht auf Gegenstände der Wirklichkeit, sondern nur auf solche unserer bloßen Einbildung bezögen. Denn es kann nicht wundernehmen, daß man zu übereinstimmenden logischen Schlußfolgerungen kommt, wenn man sich über die fundamentalen Sätze (Axiome) sowie über die Methoden geeinigt hat, mittels welcher aus diesen fundamentalen Sätzen andere Sätze abgeleitet werden sollen. Aber jenes große Ansehen der Mathematik beruht andererseits darauf, daß die Mathematik es auch ist, die den exakten Naturwissenschaften ein gewisses Maß von Sicherheit gibt, das sie ohne Mathematik nicht erreichen könnten.

An dieser Stelle taucht nun ein Rätsel auf, das Forscher aller Zeiten so viel beunruhigt hat. *Wie ist es möglich, daß die Mathematik, die doch ein von aller Erfahrung unabhängiges Produkt des menschlichen Denkens ist, auf die Gegenstände der Wirklichkeit so vortrefflich paßt?* Kann denn die menschliche Vernunft

---

38 Albert Einstein, ›Mein Weltbild‹, S. 196 ff.

ohne Erfahrung durch bloßes Denken Eigenschaften der wirklichen Dinge ergründen?

Hierauf ist nach meiner Ansicht kurz zu antworten: *Insofern sich die Sätze der Mathematik auf die Wirklichkeit beziehen, sind sie nicht sicher, und insofern sie sicher sind, beziehen sie sich nicht auf die Wirklichkeit.* Die volle Klarheit scheint mir erst durch diejenige Richtung der Mathematik Besitz der Allgemeinheit geworden zu sein, die unter dem Namen ›Axiomatik‹ bekannt ist. Der von der Axiomatik erzielte Fortschritt besteht nämlich darin, daß durch sie das Logisch-Formale vom sachlichen bzw. anschaulichen Gehalt sauber getrennt wurde; nur das Logisch-Formale bildet gemäß der Axiomatik den Gegenstand der Mathematik, nicht aber der mit dem Logisch-Formalen verknüpfte anschauliche oder sonstige Inhalt.

Betrachten wir einmal von diesem Gesichtspunkt aus irgendein Axiom der Geometrie, etwa das folgende: Durch zwei Punkte des Raumes geht stets eine und nur eine Gerade. Wie ist dies Axiom im älteren und im neueren Sinn zu interpretieren?

Ältere Interpretation: Jeder weiß, was eine Gerade ist und was ein Punkt ist. Ob dies Wissen aus einem Vermögen des menschlichen Geistes oder aus der Erfahrung, aus einem Zusammenwirken beider oder sonstwoher stammt, braucht der Mathematiker nicht zu entscheiden; er überläßt diese Entscheidung dem Philosophen. Gestützt auf diese vor aller Mathematik gegebene Kenntnis ist das genannte Axiom sowie alle anderen Axiome evident, d. h. es ist der Ausdruck für einen Teil dieser Kenntnis *a priori*

Neuere Interpretation: Die Geometrie handelt von den Gegenständen, die mit den Worten Gerade, Punkt usw. bezeichnet werden. Irgendeine Kenntnis oder Anschauung wird von diesen Gegenständen nicht vorausgesetzt, sondern nur die Gültigkeit jener ebenfalls rein formal, d. h. losgelöst von jedem Anschauungs- und Erlebnisinhalte aufzufassenden Axiome, von denen das genannte ein Beispiel ist. *Diese Axiome sind freie Schöpfungen des menschlichen Geistes.* Alle anderen geometrischen Sätze sind logische Folgerungen aus den (nur nominalistisch aufzufassenden) Axiomen. Die Axiome definieren erst die Gegenstände, von denen die Geometrie handelt. Schlick hat die Axiome deshalb in seinem Buche über Erkenntnistheorie sehr treffend als ›implizite Definitionen‹ bezeichnet.

Diese von der modernen Axiomatik vertretene Auffassung der Axiome säubert die Mathematik von allen nicht zu ihr gehörigen Elementen und beseitigt so das mystische Dunkel, welches der Grundlage der Mathematik vorher anhaftete. *Eine solche gereinigte Darstellung macht es aber auch evident, daß die Mathematik als solche weder über Gegenstände der anschaulichen Vorstellung noch über Gegenstände der Wirklichkeit etwas auszusagen vermag.* Unter ›Punkt‹, ›Gerade‹ usw. sind in der axiomatischen nur inhaltsleere Begriffsschemata zu verstehen. Was ihnen Inhalt gibt, gehört nicht zur Mathematik.

Andererseits ist es aber doch sicher, daß die Mathematik überhaupt und im speziellen auch die Geometrie ihre Entstehung dem Bedürfnis verdankt, etwas zu erfahren über das Verhalten wirklicher Dinge. Das Wort Geometrie, welches ja ›Erdmessung‹ bedeutet, beweist dies schon. Denn die Erdmessung handelt von den Möglichkeiten der relativen Lagerung gewisser Naturkörper zueinander, nämlich von Teilen des Erdkörpers, Meßschnüren, Meßlatten usw. Es ist klar, daß das Begriffssystem der axiomatischen Geometrie allein über das Verhalten derartiger Gegenstände der Wirklichkeit, die wir als praktisch-starre Körper bezeichnen wollen, keine Aussage liefern kann. *Um derartige Aussagen liefern zu können, muß die Geometrie dadurch ihres nur logisch-formalen Charakters entkleidet werden, daß den leeren Begriffsschemen der axiomatischen Geometrie erlebbare Gegenstände der Wirklichkeit (Erlebnisse) zugeordnet werden. Um dies zu bewerkstelligen, braucht man nur einen Satz zuzufügen:*

Feste Körper verhalten sich bezüglich ihrer Lagerungsmöglichkeiten wie Körper der euklidischen Geometrie von drei Dimensionen; dann enthalten die Sätze der euklidischen Geometrie Aussagen über das Verhalten praktisch starrer Körper.

Die so ergänzte Geometrie ist offenbar eine Naturwissenschaft; wir können sie geradezu als den ältesten Zweig der Physik betrachten. Ihre Aussagen beruhen im wesentlichen auf Induktion aus der Erfahrung, nicht aber nur auf logischen Schlüssen. Wir wollen die so ergänzte Geometrie ›praktische Geometrie‹ nennen und sie im folgenden von der ›rein axiomatischen Geometrie‹ unterscheiden. Die Frage, ob die praktische Geometrie der Welt eine euklidische sei oder nicht, hat einen deutlichen Sinn, und ihre Beantwortung kann nur durch die Erfahrung geliefert werden. Alle Längenmessung in der Physik ist praktische Geometrie in diesem Sinne, die geodätische und astronomische Längenmessung ebenfalls, wenn man den Erfahrungssatz zu Hilfe nimmt, daß sich das Licht in gerader Linie fortpflanzt, und zwar in gerader Linie im Sinne der praktischen Geometrie.«

Der Text läßt erkennen, daß Einstein die axiomatische Methode der euklidischen Geometrie unmittelbar und unverändert, also gewissermaßen ›eins zu eins‹ auf die Physik übertragen wollte. Das Hinzufügen eines einzigen weiteren Axioms, nämlich der Aussage, daß »feste Körper … sich bezüglich ihrer Lagerungsmöglichkeiten wie Körper der euklidischen Geometrie von drei Dimensionen (verhalten)«, sollte die nichtempirische axiomatische Wissenschaft der Geometrie in die empirische axiomatische Wissenschaft der Physik transponieren.

Weniger deutlich zeigt der Textausschnitt, wie die empirische Erkenntnis der Naturgesetze, die die Physik lehrt, nach Einsteins Vorstellung gewonnen wird. Einstein sagt zwar, daß »ihre Aussagen … im wesentlichen auf Induktion aus der Erfahrung, nicht aber nur auf logischen Schlüssen (beruhen)«. Diese Formulierung deutet an, daß er die Induktion aus der Erfahrung (wohl) als eine mögliche Form der logischen Schlußfolgerung ansah. Aber mehr sagt er zu dieser Frage nicht. Er macht nicht deutlich, wie Humes Argument überwunden werden könnte, also das logische Problem, das sich daraus ergibt, daß die Induktion aus Erfahrungssätzen keine Schlüsse ermöglicht, die über die Erfahrung hinausreichen. Vielmehr verweist er letztlich doch auf die Erfahrung, ohne zu erklären, durch welche gedankliche Operation aus der begrenzten Erfahrung, die Menschen nur haben können, eine Kenntnis unbegrenzt gültiger Naturgesetze gewonnen werden kann. Auch im weiteren Text des Aufsatzes wird die Frage nicht beantwortet.

(2) In einem späteren Vortrag hat Einstein dasselbe Thema noch ausführlicher behandelt. Im Rahmen der schon erwähnten Herbert Spencer Lecture sprach er 1933 in Oxford über das Thema *Zur Methodik der theoretischen Physik*. Die nachfolgenden Passagen (wieder mit meinen kursiven Hervorhebungen) entstammen dem deutschen Urtext, den Einstein für den Vortrag ins Englische übersetzen ließ[39].

> »Wir wollen hier einen flüchtigen Blick auf die Entwicklung des theoretischen Systems werfen und dabei unser Hauptaugenmerk auf die Beziehung des theoretischen Inhaltes zur Gesamtheit der Erfahrungstatsachen richten. Es handelt sich um den ewigen Gegensatz der beiden unzertrennlichen Komponenten unseres Wissens, Empirie und Ratio, auf unserem Gebiet.
>
> Wir verehren in dem alten Griechenland die Wiege der abendländischen Wissenschaft. Hier wurde zum ersten Mal das Gedankenwunder eines logischen Systems geschaffen, dessen Aussagen mit solcher Schärfe auseinander hervorgingen, daß jeder der bewiesenen Sätze jedem Zweifel entrückt war – Euklids Geometrie. Dies bewunderungswürdige Werk der Ratio hat dem Menschengeist das Selbstvertrauen für seine späteren Taten gegeben. *Wen dies Werk in seiner Jugend nicht zu begeistern vermag, der ist nicht zum theoretischen Forscher geboren.*

---

39 Der deutsche Text ist in: Albert Einstein, ›Mein Weltbild‹, ohne Fundstellenangabe wiedergegeben. Dem Herausgeber scheint nicht bekannt gewesen zu sein, daß es sich um den deutschen Urtext des englischen Vortrags handelte.

Um aber für eine die Wirklichkeit umspannende Wissenschaft reif zu sein, bedurfte es einer zweiten Grunderkenntnis, die bis zu Kepler und Galilei nicht Gemeingut der Philosophen geworden war. *Durch bloßes logisches Denken vermögen wir keinerlei Wissen über die Erfahrungswelt zu erlangen; alles Wissen über die Wirklichkeit geht von der Erfahrung aus und mündet in ihr.* Rein logisch gewonnene Sätze sind mit Rücksicht auf das Reale völlig leer. Durch diese Erkenntnis und insbesondere dadurch, daß er sie der wissenschaftlichen Welt einhämmerte, ist Galilei der Vater der modernen Physik, ja, der modernen Naturwissenschaft überhaupt geworden.

Wenn nun aber Erfahrung Anfang und Ende all unseres Wissens um die Wirklichkeit ist, welches ist dann die Rolle der Ratio in der Wissenschaft?

Ein fertiges System der theoretischen Physik besteht aus Begriffen, Grundgesetzen, die für jene Begriffe gelten sollen, und aus durch logische Deduktion abzuleitenden Folgesätzen. Diese Folgesätze sind es, denen unsere Einzelerfahrungen entsprechen sollen; ihre logische Ableitung nimmt in einem theoretischen Buch beinahe alle Druckseiten in Anspruch.

Dies ist eigentlich genau wie in der euklidischen Geometrie, nur daß die Grundgesetze dort Axiome heißen und man dort nicht davon spricht, daß die Folgesätze irgendwelchen Erfahrungen entsprechen sollen. *Wenn man aber die euklidische Geometrie als die Lehre von den Möglichkeiten der gegenseitigen Lagerung praktisch starrer Körper auffaßt, sie also als physikalische Wissenschaft interpretiert und nicht von ihrem ursprünglichen empirischen Gehalt absieht, so ist die logische Gleichartigkeit der Geometrie und der theoretischen Physik eine vollständige.*

Wir haben nun der Ratio und der Erfahrung ihren Platz im System der theoretischen Physik zugewiesen. Die Ratio gibt den Aufbau des Systems; die Erfahrungsinhalte und ihre gegenseitigen Beziehungen sollen durch die Folgesätze der Theorie ihre Darstellung finden. In der Möglichkeit einer solchen Darstellung allein liegt der Wert und die Berechtigung des ganzen Systems und im besonderen auch der ihm zugrunde liegenden Begriffe und Grundgesetze. *Im übrigen sind letztere freie Erfindungen des menschlichen Geistes, die sich weder durch die Natur des menschlichen Geistes noch sonst in irgendeiner Weise a priori rechtfertigen lassen.*

Die logisch nicht weiter reduzierbaren Grundbegriffe und Grundgesetze bilden den unvermeidlichen, rational nicht erfaßbaren Teil der Theorie. *Vornehmstes Ziel aller Theorie ist es, jene irreduziblen Grundelemente so einfach und so wenig zahlreich als möglich zu machen, ohne auf die zutreffende Darstellung irgendwelcher Erfahrungsinhalte verzichten zu müssen.*

Die hier skizzierte Auffassung vom rein fiktiven Charakter der Grundlagen der Theorie war im 18. und 19. Jahrhundert noch durchaus nicht die herrschende. Sie gewinnt aber immer mehr dadurch an Boden, daß der gedankliche Abstand zwischen den grundlegenden Begriffen und *Grundgesetzen* einerseits und den mit unseren Erfahrungen in Beziehung zu setzenden Konsequenzen andererseits immer mehr zunimmt, je mehr sich der logische Bau vereinheitlicht, d. h. auf je weniger logisch voneinander unabhängige Elemente man den ganzen Bau zu stützen vermag.

Newton, der erste Schöpfer eines umfassenden, leistungsfähigen Systems der theoretischen Physik, glaubte noch daran, daß die Grundbegriffe und Grundgesetze seines Systems aus der Erfahrung abzuleiten seien. Sein Wort ›hypotheses non fingo‹ ist wohl in diesem Sinne zu interpretieren.

In der Tat schien damals den Begriffen Raum und Zeit nichts Problematisches anzuhaften. Die Begriffe Masse, Trägheit und Kraft und ihr gesetzlicher Zusammenhang schienen der Erfahrung unmittelbar entlehnt zu sein. Ist aber diese Basis einmal angenommen, so erscheint der Ausdruck für die Gravitationskraft aus der Erfahrung ableitbar, und es durfte das entsprechende für die anderen Kräfte erwartet werden.

Wir sehen allerdings aus Newtons Formulierung, daß ihm der Begriff des absoluten Raumes, der den der absoluten Ruhe in sich schloß, Unbehagen bereitete. Er war sich des Umstandes bewußt, daß diesem letzteren Begriff in der Erfahrung nichts zu entsprechen schien. Er fühlte auch ein Unbehagen bei der Einführung der Fernkräfte. Aber der ungeheure praktische Erfolg seiner Lehre mag ihn und die Physiker des 18. und 19. Jahrhunderts verhindert haben, den fiktiven Charakter der Grundlagen seines Systems zu erkennen.

Die Naturforscher jener Zeit waren vielmehr zumeist von dem Gedanken durchdrungen, daß die Grundbegriffe und Grundgesetze der Physik nicht im logischen Sinne freie Erfindungen des menschlichen Geistes seien, sondern daß dieselben aus den Experimenten durch ›Abstraktion‹ – d. h. auf einem logischen Weg – abgeleitet werden könnten. Die klare Erkenntnis von der Unrichtigkeit dieser Auffassung brachte eigentlich erst die allgemeine Relativitätstheorie; denn diese zeigte, daß man mit einem von dem Newtonschen weitgehend abweichenden Fundament dem einschlägigen Kreis von Erfahrungstatsachen sogar in befriedigenderer und vollkommenerer Weise gerecht werden konnte, als es mit Newtons Fundament möglich war. Aber ganz abgesehen von der Frage der Überlegenheit wird der fiktive Charakter der Grundlagen dadurch völlig evident, daß zwei wesentlich verschiedene Grundlagen aufgezeigt werden können, die mit der Erfahrung weitgehend übereinstimmen. Es wird dadurch jedenfalls bewiesen, daß jeder Versuch einer logischen Ableitung der Grundbegriffe und Grundgesetze der Mechanik aus elementaren Erfahrungen zum Scheitern verurteilt ist.

Wenn es nun wahr ist, daß die axiomatische Grundlage der theoretischen Physik nicht aus der Erfahrung erschlossen, sondern frei erfunden werden muß, dürfen wir dann überhaupt noch hoffen, den richtigen Weg zu finden? Noch mehr: Existiert dieser richtige Weg nicht nur in unserer Illusion? Dürfen wir denn hoffen, von der Erfahrung sicher geleitet zu werden, wenn es Theorien gibt wie die klassische Mechanik, die der Erfahrung weitgehend gerecht werden, ohne die Sache in der Tiefe zu erfassen? Hierauf antworte ich mit aller Zuversicht, daß es den richtigen Weg nach meiner Meinung gibt und daß wir ihn auch zu finden vermögen. *Nach unserer bisherigen Erfahrung sind wir nämlich zum Vertrauen berechtigt, daß die Natur die Realisierung des mathematisch denkbar Einfachsten ist. Durch rein mathematische Konstruktion vermögen wir nach meiner Überzeugung diejenigen Begriffe und diejenigen gesetzlichen Verknüpfungen zwischen ihnen zu finden, die den Schlüssel für das Verstehen der Naturerscheinungen liefern.* Die brauchbaren mathematischen Begriffe können durch Erfahrung wohl nahegelegt, aber keinesfalls aus ihr abgeleitet werden. *Erfahrung bleibt natürlich das einzige Kriterium der Brauchbarkeit einer mathematischen Konstruktion für die Physik. Das eigentlich schöpferische Prinzip liegt aber in der Mathematik. In einem gewissen Sinne halte ich es also für wahr, daß dem reinen Denken das Erfassen des Wirklichen möglich sei, wie es die Alten geträumt haben.«*

Dieser Text enthält neben Elementen, die in veränderter Zusammenstellung aus Einsteins Vortrag über *Geometrie und Erfahrung* schon bekannt waren, auch interessante neue Gedanken.

Das gilt besonders für die Rolle, die Einstein der Erfahrung zuweist. Sie tritt in seiner Theorie in einer Doppelfunktion in Erscheinung, nämlich zugleich als Ausgangspunkt und als Kriterium der Erkenntnis. Er sagt: »Durch bloßes logisches Denken vermögen wir keinerlei Wissen über die Erfahrungswelt zu erlangen; alles Wissen über die Wirklichkeit geht von der Erfahrung aus und mündet in ihr.« Aber er sagt auch: »In einem gewissen Sinne halte ich es also für wahr, daß dem reinen Denken das Erfassen des Wirklichen möglich sei, wie es die Alten geträumt haben.«

Wie lassen solche Gedanken sich miteinander vereinbaren? Kann menschliches Wissen reinem Denken entspringen, trotzdem aber von der Erfahrung ausgehen? Und wie wird solches Wissen gewonnen? In beiden Vorträgen hat Einstein es ausdrücklich abgelehnt, ein *a priori* gültiges Wissen anzuerkennen[40]. Die dem physikalischen System

---

40 Einsteins Ablehnung eines *a priori* gültigen Wissens kommt noch deutlicher zum Ausdruck in: ›Das Raum-, Äther- und Feld-Problem der Physik‹ in: Albert Einstein, ›Mein Weltbild‹, S. 229 ff., 231.

zugrundeliegenden ›Grundgesetze‹ bezeichnet er als »freie Erfindungen des menschlichen Geistes, die sich weder durch die Natur des menschlichen Geistes noch sonst in irgendeiner Weise *a priori* rechtfertigen lassen«. Trotzdem scheint er aber auch für sie die Sicherheit der Mathematik in Anspruch zu nehmen, denn er behauptet, daß wir »durch rein mathematische Konstruktion diejenigen Begriffe und diejenigen gesetzlichen Verknüpfungen zwischen ihnen zu finden vermögen, die den Schlüssel für das Verstehen der Naturerscheinungen liefern«. Das scheint sich also auf die ›Grundgesetze‹ zu beziehen. Wie kann aber ein Wissen zugleich frei erfunden sein und auf rein mathematischer Konstruktion beruhen? Wir sehen, Einsteins Texte werfen viele Fragen auf, die noch einer Antwort bedürfen.

2. KAPITEL:
ÜBER DIE AXIOMATISCHE METHODE

Einsteins Gedanken zur Wissenschaftstheorie sind nicht einfach; sie sind
im Gegenteil oft eher verwirrend. Viele Überlegungen wirken auf den
ersten Blick durchaus überzeugend; bei genauer und kritischer Lektüre
erweisen sie sich aber dann letztlich doch als dunkel und widersprüchlich.
Seine Texte lassen also wichtige Fragen offen.

Sichtbar wird das allerdings nur für den, der sich diesen Texten auch
mit dem nötigen Selbstvertrauen nähert, und das scheint nicht einfach
zu sein. Die Ehrfurcht vor großen Namen ist oft übermächtig. Viele von
uns sind jahrzehntelang, oft schon im Elternhaus, jedenfalls aber durch
Schule, Presse, Fernsehen und eigene Bildungsversuche dazu erzogen
worden, Einstein vor allem als ein menschliches Wunder anzustaunen,
als ein fast übernatürliches Wesen, dessen Leistungen weit jenseits dessen liegen, was gewöhnlichen Sterblichen als Erfolg jemals vergönnt sein
kann. Bevor unsere eigene Urteilsfähigkeit auch nur die Chance hatte,
die anstehenden Probleme wenigstens als solche zu erkennen, geschweige
denn zu meistern, wurde den meisten von uns bereits eingetrichtert, die
Relativitätstheorie als eine der bedeutendsten Leistungen des menschlichen Geistes schlechthin und ihren Entdecker Albert Einstein als das
größte Genie des 20. Jahrhunderts anzusehen. Es ist deshalb nur allzu
verständlich, wenn wir dazu neigen, ihm mit übertriebenem Respekt zu
begegnen und seine Gedanken als die Erfolgsrezepte einer überragenden
wissenschaftlichen Autorität gläubig hinzunehmen.

Diese unterwürfige Haltung dient allerdings nicht dem Fortschritt der Wissenschaft[41]. Fortschritt erfordert geistige Selbständigkeit und geistige Selbständigkeit erfordert persönlichen Mut. Wir müssen ein eigenes Urteil wagen, und das bedeutet vor allem, daß wir auch den Irrtum riskieren müssen, selbst auf die Gefahr, uns der Kritik oder sogar der Lächerlichkeit auszusetzen. *Sapere aude!* heißt die Devise, die Kant formuliert hat. Der mutige und kritische Geist der Aufklärung, den er gefordert hat, darf auch vor Einstein nicht haltmachen. Das sind wir nicht zuletzt dessen eigenem Andenken schuldig. Einstein war keine Autorität und wollte keine sein; es sind seine Bewunderer, die ihn dazu gemacht haben. Ihm selbst ging es um den Fortschritt der physikalischen Wissenschaft. Mit seinem Angriff auf Newton wollte er die Autoritätsgläubigkeit in der Wissenschaft gerade bekämpfen[42]. Er wollte sich auch nicht selbst zum Denkmal stilisieren, sondern wurde durch die Umstände dazu gemacht. Er war Fachmann und besaß hohe Kompetenz. Aber auch er konnte sich auch irren. Er wußte auch, daß er sich irren konnte, und hat dies freimütig eingeräumt, wo immer er einen Irrtum erkannte.

Wer Einsteins Texte mit dem Mut zu eigener Meinung selbständig und kritisch durchdenkt, wird schnell feststellen, daß sie mehr Fragen aufwerfen als sie beantworten. Das muß aber nicht bedeuten, daß sich der Sinn dieser Texte aus dem Zusammenhang und aus anderen Umständen nicht dennoch erschließen ließe. Es ist in der Geschichte menschlicher Ideen nicht ungewöhnlich, daß die ganze Tragweite einer wissenschaftlichen Leistung erst vor dem geistigen Hintergrund ihrer Entstehung sichtbar wird. Wenn wir Einsteins Wissenschaftsverständnis näherkommen wollen, müssen wir deshalb jetzt versuchen, uns in seine Gedankenwelt zu versetzen und die Probleme, die er lösen wollte, so zu sehen, wie sie sich ihm damals dargestellt haben mögen. Das kann aber nur gelingen, wenn

---

41 Vgl. dazu besonders Karl Popper, ›The Myth of the Framework‹; ›The World of Parmenides‹, S. 62 ff.

42 Vgl. Karl Popper, ›Science, Problems, Aims, Responsibilities‹, in: ›The Myth of the Framework‹, S. 82 ff., 91. Vgl. auch ›Von den Quellen unseres Wissens und unserer Unwissenheit‹, Abschn. XV; jetzt in: ›Vermutungen und Widerlegungen‹, Bd. 1, dort S. 2 ff., 39.

wir auch berücksichtigen, welche Kenntnisse er in seiner Zeit schon haben konnte und welches Wissen ihm damals noch nicht zur Verfügung stand. Wir müssen also nach dem geistigen Hintergrund seiner Ideenwelt gewissermaßen auch den Erfahrungshorizont rekonstruieren, vor dem er zu Beginn des 20. Jahrhunderts seine großen Theorien formulierte.

Ein wichtiger Schlüssel zum Verständnis der Einsteinschen Wissenschaftstheorie liegt sicher in der besonderen Auffassung von der Bedeutung und den Anwendungsmöglichkeiten der *axiomatischen Methode*, die er sich gebildet hatte. Das haben die im vorigen Kapitel zitierten Ausschnitte aus seinen Vorträgen wohl gezeigt. Seine Schriften lassen erkennen, daß diese Methode seine ganze Weltanschauung bis hin zu seiner religiösen Einstellung wesentlich beeinflußt hat. Ohne sie ist Einstein nicht zu verstehen. Deshalb müssen wir sie zuerst diskutieren.

Die Diskussion wird zeigen, daß Einsteins Verständnis der axiomatischen Methode einer wirklich genauen Nachprüfung letztlich nicht standhält. Das bedeutet aber nicht, daß seine Gedanken nicht trotzdem einen richtigen und sogar sehr wichtigen Kern enthielten, den wir bewahren müssen und nach Möglichkeit weiterentwickeln sollten. Einstein hat mit dem Problem der naturwissenschaftlichen Erkenntnis jahrzehntelang geradezu gerungen. Über die axiomatische Methode hat er besonders lange und tief nachgedacht. Es wäre vermessen, wenn wir annehmen wollten, ein Mann seiner Fähigkeiten habe alles nur mißverstanden und zur Lösung der Probleme, die ihn jahrzehntelang beschäftigten, gar nichts beitragen können.

Ich glaube ganz im Gegenteil, daß Einstein einen außerordentlich wichtigen, ja geradezu revolutionären Beitrag zur modernen Erkenntnistheorie der Naturwissenschaften geleistet hat. Das eigentliche Problem scheint mir gerade umgekehrt darin zu liegen, daß der Teil seiner Gedanken, den ich für richtig halte, so originell und so revolutionär ist, daß viele Naturwissenschaftler ihn noch heute nicht verstanden haben[43], während die Fehler, die er ebenfalls gemacht hat, auf einer uralten geistigen Tradition beruhen und sich deshalb leider allgemein durchsetzen konnten.

---

43 Zu den seltenen Ausnahmen zählt John Eccles; vgl. seine Ausführungen zur schöpferischen Phantasie in: ›Die Evolution des Gehirns – die Erschaffung des Selbst‹, S. 370 ff.

I

Worum geht es? Die Axiome einer Wissenschaft sind nach überlieferter Auffassung deren Grundwahrheiten, auf denen alle weiteren Erkenntnisse aufbauen. Man sieht in ihnen fundamentale Aussagen, deren Wahrheit als sicher gilt, obwohl sie ihrerseits weder aus anderen Sätzen abgeleitet noch sonst bewiesen werden können. Als Beispiele solcher Grundwahrheiten dienen regelmäßig die Axiome der euklidischenen Geometrie, also etwa die Aussage, daß die Gerade die kürzeste Linie zwischen zwei Punkten ist, oder daß alle Punkte eines Kreises von dessen Zentrum gleichweit entfernt sind, oder daß durch einen außerhalb einer Gerade liegenden Punkt nur eine Gerade verläuft, die sich mit der ersten nicht schneidet. Solche Sätze gelten in der euklidischen Geometrie als unbezweifelbare Wahrheiten, die keiner weiteren Begründung mehr bedürfen, weil sie, so wird meistens formuliert, *unmittelbar einsichtig* sind.

Aus den Axiomen können im Wege logischer Deduktion andere Sätze abgeleitet werden. Eine logisch korrekte Deduktion bewirkt nach allgemeinem Verständnis, daß sich die Wahrheit oder Unwahrheit der Prämissen automatisch und ausnahmslos auf die aus ihnen gezogene Schlußfolgerung überträgt. Wenn also die Prämissen einer Deduktion aus Axiomen bestehen, deren Wahrheit als vollkommen sicher gilt, oder wenn die Prämissen andere Sätze enthalten, die in logisch zweifelsfreier Weise aus solchen Axiomen gewonnen wurden, und wenn auch die logische Operation der Deduktion selbst korrekt durchgeführt wurde, dann, so nimmt man an, darf auch die gezogene Schlußfolgerung in gleicher Weise als vollkommen sicher gelten.

Das bedeutet, daß alle Folgerungen, die unter Beachtung der Regeln der Logik aus solchen Axiomen gezogen wurden, ebenso wahr sein müssen, wie die Axiome selbst. Und auch die Widerspruchsfreiheit und wechselseitige Vereinbarkeit der gezogenen Schlußfolgerungen untereinander soll sich nach diesem Verständnis automatisch und von selbst aus der Tatsache ergeben, daß alle diese Schlußfolgerungen im Wege korrekter logischer Operationen aus denselben Axiomen gewonnen wurden. Das folgt einfach daraus, daß einander widersprechende Aussagen nicht gleichzeitig wahr sein können. Für die euklidische Geometrie konnte David Hilbert das sogar beweisen[44].

Leuchtendes Vorbild dieses axiomatischen Wissenschaftsverständnisses ist die euklidische Geometrie mit ihrer unfehlbaren Gewißheit zwingender Beweisführung. Seine Anhänger, zu denen Einstein sich ausdrücklich bekannte[45], bemühen sich deshalb, ihre Methode auch auf andere Wissenschaften zu übertragen. Nach ihrer Vorstellung muß in einer beliebigen Wissenschaft bei Einsatz der axiomatischen Methode und bei exakter Ausführung, also unter der Voraussetzung, daß bei der Deduktion selbst keine formalen Fehler unterlaufen, ein System in sich schlüssiger und widerspruchsfreier Aussagen entstehen, dessen Wahrheitsgehalt allein davon abhängt, ob die zugrundeliegenden Axiome wahr sind. Charakteristisch für ein solches Wissenschaftsverständnis ist etwa Wittgensteins These[46]:

>»Die Gesamtheit der wahren Sätze ist die Gesamtheit der Naturwissenschaft
>(oder die Gesamtheit der Naturwissenschaften).«

Logische Widersprüche können in einer so verstandenen axiomatischen Wissenschaft *theoretisch* gar nicht auftreten. Der Irrtum ist deshalb aus dieser Sicht kein notwendiger Bestandteil einer Wissenschaft, die Fortschritte macht, sondern immer nur als Ausdruck menschlicher Schwäche und Unvollkommenheit erklärlich.

II

Es ist allerdings keineswegs selbstverständlich, daß dieses am Beispiel der Geometrie entwickelte axiomatische Wissenschaftsverständnis sich ohne weiteres auch auf eine empirische Wissenschaft übertragen läßt. Im Gegenteil, der Ansatz stößt jedenfalls aus heutiger Sicht sofort auf ein gravierendes Bedenken. Denn in der Theorie der Logik ist spätestens

---

44 Vgl. dazu Ernest Nagel/James R. Newman, ›Gödel's Proof‹, S. 8 ff.
45 Vgl. den oben zitierten Textabschnitt, Kap. 1, III, 1 (S. 51).
46 Ludwig Wittgenstein, *Tractatus Logico-Philosphicus*, Abschn. 4.11.

seit den grundlegenden Arbeiten von Whitehead und Russell in ihren *Principia Mathematica* anerkannt, daß rein logische Operationen im Prinzip immer tautologisch sind, weil sie zwar die in den Prämissen bereits enthaltene Information neu ordnen, aber nie zu neuen, vorher unbekannten Informationen führen können. Gerade weil die Logik zwingend ist, muß alles, was eine logische Schlußfolgerung aussagt, als Information schon in den Prämissen enthalten gewesen sein, aus denen sie gezogen wurde. Der Informationsgehalt eines Systems von Sätzen (Aussagen) kann also durch rein logische Operationen niemals erweitert werden[47].

(*1*) Trifft das zu, dann folgt schon daraus, daß rein logische Operationen nie zu empirischen Entdeckungen führen können. In Abwandlung von Einsteins berühmtem Satz in »*Geometrie und Erfahrung*«[48] läßt sich also sagen:

> Wenn eine Aussage aus bekannten Prämissen deduziert werden kann, enthält sie keine empirischen Entdeckungen, und wenn sie empirische Entdeckungen enthält, kann sie nicht aus bekannten Prämissen deduziert werden.

Für eine empirische Wissenschaft wie die Physik sollte also, wenn sie Neues entdecken will, ein solches axiomatisches Wissenschaftsverständnis von vornherein nicht in Frage kommen. Wer das anders sehen möchte, müßte sich eigentlich zunächst mit Whiteheads und Russells Theorie der Logik auseinandersetzen.

Die Textpassagen aus Einsteins Vorträgen über *Geometrie und Erfahrung* sowie *Zur Methodik der theoretischen Physik,* die ich im vorigen Kapitel zitiert habe, lassen trotzdem klar erkennen, daß die dargestellte axiomatische Auffassung auch seinem Wissenschaftsverständnis entsprach. Einstein sah die Physik als eine Gesamtheit von wahren Aussagen an, also als eine Gesamtheit von teils bekannten, teils unbekannten und deshalb noch zu erforschenden, aber jedenfalls ursprünglich wahren und in

---

47 Vgl. Alfred North Whitehead/Bertrand Russell, ›*Principia Mathematica*‹, bes. Appendix C, ›Truth-Functions and Others‹.

48 Oben S. 52.

sich widerspruchsfreien Sätzen, die im Wege der Deduktion aus einigen wenigen Aussagen gewonnen werden, die er als ›Grundgesetze‹ bezeichnete. Die reine Geometrie war zwar nach seiner Vorstellung »ein von aller Erfahrung unabhängiges Produkt des menschlichen Denkens« und deshalb auf »das Logisch-Formale« beschränkt. Sie konnte aber »ihres nur logisch-formalen Charakters dadurch entkleidet werden, daß den leeren Begriffsschemen der axiomatischen Geometrie erlebbare Gegenstände der Wirklichkeit (Erlebnisse) zugeordnet werden«. Zu diesem Zweck, so glaubte Einstein, mußte den wenigen grundlegenden Axiomen der Geometrie nur ein einziges weiteres Axiom hinzugefügt werden, nämlich der Satz:

> »Feste Körper verhalten sich bezüglich ihrer Lagerungsmöglichkeiten wie Körper der euklidischen Geometrie von drei Dimensionen; dann enthalten die Sätze der euklidischen Geometrie Aussagen über das Verhalten praktisch starrer Körper.«

Mit dieser Erweiterung um ein einziges zusätzliches Axiom sollte die nichtempirische axiomatische Wissenschaft der Geometrie in die empirische axiomatische Wissenschaft der Physik transformiert werden[49]. Leser, die mit Einsteins physikalischen Theorien vertraut sind, werden den gedanklichen Zusammenhang zwischen seinem Wissenschaftsbild und den Transformationsgleichungen der Relativitätstheorie sicher bemerken.

(2) Einsteins Texten läßt sich auch entnehmen, daß dieses axiomatische Wissenschaftsverständnis, dem er anhing, nicht nur seine Methode der Forschung, sondern sogar sein Forschungsziel selbst beeinflußte. Darin trat aus seiner Sicht ein wichtiger Unterschied zwischen der Experimentalphysik und der erst kürzlich emanzipierten theoretischen Physik zutage.

---

49 Einstein hat diese Vorstellung auch bei verschiedenen anderen Gelegenheiten zum Ausdruck gebracht. Vgl. z. B. den Artikel ›Was ist Relativitätstheorie‹ (1919) in: Albert Einstein, ›Mein Weltbild‹, S. 209 ff., 215; sowie ›Das Raum-, Äther- und Feld-Problem der Physik‹, a.a.O., S. 229 ff., 233. – Karl Popper hielt Einsteins Ansatz für möglich. Vgl. seine ›Logik der Forschung‹, Abschn. 17; ich habe Poppers Ansatz im Anhang 1 am Ende des Buchs näher erörtert (S. 257 ff.).

Im 19. Jahrhundert, in dem Einstein aufgewachsen war, hätte ein Experimentalphysiker seine Aufgabe beispielsweise darin sehen können, die Phänomene der Elektrizität zu erforschen. Er hätte dann vielleicht experimentelle Anordnungen ersonnen, um unter unterschiedlichen Bedingungen die wechselseitigen Abhängigkeiten von elektrischer Spannung, Stromstärke und Widerstand zu messen, und wäre so schließlich zur Formulierung des 1826 von Georg Ohm entdeckten Gesetzes gelangt, nach dem die Stromstärke dem Quotienten von Spannung und Widerstand entspricht ($I = U/R$).

Solche Bemühungen hat Einstein immer anerkannt. Sie waren aus seiner Sicht ein notwendiger, ja wichtiger Bestandteil der physikalischen Forschung. Aber sie waren nach seiner Überzeugung keineswegs das oberste Ziel der Wissenschaft, jedenfalls nicht das oberste Ziel der theoretischen Physik. In der theoretischen Physik ging es ihm nicht um die Entdeckung neuer physikalischer Effekte oder um die Anwendung der Naturgesetze auf neue Sachverhalte. Die Anwendung war zwar insofern wichtig, als sich aus ihr ergeben mußte, ob die Prinzipien, die die theoretische Physik entwickelt hatte, der Wirklichkeit auch entsprachen. Denn »alles Wissen über die Wirklichkeit geht von der Erfahrung aus und mündet in ihr«. Ein Widerspruch zum Erfahrungswissen durfte also nicht auftreten. Die eigentliche und wichtigste Aufgabe der theoretischen Physik lag aber in der Aufdeckung noch tieferer und weit bedeutenderer Wahrheiten. Sie sollte nämlich die unabhängigen ›Grundgesetze‹ der Wissenschaft erforschen und diese »so einfach und so wenig zahlreich als möglich … machen«, allerdings immer nur unter der Bedingung, deshalb nicht »auf die zutreffende Darstellung irgendwelcher Erfahrungsinhalte verzichten zu müssen«. Auch wenn also die Gedanken des theoretischen Physikers dem System galten, blieb doch die Erfahrung unter allen Umständen der oberste Richter.

Der Ansatz zeigt, daß die Aufdeckung von Erfahrungsinhalten nach Einsteins Wissenschaftsverständnis nicht das primäre Forschungsziel der theoretischen Physik, sondern ein Kriterium war, an dem die Ergebnisse ihrer Forschung zu messen waren. Sie war kein Zweck, sondern vielmehr ein Mittel, um das weitergehende Ziel zu verwirklichen. Dieses weitergehende Ziel lag darin, die gemeinsamen Prinzipien, die den bekannten Erfahrungen zugrunde liegen, zu entdecken und immer weiter zu reduzieren. In einem anderen Vortrag hat er einmal formuliert[50]:

> »Höchste Aufgabe der Physiker ist also das Aufsuchen jener allgemeinsten elementaren Gesetze, aus denen durch reine Deduktion das Weltbild zu gewinnen ist. Zu diesen elementaren Gesetzen führt kein logischer Weg, sondern nur die auf Einfühlung in die Erfahrung sich stützende Intuition.«

Aus den ›Grundgesetzen‹ der Natur, die auf diesem Wege erschlossen werden sollten, mußte dann nach seiner Vorstellung ohnehin alles weitere von selbst folgen. Denn, so glaubte er[51],

> »nach unserer bisherigen Erfahrung sind wir ... zum Vertrauen berechtigt, daß die Natur die Realisierung des mathematisch denkbar Einfachsten ist. Durch rein mathematische Konstruktion vermögen wir ... diejenigen Begriffe und diejenigen gesetzlichen Verknüpfungen zwischen ihnen zu finden, die den Schlüssel für das Verstehen der Naturerscheinungen liefern. ... Das eigentlich schöpferische Prinzip liegt ... in der Mathematik.«

Dieses »mathematisch denkbar Einfachste« können nach den vorausgegangenen Erklärungen nur die dem System zugrundeliegenden Axiome sein.

In Einsteins Vorstellung war also die ganze Physik ein komplexes System teils bekannter, teils noch zu entdeckender wahrer Aussagen, denen ein gemeinsames, der Menschheit aber leider noch weitgehend unbekanntes Prinzip zugrunde liegt. Wir können uns sein Wissenschaftsbild vielleicht anschaulich machen, indem wir das Gebiet der Physik insgesamt, bekannt oder unbekannt, mit einem sehr großen und sehr kunstvollen Teppich vergleichen, von dem wir zwar einzelne Flecken sehen und fassen können, ohne aber bisher das Grundmuster zu erkennen, nach dem er geknüpft wurde. Hätten wir dieses erst einmal erkannt, dann könnten wir auch die noch fehlenden Flächen ohne Schwierigkeit ergänzen. Die spezielle Re-

---

50 Albert Einstein, ›Prinzipien der Forschung‹, Rede zum 60. Geburtstag von Max Planck, in: Albert Einstein, ›Mein Weltbild‹ S. 175 ff., 178.
51 S. o. Kap. 1, III, 2 (S. 57).

lativitätstheorie hatte uns zwar ein kleines Element dieses Grundmusters verraten, nicht zuletzt im Prinzip der Konstanz der Lichtgeschwindigkeit und in der Formel $e = mc^2$ die, wie Einstein glaubte, mit ihr unmittelbar zusammenhing[52]. Und in der allgemeinen Relativitätstheorie waren durch die Erweiterung der Anwendung auf alle Formen der Bewegung, also auch auf die beschleunigte Bewegung, noch allgemeinere Prinzipien erkennbar geworden. Aber das wirklich *universelle* Prinzip, das allem zugrunde lag, hatte sich noch nicht offenbart.

Deshalb hätte erst die allgemeine Feldtheorie, nach der Einstein in fast vier Jahrzehnten suchte, dann zu noch grundlegenderen Prinzipien, ja, wie er hoffte, schließlich sogar zu der letzten ›Weltformel‹ führen sollen, die allen physikalischen Wahrheiten zugrunde liegen mußte. Damit wäre das eine fundamentale Axiom, also »die Realisierung des mathematisch denkbar Einfachsten« in der Natur erkannt und die weitere Vollendung des axiomatischen Gebäudes der theoretischen Physik so einfach gewesen, wie die Vollendung eines Teppichs, dessen Grundmuster bekannt ist. Der Gewinn für die Wissenschaft müßte unermeßlich sein, wenn anstelle mühselig tastender Einzelschritte mit einem Schlag das Prinzip des Ganzen sichtbar wäre und wir die fehlenden Teile durch reine Deduktion ergänzen könnten.

Einsteins Bild der wissenschaftlichen Forschung war also nicht an einzelnen physikalischen Entdeckungen orientiert, die sich praktisch anwenden lassen und das Leben erleichtern, und die deshalb auch wirtschaftliche Erfolge nach sich ziehen. Radiowellen, Laserstrahlen oder dergleichen interessierten ihn allenfalls am Rande. Er hat die praktische Anwendung der Physik nie ernsthaft gesucht, den auf ihr beruhenden wirtschaftlichen Erfolg kaum[53]. Sein Ziel war nicht das breite Detailwissen, sondern die Tiefe der wissenschaftlichen Erkenntnis. Der Wissenschaftler, der die großen, einheitlichen und tragenden Prinzipien der Wissenschaft aufdeckt, aus denen dann wieder andere Erkenntnisse folgen, war sein Ideal.

---

52   Dazu näher unten Kap. 3, III, 2 (S. 99 ff.).

53   Ganz immun scheint auch Einstein gegenüber den Versuchungen des Geldes nicht gewesen zu sein. Vgl. Albrecht Fölsing, ›Albert Einstein – Eine Biographie‹, S. 446 ff., 450 ff.

Wir werden später sehen, daß er auch damit in seiner Zeit keineswegs alleinstand. Max Planck hing ähnlichen Vorstellungen an, und wir dürfen sicher annehmen, daß sie einem Wissenschaftsbild entsprachen, das damals in der Physik, jedenfalls in der theoretischen Physik, weit verbreitet war. Sonst hätte Einstein es wohl kaum als so selbstverständlich vorausgesetzt.

III

Zurück zur axiomatischen Methode. Einsteins Vorstellung, eine ›exakte‹ Wissenschaft müsse von zuverlässig gesicherten Grundlagen ausgehen, um von dort aus sozusagen *more geometrico* zu neuen wissenschaftlichen Erkenntnissen vorzudringen, war in den ersten Jahren des 20. Jahrhunderts durchaus nicht ungewöhnlich. Gerade in der Physik entsprach sie einer unter Physikern und Mathematikern als völlig selbstverständlich vorausgesetzten Meinung – so selbstverständlich, daß sie, von seltensten Ausnahmen abgesehen[54], zu Einsteins Zeit überhaupt nicht in Frage gestellt wurde. Sie beruhte auf der jahrtausendealten Faszination der euklidischen Geometrie, zu der auch Einstein sich wiederholt und ausdrücklich bekannt hat. Ich erinnere an seine Worte[55]:

> »Wen dies Werk in seiner Jugend nicht zu begeistern vermag, der ist nicht zum theoretischen Forscher geboren.«

(*1*) Die Wurzeln dieser Überzeugung liegen tief in der Geschichte. Seit Aristoteles war, von wenigen Ausnahmen abgesehen, jeder Philosoph, der sich mit Erkenntnistheorie befaßte, davon ausgegangen, daß wirkliche Erkenntnis nur von wirklich zuverlässig gesicherten Grundlagen ausgehen kann, auf denen sie, methodisch und nach festen Regeln vorgehend, Schritt für Schritt, Stein für Stein mit größtmöglicher Sorgfalt das

---

54 Zu diesen zählte insbesondere Henri Poincaré mit seinem Werk ›Wissenschaft und Hypothese‹.

55 Albert Einstein, ›Zur Methodik der theoretischen Physik‹, in: Albert Einstein, ›Mein Weltbild‹ S. 185, zitiert oben in Kap. 1, III, 2 (S. 54).

große und unerschütterliche Gebäude der Wissenschaft errichtet. Das galt als so selbstverständlich, daß die Voraussetzung kaum je in Frage gestellt wurde. Man nahm an, jeder einzelne Schritt der wissenschaftlichen Erkenntnis müsse sich nach solchen Regeln vollziehen und insofern ›gerechtfertigt‹ werden. Der Meinungsstreit in der Erkenntnistheorie betraf deshalb jahrhundertelang nicht den Vorgang des wissenschaftlichen Erkennens selbst, sondern die Frage, woraus die Fundamente bestehen, auf denen das Gebäude errichtet wird. Den einen waren es die Gesetze der Logik, die auch als ›Denkgesetze‹ bezeichnet wurden und ein *a priori* richtiges Wissen begründen sollten; den anderen war es die Erfahrung oder die Intuition. Aber unter dem überwältigenden Eindruck der Überzeugungskraft der euklidischen Geometrie waren die meisten Philosophen sich jedenfalls in dem Punkt einig, daß nur feste und wirklich zuverlässig gesicherte Fundamente zum Ausgangspunkt wissenschaftlicher Erkenntnis taugen.

Besonders Descartes (1596–1650) hat die Gedankenwelt der europäischen Philosophie in diesem Sinne geprägt. Ihm selbst war es gelungen, die Methoden der Algebra auf die euklidische Geometrie zu übertragen und so eine Vorstufe der heutigen analytischen Geometrie zu entwickeln, die sich gerade zur Darstellung physikalischer Prozesse vorzüglich eignete. Dieser große Erfolg bestärkte ihn in dem Eindruck, die axiomatische Methode müsse universell gültig sein. Seine Forderung, jeder Erkenntnis nur die von allen Irrtümern gereinigte, klare, deutliche, intuitive und unterscheidbare Anschauung, die *perceptio clara et distincta* zugrunde zu legen, ist aus dieser Sicht naheliegend. Sie bringt auch den axiomatischen Ansatz seiner Erkenntnistheorie klar zum Ausdruck. Und sein Vorschlag, die gesicherte und zuverlässige Erkenntnis *cogito ergo sum* als Ausgangspunkt zu wählen, war nichts anderes als ein Versuch, das eine grundlegende, intuitiv einsichtige und deshalb unbezweifelbare Axiom zu formulieren, auf dem jede wahre Erkenntnis beruhen mußte. Mit ihr sollte die gesamte empirische Wissenschaft auf ein den Axiomen der Geometrie vergleichbares, ›absolut sicheres und unbestreitbares‹ Fundament gestellt werden.

Descartes' Einfluß auf die europäische Philosophie war unermeßlich[56]. In dem dargelegten axiomatischen Ansatz sind ihm selbst Philosophen gefolgt, die sonst in fast allen Punkten anderer Meinung waren. Thomas Hobbes (1588–1679), der ihn noch persönlich kannte, war von seiner Methode tief beeindruckt; das stufenweise Vorgehen von Geometrie und Mathematik erschien ihm schlechthin als Vorbild jeder Wissenschaft, und ihre Grundlage war die Definition. Spinoza (1632–1677) wollte sogar die Ethik auf eine axiomatische Grundlage stellen[57]. Leibniz (1646–1716) sah die Regeln der Logik als *a priori* gültiges Wissen an, von dem die Erkenntnis der Natur auszugehen hatte, und erklärte den Irrtum allein aus menschlicher Unvollkommenheit[58]. Selbst Kant (1724–1804), der als einziger etwa seit 1770 in seinen großen vernunftkritischen Schriften einen grundsätzlich anderen Ansatz verfolgte, glaubte trotzdem ohne ein *a priori* gültiges Wissen nicht auskommen zu können, und bewahrte darin noch ein letztes Relikt des axiomatischen Denkansatzes, auf das ich später zurückkommen werde[59]. Die großen angelsächsischen Empiristen Bacon (1561–1626), Locke (1632–1704) und Hume (1711–1776) gingen zwar insofern andere Wege, als nach ihren Theorien kein *a priori* gültiges Wissen, sondern die Erfahrung Grundlage der Erkenntnis sein sollte. Auch sie unterstellten aber damit, daß das Wissen, auf dem die Wissenschaft aufbauen sollte, ein – eben durch die Erfahrung – zuverlässig gesichertes Wissen sein mußte, und gerieten so in die logischen Turbulenzen des Induktivismus, die wir im ersten Kapitel gesehen haben. Der Wechsel des Standpunktes, den sie vollzogen, änderte nichts an den logischen

---

56 Zu Descartes' Einfluß vgl. besonders Karl Popper in: Karl Popper/John C. Eccles, ›Das Ich und sein Gehirn‹, S. 220 ff.

57 Besonders in seiner *Ethica Ordine Geometrico demonstrata*.

58 Vgl. z. B. Gottfried Wilhelm Leibniz, ›Nouveaux essais sur l'entendement humain‹, dort Buch IV Kap. II, ›Des degrés de nostre connoissance‹, wo er zwischen ›Vernunftwahrheiten‹ und ›Tatsachenwahrheiten‹ unterschied, sowie Kap. XX, ›De l'erreur‹.

59 S. 128. – Nach Poppers Interpretation war Kant von Newtons Theorie so überzeugt, daß er einen Zweifel nicht für möglich hielt. Vgl. Karl Popper, ›Über die Eigenart von philosophischen Problemen und über ihre Wurzeln in der Naturwissenschaft‹, in: Karl Popper, ›Vermutungen und Widerlegungen‹, Bd. I, S. 96 ff., 135 f.; ders., ›Über die Stellung der Erfahrungswissenschaft und der Metaphysik‹, a.a.O., S. 269 ff., 277 ff.

Prinzipien der axiomatischen Methode. Selbst Karl Popper (1902–1994) hat sich trotz seines Ausgangs von der Kantschen Theorie manchmal nur schwer von den kartesischen Denkansätzen gelöst und hat das wohl auch selbst so gesehen[60].

Wie stark Descartes' Einfluß auch in der theoretischen Physik des 19. und 20. Jahrhunderts noch gewesen sein muß, läßt sich an einem Vortrag über *Sinn und Grenzen der exakten Wissenschaft* ermessen, den Max Planck 1941 in Berlin hielt. Planck stellte die Frage, wie für den »Aufbau der exakten Wissenschaft« ein Ausgangspunkt zu gewinnen sei, »der jeder Kritik gegenüber standhält«, und fuhr dann fort[61]:

> »Mit anderen Worten: wir müssen unser Augenmerk richten nicht auf das, was wir gerne wissen möchten, sondern zunächst einmal auf das, was wir sicherlich wissen. – Was ist nun unter allem, was wir wissen und was wir uns gegenseitig mitteilen können, das allersicherste, das, was nicht dem geringsten Zweifel unterliegt? Darauf gibt es nur eine einzige Antwort: es ist das, was wir selber an unserem eigenen Leibe erfahren.«

Das war – mitten im 20. Jahrhundert und von einem der berühmtesten Wissenschaftler seiner Zeit formuliert – nichts anderes als das *cogito ergo sum* der kartesischen Lehre, nämlich das eine intuitiv einsichtige und deshalb unbezweifelbare Axiom, das allem zugrunde lag. Nach Max Plancks Text hätte man annehmen können, die Erkenntnistheorie sei vor 300 Jahren stehengeblieben.

Auch die Trennungslinie zwischen Logik und Mathematik auf der einen und empirischer Wissenschaft auf der anderen Seite wurde anders gezogen, als wir sie heute ziehen würden. In der modernen Wissenschaftstheorie erscheint die scharfe Unterscheidung zwischen

---

60 Vgl. z. B. ›Beyond the Search for Invariants‹, in: Karl Popper, ›The World of Parmenides‹, S. 146 ff., wo er im Abschnitt über ›Knowledge without Foundations‹ (S. 152 f.) darlegt, wie er erst kürzlich durch Imre Lakatos zu der Überzeugung geführt worden sei, daß selbst die Mathematik keine ›Grundlagen‹ (›foundations‹) habe. Dazu näher unten Anhang 1, II (S. 263 ff.).

61 Max Planck, ›Sinn und Grenzen der exakten Wissenschaft‹, in: ›Vorträge und Erinnerungen‹, 5. Aufl. (1949), S. 363 ff.

72

einer Aussage und ihrem Gegenstand als (hoffentlich) selbstverständlich; aber zu Beginn des 20. Jahrhunderts war das durchaus nicht in gleichem Maße der Fall. Diese Unterscheidung ist eigentlich eine Entdeckung, die wir vor allem den *Principia Mathematica* von Whitehead und Russell (1910) und Alfred Tarskis Trennung verschiedener Sprachebenen, von ihm als ›Sprache‹ und ›Metasprache‹ bezeichnet, verdanken.

Als Einstein seine spezielle Relativitätstheorie formulierte und die zitierten Vorträge hielt, waren solche Abgrenzungen noch unbekannt. Man vertraute der seit Leibniz und Kant überlieferten Unterscheidung zwischen Erkenntnis *a priori* und *a posteriori* und zwischen ›analytischen Urteilen‹, die sich auf das Subjekt des Satzes bezogen, und ›synthetischen Urteilen‹, die ihm durch das Prädikat neu hinzugefügt wurden. Diese eher formale Abgrenzung, die mehr an den Äußerlichkeiten des Satzbaus als am Gegenstand der Erkenntnis ansetzte, war wenig anschaulich und dementsprechend kaum geeignet, ein allgemeines Verständnis für den Unterschied zwischen Axiomatik und Empirie zu wecken.

Deshalb war der Glaube an die axiomatische Methode zu Einsteins Zeit durchaus nicht ungewöhnlich. Im Gegenteil, diese Methode galt insbesondere in der Physik als völlig selbstverständlich. Denn die Physik galt ja ihrerseits als Basis der empirischen Wissenschaften. Wenigstens sie, so dachte man, sollte nicht bloße ›Meinung‹, sondern eine ›exakte Wissenschaft‹ sein, wenn schon die anderen Wissenschaften, insbesondere die Geisteswissenschaften, sich immer wieder im Nebel der Spekulation verloren. Damit dieses hohe Ziel der Exaktheit nicht gefährdet werde, sollte die Physik jeder Versuchung der Spekulation entsagen und ihre Aussagen tugendhaft auf das beschränken, was wir wirklich zuverlässig wissen. Also sollte sie nur von wirklich gesicherten Grundlagen ausgehen. Einer der berühmtesten Physiker des 19. Jahrhunderts, James Clerk Maxwell (1831–1879), der sowohl für Max Planck als auch für Einstein in vieler Hinsicht Vorbild gewesen zu sein scheint, war nach Stil und Aufbau seiner Untersuchungen und durch seinen Glauben an die Möglichkeit einer physikalischen Beweisführung ganz deutlich als

Anhänger dieser axiomatischen Methode zu erkennen. Ich komme auf ihn zurück[62].

(2) Trotzdem war aber das axiomatische Wissenschaftsverständnis eigentlich schon in der ersten Hälfte des 19. Jahrhunderts in Schwierigkeiten geraten, und zwar vor allem durch die Entdeckung der nichteuklidischen Geometrien. Empfindsame Naturen mögen das gespürt haben, auch wenn sie es vielleicht nicht deutlich artikulieren konnten. Und diese Schwierigkeiten stürzten auch das Selbstverständnis der Physik in eine tiefe Krise.

Euklids Lehren waren im dritten Jahrhundert vor Christus entstanden. In den mehr als zwei Jahrtausenden, die seitdem vergangen waren, hatte es immer nur *eine* Geometrie gegeben, die seit der Entwicklung der analytischen Geometrie auch mit der Algebra und der Mathematik der Zahlen zu einer einzigen, alles umfassenden mathematischen Wissenschaft verschmolzen war. In allen Zweigen dieser Wissenschaft konnte man Aussagen gewinnen, deren Richtigkeit beweisbar war. Unter dieser Voraussetzung erschien es fast selbstverständlich, wenigstens aber plausibel und naheliegend, daß die Axiome einer so außerordentlich überzeugenden Wissenschaft zuverlässig gesicherte Wahrheiten enthielten, die deshalb geeignet sein mußten, allen anderen wissenschaftlichen Erkenntnissen als festes Fundament zu dienen. Die Geometrie galt als Vorbild jeder ›exakten Wissenschaft‹. Und aus ihr war die wissenschaftliche Physik hervorgegangen. Galileis Formulierung der Fallgesetze, Keplers Entdeckung der Gesetze der Planetenbewegungen und Newtons Gravitationstheorie hatten auch in der Zeit nach Descartes alle Wissenschaftler jahrhundertelang in der Überzeugung bestärkt, die Physik sei in demselben Sinne wie die Geometrie eine ›exakte Wissenschaft‹[63]. Gerade die Exaktheit schien ihre Wissenschaftlichkeit auszumachen. Jeder Mathematiker war immer zugleich auch Physiker und jeder Physiker war auch und oft sogar

---

62 Näher unten, Kap. 5 (S. 143 ff.).
63 Vgl. dazu ausführlich Karl Popper, ›Über die Stellung der Erfahrungswissenschaft und der Metaphysik‹, in: Karl Popper, ›Vermutungen und Widerlegungen‹, Bd. I, S. 269 ff., 277 ff.

in erster Linie Mathematiker. Er lehrte die Gesetze der Mathematik und der Geometrie und verwies auf Beispiele der klassischen Mechanik und der Optik, um ihren praktischen Nutzen zu demonstrieren.

Daß der Schwerpunkt der Physik in mathematischen Berechnungen gesehen wurde, war auch besonders naheliegend. Denn der greifbarste Fortschritt, den Keplers und Newtons Theorien gebracht hatte, zeigte sich ja gerade in der kaum glaublichen mathematischen Genauigkeit der Vorhersagen, die sie ermöglichten. Zugleich war dies der Fortschritt, der sich besonders eindrucksvoll demonstrieren und didaktisch vermitteln ließ. Sogar vorher unbekannte Planeten, Neptun und Pluto, waren mit Hilfe dieser Theorien entdeckt worden. Man darf sich nicht wundern, wenn solche Leistungen den Zeitgenossen geradezu als Offenbarung erschienen. So diente die Physik, zumal wenn sie den Schülern höherer Gesellschaftsschichten gelehrt wurde, häufig nur als Mittel, um Nützlichkeit und Anwendungsmöglichkeiten der Mathematik deutlich zu machen. Sie war eine Hilfswissenschaft, aber der Primat lag eindeutig bei der Mathematik. Um das wissenschaftliche Selbstbewußtsein derjenigen, die ihren Anforderungen an Exaktheit nicht genügen konnten, war es deshalb schlecht bestellt. Unter der Herrschaft der Newtonschen Theorie war die Welt der Physiker zumindest nach außen eine wohlgeordnete, geschlossene Welt, in der die Regeln der Mathematik, der Geometrie und der Logik oberstes Gesetz waren.

(3) Diese heile Welt der Mathematiker-Physiker wurde aber in der ersten Hälfte des 19. Jahrhunderts in ihren Grundfesten erschüttert, als Carl Friedrich Gauß, Nikolai Lobatschewskij und János Bolyai weitgehend unabhängig voneinander die sphärische Geometrie entdeckten und die Möglichkeit weiterer nichteuklidischer Geometrien demonstrierten. Diese großen Mathematiker setzten in ihren ›alternativen‹ Gedankensystemen erstmals ganz andere Axiome voraus, als die euklidische Geometrie. Sie stellten insbesondere das schon erwähnte Parallelenaxiom in Frage, das bereits der euklidischen Geometrie als problematisch gegolten hatte, weil es der unmittelbaren Anschauung nicht zugänglich war, und ersetzten es durch andere Axiome, die wiederum in der euklidischen Geometrie

keine Gültigkeit haben konnten. Auf der Grundlage dieser Axiome gelangten sie auch zu ganz anderen Ergebnissen, als die euklidische Geometrie. Sie schufen geometrische Systeme, in denen die kürzeste Verbindung zweier Punkte keine Gerade war, in denen durch einen Punkt außerhalb einer Geraden nicht nur eine, sondern mehrere Linien gezogen werden konnten, die sich mit dieser Geraden nicht schnitten, und in denen die Winkelsumme im Dreieck mehr oder weniger als 180° betragen konnte. Und es gelang ihnen, auf der Grundlage der so veränderten Axiome ebenso schlüssige Beweise zu führen und in sich widerspruchsfreie axiomatische Systeme zu errichten, wie die euklidische Geometrie. Trotzdem unterschieden sich diese nichteuklidischen Geometrien von der euklidischen Geometrie nicht nur in den Axiomen, sondern auch in den Ergebnissen.

Für die physikalische Erkenntnistheorie ergab sich daraus eine grundlegend veränderte Fragestellung. Wenigstens hätte sie sich ergeben sollen. Denn wenn mehrere voneinander unabhängige axiomatische Systeme nebeneinander bestehen und zu unterschiedlichen Ergebnissen führten konnten, obwohl jedes die gleiche innere Schlüssigkeit aufwies, dann war damit das axiomatische Wissenschaftsverständnis selbst in Frage gestellt.

Das axiomatische Wissenschaftsverständnis ging ja, wie wir gesehen haben, ursprünglich von der Vorstellung aus, daß die grundlegenden Axiome einer Wissenschaft deshalb keiner weiteren Begründung mehr bedürfen, weil sie *unmittelbar einsichtig* sind und ihre Wahrheit sich durch die zwingende logische Deduktion automatisch und ausnahmslos auf die von den Axiomen abgeleiteten Schlußfolgerungen überträgt. Die grundlegende Voraussetzung, auf der die Theorie stillschweigend aufbaute, bestand also in der Annahme, daß die Axiome wahr sein müssen und daß diese Wahrheit wirklich zuverlässig gesichert sein muß. Die gesamte Wissenschaft war nach dieser Vorstellung als ein System wahrer Sätze zu verstehen, und die Wahrheit der ihm zugrundeliegenden Axiome sollte zugleich Garant für die Wahrheit der aus ihnen gezogenen Schlußfolgerungen und für deren Widerspruchsfreiheit und wechselseitige Vereinbarkeit sein. Ein Irrtum war nach dieser Vorstellung nur als logischer Fehler und daher nur als Ausdruck menschlicher Unzulänglichkeit möglich, denn die Wahrheit der Prämissen stand fest.

Wenn aber, wie die neuen geometrischen Lehren von Gauß, Lobatschewskij und Bolyai behaupteten, mehrere axiomatische Systeme gleichberechtigt nebeneinander bestehen konnten, die auf unterschiedlichen Axiomen beruhten, aus diesen Axiomen unterschiedliche Ergebnisse ableiteten und dennoch jeweils gleichermaßen schlüssig und in sich widerspruchsfrei waren, dann war diese stillschweigende Voraussetzung nicht mehr gültig; dann stellte sich zwangsläufig doch wieder die Frage nach der Wahrheit der Axiome. Es genügte nämlich dann nicht mehr, daß die Wahrheit der grundlegenden Axiome einer Wissenschaft, wie etwa des euklidischen Axioms, die Gerade sei die kürzeste Linie zwischen zwei Punkten, unmittelbar einsichtig ist. Denn ebenso unmittelbar einsichtig war beispielsweise in der sphärischen Geometrie die Aussage daß die kürzeste Verbindung zwischen zwei Punkten keine Gerade sein kann, weil die sphärische Geometrie keine Geraden kennt. Also mußte man sich zwischen beiden Axiomen entscheiden.

Das bedeutete aber, daß die Axiome verschiedener Geometrien sozusagen miteinander konkurrierten. Die Frage nach ihrer Begründung ließ sich also letztlich doch nicht vermeiden. Nur, worin sollte diese Begründung liegen? Und selbst wenn man auf eine Begründung hätte verzichten wollen, mußte doch, sofern die axiomatische Methode beibehalten werden sollte, wenigstens eine Auswahl zwischen den verschiedenen Axiomen getroffen werden. Aber nach welchen Maßstäben sollte diese Auswahl erfolgen, wenn die axiomatische Methode selbst keine Kriterien lieferte? Das war eine der grundlegenden Fragestellungen der Wissenschaftstheorie des ausgehenden 19. Jahrhunderts. Sie wurde zwar nur von wenigen deutlich gesehen, lag aber trotzdem gewissermaßen in der Luft[64].

(4) Wegen der dargestellten Fragestellung hätte das erkenntnistheoretische Programm einer vollständig axiomatisierten Wissenschaft eigentlich

---

64 Zu den wenigen, die sie sahen, zählte Poincaré; vgl. Henri Poincaré, ›Wissenschaft und Hypothese‹ S. 48–52.

schon in der ersten Hälfte des 19. Jahrhunderts endgültig zusammenbrechen müssen. Denn nach der Entdeckung der nichteuklidischen Geometrien ließ sich die Frage nach der Wahrheit der Axiome nicht mehr vermeiden. Aber die Wissenschaft braucht manchmal viel Zeit, um solche Ergebnisse zu verarbeiten.

Der Widerspruch zwischen dem axiomatischen Wissenschaftsverständnis, das nur ein System kennt, und der Existenz konkurrierender axiomatischer Systeme, die prinzipiell gleichwertig sind, ist unauflöslich. Auch Einstein hat ihn niemals aufgelöst. Es ergibt sich vielmehr der Eindruck, als habe er ihn einfach nur übersehen. In seinen Schriften habe ich jedenfalls keine Anzeichen dafür gefunden, daß er ihn bemerkt haben könnte[65]. Wir dürfen auch nicht unterstellen, daß eine wissenschaftliche Erkenntnis, die uns heute überzeugt, damals schon mit ihrer ersten Entdeckung schlagartig auch von der gesamten Wissenschaft anerkannt und rezipiert wurde. Menschen sind keine Computer. Der Weg zur Durchsetzung wissenschaftlicher Theorien ist leider oft mühselig und dornenvoll. Besonders dornenvoll ist er, wenn es darum geht, entferntere Konsequenzen einer neuen Theorie zu erkennen und anzuwenden. Wir sehen zwar heute, daß die Entdeckung nichteuklidischer Geometrie dem Forschungsprogramm einer vollständig axiomatisierten Wissenschaft entgegensteht. Aber das bedeutet nicht, daß damalige Anhänger dieses Programms deswegen auch das axiomatische Wissenschaftsverständnis sofort bereitwillig aufgegeben hätten. Die Konsequenzen, die sich aus der Entdeckung nichteuklidischer Geometrien ergaben, erschlossen sich zum einen nicht von selbst, sondern mußten zunächst erarbeitet werden. Und zum anderen fiel es manchem Wissenschaftler verständlicherweise schwer, sich von überkommenen Vorstellungen zu trennen.

Zu Beginn des 20. Jahrhunderts, als Einstein seine spezielle Relativitätstheorie formulierte, war der Glaube an die axiomatische Methode

---

65 Seine Annahme, ein gekrümmter Raum könne nur in einem nichtkartesischen Koordiantensystem dargestellt werden (Albert Einstein, ›Grundzüge der Relativitätstheorie‹, S. 63 f.), deutet vielmehr darauf hin, daß er den nichteuklidischen Geometrien jeweils selbständige empirische Wahrheitsgehalte beimaß. Vgl. dazu mein ›Popper *versus* Einstein‹, S. 79 f. Aber zuverlässige Anhaltspunkte finden sich nicht.

jedenfalls noch ungebrochen. Er hatte sogar erst kürzlich nochmals neue Nahrung erhalten, als David Hilbert 1899 den Beweis für die Unabhängigkeit und Widerspruchsfreiheit der euklidischen Axiome erbrachte und daraufhin auch die Axiomatisierung der Algebra in Angriff nahm[66]. Um 1910 unternahmen dann A. N. Whitehead und Bertrand Russell in ihren *Principia Mathematica* den großangelegten Versuch, die gesamte Mathematik vollständig auf Axiome der Logik zurückzuführen und damit ein geschlossenes logizistisches Gebäude der nichtempirischen Wissenschaften zu errichten. Sie unterschieden sorgfältig zwischen einer Aussage und ihrem Gegenstand, und schufen damit die ersten Voraussetzungen, aus denen Alfred Tarski später seine Theorie unterschiedlicher Sprachebenen, der Objektsprache und der Metasprache entwickeln konnte. Aber auch ihrem Versuch lag noch die Vorstellung zugrunde, daß Mathematik und Logik ein einheitliches, in sich geschlossenes und widerspruchsfreies System von Sätzen sein müssen, und daß deshalb eine wichtige Aufgabe der Wissenschaft darin zu bestehen habe, die dem System zugrundeliegenden Axiome aufzufinden und zu formulieren. Die Vorstellung, daß Logik und Mathematik überhaupt keine Systeme, sondern prinzipiell offen sein könnten, war ihnen noch völlig fremd[67].

Trotz der Entdeckung der nichteuklidischen Geometrien war so, nach einer treffenden Beschreibung von Ernest Nagel und James R. Newman, zur Zeit der Jahrhundertwende durch immer neue Anwendungen der axiomatischen Methode »ein geistiges Klima geschaffen worden, in welchem stillschweigend vorausgesetzt wurde, daß es möglich ist, jeden Sektor der Mathematik mit einem Satz von Axiomen zu versehen, der es erlaubt, die unendliche Gesamtheit wahrer Aussagen über den betreffenden Bereich systematisch zu entwickeln«[68]. Diese Vorstellung sollte erst 1931 endgültig zusammenbrechen, als Kurt Gödel in seinem berühmten Aufsatz *Über formal unentscheidbare Sätze der Principia Mathmatica und verwandter Systeme* den mathematisch zwingenden Beweis dafür

---

66 David Hilbert, ›Grundlagen der Geometrie‹.

67 Auch Karl Popper hat sich erst allmählich zu dieser Ansicht durchgerungen. Vgl. oben Kap. 2, III, 1 (S. 72), Fußn. 61 sowie unten Anhang 1, II (S. 263 ff.).

68 Nagel/Newman, ›Gödel's Proof‹, S. 6 (meine Übersetzung).

erbrachte, daß es unmöglich ist, selbst ein einfaches System wie die gewöhnliche Mathematik der ganzen Zahlen vollständig zu axiomatisieren. Darüber hinaus bewies Gödel, daß die innere Widerspruchsfreiheit eines sehr komplexen deduktiven Systems, wie beispielsweise des Systems der elementaren Mathematik, nicht bewiesen werden kann, ohne Prinzipien der Beweisführung einzuführen, die ihrerseits so komplex sind, daß ihre Widerspruchsfreiheit den gleichen Zweifeln ausgesetzt ist, wie die des zu untersuchenden Systems[69].

(5) Es zählt zu den merkwürdigen Ungereimtheiten in Einsteins Leben, daß er aus dem Gödelschen Beweis nie erkennbare Konsequenzen zog. Er kannte diesen Beweis, denn in Princeton war er mit Kurt Gödel sogar eng befreundet. Aber nichts deutet darauf hin, daß er zwischen Gödels berühmtem Beweis und seinem eigenen Lebenswerk einen Zusammenhang hergestellt hätte. Es scheint sogar im Gegenteil so gewesen zu sein, daß es ihm gelang, Gödel selbst, der zu dieser Zeit allerdings schon ernsthaft erkrankt war, vollständig auf die Seite der Relativitätstheorie hinüberzuziehen[70]. Aber warum hat Einstein, der doch der Mathematik so große Bedeutung beimaß, aus Gödels Beweis keine Konsequenzen gezogen? Ihm mußte sich vielleicht nicht unmittelbar aufdrängen, daß dieser Beweis auch für seine Relativitätstheorie relevant war, denn er selbst sah in deren Formeln noch keine wirklich grundlegenden Axiome der Wissenschaft, sondern nur eine Vorstufe zu weiterer Erkenntnis. Deshalb suchte er ja weiter nach der einheitlichen Feldtheorie und der ›Weltformel‹. Aber welche Hoffnung konnte er noch haben, daß diese Suche jemals erfolgreich sein würde, nachdem Gödel mathematisch *bewiesen* hatte, daß es unmöglich ist, selbst ein so einfaches System wie die gewöhnliche

---

69 Kurt Gödel, ›Über formal unentscheidbare Sätze der Principia Mathmatica und verwandter Systeme‹, Monatshefte für Mathematik und Physik, Bd. 38. Ich selbst habe Gödels Beweis nur in der Darstellung von Nagel/Newman, ›Gödel's Proof‹, geprüft, der ich auch hier folge. Zu den im Text zitierten Folgerungen vgl. dort S. 6.

70 Dazu näher Palle Yourgrau, ›Gödel, Einstein und die Folgen‹, S. 120 ff. Auch Yourgrau erwähnt mit keinem Wort, daß Einstein aus Gödels Beweis für seine eigene Arbeit irgendwelche Folgerungen gezogen hätte.

Mathematik der ganzen Zahlen vollständig zu axiomatisieren? Die damit aufgedeckten engen Grenzen einer Axiomatisierung wurden schon mit der speziellen Relativitätstheorie nachhaltig überschritten, von der allgemeinen Relativitätstheorie ganz zu schweigen.

Warum suchte Einstein trotzdem weiter nach den grundlegenden Axiomen? Darin liegt ein großes Rätsel. Hätte er seine Suche nicht aufgeben müssen? Wir haben gesehen, daß nach seiner Vorstellung die Einführung eines *zusätzlichen* Axioms erforderlich war, um die Regeln der euklidischen Geometrie auf die Physik zu übertragen[71]. Schon damit war Hilberts Beweis nicht mehr anwendbar und die ohnehin problematische Axiomatisierung wurde nochmals weiter erschwert. Und wie konnte die Widerspruchsfreiheit einer so hochkomplexen Theorie, wie etwa der allgemeinen Relativitätstheorie, angesichts des Gödelschen Beweises mathematisch dargestellt werden, wenn die Beweisführung selbst mindestens so komplex sein mußte wie die Theorie?

Solche Fragen drängen sich eigentlich auf. Einstein scheint sie sich aber nie gestellt zu haben. Seine Schriften ergeben keinerlei Anhalt dafür, daß er jemals versucht hätte, die logischen Konsequenzen des Gödelschen Beweises für seinen eigenen Forschungsbereich zu durchdenken. Daß sie seinen gesamten Forschungsansatz widerlegten, war ihm schlicht und einfach entgangen. Und auch nach ihm hat kein anderer theoretischer Physiker diese Konsequenzen gesehen. In der heutigen theoretischen Physik werden sie nicht einmal erörtert.

Vielmehr liegen die Dinge offenbar so, daß die theoretische Physik sich bis zum heutigen Tage niemals über die immanenten Grenzen mathematischer Beweisführung Rechenschaft abgelegt hat, die durch den Gödelschen Beweis sichtbar geworden sind. Es scheint seit Einstein keinen einzigen theoretischen Physiker gegeben zu haben, der willens und in der Lage gewesen wäre, die theoretischen Grundfragen der eigenen Disziplin zu formulieren und unter Berücksichtigung der neueren Erkenntnisse der Mathematik selbständig und kritisch zu durchdenken. Der Gödelsche Beweis, der ja immerhin als mathematischer Strengbeweis anerkannt ist,

---

71 Vgl. die in Kap.1, III (S. 49 ff.) zitierten Textausschnitte.

wird als unangenehme Wahrheit aus der physikalischen Wissenschaft kurzerhand verdrängt. Inzwischen scheint sogar in Vergessenheit zu geraten, daß er überhaupt Relevanz haben könnte.

3. Kapitel:
Ziele der Forschung

›Was ist Wahrheit?‹
Pontius Pilatus

Was bedeuten nun die wissenschaftstheoretischen Ansätze, die wir im vorigen Kapitel erörtert haben, für die forschende Tätigkeit eines theoretischen Physikers? Daß sie sich auswirken müssen, wird man wohl annehmen dürfen, denn nur wenige Menschen ertragen auf Dauer einen offenen Konflikt zwischen ihren Taten und ihrer Weltanschauung. Die meisten möchten früher oder später wenigstens in diesem Bereich ihres Daseins eine Art von prästabilierter Harmonie herstellen, die den prinzipiellen Gleichklang der geistigen Werte und des eigenen Handelns gewährleistet. Aber nicht jeder erreicht diesen glücklichen Zustand, indem er sein Leben nach seiner Weltanschauung ausrichtet. Die Mehrzahl geht umgekehrt vor und paßt ihre Weltanschauung den Lebensumständen an. Unter dem Gesichtspunkt der Bequemlichkeit ist dieser Weg auch unbedingt vorzuziehen, weil er keine Taten erfordert; bloße Worte genügen.

Einstein gehörte allerdings zu den seltenen Menschen, die nicht ihre Weltanschauung den Lebensumständen anpaßten, sondern ihr Leben nach ihrer Überzeugung einrichteten. Schon 1918 hatte er in seiner Rede zum 60. Geburtstag von Max Planck gesagt[72]:

> »Höchste Aufgabe der Physiker ist also das Aufsuchen jener allgemeinsten elementaren Gesetze, aus denen durch reine Deduktion das Weltbild zu gewinnen ist. Zu diesen Gesetzen führt kein logischer Weg, sondern nur die auf Einfühlung in die Erfahrung sich stützende Intuition.«

Dabei blieb er. Nach seiner Überzeugung bestand das vornehmste Ziel al-

---

72 Albert Einstein, ›Prinzipien der Forschung‹, Rede zum 60. Geburtstag von Max Planck, in: ›Mein Weltbild‹ S. 175 ff., 178.

ler Theorie darin, »jene allgemeinsten elementaren Gesetze« aufzusuchen[73]. Also forschte er nach jenen allgemeinsten elementaren Gesetzen. In fast vier Jahrzehnten seines Lebens, nämlich etwa seit 1916, als er die allgemeine Relativitätstheorie veröffentlicht hatte, bis zu seinem Tode im Jahre 1955 investierte er den größten Teil seiner Arbeitskraft in die Suche nach einer allgemeinen Feldtheorie und nach der noch allgemeineren ›Weltformel‹, die alle Grundprinzipien der Physik in sich schließen sollte.

Er verwendete nicht nur unsägliche Zeit und Mühe auf diese Suche, er opferte ihr sogar seinen Ruf als Wissenschaftler. Wegen seiner frühen Leistungen, besonders wegen seiner Relativitätstheorie und seiner Mitwirkung an der Grundlegung der Quantentheorie blieb er zwar der meistbewunderte Physiker seiner Zeit. Bei den zeitgenössischen Wissenschaftlern fanden trotzdem schon seine späteren Arbeiten kaum mehr als ein nachsichtig überlegenes Lächeln. Man nahm ihn nicht mehr ernst[74]. Er selbst hatte in seiner Relativitätstheorie geleugnet, daß dem Begriff der ›Zeit‹ absolute Bedeutung zukommt. Es könnte manchmal scheinen, als habe die Zeit sich dafür an ihm rächen wollen, indem sie einfach über ihn hinwegging. Er war schon mehr als zwei Jahrzehnte vor seinem Tod als Wissenschaftler lebendig begraben.

Die Beharrlichkeit und der Mut, mit denen er sein Ziel trotzdem weiterverfolgte, beweisen seinen festen Charakter und die Ernsthaftigkeit seiner Überzeugung. Sie verdienen jedenfalls aus diesem Grund Bewunderung. Aber sie werfen auch Fragen auf, die nicht nur die Psychologie, sondern auch die Wissenschaftstheorie angehen. Diese Fragen betreffen vor allem die Ziele der Wissenschaft und die Erwartungen, die wir in sie setzen dürfen. Wir müssen fragen, ob Einstein das Ziel seiner Forschungen richtig gewählt hatte.

I

Die Frage betrifft allerdings nicht Einstein allein; sie betrifft die gesamte theoretische Physik des 20. Jahrhunderts und könnte in gleicher Weise

---

73 Vgl. auch Einstein, ›Zur Methodik der theoretischen Physik‹, zitiert oben in Kap. 1, III, 2 (S. 54 ff.).
74 Vgl. die Darstellung von Fölsing, ›Albert Einstein – Eine Biographie‹, S. 790 ff.

auch für jeden anderen theoretischen Physiker jener Zeit gestellt werden. Bevor ich sie zu beantworten versuche, möchte ich nach dem Vorbild von Einsteins heuristischer Methode in einem ersten Schritt nur eine Art von Plausibilitätsprüfung unternehmen. Das halte ich für eine notwendige Vorsichtsmaßnahme, damit wir nicht sinnlos Zeit und Kraft in eine Suche investieren, die sich am Ende als vergeblich erweisen könnte, wenn sich herausstellen sollte, daß das Ziel falsch gewählt war.

Wir wollen also überlegen, wie die Welt der Physikwissenschaft wohl aussähe, wenn Einsteins Ansatz richtig wäre. Dazu wollen wir uns wie Einstein in seinen Gedankenexperimenten und streng nach seinen eigenen Maßstäben in die Lage eines Forschers versetzen, der seine vornehmste Aufgabe darin sieht, die Zahl der voneinander unabhängigen ›Grundelemente‹ einer Wissenschaft zu reduzieren, sie wenn möglich sogar auf eine einzige ›Weltformel‹ zurückzuführen, die dann das letzte ›Grundgesetz‹ der Natur in sich bergen soll. Dieser Forscher möge unbeirrt daran glauben, daß es prinzipiell möglich ist, solche »allgemeinsten elementaren Gesetze, aus denen durch reine Deduktion das Weltbild zu gewinnen ist«, aufzufinden. Gleichzeitig soll er aber auch bis zum Äußersten entschlossen sein, bei dieser Reduktion keinesfalls auf »die zutreffende Darstellung irgendwelcher Erfahrungsinhalte (zu) verzichten«. Die Erfahrung soll also in seiner Wissenschaft unter allen Umständen oberster Richter sein.

Die Frage, die wir uns stellen müssen, lautet also, welche Methode ein solcher Forscher, der Einsteins Prinzipien in die Tat umsetzen möchte und den ich hier der Einfachheit halber den ›Axiomatiker‹ nennen will, wohl anwenden würde, um seinem Ziel näherzukommen? Ich denke mir, daß er folgendermaßen vorgehen müßte.

(*1*) Der Axiomatiker will auf keinen einzigen Erfahrungsinhalt verzichten. Also müßte er sich bemühen, das gesamte bereits vorhandene Erfahrungswissen der Menschheit inhaltlich zu erfassen. Um dieses schwierige Ziel zu erreichen, müßte er wohl zunächst versuchen, das in seiner Zeit verfügbare empirische Wissen zu sammeln und überschaubar zu ordnen.

Wir haben allerdings aus Karl Poppers Widerlegung des Induktivismus gelernt, daß schon die Beobachtung selbst immer bereits eine Auswahl enthält.

Ich erinnere an seinen gewollt absurden Vorschlag[75]: »Beobachten Sie!« Er zeigt, daß es keine Beobachtung ohne Auswahl gibt; also gibt es auch kein Sammeln von Beobachtungen ohne Auswahl. Das hat übrigens auch Einstein selbst so gesehen[76]. Es gilt selbst wenn wir wirklich *alle* Beobachtungen sammeln wollten, was nebenbei auch alle Zeit in Anspruch nehmen würde und als Ziel einer Wissenschaft schon aus diesem Grunde absurd wäre. Der Vorschlag, *alles* zu beobachten, ist so undurchführbar wie das Herstellen einer Landkarte im Maßstab 1:1. Er kann schon deshalb nie gelingen, weil er sich selbst, also die Beobachtung des Beobachters, einschließen müßte. Kein Axiomatiker kann also reine Beobachtungen sammeln, um sie sodann zu ordnen; er muß vielmehr immer schon beim Sammeln eine Auswahl treffen, die aber, wenn sie sinnvoll sein soll, wiederum nur im Lichte einer Theorie erfolgen kann. Er muß nach Informationen suchen, die unter dem Blickwinkel dieser Theorie als relevant erscheinen. Erst dann kann er sie ordnen.

Unser Axiomatiker kann daher nicht von Beobachtungen ausgehen. Vielmehr muß er im ersten Schritt seiner Bemühungen geeignete Theorien zusammenstellen oder bilden. Erst danach kann er in einem zweiten Schritt die Beobachtungen sammeln, die diesen Theorien zuzuordnen sind. Dabei muß er allerdings genau darauf achten, daß die Beobachtungen mit der jeweiligen Theorie in Einklang stehen. Denn sobald eine verläßliche Beobachtung der Theorie widerspricht, wäre die Theorie damit widerlegt, wie Karl Popper gezeigt hat. Ausgangspunkt der Bemühungen des Axiomatikers müssen also alle naturwissenschaftlichen Theorien sein, die nicht durch Experimente widerlegt sind.

(*2*) Trotz großer Schwierigkeiten scheint die Tätigkeit des Axiomatikers bis zu diesem Punkt der jedes anderen Wissenschaftlers zu gleichen, der sich vorgenommen hat, das ganze Feld seiner Wissenschaft umfassend zu bearbeiten. Allerdings wäre jeder andere Naturwissenschaftler wohl auch schon am Ziel seiner Wünsche angelangt, wenn er diese Aufgabe bewäl-

---

75 Oben, Kap. 1, III (S. 53 ff.).
76 Vgl. Werner Heisenbergs Bericht über eine persönliche Mitteilung Einsteins in: Werner Heisenberg, ›Erinnerungen an die Entwicklung der Atomphysik in den letzten 50 Jahren‹, jetzt in: ›Deutsche und Jüdische Physik‹, S. 187, 194.

tigt hätte. Wenn es ihm wirklich gelänge, *alle* naturwissenschaftlichen Theorien zu sammeln, die nicht durch Experimente widerlegt sind, hätte er jedenfalls mehr erreicht, als irgendein Wissenschaftler vor ihm erreichen konnte, und vermutlich auch mehr als irgendein Wissenschaftler nach ihm jemals erreichen wird.

Der Axiomatiker steht dagegen, wenn er diese Leistung vollbracht hat, erst am Beginn seiner eigentlichen Arbeit. Denn erst wenn er die bekannten und unwiderlegten Theorien seiner Wissenschaft zusammengestellt hat, kann er sich dem höheren Ziel zuwenden, das er sich selbst gesetzt hat, nämlich dem Ziel,

> »jene irreduziblen Grundelemente der Wissenschaft so einfach und so wenig zahlreich wie möglich zu machen«[77].

Nach dem ersten Schritt seiner Bemühungen, der darin besteht, geeignete Theorien zu bilden oder zusammenzustellen, und dem zweiten Schritt, der darin besteht, die im Lichte dieser Theorien relevanten Beobachtungen zu sammeln, muß der Axiomatiker also noch einen dritten Schritt tun, der darin besteht, die bekannten Theorien auf »jene allgemeinsten elementaren Gesetze, aus denen durch reine Deduktion das Weltbild zu gewinnen ist«, zurückzuführen. Seine Aufgabe ist damit ungleich schwerer als die eines gewöhnlichen Wissenschaftlers, sein Ziel weit höher gesteckt.

II

Die Forschungsziele des Axiomatikers unterscheiden sich also deutlich von denen eines Empirikers. Diese unterschiedliche Zielsetzung hat keineswegs nur theoretische Bedeutung. Vielmehr begründet sie einen Zusammenhang von gedanklichen Voraussetzungen und psychologischen Wirkungen, der unvermeidlich die Forschung selbst beeinflussen muß. Nach axiomatischem Wissenschaftsverständnis ist die Wissenschaft prin-

---

77 Albert Einstein, ›Zur Methodik der theoretischen Physik‹ in: ›Mein Weltbild‹, S. 185 ff.; ich habe den Text oben in Kap. 1, III, 2 (S. 54) zitiert.

zipiell unfehlbar, weil sie mit bewiesenen Grundsätzen auf gesicherten Erkenntnissen aufbaut. Wenn trotzdem Fehler auftreten, ist das immer Ausdruck mangelnder Sorgfalt oder geistiger Unzulänglichkeit, also eines menschlichen Versagens. Deshalb steht jeder Wissenschaftler, der diesem Verständnis anhängt, unter dem Zwang, sich selbst als unfehlbar darstellen zu müssen. Darin, also in diesem Zusammenhang, sehe ich die wichtigste Ursache der geistigen Krise, in der die theoretische Physik sich gegenwärtig befindet. Deshalb versuche ich, ihn mit Beispielen weiter zu verdeutlichen.

(*1*) Als Heinrich Hertz 1886 eine Funkenstrecke mit ultraviolettem, also unsichtbarem Licht bestrahlte, beobachtete er eine zunehmende Helligkeit des Funkens unter der Bestrahlung. Die vorgefaßte Erwartung, von der er damals ausging, wurde in dem Augenblick nicht bestätigt, denn er hatte die Funkenstrecke nicht absichtlich, sondern rein zufällig mit ultraviolettem Licht bestrahlt, rechnete also nicht mit einem Einfluß der Bestrahlung, sondern mit gleichbleibender Helligkeit des Funkens. Die Wirkung des Lichts auf den elektrischen Funken war ihm nicht bekannt; zunächst wußte er gar nicht, daß Licht die Veränderung verursacht hatte[78]. Aber die Beobachtung, daß der Funke durch die Bestrahlung an Helligkeit gewann, forderte seine Phantasie heraus und machte ihn im weiteren Verlauf zu einem sehr glücklichen Menschen, denn er hatte das höchste Ziel erreicht, das ein Experimentalphysiker in seiner Disziplin erreichen kann. Er hatte einen bisher unbekannten und besonders wichtigen physikalischen Effekt entdeckt, nämlich den photoelektrischen Effekt[79].

Für den Experimentalphysiker können selbst zufällige Entdeckungen beglückende Erlebnisse sein. Ein eingeschworener Experimentalphysiker, der nach bisher unbekannten physikalischen Effekten forscht und dem es gelingt, einen solchen Effekt zu entdecken, ist mit dieser Entdeckung

---

78   Ich folge hier den Darstellungen von Fölsing, ›Albert Einstein – Eine Biographie‹, S. 164, und ders. ›Heinrich Hertz – Eine Biographie‹, S. 283 ff.
79   Die systematische Erforschung des photoelektrischen Effekts gelang Wilhelm Hallwachs (1859–1922), aber der erste Entdecker war Heinrich Hertz.

88

meistens am Ziel seiner Wünsche angelangt. Er hat der Natur eines ihrer wohlgehüteten Geheimnisse abgelauscht und selbst etwas dazugelernt. Darüber kann er sich freuen, denn das bedeutet, daß sein eigenes Wissen und auch das Wissen der Menschheit sich erweitern. Viele Nobelpreise sind für solche Entdeckungen verliehen worden. Er kann sich entweder zufrieden zurücklehnen oder nach weiteren Entdeckungen suchen, um noch größere wissenschaftliche Fortschritte zu erzielen. Sein Weltbild verändert sich zwar, und er stellt vielleicht auch fest, daß er sich früher geirrt hatte. Die neue Erkenntnis wird ihm manchmal wie Schuppen von den Augen fallen; aber da sie sein Wissen und das der ganzen Menschheit erweitert, bereitet sie ihm eine Freude, die einem Triumph gleichkommen kann.

Ganz anders ergeht es dem Axiomatiker. Er forscht nicht nach bisher unbekannten physikalischen Effekten, sondern verfolgt ein weit anspruchsvolleres Ziel. Er möchte die Zahl der voneinander unabhängigen ›Grundgesetze‹ seiner Wissenschaft reduzieren. Am Ende dieser Reduktion soll, so hofft er, die einzige ›Weltformel‹ stehen, die schlechthin alles Wissen umfaßt. Da er dieses hohe Ziel verfolgt, muß er alle physikalischen Effekte schon kennen und in seiner Theorie berücksichtigen, denn er will ja auf keinen einzigen Erfahrungsinhalt verzichten. Er muß also das Superhirn sein, das alles empirische Wissen der Menschheit in sich vereinigt. Er geht von den Theorien aus, die mit der Erfahrung übereinstimmen, und will die ihnen zugrundeliegenden gemeinsamen Merkmale finden. Sein Forschungsziel sind nicht einzelne physikalische Effekte. Es sind

»jene allgemeinsten elementaren Gesetze, aus denen durch reine Deduktion das Weltbild zu gewinnen ist«,

also die wirklich fundamentalen ›Grundgesetze‹ der Natur.

(2) Bei dieser wichtigen Suche kann die Entdeckung bisher *unbekannter* physikalischer Effekte dem Axiomatiker allerdings kaum willkommen sein. Denn wenn sie wirklich bisher unbekannt waren, bedeutet das ja, daß auch er sie nicht kannte. Und wenn er sie nicht kannte, ist es ausgeschlossen, daß er sie bei seinen bisherigen Berechnungen, etwa in seiner ›Weltformel‹, berücksichtigt haben könnte. Er wird solche Effekte natür-

lich gerne akzeptieren, sofern und soweit sie sich sofort und widerspruchsfrei in seine Theorie einordnen lassen. Unter dieser Voraussetzung sind sie
ihm eine durchaus erwünschte Bestätigung der eigenen Leistung, aber
nur unter dieser Voraussetzung.

Wenn dagegen eine derartige Entdeckung ernsthaft in Widerspruch
zu seinen eigenen Theorien gerät, wenn sie also wirklich neu, womöglich
sogar originell ist und sich mit den Gedanken, die er selbst bis dahin
verfolgte, nicht vereinbaren läßt, mag er als *Naturforscher* erfreut sein. Als
Axiomatiker kann sie ihm keine Freude bereiten. Er müßte schon ein weit
überdurchschnittliches Maß an menschlicher Größe vorzuweisen haben,
wenn sie ihm nicht geradezu als störend erschiene. Je revolutionärer sie
ist, desto mehr wird sie ihn stören. Das hat Einstein selbst sehr deutlich
zum Ausdruck gebracht, als er 1934, also 18 Jahre nach dem Beginn seiner
langen Suche nach der einheitlichen Theorie, in einem persönlichen Brief
beinahe resignierend sagte[80]:

> »An den großen Entdeckungen kann ich mich nur wenig freuen, weil sie mir das
> Verstehen des Fundaments vorläufig nicht zu erleichtern scheinen.«

Wie hätte er sich freuen sollen, wenn jede solche Entdeckung ihm zeigte,
daß wenigstens eine der vorher in seiner Sammlung enthaltenen Theorien
falsch gewesen sein mußte? Mußte er nicht jede neue Entdeckung als
persönliche Niederlage empfinden und deshalb geradezu zwangsläufig
enttäuscht sein? Mußte sie ihm nicht Michael Faradays Beobachtung
bestätigen, daß

> »die Experimentalphysik … eine große Zerstörerin vorgefaßter Ideen«

ist[81]? Andererseits aber: Wovon sollte er ausgehen, wenn er nach ›jenen
irreduziblen Grundelementen der Wissenschaft‹ suchen wollte? Mußte er
nicht Theorien zugrunde legen, die der Erfahrung entsprachen? Mußte

---

80 Vgl. Fölsing, ›Albert Einstein – Eine Biographie‹, S. 780. – Wegen des zeitlichen
    Zusammenhangs vermute ich, daß Einsteins Bemerkung sich auf den Hubbleeffekt bezieht,
    den Edwin Hubble 1932 entdeckt hatte. Vgl. dazu auch nachfolgend Fn. 82.
81 Ich zitiere nach Peter Day, ›The Philosopher's Tree, A Selection of Michael Faraday's
    Writings‹, S. 101 ff.

90

er also nicht von ›vorgefaßten Ideen‹ ausgehen? Und wie konnte er bei dieser Suche neue Entdeckungen berücksichtigen, die noch gar nicht bekannt waren?

(3) Mir scheint klar zu sein, daß dieses Problem für den Axiomatiker unlösbar ist. Jede Entdeckung, die etwas wirklich Neues ans Licht bringt, zeigt ihm, daß er bisher von falschen Voraussetzungen ausgegangen ist; zumindest müßte sie es ihm zeigen[82]. Aber damit bedroht sie seine ganze bisherige Arbeit. Und wenn es ihm nicht gelingt, den Widerspruch zwischen den alten Theorien und der neuen Entdeckung auszuräumen, bedroht sie sogar sein Forschungsziel insgesamt. Denn sie bedeutet zugleich, daß das axiomatische System, nach dem er sucht, womöglich noch komplizierter werden muß, als es ohnehin schon war. Vielleicht erfordert sie die Einführung eines oder mehrerer zusätzlicher Axiome. Damit wird sein Ziel, die Zahl der Axiome zu *verringern* und vielleicht die allem zugrundeliegende einheitliche ›Weltformel‹ zu entdecken, in immer weitere Ferne gerückt.

Für den Axiomatiker sind also neue physikalische Entdeckungen beileibe nicht immer freudige Ereignisse. Sie sind im Gegenteil tendenziell störend. Sie sind unvermeidbar mit Arbeit verbunden, denn sie zwingen ihn wenigstens dazu, vorhandene alte Theorien den neuen Erkenntnissen anzupassen. Im ungünstigsten Fall können sie sogar sein Lebens-

---

82 Der Hubbleeffekt ist ein gutes Beispiel. Als Einstein seine allgemeine Relativitätstheorie formulierte (1916), war bekannt, daß beim Licht entfernter Himmelskörper Rotverschiebungen auftreten. Erst 1932 entdeckte aber Edwin Hubble, daß die Verschiebungen immer zu den niedrigeren Frequenzen verlaufen. Hubble selbst interpretierte diesen Effekt als eine Fluchtbewegung, die auf eine Expansion des Weltall schließen ließe. Das wiederum veranlaßte Einstein, einerseits Zweifel an Hubbles Interpretation anzumelden, andererseits aber seine allgemeine Relativitätstheorie um eine Expansionskonstante h zu ergänzen und dadurch noch komplizierter zu machen, als sie vorher bereits war (vgl. Einstein, ›Grundzüge der Relativitätstheorie‹, S. 116 ff., 125 ff.). Die damals bekannten Messungen rechtfertigten allerdings kaum den Schluß, daß die Verschiebung als Konstante darzustellen sei (vgl. Einstein, a.a.O., S. 118). Ohne eine Konstante wäre aber die allgemeine Relativitätstheorie insgesamt zusammengebrochen, weil kein Rechenansatz möglich gewesen wäre. Einstein hat deshalb die abstrakte Größe h eingeführt und damit ein Scheinwissen fingiert, das in Wirklichkeit nicht vorhanden war.

werk vernichten. Er hat deshalb jeden Anlaß, sich gegen sie zur Wehr zu setzen – mit allen Mitteln!

(4) Das muß auch Einsteins Problem gewesen sein. Jedenfalls gab es in seinem Leben bemerkenswerte Beispiele dafür, daß er neue Entdeckungen, die ihm nicht paßten, nur äußerst widerstrebend zur Kenntnis genommen hat. Die meisten theoretischen Physiker ließen sich von den wirklich großen Entdeckungen ihrer Zeit schließlich doch mitreißen. Einstein hat dagegen wichtige Entdeckungen beharrlich ignoriert, wenn sie in seinem gedanklichen System einfach nicht unterzubringen waren. Ein Beispiel macht den Sachverhalt anschaulich[83].

Die spezielle Relativitätstheorie geht bekanntlich von der Annahme aus, die Lichtgeschwindigkeit sei unabhängig von der Geschwindigkeit der Lichtquelle immer konstant. Diese Hypothese, die wir später noch genauer untersuchen werden, hatte Einstein in seiner ersten Darstellung ohne jede Begründung als ›Voraussetzung‹ eingeführt[84]. Darin lag sein heuristischer Ansatz[85]. Wer an Experimente glaubte, konnte deshalb anfangs noch meinen, es komme jetzt darauf an, die Hypothese von der Konstanz der Lichtgeschwindigkeit empirisch nachzuprüfen und durch gezielte Experimente auf die Probe zu stellen.

So muß es wohl der französische Physiker Georges de Sagnac gesehen haben[86]. Er ließ deshalb in mehreren Versuchen, die er in den Jahren 1910 bis 1913 ausführte, einen Lichtstrahl, dessen Quelle mit einer rotierenden Scheibe selbst rotierte, an der Peripherie der Scheibe einmal

---

83 Ein markantes Beispiel bietet die Entdeckung" des Hubbleeffekts (1932). Vgl. jetzt auch die vorige Fußnote. Bei korrekter Interpretation enthält er eine empirische Widerlegung der Einsteinschen Theorie der Rotverschiebung und damit seiner allgemeinen Relativitätstheorie. Das habe ich in ›Popper *versus* Einstein‹ (S. 91 ff.) näher dargelegt. Zugleich widerlegt der Hubbleeffekt auch die Hypothese der Konstanz der Lichtgeschwindigkeit und damit auch die spezielle Relativitätstheorie.

84 Albert Einstein, ›Zur Elektrodynamik bewegter Körper‹, S. 891 ff. (hier Anhang 4, S. 309 ff.). Dazu näher unten Kapitel 7 (S. 193 ff.).

85 Näher unten Kap. 4 (S. 109 ff.).

86 Georges de Sagnac, ›L'éther lumineux, démontré par l'effet du vent relatif d'éther‹, Comptes rendus, Bd. 157 (1913), S. 708; ›Sur la preuve de la réalité de l'éther lumineux‹, Comptes rendus, Bd. 157 (1913), S. 1410; J. de Phys (1914), Pt. 4, S. 177.

mit der Drehrichtung und einmal gegen die Drehrichtung umlaufend reflektieren und beobachtete die auftretenden Interferenzen. Sowohl die Lichtquelle als auch die Meßvorrichtung befanden sich also auf der sich drehenden Scheibe. Die ganze experimentelle Anordnung blieb in sich starr und unbeweglich, drehte sich aber um die Hochachse (vgl. *Abb. 1*).

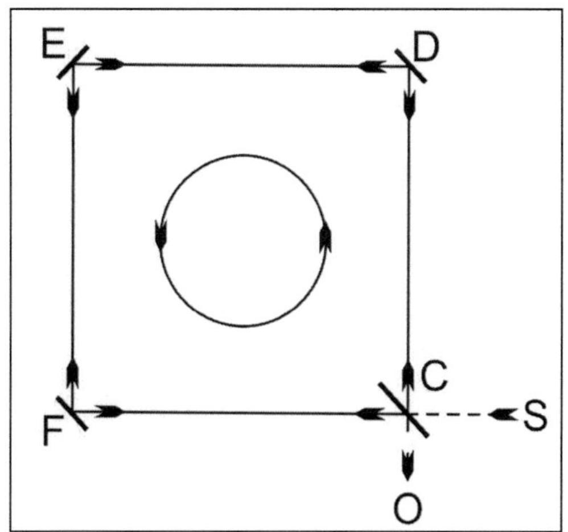

(Abb. 1: Sagnac – Versuch, schematische Darstellung[87])

Da die spezielle Relativitätstheorie behauptet, die Lichtgeschwindigkeit sei unabhängig vom Bewegungszustand der Lichtquelle immer konstant, hätten also auch in diesem Fall die in Drehrichtung und gegen die Drehrichtung sich ausbreitenden Lichtstrahlen gleiche Geschwindigkeit haben müssen. Dann aber hätten, wenn die spezielle Relativitätstheorie richtig war, nach Wiedervereinigung der Lichtstrahlen keine Interferenzen auftreten dürfen, denn eine Geschwindigkeit der Lichtquelle relativ zur Umlaufbahn des Lichts oder zum Meßgerät kam in dem Experiment gar

---

87 Zitiert nach A. G. Kelly, ›A New Theory on the Behaviour of Light‹, The Institution of the Engineers of Ireland, Monograph No. 2. – Während die ganze Anordnung sich um die Hochachse dreht, wird der von S ausgehende Lichtstrahl bei C teilweise nach D reflektiert, sodann jeweils bei D, E und F. Zwei Teilstrahlen durchlaufen also C, D, E, F in entgegengesetzten Richtungen, werden bei C teilweise wieder vereinigt und zusammen nach O reflektiert.

nicht vor. Es gab nur eine Geschwindigkeit der Lichtquelle relativ zur Umgebung der experimentellen Anordnung.

Tatsächlich traten aber schon bei ganz niedrigen Rotationsgeschwindigkeiten deutliche Interferenzen auf, die darauf schließen ließen, daß das in Drehrichtung sich ausbreitende Licht eine andere Geschwindigkeit haben mußte, als das gegen die Drehrichtung sich ausbreitende. Das mit der rotierenden Lichtquelle beschleunigte Licht schien von der umgebenden Atmosphäre wieder gebremst zu werden. Eine andere Erklärung der Erscheinung hat jedenfalls bis heute niemand gefunden. Also drängte sich der Gedanke auf, daß Einsteins Hypothese von der Konstanz der Lichtgeschwindigkeit einer experimentellen Nachprüfung nicht standhielt. Um den Ansprüchen der Experimentalphysik zu genügen, hätte die theoretische Physik das eigentlich entweder anerkennen oder sich damit auseinandersetzen müssen.

Aber erstaunlicherweise geschah nichts dergleichen. Obwohl Sagnacs Experiment schon damals auch in Deutschland von Kritikern der Relativitätstheorie keineswegs übersehen wurde[88], hat Einstein selbst es schlichtweg ignoriert. Dabei ist es bis heute geblieben. Es wird in der Literatur zur speziellen Relativitätstheorie und auch in modernen Lehrbüchern immer noch als nicht existent behandelt, obwohl es auch heute noch jederzeit wiederholt werden kann. Vermutlich wäre es längst vergessen, wenn nicht der irische Physiker A. G. Kelly es erst kürzlich gewissermaßen wiederentdeckt und dadurch der Vergessenheit entrissen hätte, was wiederum den französischen Physiker J. P. Vigier veranlaßte, sofort eine Anpassung der speziellen Relativitätstheorie vorzuschlagen, die nunmehr an anderer Stelle zu neuen Widersprüchen führt[89]. Daß es nicht um Anpassungen im Detail geht, sondern darum, daß die alles entscheidende Grundprämisse der speziellen Relativitätstheorie – die Hypothese von der Konstanz der

---

88 Vgl. z. B. H. Fricke, ›Der Fehler in Einsteins Relativitätstheorie‹ (1920).
89 A. G. Kelly, ›A New Theory on the Behaviour of Light‹, The Institution of the Engineers of Ireland, Monograph No. 2; J. P. Vigier, ›New non-zero interpretation of the Sagnac effect as a direct experimental justification of the Langevin paradox‹, Phys. Lett. A (1997), S. 75 ff. Dazu habe ich in ›Popper *versus* Einstein‹ S. 59, 66 f. näher Stellung genommen.

Lichtgeschwindigkeit – empirisch widerlegt wurde, scheint niemanden zu kümmern.

III

Das Beispiel beleuchtet aber ein anderes wissenschaftstheoretisches Problem, das so alt ist wie die Physik selbst. Es ist das Problem der Interpretation von Beobachtungen und Experimenten. Dieses Problem ist für den Fortschritt einer Wissenschaft mindestens ebenso wichtig wie die eigentlichen Entdeckungen, aus denen der Fortschritt sich ergeben soll. Es verdient deshalb eine genaue Untersuchung.

(*1*) Jede Beobachtung setzt eine Theorie voraus. Das haben wir oben gesehen[90]. Keine Beobachtung ist als solche wichtig. Sie kann immer nur ›wichtig-für-etwas‹ sein, beruht also auf einer Interpretation im Lichte einer Theorie. Aus demselben Grund können auch Experimente und Entdeckungen immer nur ›wichtig-für-etwas‹ sein. Sie setzen eine Interpretation und damit eine interpretierende Theorie voraus. Ich nenne zunächst weitere Beispiele, um den Gedanken anschaulich zu machen.

(*a*) Als der italienische Arzt Luigi Galvani um 1789 auf der Suche nach einer Erklärung des biologischen Lebens die Zuckungen von Froschschenkeln betrachtete, machte er eine Wahrnehmung, die vor ihm sicher schon andere Ärzte und Naturforscher gemacht hatten. Daß die Extremitäten mancher Lebewesen manchmal auch nach der Trennung vom Rumpf noch Zuckungen ausführen, war damals keineswegs unbekannt. Die Beobachtung war im Gegenteil vermutlich seit unvordenklichen Zeiten bekannt, galt aber als unwichtig.

Völlig neu war dagegen Galvanis Interpretation dieser Beobachtung, nämlich seine Vermutung, die Zuckungen könnten etwas mit Elektrizität zu tun haben. Erst sie veranlaßte ihn, die Froschschenkel nun-

---

90 Kap. 1, II (S. 47 ff.).

95

mehr in die Nähe einer Reibungselektrisiermaschine zu bringen und die Wirkung des überspringenden Funkens zu beobachten[91]. Und erst diese Hypothese, die dann von Alessandro Volta modifiziert und ausgearbeitet wurde, machte seine Beobachtung zur wichtigsten Entdeckung nach der Erfindung der Dampfmaschine. Sie offenbarte nämlich die Allgegenwart der Elektrizität. Damit zeigte sie, daß der Glaube an das Vorhandensein unsichtbarer Kräfte in der Natur keineswegs immer ein Aberglaube sein muß, sondern daß er selbst schärfster rationaler Kritik standhalten kann, indem er sich experimenteller Nachprüfung aussetzt. Der grandiose Fortschritt der Naturwissenschaften, den wir den Entdeckungen Galvanis und Voltas verdanken, ergab sich also nicht etwa aus den Beobachtungen, die diese Forscher machten, sondern vielmehr aus der Hypothese, die sie entwickelten, um diese Beobachtungen zu interpretieren, also aus der vorausgehenden Theorie. Er beruhte auf ihrer persönlichen geistigen Leistung, denn es war diese Theorie der Elektrizität, die zu immer neuen Anwendungen und Entdeckungen führte, die bis heute nicht abgeschlossen sind.

(*b*) Aus neuerer Zeit bietet die Entdeckung der Kernspaltung ein anschauliches Beispiel. Als Jahr ihrer Entdeckung gilt heute allgemein das Jahr 1938 und als Entdecker werden meist Otto Hahn und Fritz Straßmann genannt, manchmal zusammen mit Hahns früherer Mitarbeiterin Lise Meitner, die allerdings damals wegen der Judenverfolgungen Deutschland bereits verlassen hatte.

Man könnte die Geschichte aber auch anders erzählen. Enrico Fermi hatte schon 1934 in Rom damit begonnen, verschiedene Urankerne mit Neutronen und anderen Teilchen zu beschießen, um ihre Kerne umzuwandeln. In einer Besprechung seiner Arbeit hatte die deutsche Chemikerin Ida Noddack im selben Jahr die Hypothese gewagt, schwere Kerne könnten unter Neutronenbeschuß in mehrere größere Bruchstücke

---

91   Vgl. dazu Jürgen Teichmann, ›Das Werk von Galvani und Volta‹, in: ›Die Großen Physiker‹,
      Bd. I, S. 266 ff.

zerfallen[92]. In der Fachwelt wurde ihr Hinweis allerdings nur belächelt, weil er der damals völlig unangefochten herrschenden physikalischen Theorie widersprach. Niels Bohr, Nobelpreisträger für Physik des Jahres 1922, und Fritz Kalckar wiesen noch im Oktober 1937 in einer umfangreichen Abhandlung detailliert nach, daß beim Beschuß des Urankerns mit Neutronen, Protonen und Alphateilchen aus quantentheoretischen Gründen immer nur leichte Kernbruchstücke – eben wieder Neutronen, Protonen und Alphateilchen – ›abgedampft‹ werden konnten[93]. Im selben Jahr unternahm auch Irène Joliot-Curie in Paris Neutronenexperimente und entdeckte gemeinsam mit Paul Savitch unter den Spaltprodukten einen Stoff mit einer Halbwertzeit von 3,5 Stunden, konnte ihn aber nicht einordnen. Das alles sind unbestrittene historische Tatsachen[94].

Es ließe sich deshalb mit beachtlichen Argumenten die These vertreten, die Kernspaltung sei eigentlich bereits 1937 entdeckt worden. Ida Noddack hatte 1934 die Theorie formuliert, schwere Kerne könnten unter Neutronenbeschuß in mehrere größere Bruchstücke zerfallen. Und Irène Joliot-Curie hatte 1937 mit Paul Savitch die Beobachtung gemacht, die diese Theorie bestätigte. Mehr wird für eine physikalische Entdeckung im allgemeinen nicht verlangt. Otto Hahn und Fritz Straßmann hätten demnach 1938 die Kernspaltung nicht entdeckt, sondern nur einen genaueren Nachweis erbracht, indem sie das Spaltprodukt als Bariumisotop identifizierten.

Trotzdem ist es richtig, Otto Hahn und Fritz Straßmann als die eigentlichen Entdecker anzusehen, denn sie waren die ersten, die das möglicherweise schon bekannte Experiment im Lichte der ebenfalls schon bekannten, aber bis dahin nur belächelten Theorie als Kernspaltung interpretierten[95]. Sie wagten die Hypothese, der Urankern könne in dem

---

92 Ida Noddack, ›Über das Element 93‹, S. 653 f.

93 Niels Bohr/Fritz Kalckar, ›On the Transmutation of Atomic Nuclei by Impact of Material Particles‹.

94 Vgl. Helmut Rechenberg, ›Lise Meitner und Otto Hahn, Irène Joliot-Curie und Frédéric Joliot‹ in: ›Die Großen Physiker‹, Bd. II, S. 210 ff., 219 ff.

95 Vgl. dazu den Bericht von Werner Heisenberg, ›Erinnerungen an die Entwicklung der Atomphysik in den letzten 50 Jahren‹, in ›Deutsche und Jüdische Physik‹, S. 187 ff.

Experiment, das sie ausgeführt hatten, sozusagen in der Mitte gespalten worden sein, und stellten sie zur wissenschaftlichen Diskussion. Damit gingen sie als erste auch das ernsthafte Risiko einer Widerlegung ein. Mit ihrer Behauptung, es müsse sich bei dem festgestellten Spaltprodukt wirklich um Barium handeln, waren sie also diejenigen, die den Widerspruch zur damals unangefochten herrschenden physikalischen Theorie als erste ernsthaft vertraten. Sie hielten das für möglich, was in der theoretischen Physik als unmöglich galt, und sie erforschten und formulierten außerdem die experimentellen Bedingungen, unter denen die Beobachtung jederzeit wiederholt werden konnte und weltweit wiederholt wurde. Damit hatten sie eine Gegentheorie aufgestellt, die ihrerseits experimentell nachprüfbar war. In der Aufstellung und genauen Formulierung dieser Theorie – und nicht in den bestätigenden Beobachtungen – lag die eigentliche Entdeckung.

(*c*) So geht es grundsätzlich bei allen Entdeckungen, die wirklich Neues zutage fördern. Als Kopernikus etwa im Jahr 1514 seine heliozentrische Theorie aufstellte, waren die sichtbaren Planetenbewegungen ebenfalls seit Jahrhunderten bekannt, die meisten sogar seit Jahrtausenden. Es waren ja gerade diese Bewegungen, die Ptolemäus dazu angeregt hatten, den Kosmos durch die Theorie der Sphären zu erklären, die sich um die Erde drehten. Beobachtungen der Planetenbewegungen gab es also lange vor Kopernikus; sie waren nicht der Durchbruch. Selbst nach Kopernikus und nachdem man in Holland das Fernrohr erfunden hatte, das noch genauere Beobachtungen ermöglichte, versuchte Tycho Brahe (1546–1601) immer noch, die ptolemäische Theorie durch die Annahme von Exzentern und Epizyklen weiter zu modifizieren, um sie mit den sichtbaren Bewegungen der Gestirne in Einklang zu bringen. Es waren also nicht Beobachtungen, mit denen Kopernikus das Universum auf den Kopf stellte, sondern seine heliozentrische Theorie, mit der er die Sonne ins Zentrum rückte und der Erde eine Umlaufbahn zuwies, die sie unter den Planeten einordnete. Diese Theorie war es auch, die Johannes Kepler (1571–1630) erst die Entdeckung seiner Ellipsengesetze (1619) ermöglichte und dadurch viele weitere Entdeckungen nach sich

98

zog, darunter die der Planeten Neptun und Pluto. Kopernikus war derjenige, der die seit Jahrtausenden bekannten Bewegungen der Planeten erstmals im Lichte seiner neuen Theorie interpretierte. Darin liegt seine revolutionierende Leistung.

Die Beispiele solcher Entdeckungen ließen sich problemlos vermehren. Aber die erwähnten Beispiele müßten den wissenschaftstheoretischen Gesichtspunkt deutlich gemacht haben, um den es hier geht. Sie zeigen, daß jedes Experiment interpretiert werden muß und daß jede wissenschaftliche Entdeckung nur im Lichte dieser Interpretation als Entdeckung erkennbar wird. Die eigentliche Entdeckung liegt nicht in der Beobachtung, sondern im Aufstellen der interpretierenden Theorie. Nur sie geht über das bekannte Experiment hinaus und vermittelt neue Information. Auch der Fortschritt des Wissens, der mit einer Entdeckung einhergeht, ergibt sich nicht aus der Beobachtung, sondern immer daraus, daß die interpretierende Theorie Aussagen enthält, die über diese Beobachtung hinausgehen.

(2) Das hat natürlich weitreichende Folgen für die Bemühungen unseres Axiomatikers, zu denen ich damit zurückkehren möchte. Denn es bedeutet, daß die Frage, ob eine neue Entdeckung mit seinen Gedanken übereinstimmt oder ob sie sein Forschungsziel gefährdet, nicht nur von der Beobachtung als solcher, sondern in erster Linie von der Interpretation dieser Beobachtung abhängt. Das läßt ihm Raum für Hoffnung. Selbst wirklich neue Entdeckungen müssen sein Lebenswerk nicht notwendigerweise gefährden, solange sich nur ein Weg finden läßt, sie so zu interpretieren, daß sie sich mit seiner eigenen Theorie vereinbaren lassen.

Der Axiomatiker, der von einer neuen Entdeckung zunächst höchst unangenehm überrascht wird, weil sie seine Theorie bedroht, hat also nicht nur eine Möglichkeit, sie wissenschaftlich zu verarbeiten. Ihm stehen vielmehr prinzipiell zwei Wege offen. Er kann entweder seine Theorie ändern, indem er Axiome fallenläßt oder neue Axiome anerkennt. Damit entfernt er sich von dem Ziel, die Axiome so einfach und so wenig zahlreich wie möglich zu machen; sein Lebenswerk gerät in Gefahr. Oder er kann versuchen, die Entdeckung so zu interpretieren, daß sie mit seiner

Theorie harmoniert. Wenn ihm das gelingt, bedeutet die Entdeckung für ihn keinen Nachteil, sondern verschafft ihm im Gegenteil einen beachtlichen Gewinn. Wenn er genügend Überzeugungskraft aufbringt, kann er nämlich jetzt behaupten, seine Theorie sei durch die neue Entdeckung haargenau bestätigt worden. Damit ist er derjenige, der diese Entdeckung im Grunde schon lange vorhergesehen hat; er kann sich geradezu als der eigentliche Entdecker fühlen.

Es versteht sich von selbst, daß dieser letztere Weg bei weitem vorzuziehen ist. Deshalb wurde er oft beschritten, und nicht selten zu Unrecht; auch dafür gibt es berühmte Vorbilder.

(*a*) Die Entdeckung der Kernspaltung ist wieder das eindrucksvollste Beispiel. Denn außer Ida Noddack, deren schon erwähnter Vorschlag nicht ernst genommen wurde[96], hatte kein Physiker die Spaltung des Atomkerns als Möglichkeit vorhergesehen. Enrico Fermi und Irène Joliot-Curie, aber auch Lise Meitner und die Chemiker Otto Hahn und Fritz Straßmann gingen nämlich bei ihren Experimenten zunächst von ganz anderen Hypothesen aus und verfolgten auch ganz andere Ziele[97].

Fermi hatte 1934 die Kernumwandlung durch Neutronenbeschuß entdeckt und wollte dem schwersten damals bekannten Atomkern, dem Urankern, durch Beschießen mit langsamen Teilchen weitere Teilchen hinzufügen um auf diese Weise neue, noch unbekannte Elemente mit höherer Massezahl, sogenannte Transurane, zu erzeugen. Lise Meitner hörte von seinen Experimenten und bewog Otto Hahn zu gemeinsamen Arbeiten an derselben Aufgabe. Auch Irène Joliot-Curie versuchte ähnliches.

Die Kernspaltung war also keineswegs das Ziel der Experimente, eher im Gegenteil. Der Atomkern sollte nicht gespalten, sondern vielmehr vergrößert werden. Man wollte Transurane erzeugen, die dadurch entstehen sollten, daß dem Urankern weitere Teilchen hinzugefügt wurden. Eine Erzeugung von Elementen mit niedrigeren Massezahlen erschien zwar ebenfalls denkbar, wenn durch Einsatz energiereicherer Teilchen andere

---

96 S. vorstehend Abschn. 1b (S. 96).
97 Vgl. Heisenberg a.a.O., Rechenberg a.a.O. (Fußn. 94, 95).

Kernbestandteile gewissermaßen ›weggeschossen‹ wurden. Aber die eigentliche Kernspaltung, bei der der Atomkern gleichsam wie mit der Axt nahe der Mitte gespalten wird, galt als unmöglich. Das hatten Niels Bohr und Fritz Kalckar noch im Oktober 1937 ›bewiesen‹[98]. Der Zerfall eines Atomkerns hoher Massezahl in zwei Elemente mit wesentlich kleineren Massezahlen wurde damit von einem der berühmtesten Physiker seiner Zeit quantentheoretisch ausdrücklich ausgeschlossen.

Aber genau diesen Zerfall beobachteten Otto Hahn und Fritz Straßmann, als beim Neutronenbeschuß von Uran mit der Massezahl 235 Barium mit der Massezahl 138 anfiel. Wie im Falle des Sagnac-Effekts hätte also die theoretische Physik hier eigentlich erkennen und einräumen müssen, daß sie versagt hatte und daß ihr gedanklicher Ansatz verfehlt war.

Es gibt im ganzen 20. Jahrhundert wohl keine andere Entdeckung, die das allgemeine Weltbild in so kurzer Zeit so grundlegend verändert hat, wie die Kernspaltung. Auf einen Schlag und jenseits aller Argumentation machte sie durch harte experimentelle Tatsachen unwiderleglich deutlich, daß die Materie nicht passiv ist, wie die klassische Physik immer angenommen hatte und wie auch die Relativitätstheorie und die Quantentheorie voraussetzten, sondern daß sie noch in ihren kleinsten Teilen selbst ein dynamischer Prozeß ist. Eigentlich hätte diese Entdeckung auch das Weltbild der Physik verändern müssen, denn keine physikalische Theorie hatte das so vorhergesehen oder zum Ausdruck gebracht. Deshalb stand die theoretische Physik nach der erzwungenen Emigration von Lise Meitner nicht nur abseits. Sie war ratlos.

Daß eine Entdeckung von solch unerhörter Tragweite auf physikalischem Gebiet ausgerechnet zwei Chemikern gelungen war, während einer der prominentesten Nobelpreisträger der Physik, Niels Bohr, sie noch kurz zuvor ausdrücklich für unmöglich erklärt hatte, war für die theoretische Physik eine Blamage erster Ordnung. Auch Einstein wußte nicht weiter. In der peinlichen und scheinbar ausweglosen Lage brachte aber Niels Bohr dann offenbar doch selbst die Rettung, indem er auf die Gleichung

---

98 Vgl. oben Abschn. 1b Fußn. 94.

$e = mc^2$ verwies, die Einstein schon 1905 fast zeitgleich mit den Formeln der speziellen Relativitätstheorie abgeleitet hatte[99]. Diese bis dahin kaum beachtete Gleichung wurde mit der Entdeckung der Kernspaltung unversehens zur wichtigsten Formel der Relativitätstheorie. Sie sollte nun als Erklärung dafür herhalten, daß aus kleinsten Mengen von Materie gewaltige Energien freigesetzt werden können. Dank dieser nachträglich erfundenen Interpretation der theoretischen Physik stand der unvorhergesehene Ausgang des Experiments mit einmal in schönstem Einklang mit der Relativitätstheorie. Bis heute ist deshalb $e = mc^2$ Einsteins berühmteste Formel.

Wer allerdings Einsteins eigene Ableitung der Formel nachliest und sich selbst ein Urteil bildet, statt Behauptungen anderer ungeprüft zu übernehmen, wird unschwer feststellen, daß die Gleichung $e = mc^2$ mit der Kernspaltung schlechterdings nichts zu tun hat. Das folgt schon aus der Form der Gleichung. Wenn nämlich die Lichtgeschwindigkeit c eine Konstante ist, wie die Relativitätstheorie postuliert, dann ist auch c^2 nach den Regeln der Mathematik konstant. Die Gleichung $e = mc^2$ beschreibt also nicht etwa, wie man auf den ersten Blick denken könnte, eine Parabel, die als Exponentialgleichung eine explosionsartig zunehmende Energie darstellen könnte. Sie beschreibt vielmehr eine lineare Abhängigkeit von Masse und Energie. In einem arithmetisierten Koordinatensystem ist sie daher als Gerade darzustellen, deren Neigungswinkel allein von den gewählten Maßstäben abhängt. Außerdem hatte Einstein die Gleichung bereits 1905 aus den Formeln entwickelt, die den Raum und die Zeit, aber nicht die Masse betreffen. Dementsprechend geht die Ableitung der Formel von den Parametern der kinetischen Energie eines Körpers aus. Die Gleichung könnte daher, wenn sie im übrigen richtig wäre, als Aus-

---

99 Albert Einstein, ›Ist die Trägheit eines Körpers von seinem Energieinhalt abhängig?‹, S. 639. – Die im Text wiedergegebene Information verdanke ich einer mündlichen Mitteilung von Dietrich Hahn, dem Enkel von Otto Hahn, im Jahr 1997. Einen schriftlichen Beleg dafür, daß der Zusammenhang zwischen der Kernspaltung und Einsteins Gleichung $e = mc^2$ erstmals von Niels Bohr hergestellt wurde, habe ich bisher nicht finden können. Heute gilt dieser Zusammenhang aber jedenfalls oft als selbstverständlich; vgl. z. B. das Standardlehrbuch zur speziellen Relativitätstheorie von A. P. French, ›Special Relativity‹, S. 18.

druck der Energie gelten, die ein Körper aufnimmt, wenn er von außen einwirkenden Impulsen ausgesetzt ist.

Die Kernspaltung hatte aber eine ganz andere Art von Energie offenbart, nämlich eine Energie, die in der Materie selbst enthalten ist, ihr also auch im Ruhezustand innewohnt, und die alle bis dahin bekannten Erscheinungsformen der Energie in den Schatten stellt. Sie hatte gezeigt, daß Materie *Dynamit* ist. Das war genau das Gegenteil der harmlosen linearen Abhängigkeit von Trägheit und Energieinhalt, die Einstein postuliert hatte. Aus seiner Gleichung ergab es sich keineswegs, und deshalb hatte auch kein theoretischer Physiker im entferntesten mit einem solchen Effekt gerechnet.

Aber der Experimentalphysik half das alles nicht. Nachdem Niels Bohr auf die Formel $e = mc^2$ verwiesen hatte, interessierte sich niemand mehr für deren Ableitung und Aussagegehalt. Die Ehre der theoretischen Physik schien jedenfalls nach außen sichtbar gerettet, und für viele Laien besteht noch heute ein direkter Zusammenhang zwischen Einsteins Relativitätstheorie und der Entdeckung der Kernenergie – ein Mythos, der von der theoretischen Physik sorgfältig gepflegt wird[100].

(*b*) Die problematische Tendenz, nicht das Experiment über eine Theorie, sondern umgekehrt die Theorie über die Auslegung des Experiments entscheiden zu lassen, läßt sich auch an Beispielen aus jüngerer Zeit belegen. Zu ihnen zählen die Beobachtungen zur Zeitverschiebung durch Bewegung, der sogenannten ›Zeitdilatation‹.

Die spezielle Relativitätstheorie behauptet bekanntlich, im bewegten System verlaufe die Zeit langsamer als im ruhenden System. Allerdings gelten die Formeln der speziellen Relativitätstheorie unmittelbar nur für gradlinige, unbeschleunigte Bewegungen, obwohl solche in der Natur

---

100   Vgl. z. B. A. P. French, ›Special Relativity‹, S. 18. Symptomatisch ist auch Fölsings Darstellung in ›Einstein – Eine Biographie‹, S. 795. Die dort zitierten Zeitungsartikel Einsteins aus dem Jahr 1920 stehen bei genauer Betrachtung in keinerlei Zusammenhang mit dessen Abhandlung ›Ist die Trägheit eines Körpers von seinem Energieinhalt abhängig?‹. Sie wurden vielmehr durch die von Rutherford entdeckte Möglichkeit der Kernumwandlung veranlaßt.

nicht vorkommen. Für nicht gleichförmige Bewegungen müßte man strenggenommen auf die allgemeine Relativitätstheorie zurückgreifen, die aber wenig spezifische Aussagen ermöglicht. Da sie außerdem selbst von Physikern nicht verstanden wird, war lange Zeit höchst umstritten, welche genauen Vorhersagen zur Zeitdilatation der Relativitätstheorie eigentlich für den Fall beschleunigter oder verzögerter Bewegungen zu entnehmen sind, ob also beispielsweise der Weltraumreisende, der nach langer Raumfahrt zur Erde zurückkehrt, wirklich jünger geblieben sein wird als ein hier zurückgebliebener Erdenbewohner, oder ob der behauptete Zeiteffekt vielleicht durch die negative Beschleunigung bei der Rückkehr kompensiert wird.

In der theoretischen Diskussion war natürlich keine Einigkeit zu erzielen; darum hoffte man, ein Experiment werde die gewünschte Klarheit bringen. Im Jahre 1971 wurden vier hochpräzise Cäsiumuhren nahe dem Äquator in schnellen Flugzeugen um die Erde geflogen, je zwei von West nach Ost und von Ost nach West. Dann wurden sie mit baugleichen stationären Referenzuhren verglichen, mit deren Anzeige sie vor dem Flug immer übereingestimmt hatten[101].

Es stellte sich heraus, daß die transportierten Uhren nach der Reise wirklich anders anzeigten als die stationären Referenzuhren. Das hatte die spezielle Relativitätstheorie vorhergesagt. Aber zum Verdruß der Experimentatoren, die ja eigentlich nur Bestätigungen der Theorie finden wollten, ergab sich nicht nur die vorhergesagte Verzögerung, sondern auf der Reise in westlicher Richtung, also gegen die Drehrichtung der Erde, auch eine Beschleunigung der Uhr. Das hätte keinesfalls geschehen dürfen, denn die spezielle Relativitätstheorie behauptet ja, daß die Zeit des bewegten Systems gegenüber der des ruhenden Systems unter allen Umständen immer verlangsamt ist, ohne daß es auf die Bewegungsrichtung

---

101   J. C. Hafele/R. E. Keating, ›Around-the-World Atomic Clocks: Predicted Relativistic Time Gains‹, S. 166; dieselben ›Around-the-World Atomic Clocks: Observed Relativistic Time Gains‹, S. 168.

ankommt. Eine Beschleunigung der Zeit läßt sich dagegen mit dieser Theorie überhaupt nicht begründen[102].

Wieder hätte man also denken können, mit dem Ausgang dieses Experiments sei die spezielle Relativitätstheorie (nochmals) empirisch widerlegt.[103] Aber weit gefehlt: Das axiomatische Wissenschaftsverständnis war zu dieser Zeit schon so fest verwurzelt, daß die Anhänger der Theorie durch solche Kleinigkeiten keinesfalls mehr in Verlegenheit zu bringen waren. Sie waren unverzüglich mit einer neuen Interpretation bei der Hand, die scheinbar alles wieder ins Lot brachte. Die beobachtete Verzögerung der Uhren in östlicher Richtung, die man erwartet hatte, wurde als ein Effekt der *speziellen* Relativitätstheorie interpretiert. Und die unerwartete Beschleunigung der Uhren in westlicher Richtung interpretierte man kurzerhand als einen durch die Flughöhe bedingten Effekt der *allgemeinen* Relativitätstheorie. Bis zum heutigen Tage wird das Experiment ahnungslosen Studenten als glanzvolle Bestätigung der Relativitätstheorie präsentiert, mit dem bewiesen worden sei, daß der Fluß der Zeit wirklich von der Geschwindigkeit beeinflußt werde[104].

Wer sich allerdings über das Experiment seine eigenen Gedanken macht und auch die Regeln der Logik berücksichtigt, wird schnell erkennen, daß schon der gedankliche Ansatz falsch ist, weil man den Gang einer Uhr ebensowenig mit dem Fluß der Zeit selbst gleichsetzen darf wie einen Zollstock mit abstrakten Größen wie Längen oder Entfernungen. Es gibt schnelle und langsame Uhren, das weiß jeder; aber eine Uhr, die vor- oder nachgeht, geht falsch. Uhren *sind* nicht die Zeit, sondern sie *messen* die

---

102   Zu den experimentellen Befunden vgl. näher A. G. Kelly, ›Reliability of Relativistic Effect Tests on Airborne Clocks‹, The Institution of the Engineers of Ireland, Monograph No. 3; Kelly bezweifelt die Korrektheit der Protokollierung. Zu den logischen Fehlern der Interpretation des Experiments vgl. mein ›Popper *versus* Einstein‹, S. 69 ff.

103   Eine erste Widerlegung ergab sich aus dem oben (S. 92 ff.) dargestellten Sagnac-Experiment, eine weitere aus dem Hubbleeffekt, vgl. ›Popper *versus* Einstein‹ S. 91 ff. Zur Widerlegung durch das Fizeau-Experiment vgl. unten S. 154 f.

104   Das ist die heute übliche Darstellung in Standardlehrbüchern zur speziellen Relativitätstheorie. Vgl. z. B. Sexl/Schmidt, ›Raum – Zeit – Relativität‹, S. 39 f.; Greiner/Rafelski, ›Spezielle Relativitätstheorie‹, S. 25 f.; Schröder, ›Spezielle Relativitätstheorie‹, S. 41 f.

Zeit; nur das erklärt, warum sie auch falsch gehen können. In diesem Sinne sind auch Uhren nichts anderes als ein gewöhnlicher Maßstab, etwa ein Zollstock, der auch nicht mit dem verwechselt werden darf, was er messen soll. Wenn eine Uhr nach der Erdumrundung anders anzeigt als die stationäre Referenzuhr, bedeutete das also zunächst nur, daß sie sich unter dem Einfluß der Reise verändert hat. Das liegt eigentlich auf der Hand. Die nächste Frage müßte deshalb sein, *warum* sie sich verändert hat. Die Erfinder des dargestellten Experiments kümmerte das alles aber ebensowenig wie der unbezweifelbare Umstand, daß die Regeln der Logik es verbieten, einen und denselben physikalischen Effekt je nach Bedarf nach unterschiedlichen Kriterien zu interpretieren. Man wollte die axiomatische Theorie bestätigt finden; also fand man sie bestätigt.

(*3*) Die Beispiele werfen allerdings die Frage auf, welchen Wert solche Experimente eigentlich noch haben können. Lohnt es sich, dafür Geld auszugeben? Oder anders formuliert: Wie können wir aus Experimenten etwas Neues lernen, wenn wir immer nur solche Ergebnisse anerkennen, die unsere vorgefaßte Meinung bestätigen? Und wie kann eine wissenschaftliche Theorie empirisch kritisiert werden, wenn das, was sie ›vorhersagt‹, erst nachträglich festgelegt wird?

Bei sportlichen Wettkämpfen einigt man sich vorher auf die Regeln, damit hinterher ein Sieger bestimmt werden kann. Die Regeln sind der Maßstab, an dem das Ergebnis gemessen wird. Kann das in der Physik anders sein? Darf es also dort eine Theorie geben, die, was immer geschehen mag, unter allen Umständen immer Sieger bleibt? Ist das nicht das Ende der Physik als Wissenschaft? Und wie steht es mit der Interpretation von Experimenten, wenn die interpretierende Theorie so komplex ist, daß ihre Widerspruchsfreiheit mindestens den gleichen Zweifeln ausgesetzt ist, wie die der zu untersuchenden Theorie? Wir erinnern uns, daß diese Frage ein entscheidendes Argument des Gödelschen Beweises war[105]. Sollte dieser strenge Beweis, der in der Mathematik vorbehaltlos anerkannt ist, für die theoretische Physik keine Gültigkeit haben?

---

105   Vgl. oben Kap. 2 III, 4 (S. 78 ff.)

Ich will die Fragen hier zunächst noch offenlassen. Schon jetzt sollte aber deutlich geworden sein, daß eine Forschung, die sich nur der Suche nach ›Grundgesetzen‹, also nach allerletzten und deshalb unanfechtbaren wissenschaftlichen Wahrheiten widmen möchte, zur Gefahr für die Wissenschaft selbst werden kann. Sie leistet der Tendenz Vorschub, Entdeckungen zu behindern. Ich erinnere nochmals an Einsteins Worte:

»An den großen Entdeckungen kann ich mich nur wenig freuen, weil sie mir das Verstehen des Fundaments vorläufig nicht zu erleichtern scheinen.«[106]

Der Glaube an die Allmacht der logischen Deduktion läßt dem Irrtum keinen Raum. Ein Wissenschaftsverständnis, das auf diesem Glauben beruht, kann deshalb Irrtümer immer nur als menschliches Versagen erklären, das niemand gerne auf sich nehmen möchte. Wer so denkt, wird nie begreifen, daß es kein Zeichen der Schwäche, sondern im Gegenteil eine höchst lobenswerte Tugend ist, wenn eine wissenschaftliche Theorie sich dem Risiko experimenteller Widerlegungen aussetzt. Eine empirische Wissenschaft kann nur Fortschritte machen, wenn sie den Irrtum auch theoretisch wenigstens als Möglichkeit anerkennt, wenn sie also sieht, daß unser empirisches Wissen nicht auf Deduktion, sondern auf Spekulation beruht, die sich jederzeit auch als falsch erweisen kann. Deshalb ist jede empirische Wissenschaft auf Grundverständnis angewiesen, das nicht das grenzenlose Wissen des Menschen, sondern im Gegenteil seine grenzenlose Unwissenheit zum Ausgangspunkt nimmt.

---

106 Vgl. oben Kap. 3, II, 2 (S. 89 ff.)

4. KAPITEL

VON DER AXIOMATIK ZUR HEURISTIK

>Einige seiner Zeitgenossen liebten
ihn; keiner verstand ihn.‹
HEINRICH HEINE

Einsteins Gedanken zur Wissenschaftstheorie erschöpfen sich nicht in dem axiomatischen Ansatz, den wir bisher erörtert haben. Sie lassen daneben auch ein anderes Prinzip erkennen, das für die Beurteilung seiner Gedanken mindestens ebenso wichtig ist. Es liegt seiner *heuristischen Methode* zugrunde. Ich selbst halte dieses Prinzip für richtig und sehe in ihm die größte wissenschaftliche Leistung, die Einstein vollbracht hat, eine Leistung, die für die Theorie der Wissenschaft wahrhaft revolutionäre Bedeutung hat und die sich auch für die Anwendung der Physik als äußerst fruchtbar erweisen könnte, wenn sie besser verstanden würde. Auch Karl Popper scheint das so gesehen zu haben. Aber leider ist gerade dieser Teil der Einsteinschen Gedanken so revolutionär, daß viele Naturwissenschaftler ihn bis heute gar nicht bemerkt haben. Auch das wird allerdings nur vor dem Hintergrund der Zeit sichtbar, in der Einstein seine Gedanken entwickelte. Wir müssen also zunächst diesen Hintergrund näher betrachten.

I

Das 19. Jahrhundert, in dem Einstein aufwuchs und das ihn prägte, war für die Naturwissenschaft in vieler Hinsicht eine glanzvolle Zeit. Die Erfolge, die damals erzielt wurden, waren in der Geschichte der Wissenschaft ohne Beispiel und beschränkten sich keineswegs auf die Entdeckung der nichteuklidischen Geometrien. Sie beschränkten sich nicht einmal auf die Physik, sondern erfaßten im Gegenteil buchstäblich alle Bereiche des

Lebens. Die ganze Welt schaute auf die Naturwissenschaften und hatte sich daran gewöhnt, von ihr fast täglich neue Sensationen zu erwarten.

Aber jede Medaille hat bekanntlich zwei Seiten. Wenn in einer Wissenschaft spektakuläre Erfolge erzielt werden, bedeutet das nicht, daß die jeweilige Epoche schon deshalb auch für jeden einzelnen Wissenschaftler, der in ihr lebt, besonders glücklich sein muß. Das Gegenteil kann genauso richtig sein, denn es macht einen wichtigen Unterschied, ob man am Erfolg selbst teilhat oder dem anderer zusehen muß. Wer als Wissenschaftler weniger phantasiebegabt war, vielleicht auch in schon fortgeschrittenen Lebensjahren von neuen Entwicklungen eher überrollt als mitgerissen wurde und zugleich mitansehen mußte, wie andere zu Ansehen und Wohlstand gelangten, während er selbst um seine Existenz kämpfte, der konnte gegenüber derartigen Entwicklungen leicht ganz andere Gefühle hegen. Und auch solche Gefühle können reale Auswirkungen haben, besonders wenn sie bei vielen auftreten. Mein Eindruck ist, daß Neid und Verbitterung in dem geistigen Umbruch, der sich damals in der Physik vollzog, ein durchaus beachtlicher Faktor waren. Auch Einstein könnte davon betroffen gewesen sein, denn immerhin mußte er in seiner Jugend miterleben, wie sein eigener Vater mit gewagten technischen Projekten wirtschaftlichen Schiffbruch erlitt[107].

Das geistige Klima war jedenfalls auch im 19. Jahrhundert die wichtigste Triebfeder für die Entwicklung der Wissenschaft. Die französische Revolution, die 1789 mit dem Sturm auf die Bastille begonnen hatte, wurde zwar vorwiegend durch wirtschaftliche und soziale Spannungen ausgelöst. Gerade darin war sie aber zugleich Ausdruck einer neuen Geisteshaltung, die sich weit über Frankreichs Grenzen hinaus bemerkbar machte. Nicht Neid stand im Vordergrund, sondern begründete Unzufriedenheit, nämlich Unzufriedenheit mit denjenigen, die durch Geburt und Stellung eigentlich dazu berufen gewesen wären, Verantwortung zu tragen, sich aber statt dessen auf ererbtem Wohlstand ausruhten und in unverdienten Privilegien sonnten. Obwohl das destruktive Element der Revolution in Frankreich vorübergehend die Oberhand gewann, war

---

107   Dazu näher unten Kap. 7, V, 2 (S. 221 ff.).

die neue Geisteshaltung dennoch insgesamt kein Zeichen der Schwäche, sondern in erster Linie Ausdruck eines geänderten Kräfteverhältnisses in der Gesellschaft und des Gefühls, es selbst besser zu können. Das zeigt nicht zuletzt die Resonanz, die das Gedankengut der Revolution in der ganzen Welt fand. Das Bürgertum war sich seines eigenen Wertes bewußt geworden und stellte sich selbstbewußt neben die bis dahin herrschenden Klassen des Klerus und des Adels, nicht selten sogar über sie. Der Wert des Individuums begann, sich von der sozialen Schicht zu lösen, der es angehörte.

Diese Geisteshaltung trug auch in den Naturwissenschaften zu der schon erwähnten Aufbruchstimmung bei und schuf gemeinsam mit anderen Faktoren ein intellektuelles Klima, wie wir es in unserer Zeit vielleicht in ähnlicher Form bei der Anwendung der elektronischen Datenverarbeitung wieder erleben. Die Welt wimmelte nur so von Entdeckern, Erfindern und Phantasten, die von ernsthaften Forschern keineswegs immer leicht zu unterscheiden waren. Aufstieg und Fall lagen oft dicht beieinander, denn niemand wußte so recht, was am Ende wichtig sein würde und was nicht. Deshalb wurde überall experimentiert, und alles wurde beachtet und frei diskutiert.

So trat die Welt in ein Zeitalter großer physikalischer Entdeckungen ein, die auch das bis dahin so wohlgeordnete und überschaubare System der klassischen Physik von Grund auf durcheinanderwirbelten. Besonders die Elektrizitätslehre machte überaus stürmische Fortschritte, die mit den überlieferten gedanklichen Kategorien zunächst nicht einmal zu erfassen waren. Weder Maßeinheiten noch Meßgeräte waren bekannt, mit denen man die neuentdeckten Phänomene der elektrischen Spannung, der Ladung, des fließenden Stroms oder des Widerstandes genau hätte darstellen und messen können. Das theoretische Instrumentarium der klassischen Physik hatte die Entdeckungen von Kopernikus, Kepler und Newton noch unbeschadet überstanden. Vor den elektrischen Erscheinungen versagte es auf der ganzen Linie; es wurde von den Ereignissen schlicht und einfach überrollt.

Das äußerte sich schon darin, daß die Fortschritte der Physik auf dem Gebiet der Elektrizitätslehre anfangs keineswegs von Mathematikern oder

Physikern, sondern vielmehr ausgerechnet von Ärzten ausgingen[108], also von einem Berufsstand, der noch zu Beginn des 17. Jahrhunderts als ›unrein‹ verachtet worden war und dessen Wissenschaftsbild, soweit man von einem solchen überhaupt reden konnte, dem der Mathematiker fast direkt entgegengesetzt war. Einen Gelehrten, der sich vor den sozialen, wirtschaftlichen und kulturellen Wirren jener Zeit in die wohlgeordnete Welt der klassischen Physik geflüchtet hatte, wo man sich auf die gesicherten Lehren der Mechanik und der Optik verlassen konnte und wo die Axiome der euklidischen Geometrie mit ihren zwingenden logischen Schlußfolgerungen noch ewige Geltung beanspruchten, konnten solche Entwicklungen nur in neue Ängste versetzen.

Das alte Gesellschaftssystem mit seiner ständischen Ordnung hatte Mathematikern und Physikern in der sozialen Hierarchie zwar nicht den obersten, aber doch einen respektablen Platz zugewiesen, der wenigstens zuverlässig gesichert erschien. Er verhieß zwar keinen Wohlstand, aber er garantierte immerhin die Zugehörigkeit zur geistigen Gelehrtenrepublik und damit wenigstens einen deutlichen Abstand vom gemeinen Volk und auch ein hinreichendes soziales Ansehen. Aber auch diese ständische Ordnung wurde in der französischen Revolution und der technischen Revolution des 19. Jahrhunderts hinweggefegt. In jener Zeit des allgemeinen Umbruchs wurden selbst Wissenschaftler nicht an ihrem Rang oder an ihrer Gelehrsamkeit, sondern ganz prosaisch an ihren Erfolgen gemessen. Die Revolution fand also nicht nur im politischen Bereich statt, sie durchdrang das soziale Gefüge der alten Welt in allen seinen Verästelungen und machte selbst vor gedanklichen Inhalten nicht halt. Auf der Ebene der Naturwissenschaft war sie nicht weniger als eine Revolution gegen das System der klassischen Physik selbst. Die Geborgenheit der alten Ordnung war auch dort spätestens in der zweiten Hälfte des 19. Jahrhunderts endgültig dahin.

Wer in der klassischen Physik sein Ideal gefunden hatte und es festhal-

---

108   Luigi Galvani (1737–1798) und Franz Mesmer (1734–1815) waren Ärzte; ebenso Thomas Young (1773–1829), der Entdecker der Lichtinterferenz, der allerdings zugleich Physiker war. Er entzifferte auch die ersten Hieroglyphen des Steins von Rosette.

ten wollte, konnte an solchen Entwicklungen verzweifeln. Namenlose Emporkömmlinge, denen jede akademische Bildung abging, durften ihren Spekulationen jetzt ungeniert freien Lauf lassen und wurden damit sogar berühmt. Michael Faraday (1791–1867) war vielleicht der Extremfall. Heute wissen wir, daß die moderne Technik ihm fast alles verdankt. Aber damals konnte es manchem noch als vermessen erscheinen, daß Faraday, der Sohn eines Grobschmieds, als Buchbinderlehrling die Bücher, die er doch eigentlich nur einbinden sollte, auch selbst gelesen hatte. Und die Kenntnisse, die er sich auf diese Weise im Selbstunterricht aneignete, lagen zunächst weit mehr auf dem Gebiet der Chemie als auf dem der Physik. Von Mathematik verstand er wenig und besaß sogar die Stirn, das freimütig zuzugeben[109]. Seine hochspekulativen Hypothesen über latente Kraftfelder und unsichtbare Strahlungen zeugten zwar von physikalischem Einfühlungsvermögen, konnten aber keinerlei deduktive Rechtfertigung für sich in Anspruch nehmen. Trotzdem wurden sie durch immer gewagtere Experimente stets aufs neue bestätigt. Selbst seine Entdeckung der elektrischen Induktion (1831) fand weithin Anerkennung, obwohl sie kein einziges deduktives Argument für sich in Anspruch nehmen konnte. Mancher akademische Mathematiker und Physiker, der dem Ideal einer exakten Wissenschaft anhing, mag sich darüber die Haare gerauft haben. James Clerk Maxwell (1831–1879), einer der einflußreichsten theoretischen Physiker des 19. Jahrhunderts, scheint nicht zuletzt aus diesem Grund seine wichtigste Aufgabe darin gesehen zu haben, Faradays unfundierte Spekulationen schnellstens wieder auf das gesicherte Fundament der mathematischen Deduktion zurückzuführen. Auch andere mögen sich gerade angesichts der sichtbaren Verfallserschei-

---

109 Faraday schrieb 1822 an Ampère: »I am unfortunate in a want of mathematical knowledge and the power of entering with facility into abstract reasoning. I am obliged to feel my way by facts closely placed together, so that it often happens I am left behind in the progress of a branch of science (not merely from the want of attention) but from the incapability I lay under of following it, notwithstanding all my exertions. It is just now so, I am ashamed to say, with your refined researches on electromagnetism or electrodynamics. On reading your papers and letters, I have no difficulty in following the reasoning, but still at last I seem to want something more on which to steady the conclusions.« – Vgl. Peter Day, ›The Philosopher's Tree, A Selection of Michael Faraday's Writings‹, S. 96 f.

nungen entschlossen haben, der praktischen physikalischen Wissenschaft endgültig den Rücken zu kehren, um sich fortan ungestört nur noch der reinen Theorie zu widmen[110]. Das war die Zeit, in der das Schisma der Physik, die Trennung der theoretischen Physik von der Experimentalphysik, seinen Anfang nahm.

Aber es sollte noch schlimmer kommen. Nachdem die Spekulation einmal in die Physik Einlaß gefunden hatte, kannte sie schon bald überhaupt keine Grenzen mehr, sondern verstieg sich zu reinen Phantasiegebilden. Einige der neuen Entdeckungen, insbesondere die Phänomene der Lichtinterferenzen (1800), der Polarisation (1807) und der elektromagnetischen Wellen (1887) waren gänzlich rätselhaft[111]. Um sie dennoch zu erklären wollten manche Physiker deshalb die Existenz eines ›Lichtäthers‹ annehmen. Damit meinten sie eine Substanz, die vollkommen unsichtbar war, die also schon *per definitionem* nie und nirgendwo direkt beobachtet werden konnte und die sich deshalb auch jeder mathematischen Berechnung von vornherein entzog. Das war genau das Gegenteil jener ›exakten Wissenschaft‹, die die klassische Physik verwirklichen wollte. Die Ätherhypothese entsprang zwar uralter Überlieferung, aber dennoch wurde der Äther schlicht und einfach erfunden, um Dinge zu erklären, die sonst nicht erklärlich waren. Mit einer axiomatischen Wissenschaft hatte er schlechthin gar nichts mehr zu tun. Trotzdem konnte die Ätherhypothese im 19. Jahrhundert immer mehr an Boden gewinnen und wurde aus schierer Einsicht in die Notwendigkeit von der Mehrzahl der Wissenschaftler akzeptiert. Für akademische Physiker der alten Schule, die sich dem Ideal der exakten Wissenschaft verschrieben hatten, muß das eine deprimierende Beobachtung gewesen sein, denn aus

---

110 Daß die ›exakte Wissenschaft‹ das Ideal der damaligen theoretischen Physik war, läßt sich aus einer Vielzahl von Texten damaliger Physiker belegen. Ich nenne nur einige Beispiele aus neuerer Zeit: Max Planck, ›Sinn und Grenzen der exakten Wissenschaft‹, in: ›Vorträge und Erinnerungen‹, S. 363; Werner Heisenberg, ›Prinzipielle Fragen der modernen Physik‹, in: ›Deutsche und Jüdische Physik‹, S. 28, 31; derselbe, ›Über das Weltbild der Naturwissenschaft‹, ibid. S. 107, 114.

111 Entdecker der Lichtinterferenzen war Thomas Young (1773–1829); die Polarisation entdeckte Etienne Louis Malus (1775–1812), die elektromagnetischen Wellen Heinrich Hertz (1857–1894).

ihrer Sicht wurde damit anstelle sorgfältig gesicherter und mathematisch berechenbarer Erkenntnis die Phantasie selbst zur Wissenschaft erklärt. Eine hochspekulative Hypothese wurde nur deshalb anerkannt, weil es ohne sie überhaupt keine Erklärung gegeben hätte. Wenn solche Beispiele Schule machten, war das am axiomatischen Vorbild orientierte geordnete System der klassischen Physik damit am Ende. Die Ätherhypothese war deshalb für solche Wissenschaftler ein natürlicher Feind.

II

In diese spannungsgeladene Atmosphäre stieß Einstein 1905 mit der Veröffentlichung seiner speziellen Relativitätstheorie[112]. Gleich an ihrem Anfang steht die Verheißung:

> »Die Einführung eines ›Lichtäthers‹ wird sich insofern als überflüssig erweisen, als nach der zu entwickelnden Auffassung weder ein mit besonderen Eigenschaften ausgestatteter ›absolut ruhender Raum‹ eingeführt, noch einem Punkte des leeren Raumes, in welchem elektromagnetische Prozesse stattfinden, ein Geschwindigkeitsvektor zugeordnet wird.«

Diese These schenkte Gelehrten der alten Schule endlich wieder neue Hoffnung, denn mit ihr verfolgte Einstein einen ganz anderen Weg. Nur zwei äußerst einfache Grundannahmen, so versicherte er, nämlich das Prinzip der Universalität der Naturgesetze und das Prinzip der Konstanz der Lichtgeschwindigkeit sollten genügen, um auf der Grundlage des daraus gewonnenen Relativitätsprinzips der theoretischen Physik zu einem völlig neuen Denkansatz zu verhelfen. Und dieser Denkansatz sollte prinzipiell geeignet sein, auf rein deduktivem Wege alle Probleme der Theorie bewegter Körper zu lösen, und zwar einschließlich der Elektrodynamik.

Damit versprach Einstein nicht mehr und nicht weniger als die Rückkehr zu einem Wissenschaftsverständnis, in welchem die Physik wie in alter

---

112 Albert Einstein, ›Zur Elektrodynamik bewegter Körper‹, S. 891 ff., (unten Anhang 4, S. 309 ff.).

Zeit wieder ›absolut sichere und unbestreitbare‹ Erkenntnisse vermitteln würde[113]. Wie die euklidische Geometrie sollte sie von Axiomen ausgehen und in strikter Deduktion mit rein mathematischen Mitteln zu neuen Erkenntnissen vordringen, die deshalb ebenso sicher sein mußten wie die Axiome selbst. Er versprach also, der akademischen Physik ihr verlorenes Selbstvertrauen zurückzugeben und sie in das gelobte Land der *exakten Wissenschaft* zurückzuführen. Mit einem solchen Ansatz konnte er sich jedenfalls des Wohlwollens aller derjenigen Physiker sicher sein, die sich dem Wissenschaftsideal der klassischen Physik verschrieben hatten.

Wir haben oben gesehen, daß Einstein seine physikalischen Theorien später selbst aus wissenschaftstheoretischer Sicht kommentiert hat[114]. Seine Überlegungen setzten unmittelbar an der Frage nach der Geltung der Axiome an und beantworteten sie mit einem ebenso radikalen wie revolutionären Vorschlag, der sich von allen früheren unterscheidet und den ich als seinen wichtigsten Beitrag zur modernen Erkenntnistheorie ansehe. Vor ihm hatten Theoretiker der Physik immer zunächst nach einer zuverlässig gesicherten Grundlage der Erkenntnis gesucht, also nach dem festen Fundament, auf dem jede weitere Erkenntnis aufbauen sollte. An dieser Klippe waren sie ausnahmslos gescheitert. Aber im Gegensatz zu ihnen, unternahm Einstein gar nicht erst den Versuch, die Axiome, die er als ›Grundgesetze‹ der Wissenschaft bezeichnete, irgendwie zu rechtfertigen. Vielmehr bezeichnete er sie kurzerhand als

> »freie Erfindungen des menschlichen Geistes, die sich weder durch die Natur des menschlichen Geistes noch sonst in irgendeiner Weise *a priori* rechtfertigen lassen«[115].

In seinem Aufsatz *Zur Elektrodynamik bewegter Körper*, der die erste Darstellung der speziellen Relativitätstheorie enthielt, sprach er sogar ausdrücklich von ›Vermutungen‹, die er zu ›Voraussetzungen‹ erheben wollte. Eine weitere Begründung gab er nicht. Vielmehr wollte er den Leser allein

---

113 Vgl. den Textausschnitt aus: ›Geometrie und Erfahrung‹, oben Kap. 1, III (S. 49 ff.).
114 Kap. 1, III (S. 49 ff.).
115 Albert Einstein, ›Zur Methodik der theoretischen Physik‹ S. 185 ff., 189. Zum Zusammenhang des Textes vgl. oben Kap. 1, III, 2 (S. 54 ff.).

116

durch die Folgerungen überzeugen, die sich aus diesem Vorschlag ergaben. Sie waren sein einziges Argument.

Anstatt also die grundlegenden Wahrheiten der Wissenschaft konstruktiv zu begründen, sie sozusagen auf ein gesichertes Fundament zu stellen, indem er sie aus anderen Sätzen ableitete, wie man es in der Vergangenheit immer versucht hatte, schlug Einstein vor, sie einfach als zunächst gänzlich unbegründete Behauptung vorauszusetzen und erst nachträglich anhand der Erfahrung im Hinblick auf ihre Richtigkeit zu überprüfen. Die zur Problemlösung notwendigen Aussagen sollten weder aus anderen Aussagen deduziert noch sonst in irgendeiner Weise ›gerechtfertigt‹ werden. Vielmehr wurden sie kurzerhand ›frei erfunden‹. Diese Erfindung war aber nur scheinbar willkürlich, denn ihre inhaltliche Rechtfertigung lag eben darin, daß die vorgeschlagenen Aussagen geeignet sein mußten, zur Problemlösung beizutragen. Sie setzte also gewissermaßen eine Plausibilitätsprüfung voraus, mehr aber zunächst nicht. Darin lag der oft hervorgehobene heuristische Ansatz seines Denkens, den Einstein nicht nur in seiner Abhandlung über die Relativitätstheorie, sondern auch in anderen Arbeiten verfolgte[116].

Einstein hat diesen gedanklichen Ansatz immer wieder praktiziert, nicht zuletzt bei der Entwicklung der Lichtquantenhypothese, auf die ich im 6. Kapitel noch genauer eingehen werde. Er stellte scheinbar beliebige Hypothesen auf, wie beispielsweise die Hypothesen der Quantennatur des Lichts oder der Konstanz der Lichtgeschwindigkeit, ohne sie in irgendeiner Weise aus anderen Erkenntnissen abzuleiten oder sonst zu begründen, und verwies zu ihrer Rechtfertigung zunächst allein darauf, daß sie die *mögliche* Lösung eines Problems enthielten. Alles weitere, insbesondere also die Frage, ob mit diesen Hypothesen die *richtige* Lösung gefunden war, sollte der nachträglichen Überprüfung anhand der Erfahrung vorbehalten bleiben.

---

116   Zur damaligen Bedeutung vgl. Fölsing, ›Einstein – Eine Biographie‹,, S. 158 f. – Elie Zahars Arbeit ›Einstein's Revolution – A Study in Heuristics‹ betrifft zwar das Thema, gibt aber über die eigentliche Bedeutung des heuristischen Ansatzes leider keinen Aufschluß. Zahar hat sie nicht erkannt.

Die Originalität dieses gedanklichen Ansatzes, den Einstein gefunden hat, ist in wissenschaftstheoretischer Hinsicht kaum zu überschätzen. Er stellte die Erkenntnistheorie gewissermaßen auf den Kopf, denn er enthielt nicht mehr und nicht weniger als den Vorschlag, den Weg, den man bis dahin als zutreffende Beschreibung des Vorgangs der menschlichen Erkenntnis angesehen hatte, in seiner Richtung genau umzukehren.

Bis auf Kant hatten alle früheren Philosophen bei ihren erkenntnistheoretischen Überlegungen immer vorausgesetzt, daß der Weg der Erkenntnis *von der Natur zum Menschen* führt, wobei der Mensch sich passiv verhält, um die Natur auf sich einwirken zu lassen und ihrer Wahrheit teilhaftig zu werden. Das entsprach einer uralten Überlieferung, die auf Platon und Aristoteles zurückgeht und die (außer Kant) seit Jahrtausenden niemand in Frage gestellt hatte. Man glaubte daran, daß Erkenntnis darin bestehe, das ›Wesen‹ der Dinge zu erfassen. Selbst die großen angelsächsischen Empiristen nahmen an, jede Erkenntnis müsse von der Beobachtung ausgehen, so daß also die Beobachtung der Erkenntnis vorgehe und die Erkenntnis also umso besser werde, je mehr Beobachtungen ihr zugrunde liegen. Und auch heute noch ist die Vorstellung weit verbreitet, daß Erkenntnis darin besteht, ein tieferes Wissen von der ›Wirklichkeit‹ oder dem ›Wesen‹ der Dinge zu gewinnen.

Die Erkenntnis der Natur ist nach dieser Vorstellung ein rezeptiver Vorgang. Die Natur verkörpert die Wahrheit, und der Mensch wird ihrer teilhaftig, sofern er das Glück hat, zu den Erwählten zu gehören, denen es vergönnt ist, sie zu erkennen. In einer Theorie, die von diesem Verständnis ausgeht, ist deshalb das Bild des Wissenschaftlers oder des Philosophen vor allem von distanzierter Objektivität gekennzeichnet. Er ist gewöhnlichen Menschen schon aufgrund seines Berufsstandes turmhoch überlegen. Allerdings muß er, um sich diese Überlegenheit zu erhalten, auch immer genügende Distanz wahren, Distanz zu den Menschen und Distanz zu den Dingen, kurzum Distanz zu allem, was er beobachten und erkennen will. Denn er muß reinen Sinnes sein, darf also seine wissenschaftliche Objektivität nicht gefährden und sein Urteil auf keinen

Fall von Zufälligkeiten oder gar Stimmungen trüben lassen. Das Bild des Wissenschaftlers oder Philosophen, das dieser Anschauung zugrunde liegt, ist also das eines Menschen, der sich von anderen Menschen schon durch seine herausgehobene Stellung und seine Objektivität grundsätzlich unterscheidet. Auch sein Wissen unterscheidet sich nach diesem Wissenschaftsverständnis vom Wissen gewöhnlicher Menschen nicht nur quantitativ, sondern auch qualitativ. Er weiß nicht nur mehr, er weiß auch besser. Sein Wissen ist genauer und sicherer, weil es »wissenschaftliches« Wissen ist. Diese Vorstellung begegnet in fast allen Jahrhunderten und in allen Wissenschaftszweigen[117].

Einsteins heuristischer Ansatz bedeutet ungefähr das Gegenteil. Er fordert vom Wissenschaftler nicht distanzierte Objektivität, sondern erlaubt ihm Begeisterung und Leidenschaft, ja sogar Erfindungsgabe, also wirkliche Kreativität. Aber er überträgt ihm zugleich auch Verantwortung, und zwar eine Verantwortung, die nicht mehr bei der Natur, sondern bei ihm selbst liegt. Der Leidenschaft für die Wahrheit entspricht also die Verantwortung für die Wahrheit. Denn nach Einsteins Theorie sollte die Erkenntnis kein passiver Vorgang sein, der von der Natur zum Menschen führt, sondern im Gegenteil ein *aktiver, kreativer* Vorgang, der in genau umgekehrter Richtung vom Menschen zur Natur führt. Die wissenschaftliche Erkenntnis der Wahrheit ist nach dieser Vorstellung nicht mehr ein von außen auf den Menschen zukommender Einfluß, sondern seine eigene, autonome und wahrhaft schöpferische Leistung. Der Mensch erfindet die grundlegenden Axiome der Wissenschaft. Sie sind, in Einsteins Worten, »freie Erfindungen des menschlichen Geistes, die sich weder durch die Natur, noch sonst in irgendeiner Weise *a priori* rechtfertigen

---

117 Den Ursprung dieser Tradition kann man vielleicht in der platonischen Ideenlehre sehen. Charakteristisch ist etwa Francis Bacons *Novum Organon* mit seiner Lehre von den zwei Wegen zur Wahrheit (Aphorismus 19) und der daran anknüpfenden Unterscheidung zwischen Ideen und Idolen (Aph. 23). Die Ideen entstammen dem ›göttlichen Geist‹; sie zeigen die ›wahren Kennzeichen und Merkmale, wie sie an den Schöpfungswerken in der Natur vorgefunden werden‹. Die Idole sind dagegen Menschenwerk und deshalb ›leere Bestimmungen‹, die den menschlichen Geist ›gefangen halten‹ (Aph. 39) und von denen wir deshalb unser Denken freihalten und reinigen müssen.

lassen«[118]. Sie sind also sein persönliches Werk. Und erst nachdem er sie erfunden hat, prüft er sie zunächst im Hinblick auf ihre Eignung zur Problemlösung und sodann im Hinblick auf ihre Übereinstimmung mit der Erfahrung. Darin liegt seine Verantwortung. So erfand Einstein die Hypothese von der Quantennatur des Lichts und prüfte sie sodann auf ihre Eignung zur Problemlösung. Und die Hypothese von der Konstanz der Lichtgeschwindigkeit erfand er zwar nicht selbst, weil sie wohl schon vorher existiert haben muß. Aber er legte sie ohne jede begründende Rechtfertigung seiner speziellen Relativitätstheorie zugrunde und zeigte erst dann, wie sie nach seiner Ansicht mit der Erfahrung in Einklang zu bringen war. Deshalb hätten eigentlich andere sie prüfen müssen.

Die Vorstellung vom großen Gebäude der Wissenschaft, das alle Wissenschaftler gemeinsam errichten, indem sie sorgfältig Stein auf Stein setzen, war mit diesem Denkansatz allerdings aufgegeben. Nach Einsteins Wissenschaftsverständnis war der Wissenschaftler kein Handwerker mehr, der die Bausteine der Erkenntnis nach einem fremden Plan sorgfältig aufeinandersetzte. Er konnte sich selbst als der Architekt fühlen, der das Gebäude plante.

IV

Einsteins Überlegungen enthielten in diesem Punkt eine direkte Fortsetzung Kantscher Gedanken, das wird Kennern der europäischen Geistesgeschichte kaum verborgen geblieben sein. Der Zusammenhang mit der Kantschen Theorie ist aber so wichtig, daß er einen kurzen Exkurs rechtfertigt. Es geht um die schlechthin wichtigste Weichenstellung in der Theorie der Erkenntnis, an der sich gerade in der Physik immer wieder die Geister scheiden und auf die ich deshalb auch im weiteren Verlaufe dieser Abhandlung noch oft zurückkommen werde. Ohne Übertreibung läßt sich sagen, daß nahezu *alle* gedanklichen Fehler, die in der Erkennt-

---

118   Albert Einstein, ›Zur Methodik der theoretischen Physik‹, in: ›Mein Weltbild‹, S. 198. Das Zitat ist in der in Kapitel 1, III, 1 (oben S. 51 ff.) zitierten Textpassage enthalten.

120

nistheorie vorkommen, damit zusammenhängen, daß die Konsequenzen, die sich aus Kants Autonomieprinzip ergeben, entweder nicht gesehen oder nicht gezogen wurden[119].

Ich versuche im Folgenden, Kants Gedanken mit einigen Zitaten aus seinen Schriften zu illustrieren, muß aber vorausschicken, daß deren schwieriger Stil die Aufgabe nicht einfach macht. Die Zitate sollen auch keineswegs eine historisch zuverlässige Kant-Interpretation ermöglichen; das ist nicht mein Ziel. Vielmehr bringen sie das zum Ausdruck, was mir selbst an Kants Gedanken besonders wichtig erscheint. Auch die Auswahl soll also nicht objektiv sein, sondern Kants Theorie so darstellen, wie sie mir am stärksten erscheint. Damit zeigt sie zugleich, wie auch Einstein ihn möglicherweise verstanden haben könnte.

(1) Kants *Kritik der reinen Vernunft* (1781) gilt mit Grund als eines der wirklich großen Ereignisse der Geistesgeschichte. In diesem Werk hat Kant erstmals das vollzogen, was er selbst voller Stolz als die ›kopernikanische Wendung‹ seines Philosophierens bezeichnete. Mit dem Hinweis auf Kopernikus spielte er auf die revolutionärste kosmologische Entdeckung an, die es in der Geschichte der Naturforschung jemals gegeben hatte. Damit wollte er darauf aufmerksam machen, daß auch seine eigene Theorie zutiefst revolutionär war. Er wollte die Theorie der Erkenntnis ebenso radikal auf den Kopf stellen, wie Kopernikus die Kosmologie auf den Kopf gestellt hatte, und seine Gedanken waren in der Tat so umwälzend,

---

119 Als Beispiel dafür, daß das Autonomieprinzip der Kantschen Lehre nur selten verstanden wurde, können Heisenbergs Kant-Diskussionen mit Grete Hermann und Carl Friedrich v. Weizsäcker dienen. Vgl. Werner Heisenberg, ›Der Teil und das Ganze‹, Kap. 10, ›Quantenmechanik und Kantsche Philosophie‹. Die Diskussionsteilnehmer behandeln zwar unmittelbar die Frage der naturwissenschaftlichen Erkenntnis, lassen aber weder eine Diskussion noch eine Anwendung des Autonomieprinzips erkennbar werden, obwohl es nach Kants eigener Einschätzung seine wichtigste Entdeckung war. Auch Weizsäcker selbst bringt dieses Prinzip in seinem Buch ›Aufbau der Physik‹ nicht zum Ausdruck. Man muß wohl sagen, daß das Autonomieprinzip trotz Poppers Bemühungen in der theoretischen Physik des 20. Jahrhunderts leider nicht verstanden wurde. Vgl. Karl Popper, ›Eine Welt der Propensitäten‹, S. 83. Zu Popper selbst vgl. den Anhang 1 am Ende dieses Buchs (S. 257 ff.).

daß ihre Konsequenzen bis heute nur selten gesehen werden. Die Parallele zu Kopernikus, die er zog, verdient deshalb genaue Aufmerksamkeit.

Vor Kopernikus glaubte man an das Weltbild des Ptolemäus. Die Erde stand im Mittelpunkt des Kosmos und wurde von der Sonne und den Planeten umkreist. Dieses Weltbild herrschte seit der Spätantike vollkommen unangefochten und hatte in fast allen religiösen Lehren seinen Niederschlag gefunden. Es zählte zu den am festesten verwurzelten Lehren der abendländischen Welt und wurde zudem täglich durch alle Beobachtungen bestätigt, die gewöhnliche Menschen machen können. Daß die Sonne im Osten aufgeht und im Westen untergeht, kann bei klarem Wetter jedermann beobachten. Trotzdem stellte Kopernikus dieses scheinbar sichere Wissen auf den Kopf, indem er statt der Erde die Sonne in das Zentrum rückte und die Planeten um sie kreisen ließ. Ja, er ordnete sogar die Erde unter diesen Planeten ein. Er rückte sie aus dem Zentrum und verbannte sie an die Peripherie. Wie unglaublich revolutionär dieser Gedanke in seiner Zeit empfunden wurde, hat Galilei in einem Dialog seines *Sidereus Nuncius* zum Ausdruck gebracht. Er läßt den Verfechter der kopernikanischen Lehre dort sagen:

> »Ich kann nicht genug die Geisteshöhe derer bewundern, die sich ihr (scil. der Lehre, daß die Erde um die Sonne kreist) angeschlossen und sie für wahr gehalten, die durch die Lebendigkeit ihres Geistes den eigenen Sinnen Gewalt angetan, derart, daß sie, was die Vernunft gebot, über den offenbarsten gegenteiligen Sinnenschein zu stellen vermochten. Daß die von uns bereits geprüften Argumente gegen die tägliche Rotation der Erde ungemein viel Bestechendes haben, haben wir früher gesehen, und allein der Umstand, daß sie von den Anhängern des Ptolemäus, von der Schule des Aristoteles und all ihrem Gefolge anerkannt wurden, ist schon ein sehr triftiger Grund für ihre Bedeutsamkeit. Die Erfahrungen aber, welche man gegen die jährliche Bewegung anführt, scheinen in so offenbarem Widerspruch mit dieser Lehre zu stehen, daß – ich wiederhole es – meine Bewunderung keine Grenzen findet, wie bei Aristarch und Kopernikus die Vernunft in dem Maße die Sinne hat überwinden können, daß ihnen zum Trotz die Vernunft über ihre Leichtgläubigkeit triumphiert hat.«[120]

---

120   Galileo Galilei, *Siedereus Nuncius*, in: ›Galileo Galilei, Schriften, Briefe, Dokumente‹, Bd. I, S. 288. Karl Popper zitiert den Text in: ›The Myth of the Framework‹, S. 85.

Das war die unglaublich revolutionäre Leistung, auf die Kant anspielte und mit der er seine eigene Theorie der Erkenntnis verglich. Auch er wollte die passive Rolle des Menschen in der Erkenntnistheorie überwinden und ihn selbst ins Zentrum des Geschehens rücken. Er wollte gerade das bezweifeln, was allgemein als selbstverständlich und vollkommen gesichert angesehen wurde. Wie Kopernikus das geozentrische Weltbild der Antike durch sein heliozentrisches System ersetzt hatte, so wollte er die theozentrische Erkenntnistheorie der Antike durch seine anthropozentrische Theorie der Autonomie des menschlichen Verstandes ersetzen. Der Mensch sollte nicht mehr Befehlsempfänger sein, sondern seine eigenen, von ihm selbst geschaffenen Theorien an die Natur herantragen. Kant wollte die erkenntnistheoretische Revolution.

(2) Aber obwohl die gedanklichen Ansätze parallel laufen, hatte Kant sich eine noch weit schwierigere Aufgabe gestellt als Kopernikus. Alle Argumente stehen zwar auf seiner Seite, aber ein vergleichbarer Erfolg war ihm trotzdem nicht vergönnt. Die klare Einsicht in abstrakte Gedanken ist von der Welt unseres Verstandes leider manchmal noch viel weiter entfernt, als unser Planetensystem von der Sonne. Deshalb hatte Kant auch noch weit größere Schwierigkeiten, das was er sagen wollte, klar zum Ausdruck zu bringen. Auch seine eigenen Texte sind leider nicht frei von Widersprüchen. Nicht ohne Grund hat Karl Popper über ihn gesagt: »Alle Mühe, seine Stellung darzutun, war vergebens. Die Schwierigkeit seines Stils besiegelte sein Schicksal«[121]. Lesen wir ihn trotzdem selbst (mit meinen Hervorhebungen):

»So übertrieben, so widersinnisch es auch lautet zu sagen: *der Verstand ist selbst der Quell der Gesetze der Natur*, und mithin der formalen Einheit der Natur, so richtig, und dem Gegenstande, nämlich der Erfahrung angemessen ist gleichwohl eine solche Behauptung. *Zwar können empirische Gesetze als solche ihren Ursprung keineswegs vom reinen Verstande herleiten*, so wenig als die unermeßliche

---

121 Karl Popper, ›Kants Kritik und seine Kosmologie‹ in: ›Vermutungen und Widerlegungen‹ Bd. I, S. 263.

Mannigfaltigkeit der Erscheinungen aus der reinen Form der sinnlichen Anschauung hinlänglich begriffen werden kann. Aber *alle empirischen Gesetze sind nur besondere Bestimmungen der reinen Gesetze des Verstandes,* unter welchen und nach deren Norm jene allererst möglich sind und die Erscheinungen eine gesetzliche Form annehmen, so wie auch alle Erscheinungen, unerachtet der Verschiedenheit ihrer empirischen Form, dennoch jederzeit den Bedingungen der reinen Form der Sinnlichkeit gemäß sein müssen.«[122]

Mit der Behauptung, der Verstand sei »selbst der Quell der Gesetze der Natur«, wollte Kant zum Ausdruck bringen, daß er die Erkenntnis der Wahrheit nicht, wie man früher gedacht hatte, als einen von außen auf den Menschen zukommenden Einfluß, sondern vielmehr als eine von ihm selbst ausgehende, autonome und schöpferische Leistung ansah. Und der Hinweis, daß »empirische Gesetze als solche ihren Ursprung keineswegs vom reinen Verstande herleiten« können, deutet jedenfalls eine klare Unterscheidung von empirischen und nichtempirischen Aussagen an. An anderer Stelle spricht Kant sogar von einem »Probierstein des Fürwahrhaltens« und nimmt damit andeutungsweise das vorweg, was Karl Popper später in seiner Theorie als ›Kriterium der Falsifizierbarkeit‹ formulieren sollte[123].

Aber Kants Hinweis auf die »formale Einheit der Natur« weist andererseits wohl darauf hin, daß auch er wenigstens zeitweilig oder in einzelnen Formulierungen, die Einstein beeindruckt haben mögen, von der Idee eines in sich widerspruchsfreien axiomatischen Systems der Wissenschaft ausging. Und seine Vorstellung, daß

> »alle empirischen Gesetze nur besondere Bestimmungen der reinen Gesetze des Verstandes (sind)«,

ist der Sache nach nichts anderes als eine Vorwegnahme von Einsteins Gedanken, die nichtempirische axiomatische Wissenschaft der Geometrie durch Hinzufügung eines einzigen Axioms in die empirische axiomatische Wissenschaft der Physik zu transponieren.

---

122   Immanuel Kant, ›Kritik der reinen Vernunft‹, S. 181.
123   Immanuel Kant, ›Kritik der reinen Vernunft‹, S. 688.

124

Die Widersprüche, die wir in Einsteins Gedanken bemerkt haben, sind also bei Kant schon angelegt. Das hat Karl Popper klar erkannt[124], während Einstein sich nie dazu geäußert hat.

(3) Bleiben wir aber zunächst bei Kants Autonomieprinzip. Kant hat den Gedanken der Autonomie des menschlichen Verstandes in der Vorrede zur 2. Auflage der *Kritik der reinen Vernunft* noch deutlicher hervorgehoben. Dort hat er ihn geradezu auf die Spitze getrieben, indem er eine Behauptung aufstellte, die bei oberflächlicher Betrachtung fast absurd wirken muß, nämlich die Behauptung, die Erkenntnis müsse sich nicht nach der Natur, sondern genau umgekehrt die Natur sich nach der Erkenntnis richten. Er schrieb dort:

> »Bisher nahm man an, alle unsere Erkenntnis müsse sich nach den Gegenständen richten; aber alle Versuche, über sie *a priori* etwas durch Begriffe auszumachen, wodurch unsere Erkenntnis erweitert würde, gingen unter dieser Voraussetzung zunichte. Man versuche es daher einmal, ob wir nicht in den Aufgaben der Metaphysik besser damit fortkommen, daß wir annehmen, *die Gegenstände müssen sich nach unserm Erkenntnis richten* … Es ist hiemit eben so, als mit dem ersten Gedanken des Kopernikus bewandt, der, nachdem es mit der Erklärung der Himmelsbewegungen nicht gut fort wollte, wenn er annahm, das ganze Sternenheer drehe sich um den Zuschauer, versuchte, ob es nicht besser gelingen möchte, wenn er den Zuschauer sich drehen, und dagegen die Sterne in Ruhe ließ«[125]. (2. Hervorhebung von mir).

Um den Sinn dieser Behauptung richtig zu erfassen, muß man sich vor Augen halten, daß die Wirklichkeit, also die Welt der physikalischen Tatsachen auch in Kants Gedankenwelt eine Art Kontrollfunktion zu übernehmen hatte. Sie war der Prüfstein für die Gesetze, die der menschliche Verstand geschaffen hatte. Das habe ich oben schon angedeutet.

Kant war weder Idealist noch Subjektivist in dem Sinne, daß er nur den inneren Vorstellungen des Menschen das Prädikat ›wirklich‹ zugestehen

---

124 Vgl. z. B. Karl Popper, ›Kants Kritik und seine Kosmologie‹ in: ›Vermutungen und Widerlegungen‹, Bd. I, S. 256 ff., 264 f.

125 Vorrede zur 2. Auflage der ›Kritik der reinen Vernunft‹, S. 25.

wollte. Den Idealismus, der die objektive materielle Wirklichkeit für zweifelhaft, oder für unerweislich, oder gar für falsch hält, hat er ausdrücklich und sehr deutlich abgelehnt[126]. Wenn er vorschlug, die Gegenstände müßten sich nach unserer Erkenntnis richten, so meinte er also damit keinen physikalischen Einfluß der Erkenntnis auf die Gegenstände und auch keinen Vorrang im Sinne einer Über- oder Unterordnung, sondern sehr viel schlichter einen Vorrang der zeitlichen Reihenfolge. Er wollte einfach nur zum Ausdruck bringen, daß das Bild, das wir uns von der Natur machen, von uns selbst in unserem eigenen Gehirn geschaffen wird, und daß wir deshalb zuerst Gedanken und Vorstellungen bilden und erst sodann, also zeitlich nachfolgend, deren Bezug zur Wirklichkeit prüfen. Wir bilden Erwartungen und prüfen dann, ob sie eintreffen.

> »Denn daß der Begriff vor der Wahrnehmung vorhergeht, bedeutet dessen bloße Möglichkeit; die Wahrnehmung aber, die den Stoff zum Begriff hergibt, ist der einzige Charakter der Wirklichkeit.«[127]

Der zeitliche Aspekt kommt in der Formulierung, daß der Begriff der Wahrnehmung ›vorhergeht‹, deutlich zum Ausdruck. Kant sah also eine enge Wechselbeziehung zwischen der Wahrnehmung und der äußeren Wirklichkeit, die durch das nach seiner Vorstellung als synthetisches Urteil *a priori* gültige Gesetz von Ursache und Wirkung hergestellt wurde[128]. Diese Wechselbeziehung erfüllte auch zugleich eine Kontrollfunktion, denn:

> »Wenn man sich aber gar neue Begriffe von Substanzen, von Wechselwirkungen, aus dem Stoffe, den uns die Wahrnehmung bietet, machen wollte, ohne von der

---

126 ›Kritik der reinen Vernunft‹, dort: ›Transzendentale Analytik‹, Widerlegung des Idealismus, S. 254.

127 ›Kritik der reinen Vernunft‹, dort: ›Transzendentale Analytik‹, Postulate des empirischen Denkens, S. 253.

128 Zum zeitlichen Aspekt vgl. Kant, ›Kritik der reinen Vernunft‹, dort: ›Transzendentale Analytik‹, Grundsatz der Zeitfolge nach dem Gesetze der Kausalität, S. 227. Die zeitliche Interpretation ist für den Zusammenhang mit Poppers Theorie wichtig, denn auch Popper hat immer wieder betont, daß die Theorie der Beobachtung zeitlich vorhergehen muß. Vgl. z. B. Karl Popper, ›Eine Welt der Propensitäten‹, S. 59, 84, 89.

126

Erfahrung selbst das Beispiel ihrer Verknüpfung zu entlehnen: so würde man in lauter Hirngespinste geraten, deren Möglichkeit ganz und gar kein Kennzeichen für sich hat, weil man bei ihnen nicht die Erfahrung zur Lehrerin annimmt, noch diese Begriffe von ihr entlehnt.«[129]

Damit brachte er zum Ausdruck, daß der Begriff zwar ›vor der Wahrnehmung vorhergeht‹, trotzdem aber von ihr kontrolliert werden muß, weil man sonst ›in lauter Hirngespinste‹ geraten würde. Die Kontrolle mußte also anhand der Wahrnehmung erfolgen.

(4) Kant hat dieses Prinzip der geistigen Autonomie des Menschen, also seiner schöpferischen Leistung auf dem Gebiet der Erkenntnis in der *Kritik der reinen Vernunft* zunächst nur auf die Theorie der Naturerkenntnis angewendet. Er hat es aber wenig später konsequent auch auf die Ethik übertragen. Seine moralphilosophischen Gedanken sprengen zwar eigentlich den Rahmen dieser Abhandlung, weil sie zum Verständnis physikalischer Probleme nicht direkt beitragen. Wegen des Zusammenhangs will ich aber trotzdem zwei kurze Passagen zitieren, um die universelle Bedeutung des Gedankens hier wenigstens schon anzudeuten. In der *Grundlegung zur Metaphysik der Sitten* sagte Kant:

»Man könnte auch der Sittlichkeit nicht übler raten, als wenn man sie von Beispielen entlehnen wollte. Denn jedes Beispiel, was mir davon vorgestellt wird, muß selbst zuvor nach den Prinzipien der Moralität beurteilt werden, ob es auch würdig sei zum ursprünglichen Beispiele, d. i. zum Muster zu dienen, keineswegs aber kann es den Begriff derselben zuoberst an die Hand geben. Selbst der Heilige des Evangelii muß zuvor mit unserem Ideal der sittlichen Vollkommenheit verglichen werden, ehe man ihn dafür erkennt.«[130]

Auch Moralgesetze und sittliche Ideale sind also in der Kantschen Theorie autonome Schöpfungen des menschlichen Geistes. Dieser Gedanke erschien Kant so wichtig, daß er ihn schließlich in seiner Arbeit über *Die*

---

129 ›Kritik der reinen Vernunft‹, dort: ›Transzendentale Analytik‹, Postulate des empirischen Denkens, S. 251.
130 Grundlegung zur Metaphysik der Sitten‹, Übergang zur Metaphysik der Sitten, S. 36.

Religion innerhalb der Grenzen der bloßen Vernunft geradezu überpointiert dargestellt hat, indem er behauptete:

> »Es klingt zwar bedenklich, ist aber keineswegs verwerflich, zu sagen: daß ein jeder Mensch sich einen Gott mache, ja nach moralischen Begriffen (…) sich einen solchen selbst machen müsse, um an ihm den, der ihn gemacht hat, zu verehren.«[131]

Das war auf keinen Fall blasphemisch zu verstehen. Kant war selbst ein religiöser Mensch. Aber er wollte zeigen, daß das Prinzip der Autonomie des Willens unabhängig von jeder Glaubensrichtung denknotwendig schlechthin universelle Geltung haben muß. Es folgt einfach daraus, daß unsere Sinne Organe sind und unsere Wahrnehmung deshalb ebenso wie unser Denken auch physiologische Prozesse. Immer steht das menschliche Empfinden und Denken an erster Stelle, und die Überprüfung anhand empirischer oder moralischer oder sonstiger Maßstäbe folgt ihm nach. Damit hat Kant auch den engen Zusammenhang von Wissenschaft und Verantwortung bereits angedeutet, den Karl Popper später aufgegriffen hat und auf den ich ebenfalls zurückkommen werde[132].

V

Zurück zu Einstein. Wir haben gesehen, daß er das große Wagnis einging, die Entdeckungen der Wissenschaft der freien Erfindung des menschlichen Geistes zuzuschreiben, damit also der Intuition. Aber obwohl er Kant bis zu diesem Punkt folgte, konnte er sich – wie auch Kant selbst – von der Vorstellung, daß ›wissenschaftliches‹ Wissen vollkommen gesichert und deshalb unbestreitbar sein muß, letztlich doch nicht vollständig lösen. Kants Annahme eines *a priori* gültigen Wissens lehnte er allerdings ab. Aber er glaubte dennoch, die absolute Gewißheit der Wissenschaft,

---

131   ›Die Religion innerhalb der Grenzen der bloßen Vernunft‹, ›Vom Afterdienst Gottes in einer statutarischen Religion‹, S. 839; Popper zitiert die Passage in ›Immanuel Kant, der Philosoph der Aufklärung‹, ›Die Offene Gesellschaft und ihre Feinde‹, Bd. I, S. 18.

132   Vgl. besonders Kap. 8 (S. 227 ff.).

128

die Kant gesucht hatte und die er selbst für nötig hielt, in den strengen Regeln der Logik und der Geometrie gefunden zu haben, die nach seiner Vorstellung von der Natur selbst vorgegeben waren. Deshalb schlug er vor, die nichtempirische Wissenschaft der Geometrie um ein Axiom zu erweitern und so in die empirische Wissenschaft der Physik zu transformieren. Damit glaubte er, auch die absolute Gewißheit geometrischer Aussagen in die Physik hinüberzuretten. So ist er den eingeschlagenen Weg schließlich doch nicht zu Ende gegangen. Das wurde ihm zum Verhängnis.

(1) Einstein hat zwar die Suche nach einer Begründung der Axiome beendet, aber nicht die Suche nach den Axiomen selbst. Obwohl er die Annahme eines *a priori* gültigen Wissens schlechthin ablehnte[133], blieb er doch bei seinem unerschütterlichen Glauben an die axiomatische Methode und auch bei der Suche nach letzten, zuverlässig gesicherten Wahrheiten, auf denen die Wissenschaft aufbauen sollte. Euklids Geometrie bezeichnete er als »Gedankenwunder eines logischen Systems« und als »bewunderungswürdiges Werk der Ratio«. Also hatte er klar erkannt, daß die Mathematik, »ein von aller Erfahrung unabhängiges Produkt des menschlichen Denkens ist«. Dennoch glaubte er auch, sie könne eine Quelle empirischer Erkenntnis sein. »Durch rein mathematische Konstruktion«, so behauptete er, »vermögen wir … diejenigen Begriffe und diejenigen gesetzlichen Verknüpfungen zwischen ihnen zu finden, die den Schlüssel für das Verstehen der Naturerscheinungen liefern. … Das eigentlich schöpferische Prinzip liegt … in der Mathematik.«

Es ist nach meiner Überzeugung nicht zu bestreiten, daß Einsteins Denken an dieser Stelle dunkel und widersprüchlich wird. Seine Darstellung läßt nicht wirklich erkennen, welches Kriterium über die Abgrenzung von empirischer und nichtempirischer Wissenschaft letztlich entscheiden soll. Mathematik und Geometrie werden einerseits als »ein von aller Erfahrung unabhängiges Produkt des menschlichen Denkens«

---

133   Vgl. die oben, Kap. 1, III, 1, 2 (S. 49 ff.) zitierten Ausschnitte aus seinen Vorträgen ›Geometrie und Erfahrung‹ sowie ›Zur Methodik der theoretischen Physik‹, beide in: ›Mein Weltbild‹, S. 185 ff., 196 ff. Die nachfolgend im Text hervorgehobenen Zitate beziehen sich auf diese Vorträge.

angesehen. Damit werden sie den *nicht*empirischen Wissenschaften zugeordnet. Andererseits sollen sie aber »den Schlüssel für das Verstehen der Naturerscheinungen liefern«. Das setzt aber doch wohl mindestens voraus, daß sie *auch* Aussagen über Naturerscheinungen enthalten, somit also auch empirische Aussagen. Beides kann aber nicht gleichzeitig richtig sein, denn wenn die Mathematik zugleich empirisch und nichtempirisch sein soll, wird der Satz vom Widerspruch verletzt.

Die im ersten Kapitel zitierten Texte machen hoffentlich deutlich, daß der Widerspruch nicht in meiner Interpretation liegt, sondern sich direkt aus Einsteins eigenen Formulierungen ergibt. Jeden Leser, der dies bezweifelt, bitte ich, die Texte unter diesem Gesichtspunkt nochmals durchzusehen[134]. Sie zeigen, wie ich glaube, daß die Mathematik für Einstein eine Schöpfung des menschlichen Verstandes und *zugleich* der Motor der empirischen Erkenntnis war. Daraus begründete er die Notwendigkeit, die grundlegenden Axiome dieser empirischen Erkenntnis zu erforschen. Der Wissenschaftler war zwar nach seiner Vorstellung kein Handwerker mehr, der das große Gebäude der Wissenschaft nach einem fremden Plan errichtete, sondern konnte sogar hoffen, selbst der Architekt zu sein. Aber das Gebäude selbst blieb auch in seiner Vorstellung bestehen und sollte noch immer auf zuverlässig gesicherten Fundamenten errichtet werden. Und welche Fundamente einer Wissenschaft hätten sicherer sein können, als die Regeln der Logik und der Geometrie?

Einsteins Denken war in diesem Punkt leider nur halbherzig, weil auch er den richtigen und mutigen Ansatz, den Kant gefunden und den er selbst aufgegriffen hatte, nicht weiterführte, sondern vor den Konsequenzen, die sich daraus ergeben, letztlich doch kleinmütig zurückschreckte. Der Gedanke, daß wissenschaftliche Erkenntnis wirklich eine eigene Schöpfung des menschlichen Verstandes ist, und daß sie womöglich niemals zuverlässig gesichert werden kann, hätte bedeutet, daß wir für unsere Erkenntnis selbst eine Verantwortung tragen. Das erschien ihm doch allzu gewagt, um ernstlich vertreten

---

134   Oben Kapitel 1, III, 1, 2 (S. 49 ff.).

130

zu werden. Deshalb entschied er sich dafür, den geometrisch-axioma-tischen Ansatz weiterzuverfolgen und die Verantwortung für unsere Erkenntnis scheinbar auf die Wissenschaft abzuschieben. Und indem er diesen Ansatz weiterverfolgte und bis zum Ende seines Lebens nie aufgab, geriet er in die gedanklichen Widersprüche und logischen Zirkel, denen er letztlich nicht mehr entrinnen sollte.

(2) Der gedankliche Bruch in Einsteins Theorie der Erkenntnis läßt sich anschaulicher machen, wenn wir seine Überlegungen denen von Karl Popper direkt gegenüberstellen. Erst Popper ist den Weg, den Kant entdeckt und Einstein eingeschlagen hatte, in der Wissenschaftstheorie bis zu Ende gegangen[135].

Popper hat immer ausdrücklich anerkannt, daß Einstein ihm wichtige Anregungen für seine *Logik der Forschung* gegeben hatte. Er hat deshalb Einsteins bereits erwähnte Antwort auf die Frage, wie es möglich sein kann, »daß die Mathematik, die doch ein von aller Erfahrung unabhän-giges Produkt des menschlichen Denkens ist, auf die Gegenstände der Wirklichkeit so vortrefflich paßt«, oft zitiert und verallgemeinert. Einstein hatte formuliert:

> »Insofern sich die Sätze der Mathematik auf die Wirklichkeit beziehen, sind
> sie nicht sicher, und insofern sie sicher sind, beziehen sie sich nicht auf die
> Wirklichkeit.«[136]

Daraus wurde bei Popper die scheinbar übereinstimmende, bei näherem Zusehen aber ungleich radikalere und deshalb sehr viel klarere Behaup-tung:

> »Insofern sich die Sätze einer Wissenschaft auf die Wirklichkeit beziehen, müssen
> sie falsifizierbar sein, und insofern sie nicht falsifizierbar sind, beziehen sie sich
> nicht auf die Wirklichkeit.«[137]

---

135 In der Anwendung seiner Wissenschaftstheorie war Karl Popper dagegen m. E. nicht
     immer konsequent. Vgl. dazu besonders den Anhang 1 zu diesem Buch (S. 257 ff.).
136 Albert Einstein, ›Geometrie und Erfahrung‹, in: ›Mein Weltbild‹, S. 196 ff.
137 ›Logik der Forschung‹, S. 256.

Dieser eine Satz enthält eigentlich eine Zusammenfassung der gesamten Theorie der naturwissenschaftlichen Erkenntnis, die Popper in seiner *Logik der Forschung* (1934) dargestellt hat. Die Konsequenzen, die sich aus ihr ergeben, kommen in einem einzigen Satz natürlich kaum ansatzweise zum Ausdruck, denn sie sind außerordentlich weitreichend. Ich möchte sie trotzdem hier nicht näher abhandeln, weil ich die Gesichtspunkte, die mir wichtig erscheinen, schon mehrfach dargelegt habe und Poppers Gedanken in konkreten Zusammenhängen ohnehin immer wieder zitieren werde. Außerdem bin ich der Ansicht, daß seine Arbeiten es verdienen, im Original gelesen zu werden, weil sie so am meisten begeistern und auch am besten verständlich sind.

Jedenfalls unternahm Popper, als er die Worte ›der Mathematik‹ in Einsteins Aussage durch die Worte ›eine Wissenschaft‹ in seiner eigenen Aussage ersetzte, mehr als eine bloße Verallgemeinerung. Er vollzog damit zugleich die genaue und widerspruchsfreie Abgrenzung zwischen empirischen und nichtempirischen Wissenschaften, die Einstein versäumt hatte. Bei Einstein konnte die Mathematik sich *auch* auf die Wirklichkeit beziehen; sie konnte also empirisch oder nichtempirisch sein. Wenn man Poppers ursprünglicher Abgrenzung folgt, gibt es dagegen zwei Kategorien von Wissenschaften, eine empirische und eine nichtempirische, und beide sind scharf voneinander getrennt. Die empirische muß falsifizierbar sein; die nichtempirische, zu der auch Mathematik und Logik zählen, bezieht sich nicht auf die Wirklichkeit. Damit vermied Popper von Anfang an die gedanklichen Widersprüche des Einsteinschen Denkens, die ich oben dargestellt habe und deren Folgen uns noch beschäftigen werden.

Aber noch weit wichtiger als diese begriffliche Klarstellung scheint mir, daß die Falsifizierbarkeit in Poppers Theorie nicht nur zum Kriterium der Wissenschaftlichkeit gemacht, sondern vielmehr zum Postulat erhoben wurde. In dieser scheinbar nur atmosphärischen Ergänzung liegt in Wirklichkeit eine radikale Neuerung, deren Bedeutung leider immer noch zu wenig gesehen wird.

Popper hat seine Meinung zur Abgrenzung von Wissenschaft und Nichtwissenschaft im Laufe seines Lebens geringfügig modifiziert, auch wenn er dies nur zögernd eingeräumt hat. In diesem wichtigen Punkt hat er sie aber niemals abgeschwächt, sondern im Gegenteil immer weiter verstärkt. Unwahrscheinlichkeit und Widerlegbarkeit einer Theorie waren in seiner Wissenschaftstheorie nicht mehr, wie man früher angenommen hatte, Schwächen, die man sorgsam verdeckte oder als Ausdruck menschlicher Unzulänglichkeiten peinlichst verschwieg. Sie wurden vielmehr zu höchsten wissenschaftlichen Tugenden erklärt.

Eine wissenschaftliche Theorie, die der Kritik Angriffsflächen bietet, ist in der Popperschen Theorie deswegen nicht schwach; sie ist vielmehr ganz im Gegenteil umso besser, je mehr Angriffsflächen sie bietet – vorausgesetzt, sie hält den Angriffen trotzdem stand. Die Newtonsche Theorie beispielsweise bezieht ihren Informationsgehalt aus ihrer mathematischen Genauigkeit, die zugleich der empirischen Kritik jederzeit eine offene Flanke bietet. Ein Steinwurf könnte sie widerlegen, wenn sich der Stein den Gravitationsgesetzen beharrlich widersetzte. Aber sie hat dieser Kritik bisher immer standgehalten; das macht ihre Stärke aus. Umgekehrt ist eine Theorie, die nicht kritisiert werden kann, gerade deswegen wissenschaftlich suspekt. Sie muß zwar, wie Popper später eingeräumt hat, nicht notwendigerweise von Anfang an wertlos sein[138]. Darwins Evolutionstheorie beispielsweise ist unwiderlegbar; als interpretierende Theorie oder, wie Popper formulierte, als ›metaphysisches Forschungsprogramm‹ ist sie dennoch ein unschätzbarer Beitrag zum Verständnis der Evolution und zum Fortschritt der Wissenschaft. Aber die wichtigste Aufgabe der Wissenschaft besteht in solchen Fällen darin, nach Möglichkeiten zu suchen, um aus einer solchen Theorie durch Präzisierung ihrer Voraussetzungen oder durch neue Experimente doch noch falsifizierbare Aussagen zu gewinnen und damit unser Wissen über die Natur zu erweitern. »Falsifiability is something to be aimed at«, so hat John Watkins, sein Nachfolger auf dem Lehrstuhl an der London School of Economics, den Sachverhalt einmal kurz und prägnant formuliert[139].

Popper war damit der erste Philosoph, der aus David Humes Argument

---

138   Vgl. ›Ausgangspunkte‹, S. 244 f.
139   Watkins gebrauchte die Formulierung in einer seiner Vorlesungen.

gegen den Induktivismus die radikale Konsequenz zog, daß es im Bereich der empirischen Wissenschaft *überhaupt kein* gesichertes Wissen geben kann.

(*3*) Auf Poppers Wissenschaftstheorie werde ich noch oft zurückkommen[140]. Die Gegenüberstellung mit Einsteins Gedanken sollte aber schon jetzt gezeigt haben, daß Einstein und Popper einander zwar im gedanklichen Ansatz ihrer Theorien der naturwissenschaftlichen Erkenntnis äußerst nahestehen, daß sie aber in einem entscheidenden Punkt voneinander abweichen.

Beide verweisen für den Ursprung einer naturwissenschaftlichen Theorie, also für deren zeitlich erste Entdeckung nicht auf eine konstruktiv-rationale Begründung, sondern auf die rational nicht näher begründbare Intuition des Wissenschaftlers. Darin greifen beide Kants ›kopernikanische Wendung des Philosophierens‹ auf, indem sie die kreative Kraft des Wissenschaftlers ansprechen und die Erkenntnis nicht als ein dem Menschen vorgeschriebenes, von außen auf ihn eindringendes Ereignis, sondern als eine vom Menschen selbst ausgehende autonome schöpferische Leistung des Verstandes ansehen. Die Erkenntnis der Natur ist nach diesem anthropozentrischen Denkansatz kein passiver, sondern ein aktiver, vom Menschen selbst ausgehender Vorgang.

Einstein geht einen wesentlichen Schritt über Kant hinaus, indem er jegliches *a priori* gültige Wissen schlechthin leugnet und deshalb folgerichtig auch auf jegliche konstruktive Rechtfertigung einer naturwissenschaftlichen Theorie vollständig verzichtet[141]. An ihre Stelle setzt er allein die nachträgliche Überprüfung im Hinblick auf die Eignung der Theorie zur Problemlösung (Heuristik) und ihre Übereinstimmung mit der Erfahrung (Empirie). Diesen Schritt wagt er als erster in der Geschichte der Erkenntnistheorie. Das muß ihm nach meiner Überzeugung auf jeden Fall bleibenden Ruhm sichern.

---

140   Im Anhang 1 (S. 257 ff.) habe ich die Gemeinsamkeiten und die Unterschiede zwischen Poppers und meinen Gedanken zusammenfassend dargestellt.

141   Vgl. die beiden oben, Kap. 1, III (S. 49 ff.), zitierten Texte.

Seine Gedanken werden aber unscharf und widersprüchlich, soweit er dann trotzdem die Mathematik als mögliche Quelle empirischer Erkenntnis und als ›schöpferisches Prinzip‹ der Wissenschaft ansieht. Damit nimmt er das Autonomieprinzip der Sache nach wieder zurück und ersetzt es durch den Glauben an die empirische Wahrheit der Mathematik. Sie war sein *a priori*, auch wenn er das nicht wahrhaben wollte.

Popper übernimmt Einsteins Vorschlag, die ›freie Erfindung‹ als legitimen Weg zur Erkenntnis anzuerkennen. Auch er verzichtet damit auf jegliche konstruktive Begründung einer naturwissenschaftlichen Theorie und verweist auf die nachträgliche Überprüfung im Hinblick auf ihre Eignung zur Problemlösung und ihre Übereinstimmung mit der Erfahrung (Falsifizierbarkeit). In diesem heuristischen und zugleich empiristischen Ansatz ihrer Gedanken stimmen also beide Philosophen vollkommen überein.

Aber dann trennen sich ihre Wege, zumindest in der Erkenntnistheorie. Während Einstein zur Mathematik zurückkehrt und auch in der empirischen Wissenschaft nach letzten gesicherten Wahrheiten forscht, die er in den grundlegenden Axiomen zu finden hofft, besteht Popper darauf, daß es im Bereich der empirischen Wissenschaft ein gesichertes Wissen überhaupt nicht geben kann. *Alles wissenschaftliche empirische Wissen ist und bleibt für immer Hypothese.* Unsere gesamte Kenntnis der Naturgesetze besteht aus bloßen Vermutungen, die sich allein dadurch auszeichnen, daß sie noch nie widerlegt wurden[142].

Poppers Theorie der Falsifizierbarkeit enthält damit den radikalsten Skeptizismus, der in der Erkenntnistheorie jemals vertreten wurde. Aber gerade weil seine Theorie radikaler ist, als alle früheren, ist sie auch konsequenter, als alle früheren. Sie enthält weder subjektivistische noch nihilistische Elemente, sondern ist streng objektivistisch. Den Subjektivismus vermeidet sie, indem sie an die Stelle objektiv gesicherter Axiome oder Erfahrungen die ›intersubjektive Nachprüfbarkeit‹ setzt, also den durch Kritik objektivierten Maßstab der empirischen und der experimentel-

---

142 Das kann wohl als die Kernaussage von Poppers ›Logik der Forschung‹ (1934) angesehen werden.

len Nachprüfung[143]. Und den Nihilismus vermeidet sie, indem sie die Sicherheit des Wissens durch den Fortschritt des Wissens und die moralische Verantwortung des Wissenschaftlers ersetzt.

Einsteins vermeintlich dritter Weg zur Erkenntnis, der die logischen Probleme des Deduktivismus und des Induktivismus vermeiden sollte, läßt dagegen alle Probleme der empirischen Erkenntnis letztlich ungelöst. Auch in Einsteins Theorie besteht das empirische Wissen der Naturwissenschaften zumindest auch in der Kenntnis der Gesetze der Natur. Die Frage, wie solches Wissen möglich ist, wird also letztlich nicht vermieden. Aber sie wird auch nicht beantwortet. Einstein ist ihr vielmehr einfach nur ausgewichen, indem er das Ziel der wissenschaftlichen Forschung selbst verschoben hat. Dieses Ziel sollte nach seiner Vorstellung nicht mehr in der Erweiterung des empirischen Wissens, sondern in der Aufdeckung mathematischer Grundwahrheiten der Natur bestehen.

Aber Menschen, die mit Widersprüchen leben können, sind oft empfindsame Menschen. Sie haben nicht selten auch das Talent, widersprechende geistige Strömungen aufzunehmen und deren positiven Tendenzen sichtbar zu machen. Einstein besaß diese Gabe in hohem Maße. Er spürte den Geist der Aufklärung, der die neuen Entdeckungen ermöglicht hatte. Indem er voraussetzte, daß die Natur sich *per se* mathematisch verhält, und indem er deshalb die axiomatische Methode der euklidischen Geometrie auf die empirische Naturwissenschaft übertrug[144], übernahm er zwar, ohne dies allerdings selbst zu bemerken, Kants problematische Voraussetzung eines *a priori* gültigen empirischen Wissens, die er eigentlich ablehnte. Insofern widersprach er sich selbst. Aber indem er behauptete, die axiomatische Grundlage der Physik müsse ›frei erfunden‹ werden, und indem er für möglich hielt, ›daß dem reinen Denken das Erfassen des Wirklichen möglich sei‹, griff er auch Kants wirklich revolutionären Gedanken auf, daß der Mensch die Gesetze der Natur selbst erfindet und erst nachträglich anhand der Erfahrung überprüft.

---

143   Zur ›intersubjektiven Nachprüfbarkeit‹ vgl. Karl Popper, ›Logik der Forschung‹, Abschn. 8 sowie unten Anhang 1, II, 3 (S. 269 f.).
144   Vgl. oben Kap. 1. III, 1 (S. 49 ff.).

Bei aller Widersprüchlichkeit seiner Theorie liegt deshalb trotzdem ein historisches Verdienst darin, daß Einstein mit seiner heuristischen Methode demonstrierte, wie sich durch spekulatives Denken in Verbindung mit nachträglicher Kontrolle durch die Erfahrung ein Fortschritt des Wissens vollziehen kann. Damit formulierte er den grundsätzlichen Unterschied zwischen dem alten und dem neuen deduktivistischen Denken und gab so die entscheidende Anregung für die von Karl Popper begründete moderne naturwissenschaftliche Erkenntnistheorie[145]. Die Aufgabe der Wissenschaft wird nun darin liegen, diese Theorie konsequent auf die theoretische Physik anzuwenden, um zu sehen, was von deren Erkenntnissen danach noch übrigbleibt. Den Problemen, die sich dabei stellen, wollen wir uns im nachfolgenden zweiten Teil des Buchs zuwenden.

---

145   Dazu näher ›Popper *versus* Einstein‹, Kap. 1 (S. 11 ff.).

IM WETTSTREIT DER IDEEN

›Leicht beieinander wohnen die Gedanken,
doch hart im Raume stoßen sich die Sachen.‹
FRIEDRICH V. SCHILLER

Das 20. Jahrhundert, das inzwischen hinter uns liegt, war das Jahrhundert der theoretischen Physik. Die Vorstellungen, die ihr Denken bis heute beherrschen, gehen zwar in den Ursprüngen meistens auf das 19. Jahrhundert zurück, soweit sie nicht sogar noch älter sind. Aber der eigentliche Durchbruch der großen theoretischen Ansätze vollzog sich erst nach der Jahrhundertwende. Dann allerdings ging es Schlag auf Schlag.

Max Planck konnte das neue Jahrhundert pünktlich zum Jahreswechsel 1900/1901 mit der Formulierung der Quantenhypothese einleiten. In den drei Jahrzehnten, die dann folgten, wurden die spezielle und die allgemeine Relativitätstheorie, die Photonentheorie des Lichts und die Theorie des planetarischen Atommodells entweder erstmals formuliert oder so weiterentwickelt, daß sie nunmehr weithin überzeugen konnten. Zugleich wurden mit Werner Heisenbergs Unbestimmtheitsrelationen und Niels Bohrs Dualitätsprinzip neue gedankliche Ansätze zur Lösung altbekannter Probleme vorgeschlagen, die den damals herrschenden Vorstellungen entgegenkamen und deshalb ebenfalls breite Aufmerksamkeit erregen konnten. In den folgenden Jahrzehnten wurden dann immer neue Teilchen entdeckt oder errechnet, aus denen das Atom zusammengesetzt sein soll, und sogar diese Teilchen wurden von der Theorie ihrerseits in noch kleinere Teilchen mit unterschiedlichen Zuständen zerlegt.

Manche der Theorien, die damals entstanden, wurden allerdings von den Ereignissen überholt, bevor sie noch klar formuliert waren. Das werden wir im Folgenden genauer sehen; ich will es hier zunächst nur andeuten. Max Plancks Quantentheorie geriet in Konflikt mit Einsteins Photonentheorie des Lichts (1905). Einsteins Relativitätstheorie geriet in

Konflikt mit Sagnacs Entdeckung der durch die Bewegung der Lichtquelle verursachten Interferenzen (1913) und zu Edwin Hubbles Entdeckung, daß die Rotverschiebung des Lichts nur in Richtung zu den niedrigen Frequenzen verläuft (1937). Und die Theorie des planetarischen Atommodells stand von Anfang an in Konflikt mit dem Phänomen der Radioaktivität, die Becquerel schon 1896 entdeckt hatte und die 1899 von Elster und Geitel als Zerfallsprozeß der Materie interpretiert worden war. Seit der Entdeckung der Neutronen (1932), also schon lange vor der Entdeckung der Kernspaltung (1938), mußte die Atomtheorie außerdem hinnehmen, daß der Atomkern seinerseits aus noch kleineren Teilchen zusammengesetzt sein sollte.

Von einem widerspruchsfreien System konnte also keine Rede sein, aber die theoretische Physik war trotz dieser Rückschläge in ihrer Außenwirkung so erfolgreich, daß sie nach dem Zweiten Weltkrieg zunächst sogar als Hoffnungsträger der Menschheit gelten konnte. Damals begann die friedliche Nutzung der Kernenergie, von der man vorher nur geträumt hatte, allmählich Wirklichkeit zu werden, und die theoretische Physik schien ihr Wegbereiter zu sein. Sie machte der Menschheit sogar noch weit größere Hoffnungen, indem sie ihr den Fusionsreaktor versprach, der die auf der Sonne stattfindende Verschmelzung von Wasserstoffatomen zu Heliumatomen in kontrollierter Form und umweltfreundlich nachahmen und zur Energiegewinnung nutzbar machen sollte. Man hatte zwar solche Reaktoren noch nie verwirklicht, aber ihre prinzipielle Realisierbarkeit galt nach der Entwicklung der Wasserstoffbombe in der theoretischen Physik als sicher. Es schien nur noch um genügende Energiezufuhr zu gehen, und das, so glaubte man, sei nur eine Frage der Zeit. Jedenfalls sollte die Kernenergie alle Energieprobleme lösen und der Menschheit eine goldene Zukunft bescheren. Auch Deutschland war entschlossen, an dieser Entwicklung teilzuhaben. Die begabtesten Abiturienten jener Zeit wandten sich der Physik zu und die Allerbegabtesten wagten sich sogar an die theoretische Physik. Ich selbst gehörte leider keiner dieser Gruppen an. Meine Zukunft lag deshalb in den Versen von Hans Adler: »Wem es bestimmt, der endet auf dem Mist mit seinem edelsten Bestreben. Ich bin zum Beispiel immer noch Jurist. So ist das Leben!«

140

Heute müßte ich dafür eigentlich dankbar sein, denn alles ist ganz anders gekommen, als man damals erwartet hatte. Den Juristen geht es im allgemeinen gut, weil ein nimmermüder Gesetzgeber in unbeirrbarem Streben nach Verwirklichung der Gerechtigkeit auf Erden seine wichtigste Bestimmung darin sieht, das Leben immer genauer zu regulieren und dadurch in rechtlicher Hinsicht immer komplizierter und unüberschaubarer zu machen. So mangelt es nie an juristischer Arbeit und die Zeit scheint nicht mehr fern, da in unserem Land endlich die eine Hälfte der Bevölkerung von den Schwierigkeiten leben kann, die sie der anderen Hälfte bereitet. Wenigstens die Juristen sollten also eigentlich zufrieden sein. Von den Generationen hochbegabter Physiker, die ihre Hoffnung in die Zukunft der Kernenergie gesetzt haben, wurden dagegen die meisten tief enttäuscht. Unzählige mußten ihren Beruf wechseln, denn die sicherste Reaktortechnologie der Welt erwies sich aus politischen Gründen zunehmend als unverkäuflich. Deutschland bezieht zwar immer mehr Strom von grenznahen Reaktoren der Nachbarländer, kann sich aber gegenüber deren Risiken im Ernstfall nur auf die schützende Landesgrenze verlassen. Und die Kernfusion hat zwar Milliardensummen verschlungen und verschlingt sie noch, ist aber bisher mit jeder Milliarde nur in noch weitere Ferne gerückt.

Das wirft die Frage auf, welche Umstände eigentlich für diese Entwicklung verantwortlich zu machen sind. Nachdem wir uns im ersten Teil des Buchs vorwiegend mit philosophischen und methodologischen Problemen befaßt haben, möchte ich deshalb die gewonnenen Erkenntnisse nun in diesem zweiten Teil auf konkrete Theorien anwenden. Wir werden sehen, zeigen, daß der Weg, den die theoretische Physik eingeschlagen hat, nicht nur ein Irrweg ist, sondern der Fortschritt der Wissenschaft akut behindert. Ich werde am Beispiel der Quantentheorie, der Relativitätstheorie und der Theorie des planetarischen Atommodells untersuchen, ob und inwieweit diese Theorien eigentlich Aussagen über die physikalische Wirklichkeit enthalten und wie weit wir solchen Aussagen vertrauen dürfen. Dabei halte ich mich in allen Fällen bewußt an die *älteren* Theorien, also an die Urformen, in denen sie einst entstanden sind. Modernere Varianten, in denen die Theorien heute auftreten, zeichnen sich meist durch geschickte Verteidigungsstrategien aus, indem sie Kritik nicht etwa aufgreifen und sich mit ihr auseinandersetzen, sondern sich durch Einschränkungen und Bedingungen sorgfältig gegen sie abschirmen. Bei den Urformen liegen dagegen die gedanklichen Ansätze und deren Fehler noch offen zutage. Deshalb hoffe ich, daß die meisten Leser ebenso wie ich die Annahme für lebensfremd halten, eine Theorie, die ihre ursprüngliche Entstehung einem logischen Fehler verdankt, könnte später, ohne daß der Fehler bemerkt wurde, trotzdem zufällig zu einem richtigen Ergebnis geführt haben. Das wäre zwar aus logischen Gründen nicht ausgeschlossen, praktisch aber bei so komplexen Theorien wie der Quantentheorie und der Relativitätstheorie weit weniger wahrscheinlich als ein Lotteriegewinn. Außerdem wiederholen sich die Widersprüche, um die es mir geht, ohnehin in allen moderneren Versionen in gleicher Form, wenngleich ihre Aufdeckung dort manchmal schwieriger und die Darstellung fast unmöglich ist. Das ist einfach eine Folge des Umstandes, daß sie in der theoretischen Physik bisher noch nie unter erkenntnistheoretischen Gesichtspunkten ernsthaft und kritisch diskutiert worden sind.

Um den Kontrast zwischen der theoretischen Physik und der Experimentalphysik deutlich zu machen, werde ich im nächsten Kapitel zunächst wieder einmal den Problemhorizont darstellen, vor dem die Entwicklung zu sehen ist, um mich dann in den nachfolgenden Kapiteln den einzelnen Theorien zuzuwenden.

5. *Kapitel:*
Zwischen Theorie und Empirie

›Gedanken! Eilet nur voran!
Verirrt euch in den weiten Sphären,
bis ich euch selber folgen kann.‹
GOTTHOLD EPHRAIM LESSING

In der zweiten Hälfte des 19. Jahrhunderts, als Einstein heranwuchs und seine akademische Ausbildung begann, gab es zwei intellektuelle Grundannahmen, die zwar nicht von jedermann geteilt wurden, die aber das geistige Klima bestimmten und im allgemeinen Weltbild der Physik gewissermaßen zu den selbstverständlichen Requisiten zählten.

Die eine lag in dem bedingungslosen Vertrauen in die Allmacht der Mathematik. Sie nährte sich aus der beispiellosen Überzeugungskraft der Geometrie und fand ihren Ausdruck besonders in einem unerschütterlichen Glauben an die axiomatische Methode und an die restlose Berechenbarkeit aller physikalischen Abläufe. Wir haben sie im ersten Teil des Buchs ausführlich erörtert[146].

Die andere Grundannahme, die im 19. Jahrhundert vielen als selbstverständlich erschien, lag in der uralten Äthertheorie. Nach ihr hatte man sich das ganze Weltall von einer allgegenwärtigen, aber unsichtbaren Substanz erfüllt vorzustellen, die auch das Licht transportiert. Daß das Weltall auch dort, wo wir keine Materie wahrnehmen können, nicht leer ist, wurde damals so selbstverständlich akzeptiert wie heute etwa die Urknalltheorie, nach der das Weltall seine Entstehung ursprünglich einer gigantischen singulären Explosion verdanken soll.

Diese beiden Vorstellungen waren damals einerseits außerordentlich weitverbreitet, andererseits aber so unspezifisch, daß man sie kaum als ›Theorien‹ hätte bezeichnen können, jedenfalls nicht als wissenschaftliche Theorien im eigentlichen Sinne. Eher waren sie geistige Grundströ-

---

146 Besonders Kap. 2 (S. 59 ff.).

mungen oder Tendenzen, die gelegentlich hervortraten, ohne aber genau artikuliert zu werden. Deshalb verliefen sie auch lange friedlich parallel, ohne einander je zu stören. Noch Max Planck akzeptierte einerseits die Ätherhypothese, hing aber andererseits auch der axiomatischen Methode an und nahm von dem gedanklichen Widerspruch zwischen beiden, den wir im Folgenden sehen werden, zunächst nicht erkennbar Notiz. Erst für Einstein wurde das Nebeneinander der beiden Gedankenwelten, die auf solchen Vorstellungen aufbauten und von der Mehrzahl seiner Zeitgenossen unreflektiert hingenommen wurden, zum unauflöslichen Konflikt.

Zum Verständnis der nachfolgenden Diskussion über die Quantentheorie und die Relativitätstheorie ist es wichtig, wenigstens die Probleme zu kennen, deren Lösung die Äthertheorie im 19. Jahrhundert dienen sollte. In diesem Kapitel möchte ich deshalb nach einer kurzen historischen Darstellung (*I*) zunächst nur diese Probleme formulieren und zugleich zeigen, wie sehr schon deren Sicht von den gedanklichen Ansätzen beeinflußt wird, die sie voraussetzen (*II*). Danach (*III*) komme ich wieder auf Einstein zurück. Die Auflösung des Konflikts ist dann den folgenden Kapiteln vorbehalten.

I

Die Anfänge der Äthertheorie liegen in der griechischen Antike. Schon Hesiod erwähnt den Äther, und für Aristoteles war die leuchtende Himmelsluft, die die Erde umgab, neben Feuer, Wasser, Erde und Luft das fünfte Element, die *Quintessenz*, der er neben anderen auch geometrischen Eigenschaften beimaß[147]. Ungefähr in dieser vagen Gestalt fand die Ätherhypothese im 2. Jahrhundert nach Christus auch Eingang in die Sphärentheorie des Ptolemäus, und dabei blieb es ohne große Veränderungen für weit mehr als ein Jahrtausend.

Erst im 17. Jahrhundert kam allmählich wieder Bewegung in die Angelegenheit, denn damals wurde die Äthertheorie gewissermaßen

---

147   *De Caelo*, Buch I, Kap. 1, 3.

144

neu entdeckt. Ihre wundersame Auferstehung verdankt sie neben der Überwindung der ptolemäischen durch die kopernikanische Theorie, die viele erstarrte Gedankensysteme durcheinanderwirbelte, vor allem dem großen französischen Philosophen und Mathematiker René Descartes (1596–1650). Wir sind ihm in diesem Buch schon begegnet[148].

Descartes war der erste neuzeitliche Philosoph, der eine bis ins Detail ausgearbeitete Theorie vertrat, mit der die gesamte Materie und alle physikalischen Erscheinungen auf nur drei Elemente zurückgeführt werden sollten, nämlich auf die Elemente des Feuers, der Luft und der Erde[149]. Diese drei Elemente stellte er sich als aus kleinsten kugelförmigen Partikeln bestehend vor, die einander direkt berühren, aber sich durch ihre Größe unterscheiden, wobei die Partikeln des feineren Elements jeweils so klein sind, daß sie auch die durch die Kugelform zwischen den größeren Kugeln entstehenden Zwischenräume ausfüllen. Die unmittelbaren Einwirkungen dieser Partikeln aufeinander sollten in seiner Theorie alle physikalischen Erscheinungen nach streng mechanistischen Prinzipien erklären. Der ganze Weltraum war danach von einer unsichtbaren Substanz ausgefüllt, die er dem *second Élément*, also dem Feuer zuordnete.

Die cartesische Theorie wird heute meist belächelt, aber was immer man im Ergebnis von ihr halten mag: In der Methode stellte sie unzweifelhaft einen ganz bedeutenden Fortschritt dar. Mit ihr gelang Descartes der erste entscheidende Schritt zur Überwindung der aristotelischen Lehre, die sich in den Naturwissenschaften in fast zwei Jahrtausenden damit begnügt hatte, das ›Wesen‹ oder die ›Natur‹ eines Gegenstandes kurzerhand auch als dessen Erklärung zu akzeptieren. Solche Erklärungsversuche bedeuteten jeweils, daß die rationale Diskussion an dieser Stelle abgebrochen werden mußte, weil Einsichten in das ›Wesen‹ eines Gegenstandes von Mensch zu Mensch verschieden sein und deshalb fehlende Argumente nicht ersetzen können. Descartes' hochspekulative Hypothese unsichtbarer Substanzen eröffnete dagegen dem menschlichen Verstand geradezu

---

148   Vgl. Kap. 2, III (S. 69 ff.).

149   René Descartes, ›Traité de la Lumière‹, besonders Kapitel V, Œuvres, Bd. XI S. 1 ff., 23 ff.

unbegrenzte Möglichkeiten, immer weitere Erklärungen zu erfinden und sie anhand der Wirklichkeit zu kritisieren. Jede Erklärung wirft in seiner Theorie zugleich neue Fragen auf, die nunmehr ihrerseits erklärungsbedürftig sind. Trotz aller Irrtümer, die Descartes selbst unterlaufen sind, enthält seine Methode darum die eigentliche Begründung der modernen Naturwissenschaften und vor allem der modernen Erkenntnistheorie, denn erst sie ermöglichte die rationale Diskussion nach dem Prinzip von Versuch und Irrtum. Deshalb beherrscht sie zu Recht die Vorstellungen der Physik bis zum heutigen Tage.

Besonders das mechanistische Prinzip, das physikalische Erscheinungen durch die Unmittelbarkeit der Einwirkung von Gegenständen oder Partikeln auf benachbarte Gegenstände oder Partikeln verständlich machen will, ist auch heute noch weithin anerkannt. Den meisten erscheint dieses Prinzip, das auch als das ›Prinzip der Lokalität‹ oder der ›Nahewirkung‹ bezeichnet wird, immer noch als unentbehrlicher Bestandteil jeder überzeugenden physikalischen Erklärung.

(*1*) Descartes lebte allerdings noch in der Vorstellung, daß Licht sich momentan ausbreitet, also mit unendlicher Geschwindigkeit. Er versuchte sich das verständlich zu machen, indem er sich Lichtstrahlen ähnlich wie Stäbe (›batons‹) vorstellte, die aus einer Aneinanderreihung einzelner Partikeln bestehen und bei denen sich die Bewegung des einen Endes zeitgleich auf das andere Ende überträgt[150].

Aber diese Erklärung wurde 1676 in Frage gestellt. Damals entdeckte der dänische Astronom Ole Rœmer (1644–1710), daß die Zeitintervalle zwischen den periodischen Verfinsterungen der Jupitermonde, die an sich seit langem bekannt waren, sich in einem Rhythmus von genau sechs Monaten änderten. Weil der Rhythmus genau ein halbes Jahr betrug und sich exakt und zuverlässig wiederholte, schloß er messerscharf, die Ursache der Schwankungen könne nicht in den Umlaufbahnen der Jupitermonde, sondern müsse in der Umlaufbahn der Erde um die Sonne liegen. Seine weitere Folgerung war, daß das Licht für den Weg vom Jupiter zur Erde

---

150   René Descartes, ›Traité de la Lumière‹ (1664); Œuvres, Bd. XI S. 1 ff., 98 ff.

bei größerem Abstand mehr Zeit und bei geringerem Abstand weniger Zeit benötigte. Das wiederum bedeutete, daß die Dauer eines Lichtsignals von der Strecke abhängen mußte, die es zurücklegt. Da diese gewagte Hypothese sich bei genauerer Prüfung bestätigte, mußte man sich seitdem mit dem Gedanken vertraut machen, daß das Licht für seine Reise durch das Weltall *Zeit* benötigt. Damit gewann auch die Frage nach seiner Ausbreitung neue Bedeutung und gab Anlaß zu neuen Spekulationen.

Wenn das Licht Zeit benötigte, um von der Lichtquelle zu den Objekten zu gelangen, die es beleuchtet, wenn also die Geschwindigkeit des Lichts endlich war, mußte man davon ausgehen, daß es sich bei der Lichtstrahlung um einen Transportvorgang handelt. Das warf die Fragen auf, was transportiert wurde und wie es transportiert wurde. Sollte man sich diesen Vorgang als einen Transport von Materie oder sonstigen Partikeln, kurzum als einen Transport von etwas Gegenständlichem vorstellen, oder als eine bloße Wellenbewegung, die zwar ebenfalls ein transportierendes Medium voraussetzt, bei der aber trotzdem nichts Gegenständliches transportiert wird, weil die angeregten Partikeln nach dem Abklingen der Schwingung in den früheren Zustand und an ihren ursprünglichen Ort zurückkehren? Das schien die entscheidende Frage zu sein.

Isaac Newton (1643–1727) zog beide Möglichkeiten in Betracht, neigte aber wohl selbst eher der Partikeltheorie zu, die auch als ›Emissionstheorie‹ bezeichnet wird. Jedenfalls entsprach es nicht seiner wissenschaftlichen Einstellung, sich in einer so heiklen Frage festzulegen. Demgegenüber konnte sich Christiaan Huygens, der nur wenig ältere große niederländische Erfinder, Physiker und Astronom (1629–1695), eine so außerordentlich hohe Geschwindigkeit wie die des Lichts nur als Wellenbewegung vorstellen. Er nahm an, das ganze Weltall müsse von einer unsichtbaren Substanz erfüllt sein, und verwandte viel Phantasie auf die Frage, wie diese Substanz wohl beschaffen sein könnte, wenn ihre Existenz mit den sichtbaren Erscheinungen des Lichts vereinbar sein sollte. Ähnlich wie Descartes stellte auch er sich den Äther als aus kleinsten Teilchen bestehend vor, die so dicht gepackt sind, daß sie einander stets berühren. Aber er brachte deutlicher als Descartes zum Ausdruck, daß diese Teilchen, wenn sie überhaupt Bewegung ermöglichen sollten, vollkommen *elastisch* sein müßten. Diese Vorstellung kleinster elastischer Teilchen ermöglichte es ihm, in einer allerdings hochspekulativen Theorie die Phänomene des Lichts unter strenger Beachtung des Lokalitätsprinzips aus der unmittelbaren Einwirkung jeder einzelnen Ätherpartikel auf die benachbarte Partikel zu erklären. Dank der hohen Elastizität der Ätherpartikeln und ihrer direkten Berührung sollte sich das Licht in Wellen kugelförmig ausbreiten, also genau analog zum Schall. Huygens war damit der Begründer der Wellentheorie des Lichts. Mit dieser Hypothese konnte er die meisten damals bekannten Erscheinungen des Lichts verständlich machen[151].

Weit wichtiger als diese Theorie war allerdings die Erkenntnis, daß der Transport von Energie selbst in einer mechanistischen Theorie keineswegs mit einem Transport von Materie verbunden sein muß. In klassischen mechanistischen Lehren läßt sich Energie nur als Bewegungsenergie darstellen, die aus der Einwirkung starrer Körper auf andere starre Körper abgeleitet wird. Sie äußert sich also in der räumlichen Bewegung von Körpern[152]. In Huygens' Theorie kann dagegen jede einzelne Ätherpartikel an ihrem Platz verharren oder jedenfalls nach Durchleitung des Lichtimpulses an ihn zurückkehren. Sie verändert nur kurzfristig ihre Form, indem sie auf den empfangenen Impuls elastisch reagiert. Trotzdem werden allein durch ihre elastischen Eigenschaften Energieimpulse über größte Entfernungen übertragen, und zwar mit einer Geschwindigkeit, die nicht vom Widerstand des transportierenden Mediums, sondern allein von der Elastizität des reagierenden Materials bestimmt wird[153]. Energie ist also in

---

151 Vgl. Volkmar Schüller, ›Christian Huygens‹, in: ›Die Großen Physiker‹, Bd. I, S. 185, 191 f.

152 Einsteins berühmte Formel $e = mc^2$, die wir schon in Kap. 3, III, 2 a (S. 100 ff.) erörtert haben, läßt sich auch als ein Versuch interpretieren, die Regeln der klassischen Physik für den Bereich der Energie zu durchbrechen.

153 Das schwere Seebeben in Südostasien am 26. Dezember 2004 war eine traurige Demonstration dieser Theorie. Seine Energie, so wurde berichtet, konnte sich im Wasser mit einer Geschwindigkeit von etwa 1000 km/h über den halben Globus ausbreiten, ohne daß die einzelnen Wassermoleküle nennenswerte Entfernungen zurücklegten. Vgl. dazu jetzt auch das Vorwort zur 1. Auflage (unten S. 349 ff.). Das Seebeben bedeutet zugleich die empirische Widerlegung von Einsteins Formel $e = mc^2$

148

Huygens' Theorie kein Transport von etwas Gegenständlichem, sondern ein dynamischer Anregungszustand der transportierenden Substanz, was zu einer grundlegend anderen Sicht aller mit ihr zusammenhängenden Erscheinungen führt.

Zu Beginn des 19. Jahrhunderts erhielten solche Spekulationen dann von anderer Seite nochmals neue Nahrung. Die Erscheinungen der Interferenz, die der englische Arzt und Physiker Thomas Young (1773–1829) um 1800 in seinem berühmten Doppelschlitzexperiment dargestellt hatte, und der Polarisation des Lichts, die der Franzose Etienne Louis Malus (1775–1812) im Jahr 1808 entdeckte, schienen geradezu zwingend darauf hinzudeuten, daß Licht sich in Wellen ausbreitet. Daraus entstand die von Young angeregte Hypothese der transversalen Lichtwellen, die dann um 1815–1821 von dem Franzosen Augustin Jean Fresnel (1788–1827) zu einer umfassenden Theorie des Lichts ausgebaut wurde. Sie umfaßte alle damals bekannten Erscheinungen, also neben Interferenz und Polarisation auch Brechung, Doppelbrechung und Aberration.

(2) Aus den neuen Entdeckungen ergaben sich allerdings alsbald auch neue Probleme. Eines von ihnen lag auf der Ebene der Mathematik und folgte aus den Beobachtungen zur Geschwindigkeit des Lichts. Rœmers Entdeckung der Endlichkeit der Lichtgeschwindigkeit hatte nämlich nicht nur das Wissen der Menschheit erweitert; sie hatte die Physik auch vor neue Schwierigkeiten gestellt. Das Licht, das bis dahin immer selbst den Maßstab abgegeben hatte, wurde nämlich nun statt dessen zum Gegenstand der Messung und brachte damit alle mathematischen Ansätze gründlich durcheinander.

Solange man die Lichtgeschwindigkeit für unendlich gehalten hatte, konnte jede physikalische Theorie bei der Berechnung von Entfernungen problemlos von Lichtsignalen ausgehen. Absendung und Ankunft eines Lichtsignals wurden als genau zeitgleich gedacht; ein dazwischenliegendes Zeitintervall kam aus theoretischen Gründen nicht in Betracht. Aber mit der Entdeckung, daß Licht eine endliche Geschwindigkeit hat, änderte sich die Lage grundlegend, denn nun mußte man davon ausgehen, daß zwischen Absendung und Ankunft eines Lichtsignals selbst Zeit vergeht. Im Nahbereich konnte diese Zeitdifferenz zwar wegen der hohen Geschwindigkeit des Lichts vernachlässigt werden, aber wenn wirklich große Entfernungen, etwa Entfernungen zu anderen Himmelskörpern in Rede standen, mußte eine Berechnung, die ganz exakt sein wollte, auch berücksichtigen, daß das Lichtsignal selbst für den Weg von der Lichtquelle zu uns Zeit benötigt, möglicherweise sogar viel Zeit. Immerhin reden wir in der Astronomie und der Kosmologie oft von Lichtjahren, manchmal sogar von Millionen von Lichtjahren. Wenn aber sowohl unsere Erde als auch der Himmelskörper, den wir beobachten wollen, sich fortbewegen, während das Licht von dort nach hier unterwegs ist, hätte man für eine genaue Berechnung der Position des anderen Himmelskörpers bei Ankunft des Lichtsignals mathematische Formeln benötigt, die auch die Eigengeschwindigkeit des Lichts berücksichtigten. Davon wiederum schien abzuhängen, ob es jemals gelingen konnte, das ganze Weltall mathematisch darzustellen.

Die Entdeckung der Endlichkeit der Lichtgeschwindigkeit machte also die erhofften mathematischen Ansätze der Kosmologie wesentlich komplizierter. Zugleich ergab sich beim Aufstellen von Gleichungen über relative Geschwindigkeiten von Himmelskörpern ein weiteres Problem, das viele Physiker offenbar nicht erwartet hatten. Wie sollte man überhaupt die Eigengeschwindigkeit eines Himmelskörpers berechnen, von dem das Lichtsignal ausging? Es lag auf der Hand, daß seine wechselnden Positionen und die dazwischenliegenden Zeitintervalle Ausgangspunkte der Berechnung sein mußten. Aber auch die Beobachtung dieser Positionen und der zwischen ihnen liegenden Zeitintervalle konnte sich wiederum nur auf Lichtsignale verlassen. Also mußte jede Berechnung gewissermaßen um die Reisedauer des Lichtsignals korrigiert werden, um die Gleichzeitigkeit zu errechnen.

Nur: Welche Lichtgeschwindigkeit hätte man solchen Berechnungen zugrunde legen sollen? Es gab zwar verschiedene Messungen der Lichtgeschwindigkeit, doch hatten sie immer auf der Erde stattgefunden. Konnte man aber wissen, ob die Lichtgeschwindigkeit, die man hier gemessen hatte, auch draußen im Weltall dieselbe war? Schall beispielsweise reist im Wasser weit schneller als in der Luft. Könnte nicht auch die Lichtgeschwindigkeit im Weltall eine andere sein? Wie sollte man darüber Näheres erfahren, ohne selbst hinaus ins Weltall zu reisen? Und selbst wenn man dort angelangt wäre, hätte man für die Messung doch wieder Lichtsignale benötigt. Wenn aber die terrestrische Lichtgeschwindigkeit im Weltall nicht gültig war, wie hätte man dann die Bewegungen anderer Himmelskörper berechnen sollen? Eine Frage führte zur nächsten und jedesmal traten mehr neue Unbekannte auf als Gleichungen zu ihrer Bestimmung. Die mathematische Astronomie schien am Ende zu sein.

(3) Andere Probleme betrafen die Äthertheorie und lagen damit eher auf der Ebene der Experimentalphysik.

Die mechanistische Interpretation des Lichts in Analogie zum Schall, die Huygens vorgeschlagen hatte, hätte nämlich eigentlich bedeuten müssen, daß Licht sich durch Stoß ausbreitet, also in longitudinalen Wellen. Nach Huygens' Vorstellung sollte jede einzelne Ätherpartikel kraft ihrer Elastizität den empfangenen Impuls an die nächste weitergeben. Die Beobachtungen von Young und Malus über Interferenz und Polarisation sprachen aber eher für die Existenz von transversalen Lichtwellen, also von Wellen in einem gespannten Medium, deren Schwingungen sich ähnlich den Saiten einer Geige verhalten.

Auch dieses Problem war zu Einsteins Zeit ungelöst. Der Äthertheorie selbst tat das zwar zunächst keinen Abbruch, weil auch transversale Lichtwellen jedenfalls nicht ohne ein Medium denkbar schienen, in dem sie schwingen konnten. Wenn es überhaupt Schwingungen gab, so meinte man, mußte es jedenfalls auch etwas geben, das schwingt. Das schien die Schlußfolgerung zu rechtfertigen, daß dieses ›etwas‹ auch tatsächlich vorhanden sein muß. So überzeugte man sich von der Existenz einer unsichtbaren Substanz, in der die Schwingungen stattfinden, und taufte sie auf den Namen ›Äther‹. Im ganzen 19. Jahrhundert wurde die Ätherhypothese kaum angezweifelt.

Trotzdem hatte die Ätherhypothese durch die Entdeckung der Interferenz und der Polarisation und durch die damit aufgeworfene Frage nach der Wellenform nicht nur neue Impulse gewonnen, sondern zugleich auch ein wenig von ihrer Überzeugungskraft eingebüßt. Sie konnte zwar vieles erklären, aber offenbar nicht alles; vielmehr schien sie jetzt ihrerseits mit einem Problem behaftet. Man konnte auch anderer Meinung sein, ja man konnte ihr sogar widersprechen.

Eine weitere Schwächung der Äthertheorie ergab sich daraus, daß ihre Anhänger auch untereinander keineswegs einig waren. Vielmehr gab es am Ausgang des 19. Jahrhunderts nicht nur eine Ätherhypothese, sondern mindestens zwei Varianten, die miteinander konkurrierten.

Die eine ging von der Annahme eines ›ruhenden‹ Äthers aus, der das gesamte Weltall ausfüllt. Wenn man die sichtbaren Bewegungen der Planeten mit dieser Hypothese in Einklang bringen wollte, hätte das bedeutet, daß die Materie sich relativ zum Äther in Bewegung befinden muß. Nach dieser Hypothese hätte es also zwar einen Äther geben müssen, der ruht, aber eine Materie, die sich relativ zu ihm bewegt und damit einem ständigen ›Ätherwind‹ ausgesetzt sein müßte. Dieser Ätherwind hätte dann eigentlich sogar ein gewaltiger Orkan sein müssen, denn immerhin reist unsere Erde schon relativ zur Sonne mit rund 30 km/s durch das Weltall, was einer Geschwindigkeit von etwa 100.000 km/h entspricht, und die Geschwindigkeit relativ zu entfernteren Himmelskörpern müßte eigentlich noch höher sein. Man hätte also versuchen können, diesen Ätherwind im Experiment sichtbar zu machen.

Dagegen stand aber die andere Hypothese, die Fresnel schon 1818 formuliert hatte[154], der Äther könne sich selbst der Materie anpassen, also sozusagen von ihr ›mitgenommen‹ werden. Wenn sie richtig war, war ein Ätherwind nicht zu erwarten, weil jede Bewegung der Materie zugleich auch eine Bewegung des sie umgebenden Äthers bedingt hätte. Jeder einzelne Himmelskörper hätte sich in einem ruhenden Ätherfeld befunden, aber im Äther selbst hätte es, ähnlich den Wolken am Himmel, Bewegungen oder Strömungen geben müssen.

(4) Die beiden Varianten der Äthertheorie führten bei den Versuchen, den unsichtbaren Äther im Experiment sichtbar zu machen, naturgemäß zu

---

154   A. P. French, ›Special Relativity‹, S. 45.

152

unterschiedlichen Ansätzen. Es fehlte nicht an solchen Versuchen, aber sie erwiesen sich als ungewöhnlich schwierig.

Die Schwierigkeiten ergaben sich einerseits daraus, daß Licht der kleinste physikalische Effekt ist, auf den unsere Sinnesorgane überhaupt noch direkt ansprechen. Wenn aber der Äther das Medium sein sollte, das diese kleinsten wahrnehmbaren Impulse transportiert, war eigentlich damit zu rechnen, daß seine Bestandteile, wenn es sie gab, noch kleiner waren als das Licht, so wie beispielsweise Wassermoleküle kleiner sind als die Wellen des Wassers. Schon daraus folgte aber, daß wir den Äther selbst mit unseren Sinnesorganen nicht mehr unmittelbar wahrnehmen können. Es konnte also nur darum gehen, ihn mittelbar durch andere Effekte sichtbar zu machen.

Andererseits stellte sich aber die Frage, wie solche mittelbaren Effekte erkennbar sein können, wenn über den Äther selbst so wenig bekannt war. Welche Effekte sollte man von einem Stoff erwarten, den man nur erdacht hatte, um andere physikalische Erscheinungen damit zu erklären? Mit welchen Experimenten sollte man ihn nachweisen? Man wußte ja nicht einmal, ob man einen ruhenden oder einen sich bewegenden Äther zu erwarten hatte.

Unter diesem Blickwinkel erregte besonders Fresnels Hypothese des *bewegten* Äthers bei vielen Physikern verständlichen Argwohn. Denn von der Frage, ob der Äther ruht oder sich bewegt, schien einerseits wiederum abzuhängen, ob es in unserem Universum einen Zustand der absoluten Ruhe gibt, wie ihn die Newtonsche Theorie vorauszusetzen schien, oder ob etwa wegen des bewegten Äthers auch die ganze Newtonsche Physik über Bord geworfen werden mußte. Andererseits hätte sich aber ein Äther, der von der Materie ›mitgenommen‹ wird, nunmehr erst recht jeder empirischen Beobachtung entzogen. Denn welche physikalischen Effekte hätte man überhaupt noch erwarten sollen, wenn es nicht einmal einen Ätherwind gab? Und wie sollte man sie sichtbar machen? Lag nicht die einzige Hoffnung, den Äther jemals nachzuweisen, gerade in der Annahme, daß es einen Ätherwind geben müsse, also eine Bewegung des Äthers relativ zur Materie?

Da außerdem das Problem der longitudinalen oder transversalen Wellen ungelöst war, setzte sich die Hypothese des bewegten Äthers gewissermaßen zwischen sämtliche Stühle. Bei den Experimentalphysikern stand sie in dem Ruf, sich selbst zu widersprechen und sich gezielt einer experimentellen Nachprüfung zu entziehen. Und den theoretischen Physikern mißfiel neben dem aus ihrer Sicht anstößigen spekulativen Charakter auch der scheinbare Widerspruch zur Newtonschen Theorie. Im Ergebnis wurde Fresnels Hypothese daher von beiden Lagern nicht ernst genommen, wenngleich die Gründe dafür durchaus widersprüchlich waren.

II

Die theoretische Physik war also in der zweiten Hälfte des 19. Jahrhunderts mit einer äußerst komplexen Fragestellung konfrontiert, in der viele zweifelhafte Annahmen eng miteinander verwoben waren und für deren Verständnis es besonders darauf ankam, Beobachtungen und interpretierende Theorien genau auseinanderzuhalten und kritisch zu bewerten. Aber während sie mit solchen Problemen kämpfte, waren die Experimentalphysiker nicht müßig.

(*1*) Wie erwähnt, hatte Fresnel schon 1818 die Vermutung aufgestellt, der Äther selbst könne sich in Bewegung befinden und sich der Materie anpassen. Der Franzose H. L. Fizeau (1819–1896) führte daraufhin 1851 ein interessantes Experiment aus, mit dem Fresnels Hypothese auf die Probe gestellt wurde. Er schickte einen Lichtstrahl nach Aufspaltung in einem halbdurchlässigen Spiegel in entgegengesetzten Richtungen durch einen fließenden Wasserstrahl und beobachtete die nach Wiedervereinigung der beiden Hälften auftretenden Interferenzen (vgl. *Abb. 2*).

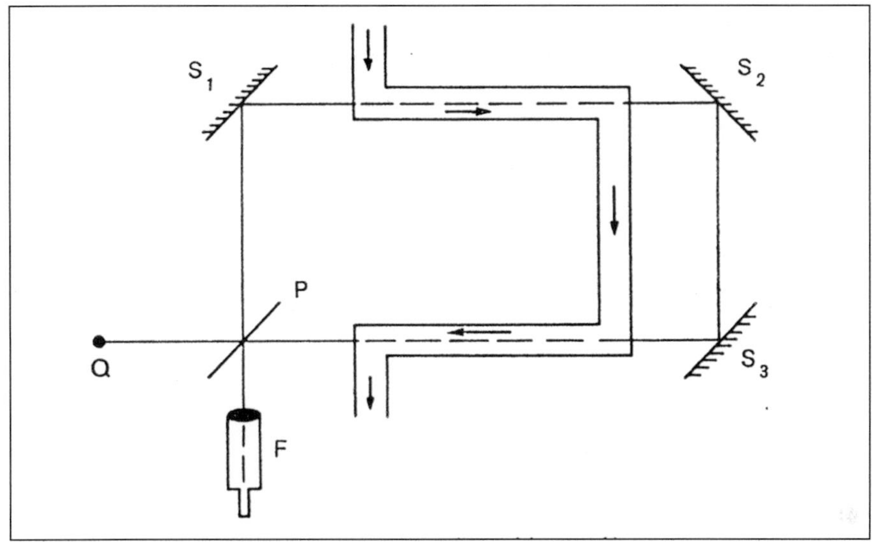

(Abb. 2: Fizeau-Versuch, schematische Darstellung[155])

Das Ergebnis war eindeutig. Es gab solche Interferenzen, und sie hingen von der Fließgeschwindigkeit des Wassers ab. Das Licht wurde tatsächlich von dem Wasser gewissermaßen ›mitgenommen‹. Dieser Effekt ist unbestritten. Im 19. Jahrhundert wurde er als eine klare Bestätigung der Hypothese des bewegten Äthers aufgefaßt. Noch Max Born und Werner Heisenberg haben das so gesehen. Heute wird, ohne daß eine Diskussion stattgefunden hätte, derselbe Effekt erstaunlicherweise als Bestätigung der speziellen Relativitätstheorie zitiert. Da nur eine der beiden Thesen richtig sein kann, haben wir es jedenfalls mit einem weiteren Beispiel dafür zu tun, daß auch Experimente interpretiert werden müssen, bevor wir ihnen eine Aussage entnehmen können[156]. Außerdem stehen wir erneut vor der

---

155   Zitiert nach Max Born, ›Die Relativitätstheorie Einsteins‹, S. 120. – Ein von F ausgehender Lichtstrahl durchläuft das fließende Wasser nach Teilreflexion in P in entgegengesetzten Richtungen, wird bei P wieder vereinigt und nach Q reflektiert.

156   Zum Verhältnis von Experiment und Interpretation vgl. oben Kap. 3, II, III (S. 87 ff.). – Zur früheren Interpretation des Fizeauschen Experiments vgl. Max Born, ›Die Relativitätstheorie Einsteins‹, S. 115 ff.; Werner Heisenberg, ›Physik und Philosophie‹,

Frage, ob eigentlich die Theorie über das Experiment entscheidet oder das Experiment über die Theorie[157].

Fizeaus Versuch hatte gezeigt, daß die Geschwindigkeit des Lichts von der Geschwindigkeit des transportierenden Mediums jedenfalls dann beeinflußt wird, wenn es sich bei dem Medium um Wasser handelt. Das war 1851. In der zweiten Hälfte des Jahrhunderts ging es deshalb vor allem um die Frage, ob entsprechende Beobachtungen auch ohne Wasser zu machen seien, ob also die Lichtgeschwindigkeit auch von der Bewegung der Materie im Raum beeinflußt wird. Diese Frage wollte der amerikanische Physiker Albert Michelson beantworten, als er um 1887 in seinen berühmten Experimenten teils allein, teils gemeinsam mit seinem Landsmann Morley eine Bewegung der Erde relativ zum Äther nachzuweisen versuchte. Das Ergebnis ist bekannt. Trotz größtmöglicher Sorgfalt, bei der alle auch nur erdenklichen Fehlerquellen erwogen und ausgeschlossen wurden, und trotz vielfach wiederholter Ausführung des Experiments kam es nie zu einem positiven Resultat. Eine Bewegung der Erde relativ zum Äther war nicht festzustellen.

Michelson selbst hat dieses Ergebnis dahin interpretiert, daß die Hypothese des *ruhenden* Äthers damit widerlegt sei[158]. Zu anderen Varianten der Äthertheorie hat er sich meines Wissens nie geäußert. In der Tat bringt sein Experiment Fresnels Theorie des bewegten Äthers nicht in Schwierigkeiten. Es könnte im Gegenteil als deren Bestätigung aufgefaßt werden, denn wenn der Äther von der Erde oder von der Erdatmosphäre ›mitgenommen‹ wird, ist das Auftreten eines hier auf der Erde direkt zu beobachtenden Ätherwindes, der ja eine Bewegung der Erde relativ zum Äther voraussetzt, vernünftigerweise von vornherein nicht zu erwarten. Aber diese Konsequenz wird heute nicht mehr gesehen[159].

S. 102; zur heutigen Interpretation vgl. Hanns u. Margret Ruder, ›Die spezielle Relativitätstheorie‹, S. 26 ff., 64; W. Greiner/J. Rafelski, ›Spezielle Relativitätstheorie‹, S. 41 f.; A. P. French, ›Special Relativity‹, S. 131 f.

157 Vgl. oben Kap. 3, III, 2 (S. 99 ff.).

158 Bernard Jaffe, Michelson and the Speed of Light, S. 76, zitiert Michelson mit der Aussage: »The hypothesis of a *stationary* ether is erroneous.« (Hervorhebung *im Original*).

159 Symptomatisch z. B. Peter Day, ›The Philosopher's Tree, A Selection of Michael Faraday's Writings‹, S. 103, der in Michelsons Experiment eine Widerlegung der gesamten Äthertheorie sieht.

156

(*2*) In die Richtung von Fresnels Hypothese eines bewegten Äthers, der von der Materie ›mitgenommen‹ wird, deuteten noch andere wichtige Überlegungen, die am Ende des 19. Jahrhunderts bereits bekannt waren. Zu ihnen zählten besonders die Erscheinungen des Lichts. Auch sie sind Teil des Problemhorizonts, den Einstein vorfand, als er seine eigenen Theorien formulierte. Deshalb müssen wir sie näher betrachten.

(*a*) Alle Beobachtungen, die wir machen können, sprechen dafür, daß andere Himmelskörper sich relativ zu unserer Erde mit zum Teil sehr hohen Geschwindigkeiten bewegen. Wenn die Geschwindigkeit der Erde auf ihrer Bahn um die Sonne rund 30 km/s beträgt, müssen wir annehmen, daß die relativen Geschwindigkeiten entfernterer Sterne oder ganzer Galaxien, die unvorstellbar viel größer sind als unser Planetensystem und die um ein eigenes Zentrum rotieren, das Millionen von Lichtjahren von uns entfernt ist, noch weit höher sind. Das warf schon lange vor Einsteins Zeit die Frage auf, welche Einflüsse auf das Licht wohl zu erwarten wären, wenn das Licht von solchen schnell bewegten Himmelskörpern zu uns gelangt.

Für Bewegungen körperlicher Gegenstände gilt bekanntlich das Additionstheorem. Ihre Geschwindigkeiten sind je nach Bewegungsrichtung zu addieren oder zu subtrahieren. Einstein hat das in seinem berühmten Eisenbahnbeispiel anschaulich dargestellt[160]. Wenn ich mich innerhalb eines fahrenden Zuges in Fahrtrichtung bewege, ergibt sich meine Geschwindigkeit über Grund aus der Addition der Geschwindigkeit des Zuges und meiner Eigengeschwindigkeit innerhalb des Zuges; und wenn ich mich gegen die Fahrtrichtung bewege, ergibt sie sich aus der Subtraktion der beiden Geschwindigkeiten.

Wäre dasselbe Prinzip auch auf das Licht anzuwenden, wäre also die Eigengeschwindigkeit eines Himmelskörpers, der Licht ausstrahlt, je nach Bewegungsrichtung zur Lichtgeschwindigkeit zu addieren oder von ihr zu subtrahieren, dann müßte das Licht von entfernten Himmelskörpern uns mit sehr unterschiedlichen Geschwindigkeiten erreichen. Setzt man außerdem voraus, daß das Licht sich in Wellen ausbreitet, hätte die Ei-

---

160 Albert Einstein, ›Über die spezielle und die allgemeine Relativitätstheorie‹, S. 6 ff.

genbewegung der Lichtquelle also nach dem Dopplerprinzip zugleich eine Erhöhung oder Verringerung der Lichtfrequenz mit sich bringen müssen. Bei den hohen Relativgeschwindigkeiten, die wir bei weit entfernten Himmelskörpern annehmen müssen, hätte man deshalb sehr deutliche Frequenzverschiebungen erwarten sollen. Erste Überlegungen schienen also darauf hinzudeuten, daß farbliche Veränderungen des Lichts auftreten mußten; bei unterschiedlichen Relativgeschwindigkeiten hätten die Sterne am Nachthimmel bunt sein müssen. Daß das nicht der Fall ist, kann aber jeder mit eigenen Augen sehen.

Für diesen Befund, also dafür, daß keine Farbveränderungen auftreten, glaubte man in der ersten Hälfte des 19. Jahrhunderts noch eine plausible Erklärung zu wissen. Man erklärte sich das gleichbleibend weiße Licht der Sterne damit, daß die Verschiebung durch unterschiedliche Relativgeschwindigkeiten nicht nur den sichtbaren Bereich, sondern immer das gesamte Spektrum der Lichtquelle erfaßt. Es werden also, so dachte man, durch die Frequenzverschiebung einerseits bestimmte Lichtfrequenzen aus dem sichtbaren Spektrum herausgerückt, bei Frequenzerhöhungen demnach in den unsichtbaren ultravioletten Bereich verschoben, während andererseits dieselbe Verschiebung bewirkt, daß andere Frequenzen, die vorher im infraroten Bereich für das menschliche Auge unsichtbar waren, nunmehr in den sichtbaren Bereich gelangen. Im Ergebnis bliebe so für das menschliche Auge immer das volle Spektrum des sichtbaren weißen Lichts erhalten. Das weiße Licht der Sterne würde also nicht durch die Eigenschaften des Lichts, sondern durch die Grenzen unserer optischen Wahrnehmung erklärt. Solange diese Überlegung galt, ließ sich das mathematische Additionstheorem immer noch problemlos auch auf das Licht selbst anwenden.

Aber der Erklärungsversuch mußte als gescheitert gelten, nachdem Bunsen und Kirchhoff die Spektralanalyse entwickelt hatten (1859), die anhand einer Beobachtung der Spektrallinien auch beim weißen Licht eine genaue Bestimmung der Frequenzverschiebung ermöglichte. Für das Licht entfernter Sterne ergab diese Analyse nicht nur, daß sein Spektrum unserem Sonnenlicht entsprach. Sie ergab außerdem, daß keine wesentlichen Frequenzverschiebungen auftraten. Die Spektrallinien waren zwar verschoben, aber keineswegs in einem Maße, das der anzunehmenden Geschwindigkeitsdifferenz entsprochen hätte. Geschwindigkeiten von 30 km/s oder mehr waren mit dieser geringen Verschiebung überhaupt nicht plausibel zu erklären. Daraus mußte man schließen, daß die Geschwindigkeit des Lichts von der Eigengeschwindigkeit der Himmelskörper, von denen es ausging, nicht wesentlich beeinflußt wurde. Eine Addition oder Subtraktion von Geschwindigkeiten fand beim Licht offenbar nicht statt; das Additionstheorem ließ sich auf die Lichtgeschwindigkeit nicht anwenden.[161]

(*b*) Aus der Sicht der Äthertheorie sprach auch diese Beobachtung sehr deutlich für die Wellentheorie und für die Annahme eines bewegten Äthers, der von der Materie ›mitgenommen‹ wird. Die neuen Entdeckungen ließen sich nämlich auf der Grundlage von Fresnels Hypothese durch eine Analogie zum Schall problemlos deuten, also durch eine Parallele zu einer anderen physikalischen Erscheinung, die jeder kennt und mit der das Licht in vieler Hinsicht vergleichbar ist.

Der Versuch, das Licht in Analogie zum Schall zu erklären, ist für das Verständnis der unterschiedlichen gedanklichen Ansätze außerordentlich wichtig. Auch er scheint allerdings in unserer Zeit weitgehend in Vergessenheit geraten zu sein, denn er wird, obwohl er sich geradezu aufdrängt, in heutigen Lehrbüchern nicht mehr erwähnt. Am Ende des 19. Jahrhundert muß er aber noch bekannt gewesen sein, denn schon Christiaan Huygens hatte die Analogie von Licht und Schall gesehen[162], und Michael Faraday hatte noch deutlich auf sie hingewiesen, als er 1857 in einem Brief schrieb:

---

161 Ich vermute, daß Einsteins Annahme einer Konstanz der Lichtgeschwindigkeit mit dieser Beobachtung zusammenhängt. Vielleicht hat einer seiner Lehrer am Züricher Polytechnikum ihretwegen die Lichtgeschwindigkeit in seinen mathematischen Formeln als Konstante eingesetzt, was ja für alle praktischen Berechnungen durchaus sinnvoll ist.

162 Volkmar Schüller, ›Christian Huygens‹, in: ›Die Großen Physiker‹, Bd. I, S. 185, 191 f.

»The nature of sound, and its dependence on a medium, we think we understand pretty well. The nature of light as dependent on a medium is now very largely accepted.«[163]

Wir müssen ihn deshalb genauer betrachten.

(*c*) Worum geht es? Ein Schallsignal, das von einer sich bewegenden Schallquelle, etwa von einem Eisenbahnzug oder der Sirene eines Polizeifahrzeugs zu uns gelangt, hat andere Frequenzen als das von einer ruhenden Schallquelle ausgehende Schallsignal. Diese als ›Dopplereffekt‹ bezeichnete Erscheinung kennt jeder aus eigener Erfahrung. Nähert sich das Fahrzeug, sind die Frequenzen erhöht, der Ton, den wir hören, wird also höher; entfernt es sich, wird der Ton tiefer. Der gleiche Dopplereffekt kann auch beim Licht auftreten. Er äußert sich dort in einer Verschiebung des Lichtspektrums zu den höheren (ultravioletten) oder niedrigeren (infraroten) Frequenzen und läßt sich im Interferometer sichtbar machen.

Aber die physikalische Erklärung des Dopplereffekts ist offenbar weniger geläufig. Er wird jedenfalls häufig mißverstanden, gelegentlich sogar von Physikern. Beim Schall wissen wir, daß die Bewegung der Schallquelle zwar Einfluß auf die Frequenz, aber nicht auf die Ausbreitungsgeschwindigkeit des Signals hat. Wenn zwei Autos gleichzeitig und direkt nebeneinander, also in genau gleicher Entfernung vom Beobachter Hupsignale abgeben, wobei das eine Auto steht und das andere fährt, hört der Beobachter zwar Schallimpulse unterschiedlicher Frequenz, also höhere oder tiefere Töne. Aber die Schallwellen erreichen ihn trotzdem gleichzeitig; die Geschwindigkeiten des Schalls und des Fahrzeugs werden nicht addiert.

Die Erklärung dieses Phänomens liegt darin, daß die Ausbreitung des Schalls nicht von der Schallquelle, sondern von dem transportierenden Medium bestimmt wird, im Beispiel also von der Luft. Sobald der Schallimpuls sich einmal von der Schallquelle gelöst hat, wird sein Verhalten nicht mehr von dieser Schallquelle, sondern allein von dem transportierenden Medium beeinflußt. Mechanische Schwingungen,

---

163 Vgl. Peter Day, ›The Philosopher's Tree, A Selection of Michael Faraday's Writings‹, S. 104.

beispielsweise die einer Sirene, treffen auf das Medium Luft, und wenn die Schallquelle sich bewegt, treffen sie je nach Bewegungsrichtung in dichterer oder weniger dichter Folge auf das Medium. Aber das ändert nichts daran, daß die Luft ruht. Deshalb macht es zwar für die Frequenz einen Unterschied, ob die Schallquelle sich bewegt oder ruht, aber nicht für die Ausbreitungsgeschwindigkeit des Schalls, denn diese wird nicht von der Schallquelle, sondern allein von den physikalischen Eigenschaften der Luft bestimmt, insbesondere von ihrer Elastizität. Wir hören den höheren oder tieferen Ton der sich bewegenden Sirene, aber der Schall erreicht uns deshalb nicht schneller oder langsamer.

Diese Beobachtung läßt sich aber nicht umkehren. Wenn die Schallquelle ruht und die Luft sich bewegt, kann sich die Ausbreitung des Schalls durchaus beschleunigen oder verzögern. Die Geschwindigkeit des Windes wird je nach Windrichtung zur der des Schalls addiert oder von ihr subtrahiert. Nur die Frequenz des Schalls wird davon nicht beeinflußt. Sie wird schon deshalb nicht beeinflußt, weil die Luft spätestens im Gehörgang unseres Ohrs wieder zur Ruhe kommt und dann nur noch die fortbestehenden Schwingungen auf das Trommelfell überträgt.

Überträgt man solche Überlegungen auf Fresnels Hypothese eines bewegten Äthers, der von der Materie ›mitgenommen‹ wird, dann erklären sie einfach und überzeugend, warum das Licht entfernter Himmelskörper trotz der hohen Relativgeschwindigkeiten, die wir bei solchen Himmelskörpern vermuten müssen, unverändert weiß bleibt und warum auch seine Spektrallinien sich nicht den Geschwindigkeitsunterschieden entsprechend verschieben. Die von der Lichtquelle ausgehenden Lichtwellen treffen an der Strahlungsquelle, also auf dem anderen Himmelskörper auf das ruhende Medium Äther und werden in diesem weitertransportiert. Wenn auf dem Wege zu uns ein Äthersturm herrschen sollte, würde er zwar die Ausbreitungsgeschwindigkeit des Lichts beeinflussen, aber nicht dessen Frequenz. Das Licht bliebe also weiß, seine Spektrallinien würden nicht verschoben. Und hier, bei Ankunft auf der Erde, paßt sich der schwingende Äther deren Bewegung an, weil er von der Materie ›mitgenommen‹ wird. Deshalb ist wieder keine Frequenzverschiebung wahrzunehmen. Nach Fresnels Hypothese des bewegten Äthers war sie von vornherein nie zu erwarten.

III

Bei einigermaßen objektiver Interpretation der damals vorliegenden Befunde hätte man also an der Wende des 19. zum 20. Jahrhundert davon ausgehen müssen, daß zwar die Theorie des ruhenden Äthers widerlegt war, aber keineswegs die des bewegten Äthers. Aber der Geist der Zeit wollte es anders. Man interessierte sich damals kaum für empirische Befunde, umso mehr aber für mathematische Ansätze. Sie erforderten feste Größen, mit denen sich Gleichungen aufstellen und Rechenansätze formulieren ließen, denn, so glaubte man, ohne solche mathematischen Ansätze konnte die Physik als ›exakte Wissenschaft‹ nicht bestehen. Also suchte man nach solchen Ansätzen und opferte, um sie zu finden, alles, was ihnen im Wege stand, selbst die Logik und die Empirie. Die folgenden Kapitel werden zeigen, was daraus entstand.

Werfen wir trotzdem noch einen Blick zurück, dann zeigen die dargestellten Überlegungen, daß die Vorzüge der Ätherhypothese nicht allein in ihrer uralten Überlieferung lagen. Sie lagen vor allem in ihrem hohen Erklärungsgehalt, der wiederum ihrer Anschaulichkeit zu verdanken war. Viele physikalische Erscheinungen ließen sich ohne Schwierigkeiten verständlich machen, wenn man die Existenz eines elastischen Mediums voraussetzte, das den Raum ausfüllte, während sie ohne diese Annahme unerklärlich blieben.

Zu den Erscheinungen, die sich mit Hilfe der Ätherhypothese erklären ließen, gehörten nicht nur die schon erwähnten Phänomene des Lichts, wie etwa Interferenzen, Polarisation oder Lichtgeschwindigkeit. Auch die Elektrizität und der Magnetismus gaben Rätsel auf, für deren Lösung die Ätherhypothese wenigstens Denkansätze zu bieten schien, selbst wenn sie keine fertigen Lösungen bereithielt. Ohne die Annahme einer transportierenden Substanz blieb dagegen das Verständnis solcher Erscheinungen gewöhnlichen Menschen restlos verschlossen. Die große Frage ist also, warum die Ätherhypothese trotzdem aufgegeben wurde.

6. Kapitel:
Was leistet die Quantentheorie?

›Es war ihm unmöglich, die Wörter
nicht im Besitz ihrer Bedeutung zu stören.‹
Heinrich Heine

Die Grabesglocken für die Äthertheorie läuteten in den ersten Jahren des 20. Jahrhunderts. Die Theorie geriet zunehmend in Mißkredit und fand schon bald keine Anhänger mehr, die den Mut aufbrachten, sich zu ihr zu bekennen.

Aus wissenschaftstheoretischer Sicht ist diese Entwicklung in hohem Maße erklärungsbedürftig, denn das Phänomen des *horror vacui* ist nicht nur in der Physik bekannt; es existiert in einem übertragenen Sinne auch in der Wissenschaftstheorie. Auch Wissenschaftler sind Menschen und leben deshalb in Traditionen. Eine wissenschaftliche Theorie mag noch so lückenhaft sein und ihre Fehler mögen auch von den Wissenschaftlern, die mit ihr umgehen, genau gesehen werden. Solange keine bessere Theorie gefunden wurde, die wenigstens das gleiche leistet und außerdem die bekannten Fehler vermeidet, wird man sich im allgemeinen trotzdem mit der alten Theorie weiterhin abfinden, so unbefriedigend sie auch sein mag. Ein vollständiger Verzicht auf jeden Versuch einer Erklärung ginge nicht nur gegen die Natur des Menschen, der eigentlich neugierig ist; er ginge vor allem gegen die Natur der Wissenschaft. Persönlich mögen einzelne Wissenschaftler träge oder phantasielos sein, aber jede Wissenschaft ist auch eine Institution, die aus Organisationen und kleineren Institutionen besteht. Und *als Institution* ist jede Wissenschaft dynamisch und aggressiv, weil sie vom Wettbewerb beherrscht wird und normalerweise in den Händen von Wissenschaftlern liegt, die nicht nur interessiert sind, sondern meist auch ihr eigenes Fortkommen mit dem wissenschaftlichen Erfolg verknüpft haben. So sollte es jedenfalls sein, wenn die betreffende Wissenschaft als Institution funktioniert.

Da die Äthertheorie trotzdem aufgegeben wurde, stellt sich also die

Frage, ob es eine bessere Theorie gibt, die ihren Untergang erklären könnte. Wo ist die Theorie, die wenigstens das gleiche leistet wie die Äthertheorie und außerdem deren Fehler vermeidet. Wie erklären wir die Ausbreitung des Lichts ohne ein transportierendes Medium? Wie erklären wir Interferenz und Polarisation ohne ein schwingendes Medium? Und wie erklären wir die Konstanz der Lichtgeschwindigkeit ohne die Analogie zum Schall, die ebenfalls ein schwingendes Medium voraussetzt? Das sind nur einige der Fragen, die nach der Ablehnung der Äthertheorie unbeantwortet bleiben; es gibt deren noch viele andere.

Um diesen Fragen näherzukommen, möchte ich jetzt zunächst Max Plancks Quantentheorie diskutieren. Der Gedankensprung von der Äthertheorie und den physikalischen Erscheinungen des Lichts zur Quantentheorie mag auf erste Sicht groß erscheinen, denn in der Sache gibt es zwischen den beiden Theorien nur wenig direkte oder praktische Bezüge. Aber aus der methodologischen Perspektive, um die es mir geht, ist dieser Gedankensprung weniger auffällig. Wir werden nämlich sehen, daß gerade die Quantentheorie eine wichtige Voraussetzung für den Untergang der Äthertheorie am Anfang des 20. Jahrhunderts geschaffen hat, weil erst sie das Vakuum ausfüllen konnte, das der Verzicht auf die Ätherhypothese andernfalls hinterlassen hätte. Allerdings füllte sie dieses Vakuum nicht mit einer plausiblen Theorie, sondern mit einer *Illusion*, nämlich mit der Illusion einer vollständig axiomatisierten Wissenschaft.

Diese Interpretation möchte ich in den folgenden Kapiteln darlegen. Deshalb wende ich mich in den nächsten Abschnitten (*I, II*) zunächst der Quantentheorie zu, obwohl ihre Ursprünge nicht auf Einstein zurückgehen. Sie war dennoch ein wichtiger Bestandteil des Problemhorizonts, vor dem sich die weitere Entwicklung vollzog. Wir machen also einen kurzen Abstecher in die geistige Welt von Max Planck, der nur elf Jahre älter war als Einstein, und dessen Welt deshalb in vieler Hinsicht auch Einsteins Welt gewesen sein muß. Danach (*III*) komme ich wieder auf Einstein zurück. Seine Lichtquantenhypothese und die Anerkennung, die sie in der theoretischen Physik fand, waren, wie ich glaube, die entscheidenden Ereignisse, die den Untergang der Äthertheorie letztlich besiegelten.

164

I

Max Plancks Weltruhm beruht auf der Quantentheorie, deren Anfänge auf ihn zurückgehen. Sie hat in ihrer mittlerweile über hundertjährigen Geschichte verschiedene Entwicklungsstufen durchlaufen. An ihrem Anfang steht die Einführung der Naturkonstante h, die Planck selbst als ›Wirkungsquantum‹ bezeichnete. Die Ursprünge seiner Theorie reichen zwar in die letzten Jahre des 19. Jahrhunderts zurück, aber als ihr offizieller Beginn wird gewöhnlich ein Vortrag *Zur Theorie des Gesetzes der Energieverteilung im Normalspectrum*[164] angesehen, den Planck am 14. Dezember 1900 vor der Physikalischen Gesellschaft in Berlin hielt. In diesem Vortrag stellte er seine Strahlungsformel der Öffentlichkeit vor und legte damit die Grundlage der neuen Lehre.

Der Titel des Vortrags deutet das Problem an, das Planck beschäftigte. Er suchte nach einer mathematischen Formel für die spektrale Verteilung der Lichtenergie bei der Erhitzung eines ›idealen‹ schwarzen Körpers. Bei dieser Suche hatten rein theoretische Überlegungen ihn zu der Überzeugung geführt, daß Energie nicht kontinuierlich zu- oder abnehmen kann. Vielmehr nahm er an, jede Veränderung der physikalischen Welt müsse sich sozusagen in kleinen Sprüngen vollziehen, die ihrerseits nicht mehr unterteilt werden konnten. Mehr besagte seine Theorie zunächst nicht.

Diese Theorie war einerseits revolutionär, weil sie das Weltbild der Physik von Grund auf veränderte. Sie konnte aber andererseits auch als bloße Fortsetzung einer weit älteren philosophischen Tradition interpretiert werden, nämlich als eine Fortsetzung der Atomistik, die seit der Antike behauptet hatte, die letzten Einheiten, aus denen sich die Materie zusammensetzt, müßten unteilbar sein. Es ist zwar keineswegs sicher, daß Planck selbst seine Theorie in diesem Sinne verstanden wissen wollte, eher im Gegenteil. Aber in der Sicht vieler Zeitgenossen wurde die uralte Hypothese der klassischen Atomistik mit der Quantentheorie gewissermaßen

---

164 Verhandlungen der Deutschen Physikalischen Gesellschaft Nr. 17 (1900), S. 237 ff. (hier Anhang 4, S. 340 ff.).

auf eine andere, abstraktere Ebene verlagert, ohne daß die Ausgangsfrage sich grundlegend änderte.

Das war auch naheliegend, denn in der Planckschen Theorie waren die kleinsten Einheiten der neuen Theorie zwar weder Atome noch deren Bestandteile, sondern ›Wirkungsquanten‹, denen selbst keine materiellen Eigenschaften mehr zukamen. Sie waren nicht letzte Bausteine der Materie, sondern in Ermangelung eigener körperlicher Substanz bloße Rechengrößen, sozusagen also mathematische Qualitäten, die zur Beschreibung materieller Vorgänge größeren Maßstabes dienten. Aber auch das war in der atomistischen Theorie nicht ohne Vorbild, denn schon Boscovich (1711–1787) hatte in seiner Lehre von den Naturkräften die Atome einerseits als ideale Punkte angesehen, sie aber andererseits trotzdem mit physikalischen Eigenschaften, nämlich mit anziehenden und abstoßenden Kräften ausgestattet[165]. So wurde auch in der Planckschen Theorie das gesamte mikrophysikalische Geschehen als in kleinste Einheiten aufgeteilt gedacht. Die Forderung der Atomistik, physikalische Erklärungen der Natur auf kleinste Einheiten zurückzuführen, die ihrerseits nicht mehr reduzierbar sind, blieb damit als gedankliches Prinzip erhalten, wenngleich der Name sich änderte.

Allerdings verblieb der Realitätsgehalt der neuen Einheiten von Anfang an in einem gewissen theoretischen Zwielicht, denn er ergab sich in der Planckschen Theorie nicht aus ihrer Beschaffenheit, sondern aus ihrer Gesetzmäßigkeit. Gleichwohl bestimmten sie nach Max Plancks Vorstellung die Regeln aller physikalischen Prozesse. Und wie die Atome der klassischen Theorie waren sie unteilbar, weil ihre Größe als elementare Naturkonstante nicht unterschritten werden konnte.

Wir werden sehen, daß auch Einstein die Quantentheorie in diesem atomistischen Sinne verstanden hat. Er tat im Jahr 1905 mit seinem Aufsatz *Über einen die Erzeugung und Verwandlung des Lichts betreffenden heuristischen Gesichtspunkt* den nächsten großen Schritt[166]. Die Lichtquantenhypothese, die er darin formulierte und für die er später mit

---

165   Roger Joseph Boscovich, *De lege virium in natura existentium.*
166   Annalen der Physik, Bd. 17 (1905), S. 132 ff.

166

dem Nobelpreis des Jahres 1921 ausgezeichnet wurde, war eine direkte Anwendung der heuristischen Methode, die wir im Zusammenhang mit seinen erkenntnistheoretischen Überzeugungen im ersten Teil des Buchs bereits kennengelernt haben[167]. Sie bedeutete eine Abkehr von der Ätherhypothese, die das 19. Jahrhundert im wesentlichen beherrscht hatte. In gewisser Hinsicht führte sie zurück zu Newtons Emissionstheorie des Lichts.

Die dritte Stufe der Entwicklung wurde dann mit dem planetarischen Atommodell erreicht, das wir im 8. Kapitel genauer untersuchen werden und das die Vorstellungswelt der theoretischen Physik und der Laienwelt bis zum heutigen Tage beherrscht. Auch dieses Denkmodell war ein Versuch, das Unbekannte vorstellbar zu machen. Es hängt eng mit der von Lorentz entwickelten Theorie der Elektronen zusammen, die wiederum von Faradays Theorie der Elektrolyse angeregt worden war. Zunächst versuchte man wohl, sich die Elektronen als oszillierende Verbindungen zwischen den Atomen vorzustellen, die bei Anregung in Schwingungen versetzt wurden, vergleichbar etwa mit Wendelfedern, die außen am Atomkern angebracht waren. Die Fähigkeit zur Resonanz war jedenfalls das einzige, was man zuverlässig von den Elektronen zu wissen glaubte. Deshalb bezeichnete man sie damals in der theoretischen Physik auch oft als ›Resonatoren‹[168].

Einen gewissen Abschluß in der Entwicklung der Quantentheorie bildet dann schließlich die sogenannte ›Kopenhagener Interpretation‹ der Quantenmechanik, die auf den Solvay-Kongreß des Jahres 1927 in Como zurückgeht und maßgeblich von Niels Bohr und Werner Heisenberg beeinflußt wurde[169]. Sie enthielt den Versuch, die gedanklichen Konsequenzen zu erfassen, die sich daraus ergeben, daß nach der Quantenmechanik Ort und Impuls einer Partikel nicht gleichzeitig bestimmt werden können. Dieses Prinzip hatte Werner Heisenberg in seinen berühmten

---

167 Oben Kap. 4 (S. 109 ff.).
168 Vgl. z. B. Max Planck, ›Vorlesungen über die Theorie der Wärmestrahlung‹, S. 100 ff.
169 Vgl. Niels Bohr, ›Das Quantenpostulat und die neuere Entwicklung der Atomistik‹, S. 245 ff.

›Unbestimmtheitsrelationen‹ formuliert[170]. Da andererseits die Quantenmechanik als Grundstruktur des Atoms nicht nur die Mikrophysik, sondern das gesamte physikalische Geschehen bestimmen sollte, und da auch der Mensch selbst aus Atomen bestehen mußte, wollte man daraus die Folgerung ableiten, der menschlichen Erkenntnismöglichkeit selbst seien durch die Physik schlechthin unüberwindliche Grenzen gesetzt. Der Mensch, so befand man, könne nicht schärfer denken, als die Natur beschaffen ist. Zugleich wollte die Kopenhagener Interpretation auch das Problem lösen, das sich daraus ergab, daß manche physikalischen Effekte des Lichts sich nur mit der Wellentheorie plausibel erklären ließen, während die atomistische Interpretation der Quantentheorie eher in Richtung auf eine Korpuskeltheorie des Lichts hinzudeuten schien. Der ›Dualismus‹ physikalischer Erscheinungen, so hieß es, mache die beiden Aspekte miteinander vereinbar.

In den folgenden Abschnitten werde ich mich hauptsächlich mit den erkenntnistheoretischen Aspekten der *älteren* Quantentheorie näher befassen. Die weitere Bewertung muß ich dann anderen überlassen, denn ich habe einige Aspekte schon an anderer Stelle erörtert[171], und die Quantentheorie versinkt spätestens mit der Kopenhagener Interpretation der Quantenmechanik in dem, was Karl Popper als das ›Schisma der Physik‹, manchmal auch noch drastischer als ›the great quantum muddle‹ bezeichnete, also in einem methodologischen und wissenschaftstheoretischen Chaos von wahrhaft babylonischen Ausmaßen, dessen Entwirrung bis heute als vollkommen hoffnungslos gilt[172].

---

170 Werner Heisenberg, ›Mehrkörperprobleme und Resonanz in der Quantenmechanik‹, Zeitschrift für Physik, Bd. 41 (1927), S. 239 ff. Heisenbergs Unbestimmtheitsrelationen formulieren m.E. ein mathematisches Theorem, liegen also nicht auf der Ebene der Empirie. Mir ist nicht bekannt, daß jemals Experimente ausgeführt worden wären, um empirische Korrelationen festzustellen oder zu überprüfen.

171 Vgl. ›Popper *versus* Einstein‹, S. 168 ff. Damals hatte ich mich mit den logischen Problemen der Quantentheorie noch nicht befaßt.

172 Vgl. Karl Popper, ›Die Quantentheorie und das Schisma der Physik‹, S. 6 f.

II

Auch die gedanklichen Ansätze der Quantentheorie lassen sich nur vor dem Hintergrund des physikalischen Wissens jener Zeit richtig einordnen. Ich habe schon erwähnt, daß der Heidelberger Physiker Robert Kirchhoff (1824–1887) und der Heidelberger Chemiker Robert Bunsen (1811–1899) in den Jahren 1859/1860 gemeinsam die Spektralanalyse entwickelt hatten[173]. Sie zählte zu den wirklich bahnbrechenden Entdeckungen der Naturwissenschaften im 19. Jahrhundert, denn sie verfeinerte die Möglichkeiten der chemischen Analyse in unerhörter Weise und ermöglichte zugleich erstmals eine solche Untersuchung allein anhand der Spektrallinien des von Gasen erzeugten Lichts, ohne daß eine chemische Reaktion des zu untersuchenden Stoffs mit anderen Stoffen stattfinden mußte. Es war also nicht mehr notwendig, das zu untersuchende Objekt in der Untersuchung selbst zu (zer)stören. Damit eröffnete die Spektralanalyse nicht nur der Chemie ungeahnte neue Möglichkeiten der Beobachtung. Auch die Physik profitierte, weil die Spektrallinien selbst bei entferntesten Himmelskörpern Rückschlüsse auf deren chemische Zusammensetzung ermöglichten.

Die theoretische Physik, die damals noch in den Kinderschuhen steckte, wurde durch die neue Entdeckung allerdings auch vor schwierige Probleme gestellt. Man sah diese Probleme zwar hauptsächlich auf dem Gebiet der mathematischen Berechnung, auf die ich sogleich zurückkommen werde. Ein wenig mag aber auch die schon erwähnte Elektronentheorie dazu beigetragen haben, nach der man sich Elektronen als oszillierende Verbindungen vorzustellen versuchte, also als ›Resonatoren‹, die auftreffende Strahlungsenergie aufnehmen und nach dem Prinzip der Resonanz wieder abgeben konnten.

Diese Vorstellung führte nämlich zu Schwierigkeiten. Wäre sie richtig gewesen, dann hätte sie, sofern nur eine Sorte von Elektronen existierte, die Annahme nahegelegt, daß die Energiemenge sich in der Frequenz der Schwingungen und damit in der Farbe des Lichts niederschlagen muß.

---

173   Oben Kap. 5 Abschn. II, 2a (S. 157 f.).

Bei extremer Erhitzung eines Körpers wäre also zu erwarten gewesen, daß dieser schließlich nur noch im ultraroten Bereich Strahlung abgibt und deshalb für das menschliche Auge unsichtbar wird. Umgekehrt hätte mit dem Abnehmen der Energie auch die Frequenz abnehmen müssen. Ein erkaltender Körper hätte sich also zum infraroten Bereich verfärben und schließlich ebenfalls für das menschliche Auge unsichtbar werden müssen. Damit waren aber die sichtbaren Effekte des Lichts überhaupt nicht in Einklang zu bringen. Es gab also ungelöste Probleme.

Ein Experimentalphysiker jener Zeit hätte wohl versucht, solche Probleme nach der Methode von *trial and error* zu lösen, indem er unterschiedliche Hypothesen im Experiment auf die Probe stellte. Max Planck gehörte aber zu der Kategorie von Physikern, die ihnen durch genaue mathematische Berechnungen auf die Spur zu kommen hofften. Wie Kirchhoff selbst, so war auch er fest davon überzeugt, daß den sichtbaren und meßbaren Erscheinungen des Lichts unabänderliche mathematische Gesetzmäßigkeiten zugrunde liegen mußten. Deshalb bemühte er sich zunächst um ein genaueres mathematisches Verständnis des Strahlungsspektrums. Da aber seine Berechnungen nicht von Zufälligkeiten beeinflußt werden durften, konnten sie nicht das Spektrum beliebiger Körper oder Gase zum Gegenstand haben. Also suchte er zunächst nach den ›idealen‹ Bedingungen, die er seiner Berechnung zugrunde legen konnte, und gelangte so zur Untersuchung des Strahlungsspektrums schwarzer Körper[174].

Auch darin folgte er einem Vorschlag Kirchhoffs. Das Strahlungsspektrum schwarzer Körper galt am Ausgang des 19. Jahrhunderts vielen Physikern als Idealfall einer von individuellen Materialeigenschaften unbeeinflußten Strahlungsenergie. Denn, so dachte man, ein ›idealer‹ schwarzer Körper unterscheidet sich von anderen dadurch, daß er *alle* auftreffende Strahlung absorbiert. Obwohl solche Körper in der Natur nicht vorkommen, also jedenfalls alles andere als normal sind, wurde ihr

---

174 Die nachfolgende Darstellung stützt sich vor allem auf Max Planck, ›Zur Theorie des Gesetzes der Energieverteilung im Normalspektrum‹, S. 237 ff., ders., ›Vorlesungen über die Theorie der Wärmestrahlung‹, und Armin Hermann, ›Max Planck‹, in: ›Die Großen Physiker‹, Bd. II, S. 143 ff.

Spektrum aus diesem Grund auch als ›Normalspektrum‹ bezeichnet. Besonders interessierte man sich für die Beschaffenheit des Spektrums, wenn ein solcher schwarzer Körper erhitzt wird. Um zufällige Einflüsse weitestgehend auszuschalten, benutzte man für das Experiment anstelle eines wirklich schwarzen Körpers einen von schwarzen Wänden umschlossenen Hohlraum, der nur eine Öffnung zur Beobachtung enthielt, aus der aber nur sehr wenig Strahlung entkommen konnte.

Die nachfolgende Abbildung (3) zeigt eine graphische Darstellung der Energieverteilung im Strahlungsspektrum eines solchen schwarzen Körpers bei unterschiedlichen Temperaturen. Die Abszisse (*x*-Achse) gibt die Strahlungsfrequenzen wieder. Die Ordinate (*y*-Achse) bezeichnet die Strahlungsenergie, die innerhalb des Spektrums auf eine bestimmte Frequenz entfällt. Und die verschiedenen abgebildeten Kurven zeigen beispielhaft die Verteilung dieser Strahlungsenergie unter der Voraussetzung der jeweils angegebenen Temperatur.

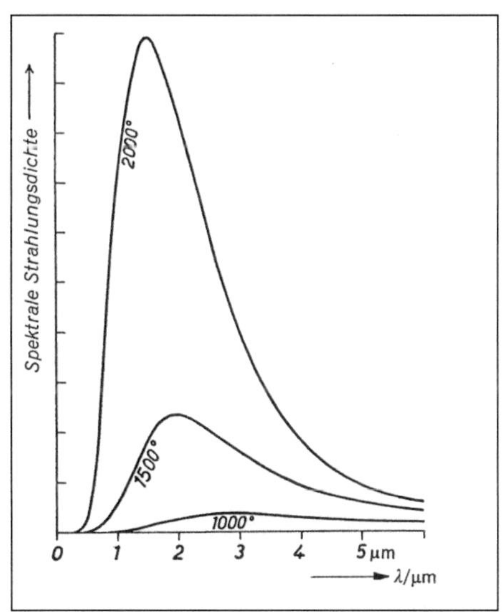

(Abb. 3: Spektrale Intensitätsverteilung der schwarzen Strahlung bei unterschiedlichen Temperaturen[175])

---

175   Zit. nach. Christian Gerthsen/Helmut Vogel, ›Physik‹, S. 543.

Die dargestellten Kurven geben die Resultate experimenteller Messungen wieder, die schon damals bekannt waren. Max Planck suchte nach einer mathematischen Formel zur Berechnung der Energieverteilung, die in diesen Kurven dargestellt war. Es gab bereits zu seiner Zeit mehrere konkurrierende Formeln, von denen aber keine restlos überzeugen konnte. Eine von Wilhelm Wien entwickelte Gleichung lieferte gute Übereinstimmungen für hohe Frequenzen während die sogenannte Rayleigh-Jeanssche Formel bessere Werte bei niedrigeren Frequenzen ergab[176]. Durch eine Interpolation beider Gleichungen bei gleichzeitiger Einführung der Naturkonstanten h gelang Planck die Entwicklung einer Gleichung, die seitdem als die ›Plancksche Strahlungsformel‹ bezeichnet wird[177]. Sie enthält, so liest man in heutigen physikalischen Lehrbüchern, eine exakte mathematische Darstellung der in Abb. 3 dargestellten Kurven[178]. Ihre Bedeutung muß uns hier nicht näher interessieren. Für die wissenschaftstheoretische Diskussion ist zunächst nur wichtig, daß Planck in diesem Zusammenhang die Konstante h einführte, die er als ›Wirkungsquantum‹ bezeichnete und mit $h = 6{,}548 \times 10^{-27} erg \times sec$ errechnete[179]. Wegen inzwischen geänderter Maßeinheiten wird sie heute mit $h = 6{,}626 \times 10^{-34}$ Js angegeben.

(*1*) Um den Problemhorizont darzustellen, vor dem sich Max Plancks Überlegungen abspielten, zitiere ich jetzt zunächst einen kurzen Abschnitt aus dem schon erwähnten Vortrag vom 14. Dezember 1900 *Zur Theorie*

---

176   Rayleigh hatte seine Formel zu dieser Zeit zwar schon veröffentlicht, aber Planck kannte sie noch nicht. Vgl. Agassi, ›Radiation Theory and the Quantum Revolution‹ (1993), S. 100. Er ging vielmehr von einer ähnlichen Formel aus, auf die Kurlbaum und Rubens gestoßen waren. Vgl. Hermann, ›Max Planck‹ in: ›Die Großen Physiker‹, Bd. II, S. 147 f.

177   Die Gleichung lautet $u_v dv = \dfrac{8\pi h v^3}{c^3} \cdot \dfrac{dv}{e^{hv/k\vartheta} - 1}$ In Plancks Notation bezeichnet u die räumliche Energiedichte und v die Eigenfrequenz eines ›Resonators‹ (vgl. dazu weiter im Text). Der Ausdruck $u_v dv$ bezeichnet also die auf der Ordinate abgetragene räumliche Energiedichte u bezogen auf den Differentialquotienten (Grenzwert) der auf der Abszisse abgetragenen Frequenz v.

178   Vgl. z. B. Christian Gerthsen/Helmut Vogel, ›Physik‹, S. 545, bei (11.11).

179   Max Planck, ›Vorlesungen über die Theorie der Wärmestrahlung‹, S. 162.

des Gesetzes der Energieverteilung im Normalspectrum[180]. Max Planck sagte damals:

> »Als ich vor mehreren Wochen die Ehre hatte, Ihre Aufmerksamkeit auf eine neue Formel zu lenken, welche mir geeignet schien, das Gesetz der Verteilung der strahlenden Energie auf alle Gebiete des Normalspectrums auszudrücken, gründete sich meine Ansicht von der Brauchbarkeit der Formel … nicht allein auf die anscheinend *gute Übereinstimmung* der wenigen Zahlen, die ich Ihnen damals mitteilen konnte, *mit den bisherigen Messungsresultaten*, sondern hauptsächlich auf den einfachen Bau der Formel und insbesondere darauf, daß dieselbe für die Abhängigkeit der Entropie eines bestrahlten monochromatisch schwingenden Resonators von seiner Schwingungsenergie einen sehr einfachen logarithmischen Ausdruck ergibt …
>
> Da somit die Entropie eines Resonators durch die Art der Energieverteilung auf viele Resonatoren bedingt ist, so vermutete ich, daß sich diese Größe *durch die Einführung von Wahrscheinlichkeitsbetrachtungen … würde berechnen lassen müssen. Diese Vermutung hat sich bestätigt; *es ist mir möglich geworden, einen Ausdruck für die Entropie eines monochromatisch schwingenden Resonators, und somit auch für die Verteilung der Energie im stationären Strahlungszustand auf deductivem Wege zu ermitteln …*
>
> Indessen … (scil. Planck legt dar, daß er unter Verzicht auf Einzelheiten nur den zentralen Punkt der Theorie vorstellen kann) …, und dies kann wohl am besten dadurch geschehen, daß ich Ihnen hier ein neues, ganz elementares Verfahren beschreibe, durch welches man, ohne von einer Spectralformel oder auch von irgendeiner Theorie etwas zu wissen, mit Hülfe *einer einzigen Naturconstanten* die Verteilung einer gegebenen Energiemenge auf die einzelnen Farben des Normalspectrums, und dann mittels einer zweiten Naturconstanten auch die Temperatur dieser Energiestrahlung zahlenmäßig berechnen kann.« (Meine Hervorhebungen.)

Der Textausschnitt umreißt zunächst die Aufgabe, die Max Planck sich selbst gestellt hatte. Er hatte die Strahlungsformel bereits gefunden und mit den bekannten experimentellen Ergebnissen verglichen. Deswegen sprach er von der »Übereinstimmung … mit den bisherigen Messungsresultaten«. Auch die Messungsresultate selbst waren also bekannt. Aber er suchte außerdem noch nach einer deduktiven Begründung. Das zeigen besonders die von mir kursiv hervorgehobenen Textpassagen.

---

180   Verhandlungen der Deutschen Physikalischen Gesellschaft, Bd. 17 (1900) S. 237 ff.

Das Problem, das sich ihm dabei in den Weg stellte, war die im Prinzip bekannte, der Höhe nach aber unbekannte Größe der Entropie, also der Umstand, daß ein Teil der Strahlungsenergie sich nicht in mechanische Energie umsetzen läßt. Weil die Entropie der Höhe nach unbekannt war, stand sie auch als Rechengröße nicht zur Verfügung und schloß damit eine exakte Berechnung der Strahlungsenergie insgesamt aus. Aus mathematischer Sicht war sie eine Unbekannte, die nur mit Hilfe anderer Gleichungen hätte errechnet werden können.

Zugleich ist auch Plancks Ansatz zur Lösung dieses Problems in dem zitierten Textausschnitt bereits angedeutet. Die Entropie sollte »durch die Einführung von Wahrscheinlichkeitsbetrachtungen« errechnet werden. Und im übrigen sollte sich die Formel auf die Einführung einer einzigen Naturkonstanten stützen.

(2) Schon mit diesen ersten Andeutungen erweist sich Planck geradezu als Prototyp des Axiomatikers, den wir im ersten Teil des Buchs kennengelernt haben[181].

Daß er seine Strahlungsformel bereits gefunden hatte und daß diese Formel auch durch Experimente bestätigt worden war, genügte ihm bei weitem nicht. Er wollte seine Formel auch nicht anwenden, denn dazu hätte es einer Anpassung der idealen Größen seiner Formel an die Werte von Körpern bedeutet, die in der Wirklichkeit vorkommen. Er wollte mehr. Die bereits gefundene Formel sollte zusätzlich auch noch deduktiv begründet werden. Ohne Deduktion erschien sie ihm wertlos, denn erst als Deduktion verdiente sie in seinen Augen den Rang einer wissenschaftlichen Theorie. Es störte ihn überhaupt nicht, daß seine Deduktion darauf angewiesen war, *ad hoc* eine neue Konstante einzuführen, also eine Rechengröße, die allein dazu diente, das Ergebnis passend zu machen. Ganz im Gegenteil: Seine Überzeugung von der Notwendigkeit der deduktiven Begründung war so felsenfest und unerschütterlich, daß er die Konstante *h* eben deshalb und *nur* deshalb, weil eine Deduktion ohne sie nicht möglich war, als eine von

---

181 Besonders Kap. 3 (S. 83 ff.).

174

der Natur selbst vorgeschriebene Größe, also als eine *Natur*konstante ansah.

Eine andere Begründung hatte er nicht. In keiner seiner Arbeiten hat er sie gegeben. Noch fünf Jahre später, also doch wohl nach wirklich reiflichem Nachdenken, präsentierte er die Konstante h in seinen *Vorlesungen über die Theorie der Wärmestrahlung* in einer neuen Gleichung mit den folgenden Worten als freudige Überraschung des Lesers:

> »Auffallend an diesem Resultat (scil. der zuvor aufgestellten neuen Gleichung) ist zunächst das Auftreten einer neuen *universellen Konstante h* von der Dimension eines *Produkts aus Energie und Zeit.*« (Meine Hervorhebungen.)

Und in den unmittelbar anschließenden Erläuterungen schrieb er:

> »Es kann wohl keinem Zweifel unterliegen, daß die Konstante h bei den elementaren Schwingungsvorgängen in einem Emissionszentrum *eine gewisse Rolle spielt*, zu deren Ergründung von elektrodynamischer Seite her unsere bisherige Theorie jedoch *keine näheren Anhaltspunkte* liefert. Und doch wird die Thermodynamik der Strahlung erst dann zu einem vollständig befriedigenden Abschluß gelangt sein, *wenn* die Konstante h in ihrer vollen *universellen Bedeutung* erkannt ist.«[182] (Meine Hervorhebungen.)

Das war die einzige Erklärung für die Naturkonstante h, die Max Planck gab.

Mit anderen Worten: *Er wußte selbst nichts!* Und zwar noch 1906, also mehr als fünf Jahre nach seiner ersten Veröffentlichung der Quantentheorie, ja sogar nach Einsteins Veröffentlichung über die Lichtquantenhypothese! Er hatte zwar eine dunkle Ahnung davon, daß die Konstante h in ihrer vollen ›universellen Bedeutung‹ noch erkannt werden mußte, aber er selbst hatte von dieser Bedeutung nicht einmal eine vage Vorstellung, weil seine bisherige Theorie dafür »keine näheren Anhaltspunkte« lieferte. Trotzdem war er unbeirrt der Ansicht, die von ihm *ad hoc* eingeführte Größe müsse nur deshalb, weil seine Rechnung sonst nicht aufging und die bekannten Meßergebnisse sich nicht als mathematische Formel aus-

---

182   Max Planck, ›Vorlesungen über die Theorie der Wärmestrahlung‹, S. 153, 154.

drücken ließen, eine »universelle Konstante« sein. In seiner Vorstellung war sie eines jener elementaren ›Grundgesetze‹ der Natur, nach denen auch Einstein suchte.

Daß seine Strahlungsformel selbst bereits gute empirische Bestätigungen gefunden hatte, erschien ihm vor diesem Hintergrund als nebensächlich. In seinem Vortrag hatte er den Umstand deshalb auch nur ganz beiläufig in der Einleitung erwähnt. In einer späteren Passage des Vortrags sagte er sogar:

> »Es würde nun freilich sehr *umständlich* sein, die angegebenen Rechnungen wirklich auszuführen, obwohl es *gewiss nicht ohne Interesse* wäre, an einem einfachen Fall einmal den so zu erreichenden Grad von Annäherung an die Wahrheit zu prüfen.«[183] (Meine Hervorhebungen.)

Deutlicher konnte er kaum zum Ausdruck bringen, daß Experimente für ihn allenfalls sekundäre Bedeutung hatten; sie waren zwar »nicht ohne Interesse«, aber doch nicht mehr als das. »Umständliche« Berechnungen lohnten sie nicht.

Die zuletzt zitierte Passage bringt sogar zum Ausdruck, daß Max Planck nicht die Theorie, sondern das Experiment als »Annäherung an die Wahrheit« ansah. Die Theorie, so verstehe ich ihn an dieser Stelle, näherte sich der Wahrheit nicht an; sie *verkörperte* für ihn die Wahrheit. Sie allein erschien ihm als legitime Wissenschaft, alles andere war bloße ›Meinung‹. Denn sein axiomatisches Wissenschaftsverständnis ging ja davon aus, daß die Theorie nach den strengen Regeln der Mathematik aus Prämissen deduziert wurde, deren Wahrheit unbezweifelbar feststand. Das Experiment konnte dabei allenfalls Hilfestellung leisten, um solche wahren Theorien aufzufinden. Experimentelle Ergebnisse waren deshalb aus seiner Sicht nicht mehr als bloße Wegweiser, um den schwachen menschlichen Verstand bei der Suche nach der richtigen Deduktion zu unterstützen. Darum konnte das Experiment nach seiner Vorstellung auch nur dann eine Annäherung an die Wahrheit sein, wenn es die deduktiv gefundene The-

---

183 Max Planck, ›Zur Theorie des Gesetzes der Energieverteilung im Normalspectrum‹, a.a.O., S. 242.

orie bestätigte. Daß es die korrekt deduzierte Theorie bestätigen mußte und bestätigen würde, setzte er als selbstverständlich voraus. Aus diesem Grund war die Bestätigung für ihn allenfalls »nicht ohne Interesse«. Aber keinesfalls hätte der negative Ausgang eines Experiments eine Theorie, die deduktiv begründet worden war, etwa in Frage stellen oder gar widerlegen können. Der Gedanke, daß eine Theorie durch den Ausgang eines Experiment regelrecht über den Haufen geworfen werden könnte, etwa so, wie die ptolemäische Theorie von Kopernikus über den Haufen geworfen wurde, war ihm vollkommen fremd.

(3) Aus heutiger Sicht läßt sich die Vorstellungswelt, in der Planck lebte, kaum noch darstellen. Sie wird vielleicht ein wenig anschaulicher, wenn wir uns fragen, was er sich unter einem physikalischen Experiment vorstellte.

Ich glaube, daß Max Planck, der ja als einer der ersten Physiker von Anfang an ausschließlich theoretisch arbeitete, sich, da ihm die praktische Anschauung fehlte, auch bei seinen Überlegungen über physikalische Experimente von der Geometrie nie wirklich lösen konnte. In der zuletzt zitierten Passage sprach er davon, »die angegebenen Rechnungen wirklich auszuführen«. Experimente waren also für ihn die Ausführung von Rechnungen. Wenn man seine Gedanken nachvollziehen will, muß man sich daher das, was er als physikalisches Experiment ansah, etwa wie eine zeichnerische Konstruktion nach den Regeln der euklidischen Geometrie vorstellen, die bei sorgfältiger Handhabung erstaunlich gute Annäherungen an die idealen geometrischen Figuren hervorbringen konnte, ohne aber das Ideal jemals ganz zu erreichen. Der Bleistift mußte dünn, das Lineal gerade sein, und der Zirkel mußte eine scharfe Spitze haben. Das erklärt dann, warum es aus Max Plancks Sicht so sehr darauf ankam, auch im Experiment ideale Zustände zu schaffen. Denn nur wenn dies gelang, konnte das Experiment aussagekräftig sein. Und wenn es gelang, mußte das Experiment zwangsläufig die deduktiv begründete Theorie bestätigen. Der Primat lag also nach seiner Vorstellung eindeutig bei der Theorie; das Experiment war untergeordnet.

Solchen Gedanken hätte eigentlich schon Einstein heftig widersprechen müssen. Ich erinnere erneut an seine Worte:

»Insofern sich die Sätze der Mathematik auf die Wirklichkeit beziehen, sind sie nicht sicher, und insofern sie sicher sind, beziehen sie sich nicht auf die Wirklichkeit«[184].

Und spätestens seit Karl Poppers *Logik der Forschung* wissen wir genau, daß der wissenschaftstheoretische Ansatz, der Max Plancks Gedanken zugrunde liegt, völlig unhaltbar ist. Das haben wir im ersten Teil des Buchs gesehen. Auch Werner Heisenberg hätte deshalb Max Plancks Gedanken eigentlich schon im Ansatz widersprechen müssen, nachdem er sich der Popperschen Wissenschaftstheorie ausdrücklich angeschlossen hatte, ohne allerdings ihren Urheber zu erwähnen[185]. Statt dessen zählte er bekanntlich bis zuletzt zu den nachdrücklichsten Verfechtern der Quantentheorie. Es scheint so gewesen zu sein, daß weder er noch Einstein die Unstimmigkeit der Planckschen Überlegungen und deren Widerspruch zu ihren eigenen Gedanken überhaupt bemerkt haben. Nach den Überlegungen im ersten Teil des Buchs mag sich inzwischen jeder die Gründe dafür selbst denken. Was ich zu Einstein gesagt habe, gilt grundsätzlich auch für Heisenberg; ich muß es hier nicht wiederholen.

III

Wenden wir uns zunächst der weiteren Entwicklung zu. Nachdem Max Planck seine Quantentheorie am 14. Dezember 1900 offiziell vorgestellt hatte, tat Einstein im Jahr 1905 mit seinem Aufsatz *Über einen die Erzeugung und Verwandlung des Lichts betreffenden heuristischen Gesichts-*

---

184 Albert Einstein, ›Geometrie und Erfahrung‹, ausführlich zitiert oben Kap. 1, III, 1 (S. 51).

185 Heisenbergs Aufsatz ›Die Bewertung der ›modernen theoretischen Physik‹, S. 201 ff., (jetzt auch in ›Deutsche und Jüdische Physik‹, S. 90 ff.) gibt sinngemäß die wichtigsten Gedanken von Poppers ›Logik der Forschung‹ wieder, insbesondere Poppers Thesen zum hypothetischen Charakter naturwissenschaftlicher Theorien, zur Asymmetrie von Beweisbarkeit und Widerlegbarkeit und zum Zusammenhang von Objektivität und experimenteller Bewährung. Die Benennung des Urhebers mag zu Zeiten des Nationalsozialismus (1940) gefährlich gewesen sein, hätte aber wenigstens später nachgeholt werden müssen. Gelegenheit dazu bestand insbesondere in: Werner Heisenberg, ›Der Teil und das Ganze, Gespräche im Umkreis der Atomphysik‹.

punkt den nächsten großen Schritt[186]. Im Unterschied zu seiner Relativitätstheorie setzte sich allerdings die Lichtquantenhypothese, die er damals formulierte und für die er später mit dem Nobelpreis des Jahres 1921 geehrt wurde, in der Wissenschaft nur mühsam durch. Der Widerstand kam offenbar nicht zuletzt von Max Planck selbst[187].

Das ist bei näherer Überlegung kaum verwunderlich. Die Quantentheorie erfuhr nämlich bereits durch die Art und Weise, in der Einstein sie in seiner neuen Theorie einsetzte, eine radikale inhaltliche Veränderung, die Max Planck zwar meines Wissens nie direkt angesprochen hat, die er aber gespürt haben muß und die ihn im Innersten beunruhigt haben dürfte. Einsteins Lichtquantenhypothese war eigentlich die erste tiefgreifende Revolution in der Geschichte der Quantentheorie, obwohl sie damals als Revolution gänzlich unerkannt blieb. Kein theoretischer Physiker scheint jemals bemerkt zu haben, daß die gedanklichen Voraussetzungen, von denen Max Planck im Jahr 1900 ausgegangen war, bereits im Jahr 1905 mit Einsteins Lichtquantenhypothese wieder aufgegeben wurden.

(1) Für Max Planck war die Naturkonstante h eine mathematische Größe. Er selbst hatte sie als ›Wirkungsquantum‹ bezeichnet. Diese Bezeichnung bedeutete ihm viel, weil sie zum Ausdruck brachte, daß die Bedeutung der Konstanten von der konkreten Anwendung unabhängig war. Deshalb schrieb er:

> »Ich möchte dieselbe (scil. die Naturkonstante h) als ›elementares Wirkungsquantum‹ oder als ›Wirkungselement‹ bezeichnen, weil sie von derselben Dimension ist wie diejenige Größe, welcher das Prinzip der kleinsten Wirkung seinen Namen verdankt.«[188]

Aus dieser mathematischen Qualität der Konstanten ergaben sich weitere Folgerungen, die wir ebenfalls genauer untersuchen müssen.

Heute setzt wohl nahezu jeder Physiker als selbstverständlich voraus,

---

186 Annalen der Physik 1905 S. 132 ff; das nachfolgende Zitat findet sich auf S. 133.
187 Vgl. dazu Albrecht Fölsing, ›Albert Einstein – Eine Biographie‹, S. 170; Armin Hermann, ›Max Planck‹ in: ›Die Großen Physiker‹, Bd. II, S. 149.
188 ›Vorlesungen über die Theorie der Wärmestrahlung‹, S. 154.

daß das Plancksche Quantum selbst unteilbar ist. Auch außerhalb der Physik zählt seine Unteilbarkeit fast zum Allgemeinwissen; manchen ist sie das einzige, was sie von der Quantentheorie überhaupt zu wissen glauben. Die meisten werden deshalb wohl auch annehmen, dieses Prinzip der Unteilbarkeit sei von Max Planck selbst eingeführt und sorgfältig begründet worden. Denn daß eine so fundamentale Entdeckung wie die einer letzten, unteilbaren Größe der Natur besonderer Begründung bedarf, erscheint wohl ebenfalls selbstverständlich. Wie sonst könnte man sich in der Physik auf eine solche fundamentale Größe verlassen?

Trotzdem findet sich für diese Vermutung in Plancks eigenen Schriften keinerlei Bestätigung, aber auch wirklich nicht die geringste! Diese Behauptung mag unglaublich klingen, aber ich bitte den Leser, sie mir entweder aufs Wort zu glauben oder ihre Richtigkeit anhand von Max Plancks eigenen Texten selbst nachzuprüfen, denn sie ist für die Beurteilung der gesamten theoretischen Physik im 20. Jahrhundert von allergrößter Bedeutung. Nähere Überlegungen werden außerdem zeigen, daß es Plancks wissenschaftstheoretischen Überzeugungen geradezu diametral widersprechen würde, wenn er nach einer Begründung für die Unteilbarkeit von h auch nur gesucht hätte. Der einzige Ansatz zu einer Begründung, den ich in seinen Schriften habe finden können, liest sich jedenfalls so:

> »Der Umstand, daß die Konstante h als eine bestimmte endliche Größe eingeführt wird, ist charakteristisch für die ganze hier entwickelte Theorie. Würde man h unendlich klein annehmen, so käme man zu einem Strahlungsgesetz, welches als ein spezieller Fall aus dem allgemeinen hervorgeht (das Rayleighsche Gesetz vgl. …).«[189]

Diese Worte zeigen, daß der mathematische Aspekt für Max Planck unbedingt im Vordergrund stand. Die Konstante h mußte eine ›bestimmte endliche Größe‹ sein, weil die Gleichungen nur so ein universelles Gesetz ergaben. Bei Annahme einer *unendlich* kleinen Größe, also bei kontinuierlicher Zu- oder Abnahme, hätten sie dagegen nur einen Spezial-

---

189 ›Vorlesungen‹ S. 156.

fall, nämlich das Rayleighsche Gesetz ergeben. Deshalb führte er das Wirkungsquantum als ›Naturkonstante‹ ein. Immer wieder hat er dieser Konstanten das Prädikat ›elementar‹ beigeordnet[190]. Sie war für ihn eine Naturkonstante, weil sie mathematisch notwendig war, um die einander widersprechenden Theorien der Wienschen Gleichung und der Rayleigh-Jeansschen Formel miteinander zu vereinbaren. Wäre sie variabel gewesen, dann hätte sie nur noch einen Spezialfall dargestellt. Weil sie aber unbeeinflußbar sein mußte, hielt er sie für elementar. An der Zirkelhaftigkeit dieses Gedankengangs nahm er keinen Anstoß, denn als Anhänger der axiomatischen Methode erschien es ihm unvermeidlich, von absolut feststehenden Grundwahrheiten auszugehen. Ohne sie, so glaubte er, konnte es für ihn keine Wissenschaft geben.

Aus der Sicht von Max Planck, so verstehe ich ihn, ging es also um ein methodisches Prinzip. Die Unteilbarkeit der Konstanten h ergab sich für ihn daraus, daß es sich um eine elementare Konstante handelte. Die Frage, ob sie empirisch unteilbar ist, stellte sich ihm deshalb gar nicht. Sie konnte sich ihm nicht stellen, weil die Konstante h aus seiner Sicht keine empirische Größe, sondern eine mathematische Notwendigkeit bezeichnete. Ihre elementare Qualität ergab sich also nicht aus irgendwelchen beobachtbaren physikalischen Effekten, sondern daraus, daß eine Deduktion der Strahlungsformel ohne sie nicht möglich war. Deshalb erschien sie ihm als eine mathematische und somit *zwingende* Notwendigkeit. Hätte er eine besondere *Begründung* für ihre Unteilbarkeit gegeben, dann hätte er sich damit selbst widersprochen. Er hätte an der elementaren Qualität der Naturkonstante h Zweifel geäußert, die er tatsächlich nicht hegte.

Am allerwenigsten hätte Max Planck etwa auf eine experimentelle Begründung zurückgegriffen, denn sie hätte nachprüfbare physikalische Effekte vorausgesetzt. Solche Behauptungen hat er aber immer vermieden. Seine Domäne war die Theorie; ihr gegenüber erschien das Experiment ihm zweitrangig. Es konnte aus seiner Sicht im günstigsten Fall eine Annäherung an die Wahrheit erreichen. Seine Naturkonstante h sollte

---

190   ›Vorlesungen‹ S. 154, 156, 162.

aus rein mathematischen Gründen eine universelle Konstante sein, die in gleicher Weise auch für andere physikalische Größen eingesetzt werden konnte. Deshalb hat er das Quantum in seinen eigenen Schriften soweit ersichtlich auch nie als ›Energiequantum‹, sondern immer nur als ›Wirkungsquantum‹ bezeichnet.

(*2*) Diesen gedanklichen Ansatz, von dem Max Planck ausgegangen ist, hat Einstein bei seinen eigenen Überlegungen zur Lichtquantenhypothese von vornherein beiseite gelegt. Sein Vorschlag ging von Anfang an dahin, das Wirkungsquantum zunächst hypothetisch als etwas *wirklich Existierendes* zu behandeln und dann zu prüfen, wieweit diese Hypothese trägt. Darin lag seine Anwendung der heuristischen Methode, die wir im ersten Teil des Buchs im Zusammenhang mit seinen erkenntnistheoretischen Überzeugungen kennengelernt haben[191]. Zugleich lag darin aber leider auch die grundlegende Verschiebung des Begriffsinhalts, die alles wieder durcheinanderbrachte.

Die nachfolgenden kurzen Abschnitte aus der Einleitung von Einsteins Aufsatz kennzeichnen die Situation. Einstein schrieb[192]:

> »Nach der Maxwellschen Theorie ist bei allen rein elektromagnetischen Erscheinungen, also auch beim Licht, die Energie als kontinuierliche Raumfunktion aufzufassen, während die Energie eines ponderablen Körpers nach der gegenwärtigen Auffassung der Physiker als eine über die Atome und Elektronen erstreckte Summe darzustellen ist.
>
> …
>
> Es scheint mir nun in der Tat, daß die Beobachtungen über die ›schwarze Strahlung‹, Photoluminiszenz, die Erzeugung von Kathodenstrahlen durch ultraviolettes Licht und andere die Erzeugung bez. Verwandlung des Lichts betreffende Erscheinungsgruppen besser verständlich erscheinen unter der *Annahme*, daß die Energie des Lichts diskontinuierlich im Raume verteilt sei. Nach der *hier ins Auge zu fassenden Annahme* ist bei der Ausbreitung eines von einem Punkte ausgehenden Lichtstrahles die Energie nicht kontinuierlich auf größer und größer werdende Räume verteilt, sondern es besteht dieselbe aus

---

191 Kap. 4 (S. 109 ff.)
192 Albert Einstein, ›Über einen die Erzeugung und Umwandlung des Lichts betreffenden heuristischen Standpunkt‹, S. 132.

einer endlichen Zahl von in Raumpunkten lokalisierten *Energiequanten, welche sich bewegen, ohne sich zu teilen und nur als Ganze absorbiert und erzeugt werden können.*« (Meine Hervorhebungen.)

Die Passage hat zwei Aspekte, die uns hier interessieren müssen, nämlich einen methodischen und einen begrifflichen. Es kommt darauf an, die beiden genau zu unterscheiden.

(*a*) Zunächst zur Methode. Deutlicher als in dem zitierten Text konnte Einstein kaum zum Ausdruck bringen, daß er eine *Annahme* vorschlagen wollte, nämlich die »Annahme, daß die Energie des Lichts diskontinuierlich im Raume verteilt sei«. Er ging also an dieser Stelle gerade nicht von einer Wahrheit aus, die er für »absolut sicher und unbestreitbar« hielt, sondern genau im Gegenteil von einer bloßen Vermutung, die er als Hypothese formulierte und deren Berechtigung allein an ihren Ergebnissen gemessen werden sollte.

Obwohl Max Planck und Albert Einstein fast zur gleichen Zeit schrieben, könnte also der Unterschied zwischen beiden aus methodologischer Sicht kaum krasser sein. Planck sah die Strahlungsformel, die er bereits gefunden hatte, als unbefriedigend an, solange sie nur auf empirische Ergebnisse verweisen konnte, und suchte deshalb nach einer zwingenden deduktiven Begründung. Einstein dagegen verzichtete kurzerhand überhaupt auf jede Begründung und verwies statt dessen allein auf die Überzeugungskraft des Ergebnisses. Aus wissenschaftstheoretischer Sicht scheint seine heuristische Methode ihn damit als einen für seine Zeit hochmodernen Vertreter der kritisch-rationalen Wissenschaft auszuweisen, der nach der Methode von *trial and error* vorurteilslos neue Hypothesen aufgreift und diese erst nachträglich anhand der Erfahrung kritisiert.

(*b*) Aber die begriffliche Unschärfe von Einsteins Gedanken machte den Fortschritt leider alsbald wieder zunichte. Er bezeichnete das Plancksche Quantum von Anfang an nicht als ›Wirkungsquantum‹ sondern vielmehr als ›Energiequantum‹. Es stand bei ihm für eine Energiemenge, war »in Raumpunkten lokalisiert« und konnte sich sogar »bewegen, ohne sich zu teilen«. Demnach hatte es Eigenschaften, die in der Physik nur solchen

Gegenständen zukommen, die an der physikalischen Wirklichkeit teilhaben. Während also das Plancksche Wirkungsquantum eine mathematische Größe war, war das Einsteinsche Energiequantum eindeutig eine empirische Größe.

(*c*) Einstein hat damit die Bedeutung des Begriffs des ›Quantums‹ in seinem Aufsatz zur Lichtquantenhypothese gegenüber der Planckschen Theorie inhaltlich deutlich verschoben. Da es sich um ein Vorgehen handelt, das immer wieder bei ihm anzutreffen ist, will ich kurz demonstrieren, welche verheerenden scheinlogischen Folgen sich aus solchen inhaltlichen Begriffsverschiebungen ergeben können. Die Sätze

(P_1) Jeder Mensch hat ein Gehirn.
(P_2) Erwin Rommel war ein schlauer Mensch.
(C_1) Erwin Rommel hatte ein Gehirn.

enthalten eine Deduktion, die von wahren Prämissen (P_1, P_2) ausgeht und zu einer wahren Schlußfolgerung führt (C_1). Die zugrundeliegende logische Operation, die dem Syllogismus *Barbara* der klassischen Logik entspricht, ist formal korrekt. Weil sie formal korrekt ist, schließt die Wahrheit der Prämissen auch die Wahrheit der Folgerung ein.

Der äußere Formalismus dieser Deduktion bleibt in jeder Hinsicht unverändert, wenn wir schreiben:

(P_3) Jeder Fuchs hat vier Beine.
(P_4) Erwin Rommel war ein schlauer Fuchs.
(C_2) Erwin Rommel hatte vier Beine.

Auch diese Satzfolge entspricht dem Syllogismus *Barbara* der klassischen Logik. Wenn wir allein die formale Seite betrachten, unterscheidet sie sich in keiner Weise von der ersten. Die Wahrheit der zweiten Prämisse (P_4) ist ebenfalls nicht zweifelhaft, denn Erwin Rommel, der deutsche General des Afrikafeldzuges im Zweiten Weltkrieg, wurde gerade wegen der ihm nachgesagten Schlauheit als ›Wüstenfuchs‹ bezeichnet.

Trotzdem ist die zweite Schlußfolgerung (C_2) natürlich falsch. Sie ist so offensichtlich falsch, daß keine formale Logik über den Fehler hinwegtäuschen kann. Aber der Fehler liegt nicht im logischen Formalismus, der sich gegenüber dem ersten Fall überhaupt nicht verändert hat. Er liegt auch nicht darin, daß eine der Prämissen falsch wäre, denn beide Prämissen (P_3, P_4) sind auch im zweiten Fall wahr.

Der Fehler der zweiten Deduktion besteht vielmehr darin, daß die Bedeutung eines der verwendeten Ausdrücke zwischen den beiden Prämissen (P_3, P_4) inhaltlich verschoben wird, ohne daß der Ausdruck selbst sich verändert. Dem Wort ›Fuchs‹ kommt in der ersten Prämisse des zweiten Falls (P_3) eine andere Bedeutung zu, als in der zweiten Prämisse (P_4). In der ersten Prämisse (P_3) bezeichnet es ein Tier mit vier Beinen; in der zweiten (P_4) steht es für bestimmte menschliche Eigenschaften des ermordeten Generalfeldmarschalls.

Diese Verschiebung des begrifflichen Inhalts geschieht nicht ausdrücklich. Sie ergibt sich vielmehr ohne besondere Hervorhebung ganz von selbst aus dem gedanklichen Hintergrund der Prämisse (P_4), mit dem als selbstverständlich vorausgesetzt wird, daß Erwin Rommel als der ›Wüstenfuchs‹ bekannt war. Sie liegt also auf einer psychisch-assoziativen Ebene und bewirkt bei unveränderter äußerer Form, daß die logische Operation zu einem falschen Ergebnis führt, obwohl sie von wahren Prämissen ausgeht und in der Anwendung einer korrekten Regel logischen Schließens besteht.

Logische Fehler können demnach nicht nur auf der formalen Ebene der abstrakten Begriffe oder Zeichen auftreten; dort sind sie sogar eher selten. Sie bestehen vielmehr meistens darin, daß den verwendeten Begriffen oder Zeichen bestimmte begriffliche Inhalte zugeordnet werden und diese Zuordnung im weiteren Verlauf nicht beibehalten wird[193]. Der

---

193 In letzter Konsequenz lassen sich alle Regeln der Logik auf ein einziges Prinzip zurückführen, nämlich auf die selbstauferlegte Pflicht, einen (beliebigen) sprachlichen Ausdruck innerhalb eines gedanklichen Zusammenhangs nur einheitlich zu verwenden. Was ich im Text in Anlehnung an übliche Formulierungen als die ›formale Ebene‹ logischer Operationen bezeichne, besteht darin, daß sehr einfache Wörter wie ›ist‹, ›und‹, ›oder‹, ›nur‹, ›alle‹, ›kein‹, ›wenn … dann‹, ›wahr‹, ›falsch‹ usw. verwendet werden und daß

Vorgang der Anwendung von Begriffen schafft eine neue Fehlerquelle, auf die jeder Wissenschaftler sorgfältig achten müßte. Die Anwendung einer logischen Regel besteht nämlich darin, daß wir die in der jeweiligen Regel vorkommenden Ausdrücke oder Zeichen mit begrifflichen Inhalten verbinden. Worten wie ›Fuchs‹ oder abstrakten Zeichen wie etwa a, b, c oder x, y, z werden also andere Sachverhalte zugeordnet, beispielsweise indem wir die Lichtgeschwindigkeit mit c, oder die Plancksche Konstante mit h, oder die Zeit mit t bezeichnen. Damit erhalten solche Zeichen inhaltlichen Gehalt; sie stehen für etwas, das mit ihnen selbst nicht identisch ist. Mit jeder solchen Anwendung verlassen wir das Gebiet der ›reinen‹ Mathematik oder der ›formalen‹ Logik und schaffen zugleich ein neues Problem, das dort nicht vorkommt.

(*d*) Fehler dieser Art sind Einstein leider immer wieder unterlaufen. Auch im Fall der Quantentheorie verwendete er dieselben Ausdrücke innerhalb eines gedanklichen Zusammenhangs in unterschiedlicher Bedeutung und begab sich damit auf die Ebene des Rommel-Beispiels. Er vollzog undeklarierte Begriffsverschiebungen und nahm sie im nächsten Augenblick zur Hälfte wieder zurück, wodurch alles noch schlimmer wurde.

Obwohl er Max Plancks mathematisches ›Wirkungsquantum‹ zu einem ›Energiequantum‹ umfunktioniert hatte, das »in Raumpunkten lokalisiert« und sogar in der Lage war, sich zu »bewegen, ohne sich zu teilen«, ging er trotzdem davon aus, daß auch die von ihm neu eingeführten Energiequanten »nur als Ganze absorbiert und erzeugt werden können«. *Damit setzte er die Unteilbarkeit dieser Energiequanten voraus, obwohl sie, wie wir gesehen haben, vorher nie begründet worden war.* Max Planck hatte sie nicht begründet, weil sie aus seiner Sicht keiner Begründung bedurfte; auch das haben wir gesehen. Einstein scheint es aber nicht gesehen zu haben, denn er machte die Behauptung der Unteilbarkeit des Energiequantums auch nicht als Hypothese erkennbar, deren Berechtigung nunmehr im

---

deren Bedeutung konsequent beachtet wird. Vgl. näher Alfred Tarski, ›The Concept of Truth in Formalized Languages‹, in: ›Logic, Semantics, Metamathematics‹, dort S. 152 ff., S. 163 f.; ders., ›Introduction to Logic‹, S. 18 ff.; auch mein: ›Recht und Rationalität‹, S. 15 ff., 23 ff.

Experiment nachzuprüfen wäre. Vielmehr erweckte er den Anschein, als handle es sich noch immer um dieselbe Größe, die Max Planck eingeführt und deren Unteilbarkeit er, wie Einstein wohl geglaubt haben muß, deduktiv begründet hatte.

Hätte Max Planck, wie Einstein offenbar annahm, mit seiner Naturkonstanten h von Anfang an eine Energiemenge bezeichnet, also eine empirische Größe, dann hätte schon er ihre Unteilbarkeit besonders begründen müssen. Denn warum sollte es überhaupt eine kleinste Energiemenge geben, also eine Energiemenge, die nicht unterschritten werden kann? Die Maxwellsche Theorie ging ja gerade im Gegenteil davon aus, daß Energie kontinuierlich zu- oder abnimmt, also unbegrenzt teilbar ist. Und selbst wenn es eine Grenze der Teilbarkeit gäbe: Warum sollte sie ausgerechnet bei h = 1.0546 x 10^{-27} [erg x sec] liegen? Auf den ersten Blick konnte das jedenfalls keinem einleuchten. Es wären zumindest erhebliche Anstrengungen nötig gewesen, um solche Behauptungen anderen Physikern oder sonstigen Lesern glaubhaft zu machen. Und die Wahrscheinlichkeit, eine Mehrheit der Wissenschaftler davon zu überzeugen, war denkbar gering.

Aber dazu kam es gar nicht erst. Max Planck hielt wegen seines axiomatischen Wissenschaftsverständnisses eine Begründung der Unteilbarkeit nicht für nötig; und Einstein setzte schon in der Einleitung seines Aufsatzes ohne nähere Erklärung kurzerhand voraus, daß das Quantum unteilbar ist und nicht nur eine Energiemenge bezeichnet, sondern sogar selbst aus Energie besteht. Damit unternahm er die unkontrollierte Begriffsverschiebung nach Art des Rommel-Beispiels, die allen weiteren Schlußfolgerungen die Grundlage entzog. Aus Max Plancks *rechnerischer* Größe der Naturkonstanten h wurde bei ihm die *physikalische* Größe einer kleinstmöglichen Energieeinheit. Das Plancksche ›Wirkungsquantum‹ wurde ohne jede Begründung und sogar ohne jeden Hinweis auf die Verschiebung des Begriffsinhalts und die Veränderung der zugeordneten Maßeinheit zum ›Energiequantum‹ denaturiert. Und damit nicht genug: Einsteins Energiequanten konnten sich sogar im Raum bewegen, wie der zuletzt zitierte Text zeigt. Damit waren sie nichts anderes als Lichtpartikeln, also das, was wir heute als ›Photonen‹ bezeichnen. Seine

Lichtquantenhypothese war damit der Sache nach eine Rückkehr zu der Emissionstheorie des Lichts, die Newton zugeschrieben wird, die aber im 19. Jahrhundert als überwunden galt, weil eine Vielzahl physikalischer Erscheinungen des Lichts nur mit der auf der Ätherhypothese aufbauenden Wellentheorie befriedigend erklärt werden konnten.

(*e*) Aus wissenschaftstheoretischer Sicht wäre gegen eine solche Rückkehr zur Emissionstheorie nichts einzuwenden gewesen, wenn sie ausdrücklich erfolgt wäre. Eine qualifizierte Diskussion zwischen widerstreitenden physikalischen Theorien ist immer interessant; häufig werden gerade in solchen Kontroversen wichtige und anregende neue Gedanken entwickelt. Deshalb hätte auch eine offene Auseinandersetzung zwischen der auf der Ätherhypothese aufbauenden Wellentheorie des Lichts und einer neuen Version der Emissionstheorie dem wissenschaftlichen Fortschritt dienen können.

Aber so war es leider nicht. Einsteins Rückkehr zur Emissionstheorie erfolgte weder ausdrücklich noch offen. Im Gegenteil, die Verschiebung des Begriffsinhalts, von der er ausging, war wirkungsvoll in den Prämissen versteckt, die er in seiner neuen Theorie voraussetzte, ohne sie zu erklären. Er selbst scheint gar nicht bemerkt zu haben, daß er mit seiner Lichtquantenhypothese den Boden der Planckschen Theorie bereits wieder verlassen hatte. Die Naturkonstante h wird in seinem Aufsatz *Über einen die Erzeugung und Umwandlung des Lichts betreffenden heuristischen Standpunkt*[194] nicht ein einziges Mal (!) erwähnt, und deshalb kommt auch die Größe des Wirkungsquantums von h = 1.0546 x 10-27 [erg x sec] bei ihm überhaupt nicht vor. Und Max Planck scheint nicht in der Lage gewesen zu sein, seine Zweifel hinreichend deutlich zu artikulieren und anderen zu vermitteln.

So bleibt es bei der wahrhaft staunenswerten Tatsache, daß die Unteilbarkeit des Energiequantums seit über hundert Jahren bis zum heutigen Tage noch nie begründet, aber auch zu keiner Zeit experimentell nachgeprüft wurde. Max Planck hat sie nicht begründet, weil er das Wirkungs-

---

194   Annalen der Physik, Bd. 17, S. 132 ff.

quantum für eine elementare *mathematische* Größe hielt, deren Wahrheit aus der Deduktion folgte. Einstein hielt eine Begründung nicht für notwendig, weil er an Plancks Deduktion glaubte. Er verschob aber dennoch die Bedeutung des Quantenbegriffs, indem er aus der mathematischen Größe eine *physikalische* Größe machte, die er als Energiemenge behandelte. Damit wäre eine experimentelle Nachprüfung unbedingt erforderlich gewesen. Aber da er selbst die Begriffsverschiebung nicht bemerkte und andere seine Theorie gläubig hinnahmen, wurde die Hypothese der Unteilbarkeit des Wirkungsquantums für mehr als hundert Jahre jeder Diskussion entzogen.

In dem Bedeutungswandel, den Einstein selbst nicht bemerkte und deshalb auch nicht offenbarte, nämlich in dem Wechsel des wissenschaftstheoretischen Ansatzes bei gleichzeitiger Verschiebung eines wichtigen Begriffsinhalts, liegt der Grund dafür, daß Einsteins Aufsatz zur Lichtquantenhypothese am Ende nicht hält, was er am Anfang verspricht. Einstein hat den methodologisch richtigen gedanklichen Ansatz, den seine heuristische Methode enthielt, leider nicht konsequent verfolgt. Das haben wir schon im ersten Teil des Buchs gesehen[195]. Er stellte zwar am Anfang des Aufsatzes eine neue Hypothese auf und versprach, sie werde einige physikalische Erscheinungen besser verständlich machen. Aber dann verfolgte er doch den rein mathematischen Ansatz weiter, der sich aus der axiomatischen Methode zu ergeben schien. Seine weiteren Ausführungen verlieren sich deshalb in mathematischen Berechnungen, die einen empirischen Bezug kaum noch erkennen lassen.

Zugleich liegt in dem dargestellten Bedeutungswandel auch der Ursprung des methodologischen Wirrwarrs, den Karl Popper als »the great quantum muddle« bezeichnete und der seitdem nie wieder entwirrt werden konnte[196].

---

195   Kap. 2 (S. 59 ff.) und Kap. 4, V (S. 128 ff.).
196   Vgl. Karl Popper, ›Die Quantentheorie und das Schisma der Physik‹ (2001) S. 6 f.

Einsteins Lichtquantenhypothese hätte eigentlich Anlaß zu einer sehr kritischen Auseinandersetzung mit Max Plancks Quantentheorie geben müssen, aber dazu ist es leider nie mehr gekommen. In Deutschland war Kritik an Einstein nach dem Verlust des Weltkrieges ohnehin unerwünscht. Einstein gehörte damals zu den Hoffnungsträgern der deutschen Nation. Er galt als ›Kulturfaktor‹, denn im allgemeinen wirtschaftlichen und moralischen Zusammenbruch des Landes sollten seine Leistungen dazu beitragen, der deutschen Wissenschaft wieder zu internationalem Ansehen zu verhelfen. Die Anerkennung seiner allgemeinen Relativitätstheorie durch die britische Royal Society nach Eddingtons Sonnenfinsternisexpedition des Jahres 1919 kam deshalb nicht nur für ihn selbst als ein Geschenk des Himmels, sie war auch ein Geschenk an Deutschland.

Aber auch im Ausland blieben die logischen Fehler der Lichtquantenhypothese unbemerkt, und nachdem Einstein 1922 gerade für diese Theorie mit dem Nobelpreis für Physik des Jahres 1921 geehrt worden war, war ihre Richtigkeit gewissermaßen amtlich besiegelt. Damit wurde jede Kritik im Keime erstickt.

Es liegt auf der Hand, daß diese Entwicklung der Äthertheorie nicht zuträglich sein konnte. Die Ätherhypothese hatte keine Chance mehr. Einsteins Theorie entsprach den Vorstellungen der Axiomatiker, weil sie deren Anspruch auf wissenschaftliche ›Exaktheit‹ zu bestätigen schien. Wer die Abweichung von der Planckschen Theorie nicht bemerkte – und sie scheint damals von niemandem klar gesehen worden zu sein –, mußte glauben, daß auch Einsteins Theorie sich aus unbestreitbaren Prämissen mathematisch zwingend deduzieren ließ und damit selbst die Sicherheit der Logik für sich in Anspruch nehmen konnte. Sie schien die Möglichkeit zu eröffnen, alle physikalischen Erscheinungen auf kleinste, genau definierte Einheiten zurückzuführen und damit die alte Einheit von Mathematik und Physik wieder herzustellen, nach der so viele Physiker sich zurücksehnten. Wer ihr folgte, war also ›modern‹ und ›zeitgemäß‹. Nachdem sie sogar mit der Verleihung des Nobelpreises bestätigt worden war, hätten die meisten Wissenschaftler wohl eher an sich selbst als an

Einsteins Theorie gezweifelt. Wer sich dagegen in dieser Situation zur Äthertheorie bekannt hätte, hätte sich selbst als hoffnungslos unmodern gebrandmarkt. So wurde auf der Grundlage von Max Plancks Quantentheorie und ihrer durch Einstein veranlaßten Denaturierung zur Lichtquantenhypothese ein intellektuelles Klima vorbereitet, in dem für die Äthertheorie einfach kein Raum mehr war. Die großen Erfolge der Relativitätstheorie, die wir im nächsten Kapitel erörtern werden, besiegelten dann ihren Untergang.

7. *Kapitel:*
Ist die Zeit relativ?

›Getrennt marschieren, vereint schlagen!‹
HELMUTH GRAF V. MOLTKE

Einsteins Relativitätstheorie war in mehr als nur einer Beziehung der Kulminationspunkt der theoretischen Physik im 19. und 20. Jahrhundert. Sie war sozusagen der ultimative Versuch, die wirklich großen physikalischen Probleme, vor denen die Menschheit damals stand und vor denen sie heute, hundert Jahre später, noch immer unverändert steht, wie Gottvater persönlich durch die schiere Kraft des eigenen Geistes vom Schreibtisch aus zu lösen. Zu diesen Problemen zählten insbesondere das Problem einer Erklärung der Gravitation, das Newton ungelöst hinterlassen hatte, aber ebenso das Problem des Verhältnisses von Licht und Materie und alle damit zusammenhängenden Fragen.

Zugleich war Einsteins Relativitätstheorie auch der letzte ernstgemeinte Versuch, den innigsten Wunsch vieler theoretischer Physiker jener Zeit zu verwirklichen, nämlich die subjektive Gewißheit des Erfahrungswissens in der Physik mit der objektiven Sicherheit der Geometrie, der Mathematik und der Logik zu vereinigen. Dieser Versuch war zum Scheitern verurteilt, weil die Ziele, die er sich setzte, einander widersprechen. Der Wille des Menschen kann zwar schwanken; er schwankt sogar nur allzuoft. Aber er kann nicht im selben Augenblick *zugleich* darauf gerichtet sein, die Erfahrung als den vom Menschen unabhängigen, objektiven Richter zu akzeptieren und dennoch unfehlbar zu sein, also unter allen Umständen immer recht zu behalten. Daß Einstein bei seiner Suche nach der allgemeinen Feldtheorie später persönlich scheiterte, war die empirische Bestätigung dieses Zielkonflikts.

I

Einstein stellte seine spezielle Relativitätstheorie in den *Annalen der Physik* des Jahres 1905 der Öffentlichkeit vor. Schon im ersten Abschnitt seines Aufsatzes *Zur Elektrodynamik bewegter Körper*[197] versprach er damals:

»Die Einführung eines ›Lichtäthers‹ wird sich … als überflüssig erweisen.«

Im weiteren Verlauf der Abhandlung entwickelte er eine Theorie der Zeit, die, wie er glaubte, fast ausschließlich auf mathematischer Deduktion beruhte. Trotzdem bekannte er sich noch 1920 in einer Rede, die er zu Ehren von Hendrik Antoon Lorentz (1853-1928) in Leiden hielt, ausdrücklich auch zur Ätherhypothese, wenngleich mit Einschränkungen, die ihr jeden verständlichen Inhalt raubten. Dazu muß man wissen, daß Lorentz ein standhafter Anhänger der Ätherhypothese war und bis zu seinem Tode auch blieb. Einstein sagte damals:

»Den Äther leugnen bedeutet letzten Endes anzunehmen, daß dem leeren Raume keinerlei physikalische Eigenschaften zukommen. Mit dieser Auffassung stehen die fundamentalen Tatsachen der Mechanik nicht in Einklang.

…

Der Äther der allgemeinen Relativitätstheorie ist ein Medium, welches selbst *aller* mechanischen und kinematischen Eigenschaften bar ist, aber das mechanische (und elektromagnetische) Geschehen mitbestimmt.

…

Gemäß der allgemeinen Relativitätstheorie ist ein Raum ohne Äther undenkbar«.[198] (Einsteins Hervorhebung.)

Es ist kaum zu übersehen, daß Einstein auch damals schon in Rätseln sprach. Sicher wollte er Lorentz eine Freude machen. Aber wäre nicht unter Wissenschaftlern eine ehrliche Meinung besser gewesen? Er fühlte mehr, als daß er dachte, und machte von den Begriffen, die er verwendete,

---

197   Albert Einstein, ›Zur Elektrodynamik bewegter Körper‹, Annalen der Physik, Bd. 17 (1905), S. 891 ff., hier im Anhang 4 abgedruckt.

198   Einstein, ›Äther und Relativitätstheorie‹, S. 12.

194

einen wenig verantwortlichen Gebrauch. Die Trennlinie zwischen der Welt der physikalischen Tatsachen und der Welt der geistigen Erzeugnisse des Menschen, zu denen auch physikalische Theorien zählen, war in seinem Denken nicht klar gezogen[199]. Jedenfalls erklärte er nicht, wie »ein Medium, welches selbst *aller* mechanischen und kinematischen Eigenschaften bar ist« (die Hervorhebung war seine!), trotzdem »das mechanische (und elektromagnetische) Geschehen« mitbestimmen kann. Aber seine zwiespältige Einstellung zur Äthertheorie kennzeichnet zugleich die Problemsituation, in der die theoretische Physik am Anfang des 20. Jahrhunderts stand.

Um diese Problemsituation verständlich zu machen, müssen wir die Äthertheorie, die wir bisher nur als Versuch einer Problemlösung kennengelernt haben, nun auch in wissenschaftstheoretischer Hinsicht näher beleuchten. Die Voraussetzungen sind jetzt gegeben.

(*1*) Man kann sich leicht denken, daß die Ätherhypothese im 19. Jahrhundert vielen Wissenschaftlern von Anfang an suspekt war, namentlich den überzeugten Anhängern eines axiomatischen Wissenschaftsverständnisses[200]. Sie konnte nämlich zwar Plausibilität für sich in Anspruch nehmen, aber kaum mehr als das. Zwar ließen sich mit ihrer Hilfe einleuchtende Erklärungen für viele Erscheinungen finden, die sonst unerklärt blieben, aber selbst der beste Erklärungsgehalt änderte nichts daran, daß der Äther erfunden werden mußte, um solche Erklärungen anbieten zu können. Kein Mensch hatte ihn jemals sichtbar machen können. Auf keinen Fall konnte die Ätherhypothese die sichere Wahrheit gewährleisten, die nach axiomatischem Verständnis Grundlage der physikalischen Wissenschaft sein mußte. Einem Wissenschaftler, der von der Notwendigkeit des axiomatischen Ansatzes überzeugt war, mußte sie also schon deshalb ein Dorn im Auge sein, weil sie sich auf eine bloße empirische Spekulation

---

199   Vgl. dazu Poppers Theorie der »drei Welten«, besonders in: ›Erkenntnistheorie ohne erkennendes Subjekt‹, abgedruckt in: Karl Popper, ›Objektive Erkenntnis‹, S. 123 ff.
200   Dazu und zum Gebrauch des Begriffs ›Axiomatiker‹ vgl. oben Kap. 3, I (S. 84 ff.).

stützte, die sich in keiner Weise aus zuverlässig gesicherten Prämissen mathematisch deduzieren ließ.

Aus der Sicht eines Axiomatikers war der Umstand, daß der Äther erfunden werden mußte, um bestimmte physikalische Erscheinungen zu erklären, dazu angetan, die Ätherhypothese als wissenschaftliche Theorie ernsthaft zu diskreditieren. Die Erfindung einer völlig neuen Substanz, die sich jeder direkten Beobachtung beharrlich entzog und die nur dazu dienen sollte, die sichtbaren Erscheinungen des Lichts mit ihrer Hilfe zu erklären, hatte einen Beigeschmack von Improvisation und Flickschusterei, die eines ernsthaften Gelehrten nicht würdig schien. Sie wirkte ›unwissenschaftlich‹, wenn nicht sogar frivol. James Clerk Maxwell (1831–1879), einer der einflußreichsten Physiker jener Zeit, brachte die Zweifel auf den Punkt, als er sagte[201]:

> »To fill all space with a new medium whenever any new phenomenon is to be explained is by no means philosophical …«

Er fügte allerdings im selben Satz auch alsbald hinzu:

> »… but if the study of two different branches of science has independently suggested the idea of a medium, and if the properties which must be attributed to the medium in order to account for electromagnetic phenomena are of the same kind as those which we attribute to the luminiferous medium in order to account for the phenomena of light, the evidence for the physical existence of the medium will be considerably strengthened.«

Mit dieser Bemerkung hatte Maxwell gewissermaßen die Grenzen abgesteckt, die der wissenschaftlichen Toleranz gegenüber Spekulationen dieser Art aus seiner Sicht gesetzt waren. Der Äthertheorie haftete zwar einerseits der Makel einer bloßen *ad hoc*-Hypothese an, die nicht mathematisch deduziert werden konnte. Andererseits erschien sie aber trotzdem gerade noch hinnehmbar, weil sie nicht nur ein Phänomen erklären

---

201 James Clerk Maxwell, ›A Treatise on Electricity and Magnetism‹ (1891), Oxford-Ausgabe (1998), Bd. 2, S 431. – Der Begriff ›philosopher‹ umfaßte im älteren englischen Sprachgebrauch auch den Physiker. Mit den Worten »by no means philosophical« brachte Maxwell also seine Vorbehalte gegen die der Ätherhypothese zugrundeliegende Methode zum Ausdruck.

konnte, sondern immerhin den Vorzug hatte, für zwei Phänomene, die bis dahin voneinander unabhängig waren, nämlich für die Erscheinungen des Lichts und des Elektromagnetismus, eine einheitliche Erklärung anzubieten. Sie war, so muß man ihn wohl verstehen, gewissermaßen eine wissenschaftliche Krücke, die zwar vorläufig benutzt werden mochte, aber nur solange es keine bessere Alternative gab.

Diese aus Sicht der axiomatischen Theorie ohnehin nur schwache Existenzberechtigung der Äthertheorie wurde aber in den folgenden Jahrzehnten weiter geschwächt, als Michelson in den Jahren nach 1887 die schon erwähnten Experimente ausführte, mit denen er den ›Ätherwind‹ sichtbar machen wollte[202]. Seine Experimente, die er besonders sorgfältig und mit großem Aufwand ausgeführt und mehrfach wiederholt hatte, wurden von vielen Wissenschaftlern der damaligen Zeit, und zwar insbesondere von den Anhängern eines axiomatischen Wissenschaftsverständnisses als Versuche aufgefaßt, die Existenz des Äthers zu *beweisen*. Daß Naturgesetze ohnehin niemals bewiesen werden können, wußte man damals noch nicht, denn erst Karl Popper gelang es Jahrzehnte später (1934), die logischen Zusammenhänge zu formulieren[203]. Also sah man in Michelsons Experimenten Versuche einer Beweisführung, und als solche waren sie ausnahmslos gescheitert. Trotz größtmöglichen Aufwandes war es nie gelungen, den Äther wenigstens anhand seiner Wirkungen mittelbar sichtbar zu machen. Deshalb gelten Michelsons Versuche manchen als größter Fehlschlag in der Geschichte der Experimentalphysik[204].

Aus der Sicht der modernen Erkenntnistheorie ist diese Interpretation natürlich unhaltbar, weil empirische Theorien wie die Ätherhypothese zwar widerlegt, aber niemals bewiesen werden können. Aber ganz unabhängig von allem Theorienstreit hätte man sich auf eine Beurteilung wohl auch damals schon einigen können: Die Ätherhypothese war zu Einsteins Zeit am Anfang des 20. Jahrhunderts jedenfalls nicht geeignet, eines der

---

202 Vgl. oben Kap. 5, II, 1 (S. 154 ff.).
203 Karl Popper, ›Logik der Forschung‹.
204 Selbst wenn sie ein Fehlschlag gewesen wären, würde dieser inzwischen durch die Versuche zur kalten Fusion bei weitem in den Schatten gestellt. Vgl. dazu Vorwort zur 2. Aufl. Abschn. II, sowie Vorwort zur 1. Aufl. Abschn. II, 4 (unten S. 354 ff.).

grundlegenden Axiome darzustellen, nach denen die mathematisch-physikalische Theorie forschte. Eine unbekannte Substanz namens ›Äther‹, deren Existenz nicht aus gesicherten Prämissen zu deduzieren war und die sich weder direkt noch indirekt sichtbar machen ließ, war gewissermaßen das Gegenteil der ›Grundgesetze‹, um die es den Anhängern der axiomatischen Theorie ging. Deshalb konnte sie auf keinen Fall Anspruch darauf erheben, zu den Axiomen der Naturwissenschaft zu zählen. Man hätte sogar im Gegenteil die Frage stellen müssen, ob es solche ›Grundgesetze‹ überhaupt geben konnte, wenn das ganze Weltall von einer solchen unbekannten Substanz erfüllt war. In das Wissenschaftsbild der axiomatischen Theorie paßte die Ätherhypothese also überhaupt nicht; sie stellte es im Gegenteil grundsätzlich in Frage.

(2) Unter diesem Blickwinkel erweisen sich zwei der berühmten Aufsätze, die Einstein im Jahr 1905 im Abstand von wenigen Monaten veröffentlichte, als ein präzise koordinierter Zangenangriff auf die Äthertheorie, ganz in der Art der Moltkeschen Strategie von 1866. Denn Einstein wandte sich in getrennten Attacken, aber äußerst zielbewußt genau gegen die beiden Aspekte der Theorie, die Maxwell trotz seiner Vorliebe für mathematische Deduktionen veranlaßt hatten, die Ätherhypothese letztlich doch noch zu dulden.

Maxwell hatte die Ätherhypothese als (noch) hinnehmbar angesehen, weil sie nicht nur für ein, sondern für zwei Phänomene taugliche Erklärungsansätze anbot, nämlich sowohl für die Phänomene des Lichts als auch für die des Elektromagnetismus. Einsteins Aufsatz *Über einen die Erzeugung und Verwandlung des Lichts betreffenden heuristischen Gesichtspunkt*[205], den wir im vorigen Kapitel erörtert haben, befaßte sich mit den Erscheinungen des Lichts und legte dar, wie eine Theorie des Lichts nach seiner Ansicht auch ohne die Ätherhypothese auskommen konnte. Und in dem Aufsatz *Zur Elektrodynamik bewegter Körper*[206], mit dem er die

---

205   Annalen der Physik Bd. 17 (1905), S. 132 ff.
206   Albert Einstein, ›Zur Elektrodynamik bewegter Körper‹, hier in Anhang 4 (S. 309 ff.).

spezielle Relativitätstheorie begründete, wandte er sich den Erscheinungen
zu, die Maxwell als ›Elektromagnetismus‹ bezeichnet hatte und die von
der damaligen Physik zur Elektrodynamik verallgemeinert wurden. Auch
für sie formulierte er eine neue Theorie, die nicht auf die Ätherhypothese
zurückgriff. Er versprach sogar ausdrücklich, die Einführung eines »Lichtäthers« werde »sich … als überflüssig erweisen«. Gemeinsam zielten also
beide Aufsätze punktgenau darauf, die beiden Säulen einzustürzen, auf
denen das Maxwellsche Toleranzedikt ruhte, und damit der Ätherhypothese selbst die Basis zu entziehen.

(3) In dieser Zielrichtung von Einsteins Angriff offenbart sich nach meiner
Überzeugung der eigentliche Grund für den Niedergang der Ätherhypothese in den ersten Jahrzehnten des 20. Jahrhunderts. Das soll keineswegs
heißen, daß Einstein *allein* ihr den Todesstoß versetzt hätte. Der geistige
Nährboden war vorbereitet. Einsteins Angriff konnte nur erfolgreich sein,
weil die Ätherhypothese in seiner Zeit gerade deshalb mit Argwohn betrachtet wurde, weil sie eine bloße Hypothese war. Sie fiel nicht dem Angriff
eines einzelnen zum Opfer; ihr eigentliches Verhängnis war das allgemeine
Wissenschaftsverständnis, das sich an der Wende zum 20. Jahrhundert
besonders in den Naturwissenschaften, aber keineswegs nur dort ausgebreitet hatte. Es stellte Anforderungen an physikalische Theorien, denen
keine empirische Theorie genügen konnte, also auch nicht die Äthertheorie.
   Aus heutiger Sicht war jene Zeit an der Wende zum 20. Jahrhundert eine
hohe Zeit des *unkritischen* Rationalismus im Popperschen Sinne, nämlich
eine Zeit, in der blinder Glauben an die Allmacht der Mathematik immer
weiter um sich griff und in der deshalb logische Deduktion unkritisch mit
›Wissenschaftlichkeit‹ und diese ebenso kritiklos mit ›Rationalität‹ und
mit dem Denken in ›deduktiven Systemen‹ gleichgesetzt wurde, ohne
daß man die Voraussetzungen bemerkt und die Unterschiede zwischen
Empirie und Axiomatik beachtet hätte. In vielen Wissenschaftszweigen
herrschte eine Sucht nach ›Exaktheit‹, die sich nicht im geringsten um die
Grenzen menschlicher Erkenntnismöglichkeiten scherte und die deshalb
aus heutiger Sicht manchmal fast pathologisch anmutet. Selbst Juristen
meinten damals, in diesem Sinne eine ›exakte Wissenschaft‹ betreiben

und aus logisch geordneten Begriffen durch reine Deduktion zwingende rechtliche Erkenntnisse gewinnen zu können[207].

Diese Einstellung war nach den stürmischen Entwicklungen der Naturwissenschaften im 18. und 19. Jahrhundert menschlich verständlich, denn die Fortschritte, die man erzielt hatte, waren in der Tat überwältigend. Alle Welt sah mit Bewunderung und sicher nicht selten auch mit Neid auf die spektakulären Erfolge der Physik, der Chemie und auch der Medizin. Besonders von der beginnenden Industrialisierung, die von technischen Erfindungen und naturwissenschaftlichen Entdeckungen ausging, war man so tief beeindruckt, daß man es den Naturwissenschaften unbedingt gleichtun wollte.

In den Naturwissenschaften selbst war das axiomatische Wissenschaftsverständnis naturgemäß noch stärker vertreten als in anderen Wissenschaftszweigen. Aber leider hatten auch dort nicht alle Bewunderer verstanden, welchen Umständen man die Fortschritte verdankte. Die größten Mißverständnisse ergaben sich in der theoretischen Physik. Jeder theoretische Physiker hatte vor allem Mathematik im Sinne und suchte nach mathematischen Begründungen. Hätte die Physik nicht in diesem Sinne rein deduktive und somit, wie man glaubte, absolut sichere Erkenntnisse vorweisen können, dann, so fürchtete man, wäre es um ihren Status als ›exakte Wissenschaft‹ geschehen. Einer der seltenen Kritiker Einsteins sprach wenig später in diesem Zusammenhang sogar von der ›Schreckensherrschaft der Mathematiker‹[208].

Es liegt auf der Hand, daß die Ätherhypothese des 19. Jahrhunderts solchen Vorstellungen von ›Exaktheit‹ keinesfalls genügen konnte. Sie war ungefähr das Gegenteil von Mathematik. Sie war eine phantasievolle und höchst gewagte empirische Spekulation, die auch als solche einstweilen noch völlig unberechenbar blieb. Alle Versuche, sie empirisch zu bestätigen, waren gescheitert, und die Hoffnung, sie eines Tages in den

---

207   Vgl. die Darstellung bei Karl Larenz, ›Methodenlehre der Rechtswissenschaft‹ (1960), S. 16 ff. Die methodologische Überwindung dieser sog. Begriffsjurisprudenz gelang in der Rechtswissenschaft erst mit Philipp Hecks Arbeit über ›Gesetzesauslegung und Interessenjurisprudenz‹ (1914).
208   H. Fricke, ›Der Fehler in Einsteins Relativitätstheorie‹ (1920), Vorwort.

präzisen Ausdrücken der Mathematik zu erfassen, konnte damals nur als Utopie gelten. Es gab nicht einmal Ansätze von Versuchen, den Äther oder sein Verhalten in mathematischen Gleichungen darzustellen. Wer also als Wissenschaftler in tiefster Überzeugung der axiomatischen Theorie anhing, der konnte die Äthertheorie nicht als ›Wissenschaft‹ hinnehmen.

So war der geistige Nährboden bereitet, auf dem die Relativitätstheorie entstehen und gedeihen konnte. Hätte man einen empirischen Ansatz verfolgt, dann hätten zwar Experimente immer noch erweisen können, ob die Ätherhypothese taugte oder nicht, aber dazu kam es nicht mehr, nachdem Einstein seine Gedanken veröffentlicht hatte[209]. Man diskutierte auch gar nicht, ob die Ätherhypothese etwa noch zu halten wäre, jedenfalls nicht vernehmlich. In der ganzen Geschichte der Physik hat es nie eine offene Diskussion der Äthertheorie gegeben, die bis zu einem entscheidbaren Ergebnis geführt worden wäre und an deren Ende dann vielleicht deren Überwindung gestanden hätte. Vielmehr wurde die gesamte Äthertheorie ohne größere Umstände sang- und klanglos beiseite geschoben, weil sie dem damals herrschenden geistigen Klima nicht entsprach. Einsteins Angriff schien die Vorbehalte zu bestätigen, die ein vom axiomatischen Wissenschaftsverständnis geprägter Physiker gegen die Ätherhypothese haben mußte, und Einstein versprach zugleich, ohne solche Spekulationen auszukommen. Also schien Einsteins Theorie den Vorzug zu verdienen. Man *wollte* ihm glauben und man vertraute auch Max Planck, der ihm in diesem Punkt zustimmte. Aber eine kritische Diskussion wollte man nicht.

II

Einsteins Aufsatz *Zur Elektrodynamik bewegter Körper,* mit dem er seine spezielle Relativitätstheorie begründete, erregte von Anfang an Aufsehen und zählt noch heute zu den berühmtesten naturwissenschaftlichen

---

209 Eine Ausnahme bilden Sagnacs Experimente, die aber nur die Konstanz der Lichtgeschwindigkeit, nicht die Ätherhypothese betreffen. Dazu näher oben Kap. 3, II, 4 (S. 92 ff.).

Abhandlungen der Weltgeschichte. An Gelegenheit zur Kritik hat es also nicht gefehlt, aber gelesen wurde der Aufsatz offenbar trotzdem nur selten. Bei näherer Betrachtung läßt er nämlich deutliche Widersprüche erkennen, die in den gedanklichen Ansätzen angelegt sind, sich in den verwendeten Begriffen fortsetzen und in den mathematischen Gleichungen ihren Höhepunkt erreichen. Einsteins eleganter Stil und der hohe Abstraktionsgrad seiner Ausführungen bewirkten aber, daß die meisten dieser Fehler der Kritik verborgen blieben.

In diesem Abschnitt möchte ich zunächst nur mit den normalen Mitteln eines gesunden, aber kritischen Menschenverstandes auf die Widersprüche hinweisen. Die Untersuchung der methodologischen und mathematischen Aspekte folgt anschließend (*III*, *IV*).

(*1*) Es ist allgemein bekannt, daß die These, die Zeit sei nicht ›absolut‹, sondern vielmehr ›relativ‹, zu den Kernaussagen der speziellen Relativitätstheorie zählt. Jedermann kennt in diesem Zusammenhang die Behauptung, ein Weltraumreisender, der nach sehr langer und sehr schneller Reise auf unsere Erde zurückkehrt, werde jünger geblieben sein als sein Zwillingsbruder, der immer hier auf der Erde geblieben ist. Ich zitiere zunächst Einstein, um den Stellenwert zu illustrieren, den er selbst dem Gedanken beigemessen hat. In einem seiner Vorträge sagte er:

> »Das durch die Entwicklung der Elektrodynamik und Optik erhärtete Gesetz der Konstanz der Lichtgeschwindigkeit im leeren Raum in Verbindung mit der durch Michelsons berühmten Versuch besonders scharf dargetanen Gleichberechtigung aller Inertialsysteme (spezielles Relativitätsprinzip) führten zunächst dazu, daß der *Zeitbegriff* relativiert werden mußte, indem jedem Inertialsystem seine besondere Zeit gegeben werden mußte.
>
> ...
>
> Gemäß der speziellen Relativitätstheorie haben räumliche Koordinaten und *Zeit* noch insofern absoluten Charakter, als sie unmittelbar durch starre Uhren und Körper meßbar sind. *Sie sind aber insofern relativ, als sie vom Bewegungszustand des gewählten Inertialsystems abhängen.*«[210] (Meine Hervorhebungen.)

---

210   Albert Einstein, ›Über Relativitätstheorie, Eine Londoner Rede‹, in: ›Mein Weltbild‹, S. 217 ff., 218 f.

Die These der Relativität der Zeit gehört also zu den Kernaussagen der speziellen Relativitätstheorie. Das unterliegt sicher keinem Zweifel, gibt aber Veranlassung zu besonderer Nachdenklichkeit.

(2) Denken wir uns eine Rakete, die an einem beliebigen Tag genau in dem Augenblick, in dem die Sonne dort im Scheitelpunkt ihrer Bahn steht, auf dem Nullmeridian in Greenwich gestartet wird. Nach unserem konventionellen physikalischen Zeitbegriff wäre das um 12.00 h. Dann soll die Rakete nach einer langen und sehr schnellen Reise durch den Weltraum wieder genau in dem Augenblick, in dem die Sonne beim nächsten Mal in Greenwich im Scheitelpunkt ihrer Bahn steht, vor unseren Augen genau auf dem Nullmeridian in die Themse stürzen.

Die Rakete hat für ihre Reise exakt solange gebraucht, wie die Erde braucht, um sich einmal um ihre Achse zu drehen, nach konventionellen Maßeinheiten also 24 Stunden. Die Relativitätstheorie[211] behauptet aber, die Rakete führe ihre ›Eigenzeit‹ mit sich, die wegen der hohen Geschwindigkeit verlangsamt sei. Demnach müßte die ›Eigenzeit‹ der Rakete beim Eintauchen in die Themse nicht 12.00 h, sondern 12.00 h minus eine Differenz Δ (vielleicht einige Nanosekunden) betragen. Die Differenz mag verschwindend gering sein, aber es muß nach der Relativitätstheorie ein solches Δ geben, denn andernfalls wäre die Theorie der Relativität der Zeit inhaltslos. Andererseits sehen wir aber, daß die Sonne bei Rückkehr der Rakete wieder genau im höchsten Punkt steht, was uns zeigt, daß die Erde sich während der Reise genau einmal um ihre Achse gedreht hat.

Was folgt daraus? Wenn es die von der Relativitätstheorie postulierte Zeitdifferenz zwischen unserer konventionellen physikalischen Zeit und der ›Eigenzeit‹ der Rakete wirklich gäbe, müßte diese Zeitdifferenz auch am selben Ort, im Beispielsfall also in Greenwich auftreten, denn die Rakete

---

211 Das dargestellte Problem wäre eigentlich nach der allgemeinen Relativitätstheorie zu berechnen. Diese ergibt allerdings keine Formeln zur Berechnung kreisförmiger oder elliptischer Bewegungen. Deshalb sehen *alle* Anhänger der Relativitätstheorie bei kreisförmigen Bewegungen die spezielle Relativitätstheorie als brauchbare Annäherung an die angeblich noch genauere allgemeine Relativitätstheorie an. Gegenansichten kenne ich nicht.

ist an denselben Ort zurückgekehrt. Die Raumkoordinaten der beiden Ereignisse sind identisch. Für uns ist die Zeit dort 12.00 h; für die Rakete soll sie dagegen 12.00 h minus Δ betragen. Das wirft die Frage auf, an welchem *Maßstab* die von der Relativitätstheorie behauptete ›Eigenzeit‹ des Satelliten eigentlich zu messen ist. Die Erdumdrehung, die wir am Stand der Sonne erkennen, kann es jedenfalls nicht sein, denn sonst könnten wir bei identischen Prämissen aus der Relativitätstheorie folgende Sätze ableiten:

(*i*) In Greenwich ist es 12.00 h.
(*ii*) In Greenwich ist es *nicht* 12.00 Uhr.

Der Satz vom Widerspruch wäre verletzt. Auch Stunden, Minuten und Sekunden, die von der Erdumdrehung abgeleitet werden, scheiden damit als Maßeinheiten aus. Aber welcher Maßstab kommt dann noch in Betracht? Die Relativitätstheorie hat diese Frage in den hundert Jahren ihres Bestehens nie beantwortet!

Theoretiker der Relativität pflegen allerdings in diesem Zusammenhang auf andere Definitionen der Zeiteinheit zu verweisen. Nicht die Erdumdrehung soll als Maßstab dienen, sondern beispielsweise die hochpräzisen Schwingungen der Atome, die in Caesiumuhren angewendet werden. Gelegentlich liest man sogar die Behauptung, solche Uhren seien noch genauer als die Erdumdrehung selbst.

Aber was immer von solchen Vorschlägen zu halten sein mag: Die logischen Probleme der Relativitätstheorie sind auf diese Weise jedenfalls nicht zu lösen. Wenn wir nämlich anstelle der Erdrotation eine Atomuhr als Referenzuhr benutzen, ändert sich an den logischen Formalismen überhaupt nichts. An die Stelle der Definition der Zeiteinheiten durch die Erdumdrehung tritt zwar die Definition durch die Atomuhr, aber der Widerspruch selbst bleibt unverändert. Die Rakete verläßt den Nullmeridian beim Start exakt in dem Augenblick, in dem die Atomuhr 12.00 h anzeigt, und kehrt von ihrer Reise zurück, wenn die Atomuhr wieder 12.00 h anzeigt. Nach der speziellen Relativitätstheorie soll aber ihre ›Eigenzeit‹ 12.00 h minus Δ betragen. Also kann auch die Atomuhr nicht der für diese ›Eigenzeit‹ gültige Maßstab sein, denn sonst entstünde derselbe

Widerspruch, den ich oben dargestellt habe (*i*, *ii*). Man müßte also weiter nach dem ›richtigen‹ Maßstab suchen.

(*3*) Das Beispiel zeigt, so hoffe ich zumindest, wie wenig sinnvoll es ist, eine weitgehend unbekannte physikalische Größe wie die Lichtgeschwindigkeit als Maßeinheit oder als Maßstab für eine andere Größe einzusetzen, die selbst besser bekannt ist.

Die Physik hat es in ihrer langen Geschichte im allgemeinen genau umgekehrt gehalten, jedenfalls soweit sie erfolgreich war. Sie hat unbekannte Größen oder Effekte am Maßstab von besser bekannten Größen oder Effekten gemessen, und sie ist gut damit gefahren. Als Längenmaße wurden zunächst die wohlbekannten Größen von Füßen oder Schritten oder menschlichen Körperteilen verwendet. Als Temperaturmaßstab dienten ebenso wohlbekannte Größen wie der Gefrierpunkt oder der Siedepunkt des Wassers oder die Körpertemperatur des Menschen. Das Licht der Wachskerze diente als Maßstab der Helligkeit. Die Kraft eines Pferdes war Ausgangsgröße für den Maßstab der physikalischen Leistung. Und die Zeit wurde am Stand der Sonne oder der Gestirne, letztlich also an der Erdumdrehung gemessen.

In allen diesen Fällen hat die Physik aus wohlbekannten Basisgrößen durch genauere Definitionen und mathematische Einteilungen ganze Normensysteme entwickelt und diese immer weiter verfeinert und besser objektiviert. Auch die Basisgrößen selbst wurden durch Konventionen immer genauer festgelegt. Aber trotzdem blieben die Ausgangspunkte des Normensystems immer bekannte Größen, über die man sich leicht verständigen konnte.

Sowohl Max Planck als auch Albert Einstein wollten dagegen genau umgekehrt vorgehen. Während die konventionelle Physik bei *Messungen* das Bekannte als Maßstab des Unbekannten einsetzt, wollten sie das Unbekannte zum Maßstab des Bekannten machen. Bei Planck waren es die Naturkonstanten h und k, die als Grundlage eines Normensystems dienen sollten, obwohl sie keiner empirischen Beobachtung zugänglich waren[212]. Und bei Einstein war es die Lichtgeschwindigkeit V oder c, die zum Maß-

---

212 Vgl. Max Planck, ›Vorlesungen über die Theorie der Wärmestrahlung‹, S. 163 f.

stab der Zeit werden sollte, obwohl gerade sie der Ausgangspunkt von physikalischen Problemen war, die bis heute nicht gelöst werden konnten. Gemeinsam brachten die beiden damit die Begriffsverwirrung auf ihren Höhepunkt.

III

Wir wollen uns jetzt Einsteins eigener Darstellung der speziellen Relativitätstheorie zuwenden, zunächst aber nur die methodologischen Ansätze untersuchen, die darin zum Ausdruck kommen. Es geht erneut um den Widerstreit zwischen dem axiomatischen Ansatz und dem heuristischen Ansatz in Einsteins Denken.

(1) Zunächst einige kurze Zitate. Einstein beginnt seine Abhandlung[213] mit der Aussage, eine Theorie, die vom Begriff der ›absoluten Ruhe‹ ausgehe, führe in der Anwendung auf bewegte Körper zu Asymmetrien. Diese Aussage begründet er knapp und, wie ich meine, überzeugend mit empirischen Beispielen. Sodann äußert er die ›Vermutung‹,

> »daß dem Begriffe der absoluten Ruhe nicht nur in der Mechanik, sondern auch in der Elektrodynamik keine Eigenschaften der Erscheinungen entsprechen, sondern daß vielmehr für alle Koordinatensysteme, für welche die mechanischen Gleichungen gelten, auch die gleichen elektrodynamischen und optischen Gesetze gelten.«

Diese Vermutung, die er als ›Prinzip der Relativität‹ bezeichnet, erhebt Einstein sodann zur ›Voraussetzung‹ und führt unmittelbar anschließend die weitere ›Voraussetzung‹ ein,

> »daß sich das Licht im leeren Raume stets mit einer bestimmten, vom Bewegungszustand des emittierenden Körpers unabhängigen Geschwindigkeit V fortpflanze.«

---

213   Einstein, ›Zur Elektrodynamik bewegter Körper‹, S. 891 ff., (unten Anhang 4, S. 309 ff.).

An sie schließt sich die schon mehrfach zitierte Verheißung an:

»Die Einführung eines ›Lichtäthers‹ wird sich insofern als überflüssig erweisen, als nach der zu entwickelnden Auffassung weder ein mit besonderen Eigenschaften ausgestatteter ›absolut ruhender Raum‹ eingeführt, noch einem Punkte des leeren Raumes, in welchem elektromagnetische Prozesse stattfinden, ein Geschwindigkeitsvektor zugeordnet wird.«

(2) Diese Zitate sollen fürs erste genügen. Der heuristische Ansatz in Einsteins Denken kommt darin zum Ausdruck, daß er gleich zu Beginn seiner Abhandlung zwei Annahmen kurzerhand und ausdrücklich zu ›Voraussetzungen‹ erhebt, ohne sie inhaltlich zu rechtfertigen. Die eine liegt in seinem ›Prinzip der Relativität‹, also in der Annahme, daß »für alle Koordinatensysteme, für welche die mechanischen Gleichungen gelten, auch die gleichen elektrodynamischen und optischen Gesetze gelten«. Sinngemäß besagt sie, daß die Naturgesetze, die hier auf unserer Erde gelten, im ganzen Universum Gültigkeit beanspruchen. Und die andere ist die Annahme, »daß sich das Licht im leeren Raume stets mit einer bestimmten, vom Bewegungszustand des emittierenden Körpers unabhängigen Geschwindigkeit V fortpflanze«. Einstein bezeichnet sie wenig später als das ›Prinzip der Konstanz der Lichtgeschwindigkeit‹.

Im gegebenen Zusammenhang und aus Einsteins Sicht sind beide ›Voraussetzungen‹ wohl als empirische Annahmen zu verstehen, denn Einstein benutzte den Ausdruck ›Koordinatensysteme‹ auch für Räume, in denen sich physikalische Körper, beispielsweise also Planeten, befinden können. Und das Prinzip der Konstanz der Lichtgeschwindigkeit enthält eine Behauptung über das tatsächliche Verhalten des Lichts. Beide ›Voraussetzungen‹ werden in seiner Abhandlung mit keinem Wort begründet oder aus anderen Erkenntnissen abgeleitet. Sie sollen, so muß man ihn wohl verstehen, durch die Ergebnisse, die sich aus ihnen ableiten lassen, von selbst überzeugen. Im Sinne der Popperschen Theorie könnte man diese ›Voraussetzungen‹ also als ›Hypothesen‹ bezeichnen, deren Überprüfung durch gezielte Experimente nunmehr anzustreben wäre.

Die wenigen Sätze, die ich zitiert habe, deuten aber auch an, daß Einstein mit solchen heuristischen Ansätzen seinen axiomatischen Ausgangspunkt keineswegs verlassen wollte. Im Gegenteil, die Tatsache, daß er Aussagen über den ›Begriff der absoluten Ruhe‹ und über ›Koordinatensysteme‹ an den Anfang seiner Abhandlung stellte, läßt bereits ahnen, daß er die Lösung seiner Probleme eher in Begriffen und Zahlen suchte, als in physikalischen Erscheinungen, und daß er auch zwischen der *Erklärung* solcher Erscheinungen und ihrer *Beschreibung* in mathematischen Formeln nicht scharf unterschied[214].

(*4*) Diese Tendenz äußert sich im weiteren Verlauf des Aufsatzes besonders in dem, was Einstein *nicht* erörtert. Seine Auslassungen verdienen hier ausnahmsweise mindestens ebensoviel Aufmerksamkeit wie seine Darlegungen.

Die Abhandlung *Zur Elektrodynamik bewegter Körper* betraf Fragen, die in Einsteins Zeit mit der Theorie des Lichts aufs engste verknüpft waren. Diese wiederum ging, wie wir im 5. Kapitel gesehen haben, seit Huygens von der Ätherhypothese aus. Da Einsteins erklärtes Ziel darin bestand, »die Einführung eines ›Lichtäthers‹ … als überflüssig (zu) erweisen«, hätte man also von einem gewissenhaften Forscher unter diesen Umständen eigentlich erwarten sollen, daß er den Phänomenen des Lichts in seinen Untersuchungen ganz besondere Aufmerksamkeit widmet, denn die Äthertheorie hatte ja gerade wegen dieser Phänomene, insbesondere wegen der Entdeckungen der Interferenzen und der Polarisation seit dem Beginn des 19. Jahrhundert neue Überzeugungskraft gewonnen.

Aber erstaunlicherweise geschah nichts dergleichen. Die physikalischen Erscheinungen, die aus der Sicht eines Empirikers am stärksten *für* die Ätherhypothese sprechen, werden in Einsteins Abhandlung nicht einmal erwähnt. Youngs Doppelschlitzexperiment, das als Entdeckung der Lichtinterferenz gilt, oder das Phänomen der Polarisation, das ebenfalls für die Wellentheorie des Lichts spricht und in der ersten Hälfte des 19. Jahrhunderts so viele Physiker darin bestärkte, die Äthertheorie zu akzeptieren, kommen in der ganzen Abhandlung nicht vor, Huygens' und

---

214 Die methodologische Bedeutung der Unterscheidung habe ich zu Beginn des Ersten Hauptteils (S. 34 Fn. 23) dargelegt.

Faradays Erklärung der Phänomene des Lichts in Analogie zum Schall
natürlich erst recht nicht. Alle wichtigen physikalischen Entdeckungen
des 19. Jahrhunderts, die sich auf Licht und auf Strahlungen beziehen,
bleiben in Einsteins Aufsatz unerwähnt. Noch weniger wird erörtert, wie
man sie etwa ohne die Ätherhypothese erklären könnte. Wer dies nicht
glauben will, mag den Aufsatz hier im Anhang selbst nachlesen[215].

Ein solches Vorgehen, bei dem die wichtigsten Gegenargumente in einer wissenschaftlichen Abhandlung kurzerhand ignoriert werden, wäre
normalerweise wohl nicht nur in der Physik, sondern in jeder ernsthaften
Wissenschaft nicht nur als bedenklich, sondern geradezu als unseriös
anzusehen. Wer Einstein gegen diesen Vorwurf in Schutz nehmen will,
kann m. E. nur auf seinen bedingungslosen Glauben an die axiomatische
Methode verweisen. Ich wüßte jedenfalls keine andere Entschuldigung
für eine wissenschaftliche Darstellung, die wichtige Gegenargumente einfach verschweigt. Aber auch diese Entschuldigung offenbart die Grenzen,
die ihm gesetzt waren.

Wer bei Einstein nach *Erklärungen* für physikalische Erscheinungen
sucht, insbesondere nach Erklärungen für Phänomene wie Interferenzen
oder die Polarisation, oder auch für die Konstanz der Lichtgeschwindigkeit, und wer dementsprechend von ihm eine kritische Diskussion
solcher Erscheinungen erwartet, hat ihn gründlich mißverstanden. Einstein wollte gar nichts erklären, jedenfalls nicht in dieser Abhandlung.
Schon gar nicht wollte er empirisch Neues entdecken, denn das hätte
bedeutet, daß er Bekanntes durch Unbekanntes hätte erklären müssen[216],
und das widersprach seiner Vorstellung von der Physik als einer ›exakten
Wissenschaft‹ wirklich diametral.

Vielmehr wollte Einstein *Rechenansätze* aufstellen. Er wollte das, was
er für gesichertes menschliches Wissen hielt, nach Maxwells Vorbild in
exakten mathematischen Ausdrücken erfassen. Deshalb suchte er mit aller
Kraft, die ihm gegeben war, nach zuverlässigen Ausgangsgrößen, um die

---

215   Anhang 4, I (S. 309 ff.).
216   Zur Erklärung des Bekannten durch das Unbekannte vgl. Karl Popper, ›Realism and the
      Aim of Science‹, S. 132; auch v. Mettenheim, ›Popper *versus* Einstein‹, S. 105 ff.

mathematischen Gleichungen zu formulieren, mit denen die Bewegungen physikalischer Körper unter Berücksichtigung der Lichtgeschwindigkeit zu berechnen wären. Und da er diese Ausgangsgrößen, insbesondere die Konstanz der Lichtgeschwindigkeit nicht *begründen* konnte, erhob er sie kurzerhand zu ›Voraussetzungen‹. Sie waren die Axiome, von denen er ausging, und er hielt sie für wahr, weil ohne sie eine exakte Berechnung nicht möglich gewesen wäre. Der Widerspruch zwischen einer Methode, die ihre grundlegenden Aussagen auf deduktivem Wege aus *vorher* zuverlässig gesicherten Wahrheiten gewinnt, und einer Methode, die sich um die Ableitung ihrer Aussagen nicht kümmern muß, weil diese *nachträglich* anhand der Erfahrung kritisiert werden, scheint ihm nicht aufgefallen zu sein. Jedenfalls hat er ihn offenbar nicht gestört.

IV

Der dargestellte Widerspruch ist in Einsteins gedanklichen Ansätzen angelegt; deshalb muß er sich zwangsläufig auch in seinen mathematischen Formeln niederschlagen. Diese Folgerung ist eine notwendige Konsequenz der Theorie der Logik, die ich schon in ›Recht und Rationalität‹ (1984) vertreten habe. Sie erscheint mir sehr wichtig, weil sie der Mathematik in der gedanklichen der Erkenntnistheorie den richtigen Platz zuweist. Trotzdem ist sie mir aber erst wesentlich später, nämlich erst nach Veröffentlichung meines Buches ›Popper *versus* Einstein‹ (1998) ganz klargeworden. Deshalb will ich auch die Entwicklung meiner Gedanken kurz darstellen.

In ›Popper *versus* Einstein‹ habe ich mich noch damit begnügt, die gedanklichen Fehler in Einsteins spezieller und allgemeiner Relativitätstheorie in rein sprachlichen Ausdrücken als logische Fehler darzustellen. Die mathematische Seite der beiden Theorien erschien mir damals weniger wichtig, weil mir klar war, daß Widersprüche in den Prämissen einer Theorie aus logischen Gründen immer auch zu fehlerhaften Ergebnissen führen werden. Aus Prämissen, die einander widersprechen, läßt sich mit scheinbarer Logik jede *beliebige* Folgerung ableiten; das ist sogar logisch beweisbar[217]. Deshalb sind Theorien, die von widersprüchlichen Prämissen ausgehen, in einer Wissenschaft auf jeden Fall unbrauchbar.

Aber ich mußte leider feststellen, daß die wenigen theoretischen Physiker, die ich direkt ansprechen konnte, sich auf der Ebene der sogenannten ›formalen‹ Logik von Argumenten überhaupt nicht beeindrucken ließen. Daß Widersprüche in den Prämissen einer Theorie immer auch zu fehlerhaften Ergebnissen führen müssen, war meinen Diskussionspartnern offenbar nicht klar; Poppers Beweis, der durchaus keinen Anspruch auf Originalität erhebt, war ihnen unbekannt. Statt dessen wurde mir vorgehalten, es fehle mir an ausreichenden mathematischen Kenntnissen; deshalb hätte ich auch die eigentliche Bedeutung der speziellen Relativitätstheorie nicht erfaßt. Erst als es mir gelungen war, die logischen Fehler der speziellen Relativitätstheorie auch mathematisch darzustellen, warf man mir nunmehr vor, ich hätte Einsteins Texte nicht verstanden.

Zunächst jedenfalls war es nicht einmal ansatzweise möglich, mit logischen Argumenten bei dem jeweiligen Gegenüber auch nur einen Funken von Nachdenklichkeit zu wecken. Deshalb blieb mir schließlich nichts anderes übrig, als Einsteins Arbeiten – nicht ohne Beklommenheit – auch nach mathematischen Fehlern zu durchsuchen. Zu meiner Erleichterung war diese Suche aber wesentlich einfacher, als ich erwartet hatte, was sicher daran lag, daß ich genau wußte, wonach ich zu suchen hatte. Aber obwohl ich es wußte, war ich immer noch überrascht, wie offensichtlich Einsteins mathematische Fehler sind, wenn man sie einmal entdeckt hat. Das habe ich im Anhang 2 demonstriert[218]. Um es näher zu erläutern, möchte ich jetzt die mathematischen Ansätze der speziellen Relativitätstheorie diskutieren, also die ›Voraussetzungen‹, auf denen sie aufbaut.

(*1*) Nimmt man Einsteins Text wörtlich, so soll seine Theorie nur *zwei Annahmen* voraussetzen, nämlich die beiden oben bereits erwähnten ›Voraussetzungen‹, daß »für alle Koordinatensysteme, für welche die mecha-

---

217 Karl Popper hat diesen Beweis in ›Was ist Dialektik‹ dargestellt. Vgl. ›Vermutungen und Widerlegungen‹, Bd. II, S. 451 ff., 459 ff.
218 Unten S. 287

nischen Gleichungen gelten, auch die gleichen elektrodynamischen und optischen Gesetze gelten«, und

> »daß sich das Licht im leeren Raume stets mit einer bestimmten, vom Bewegungszustand des *emittierenden* Körpers unabhängigen Geschwindigkeit *V* fortpflanze«. (Meine Hervorhebung.)

Nur die letztgenannte ›Voraussetzung‹ muß uns hier interessieren, also das Prinzip der *Konstanz der Lichtgeschwindigkeit.* Es enthält zugleich diejenige Aussage, die Nichtphysikern auch heute noch die größten Schwierigkeiten bereitet. Wir müssen es deshalb sehr genau untersuchen, denn an ihm setzt die Verschiebung der Begriffsinhalte nach Art des Rommel-Beispiels an, die bei Einstein so oft zu beobachten ist[219].

Einsteins ›Voraussetzung‹ drückt zunächst dasselbe aus, was wir auch beim Dopplereffekt des Schalls bereits kennengelernt haben, nämlich die Unabhängigkeit der Ausbreitungsgeschwindigkeit von der *Quelle* des Lichts bzw. des Schalls; das zeigt meine Hervorhebung in dem zuletzt zitierten Text. Daß die Ausbreitung des Schalls, nachdem er die Schallquelle verlassen hat, nur noch von dem transportierenden Medium bestimmt wird, haben wir oben gesehen[220]. Warum sollte es beim Licht anders sein? Bis zu diesem Punkt steht also die ›Voraussetzung‹, von der Einstein ausging, mit der physikalischen Erfahrung gut in Einklang.

Aber Einstein blieb nicht bei dieser Aussage, sondern setzte seine ›Voraussetzung‹ in mathematische Gleichungen ein, die, ohne daß er dies bemerkte, eine inhaltlich andere Annahme voraussetzten. Und damit nahm das Unheil seinen Lauf.

(*a*) Einstein suchte nach einer Theorie der Messung von Entfernungen und Geschwindigkeiten. Am Anfang stand für ihn die Frage, wie sich die Gleichzeitigkeit von Ereignissen unter Berücksichtigung der Lichtgeschwindigkeit tatsächlich messen läßt. Um die dazu nötigen mathematischen Ansätze formulieren zu können benötigte er klare Ausgangsgrößen.

---

219   Zum Rommel-Beispiel vgl. oben Kap. 6, III, 2c (S. 184 ff.).
220   5. Kapitel, Abschn. II, 2c (S. 160 ff.).

Deshalb definierte er in § 1 des Aufsatzes zunächst die Gleichzeitigkeit zweier Ereignisse, die sich an den Raumpunkten A und B eines Koordinatensystems ereignen, an dessen Enden sich ›Uhren‹ befinden. Dazu schickte er voraus:

»Wir nennen dies Koordinatensystem zur Unterscheidung von später einzuführenden Koordinatensystemen und zur Präzisierung der Vorstellung das ›ruhende System‹.«

Seine nachfolgende Definition der Gleichzeitigkeit bezog sich also ausdrücklich auf die Raumpunkte eines *ruhenden* Systems. Das wird sich in der weiteren Diskussion als wichtig erweisen. Er schrieb im selben Text wenig später:

»Es ist aber ohne weitere Festsetzung nicht möglich, ein Ereignis in A mit einem Ereignis in B zeitlich zu vergleichen; wir haben bisher nur eine ›A-Zeit‹ und eine ›B-Zeit‹, aber keine für A und B gemeinsame Zeit definiert. Die letztere Zeit kann nun definiert werden, indem man *durch Definition* festsetzt, daß die ›Zeit‹, welche das Licht braucht, um von A nach B zu gelangen, gleich ist der ›Zeit‹, welche es braucht, um von B nach A zu gelangen. Es gehe nämlich ein Lichtstrahl zur ›A-Zeit‹ t_A von A nach B ab, werde zur ›B-Zeit‹ t_B in B gegen A zu reflektiert und gelange zur ›A-Zeit‹ $t'A$ nach A zurück. Die beiden Uhren (scil. die er sich an den Orten A und B aufgestellt denkt) laufen definitionsgemäß synchron, wenn

$$t_B - t_A = t'_A - t_B \qquad (1)$$

…

Wir setzen noch der Erfahrung gemäß fest, daß die Größe

$$\frac{2\overline{AB}}{t'_A - t_A} = V \qquad (2)$$

eine universelle Konstante (die Lichtgeschwindigkeit im leeren Raume) sei.«

(*b*) Obwohl sich also die Definition der Gleichzeitigkeit in den Gleichungen (1) und (2) nach der ausdrücklich beigegebenen Erklärung auf *ruhende* Systeme bezogen, übertrug Einstein sie im nächsten Abschnitt

(§ 2) unter der Zwischenüberschrift ›Über die Relativität von Längen und Zeiten‹ auf ein *bewegtes* System AB, an dessen Enden sich wiederum ›Uhren‹ befinden. In seiner Notation bezeichnet V weiterhin die Lichtgeschwindigkeit und v die Geschwindigkeit des bewegten Systems.

Die Übertragung der Definition der Gleichzeitigkeit von dem ruhenden auf das bewegte System geschah an dieser Stelle keineswegs unbeabsichtigt oder unbemerkt. Vielmehr gab Einstein dafür sogar eine besondere Begründung. Er berief sich nämlich auf das Prinzip der Konstanz der Lichtgeschwindigkeit und schrieb dazu:

»Wir denken uns ferner, daß sich bei jeder Uhr ein *mit ihr bewegter* Beobachter befinde, und daß diese Beobachter das im § 1 aufgestellte Kriterium für den synchronen Gang zweier Uhren anwenden. Zur Zeit t_A gehe ein Lichtstrahl von A aus, werde zur Zeit t_B in B reflektiert und gelange zur Zeit t'_A nach A zurück. Unter Berücksichtigung des *Prinzips von der Konstanz der Lichtgeschwindigkeit* finden wir:

$$t_B - t_A = \frac{r_{AB}}{V - v} \tag{3}$$

und

$$t'_A - t_B = \frac{r_{AB}}{V + v}, \tag{4}$$

wobei r_{AB} die Länge des bewegten Stabes – im ruhenden System gemessen – bedeutet. Mit dem Stabe bewegte Beobachter würden also die beiden Uhren nicht synchron gehend finden, während im ruhenden System befindliche Beobachter die Uhren als synchron laufend erklären würden.

Wir sehen also, daß wir dem Begriffe der Gleichzeitigkeit keine ›absolute‹ Bedeutung beimessen dürfen, sondern daß zwei Ereignisse, welche, von einem Koordinatensystem aus betrachtet, gleichzeitig sind, von einem relativ zu diesem System bewegten System aus betrachtet, nicht mehr als gleichzeitige Ereignisse aufzufassen sind.« (Kursive Hervorhebungen von mir.)

Diese Zitate aus Einsteins Originaltext sollen fürs erste genügen.

(*2*) Der mathematische Widerspruch zwischen den zitierten Gleichungen liegt in der vorstehenden zusammengezogenen Darstellung auf der Hand.

Nach den Regeln der Algebra lassen sich die Gleichungen (3) und (4) in Gleichung (1) einsetzen. Das ergibt die Gleichung

$$\frac{r_{AB}}{V-v} = \frac{r_{AB}}{V+v}.\qquad\qquad (5)$$

Sie läßt sich durch Kürzen der auf beiden Seiten gleichlautenden Zähler in die Gleichungen

$$V - v = V + v \quad \text{oder} \quad +v = -v \qquad\qquad (6a,b)$$

umformen, was gleichbedeutend ist mit

$$v \neq v \qquad\qquad (6c)$$

Damit ist der Widerspruch in einer jeden Zweifel ausschließenden Weise mathematisch dargestellt. Der einzige Fall, in dem die Gleichung (5) aufgeht, ist der Fall $v = 0$, also der Fall des ruhenden Systems. Würde aber die Anwendung der Gleichungen (3) und (4) auf diesen Fall beschränkt, dann wären sie zum einen keine *Funktions*gleichungen mehr, die das Verhältnis von Weg und Zeit des bewegten Systems bei unterschiedlichen Geschwindigkeiten beschreiben, sondern hätten nur noch für ruhende Systeme Gültigkeit. Und zum anderen würde sich die Frage stellen, wozu eine Theorie der Relativität der Zeit gut sein soll, die allein für ruhende Systeme gilt.

(*3*) Den Ursprung des dargestellten Widerspruchs habe ich durch Hervorhebungen in den zitierten Textpassagen schon angedeutet. Er liegt darin, daß Einstein die in der Gleichung (1) verwendeten Ausdrücke $t_B - t_A$ und $t'_A - t_B$, die er nach seiner eindeutigen Erklärung nur für die Definition der Gleichzeitigkeit im *ruhenden* System eingeführt hatte, mit den Gleichungen (3) und (4) auf das *bewegte* System überträgt. Diesen Vorgang wollen wir jetzt noch genauer betrachten.

(*a*) Die inhaltliche Verschiebung, die mit der Übertragung der für das ruhende System definierten Ausdrücke auf das bewegte System verbunden ist, ist durchaus nicht bedeutungslos. Um das zu sehen, müssen wir nochmals zu der Gleichung (1) $t_B - t_A = t'_A - t_B$ zurückkehren. Sie setzt eine Gleichsetzung der Zeiten von Hin- und Rückweg voraus. Diese Gleichsetzung ist für ruhende Systeme selbstverständlich, aber keineswegs für bewegte Systeme. Beim Schall gilt sie beispielsweise nicht. Das wollen wir uns anhand des Dopplereffekts beim Schall nochmals genauer vor Augen führen.[221]

Wenn ein Ambulanzfahrzeug A sich mit eingeschalteter Sirene dem am Straßenrand stehenden, also ruhenden Betrachter B mit hoher Geschwindigkeit nähert, ist die Übertragungsdauer des Schallsignals von A nach B von der Geschwindigkeit des Fahrzeugs unabhängig. Sobald die von der Sirene abgegebenen Impulse das Medium Luft einmal in Schwingungen versetzt haben, wird die weitere Ausbreitung nur noch von der Luft bestimmt. Selbst wenn das Fahrzeug im nächsten Moment anhalten oder beschleunigen, oder abbiegen oder in seine Einzelteile zerfallen sollte, hätte das auf die Fortpflanzung des Schalls keinen Einfluß mehr. Der Schall ist unterwegs, wird von der Luft transportiert und hat mit der Schallquelle nichts mehr zu tun.

Aber für den *umgekehrten* Fall des Signals von B nach A gilt keineswegs dasselbe! Wenn der ruhende Betrachter B seinerseits dem Ambulanzfahrzeug ein Schallsignal entgegensendet, ist dessen Übertragungsdauer nicht von der Geschwindigkeit des Ambulanzfahrzeugs unabhängig, denn in diesem Fall ist das Ambulanzfahrzeug nicht Schallquelle, sondern Empfänger des Signals. Während das Schallsignal sich ausbreitet, nähert sich das Fahrzeug und verkürzt dadurch den Weg und die Übertragungsdauer des Signals. Beim Schall gilt also die Gleichung $t_B - t_A = t'_A - t_B$ (1) zwar für ruhende, *aber nicht für bewegte Systeme*. Warum sollte das beim Licht anders sein? Einstein hat sich diese Frage offenbar nie gestellt. Jedenfalls hat er sie nie beantwortet.

(*b*) Wir sehen also, daß Einstein seine ursprüngliche Prämisse in dem oben zitierten Text,

---

221 Vgl. dazu schon oben, 5. Kapitel, Abschn. II, 2c (S. 160 ff.).

216

»daß sich das Licht im leeren Raume stets mit einer bestimmten, vom Bewegungszustand des *emittierenden* Körpers unabhängigen Geschwindigkeit *V* fortpflanze«, (meine Hervorhebung)

mit der Übertragung der Gleichung (1) auf das bewegte System stillschweigend modifiziert und durch die Behauptung ersetzt hat,

daß sich das Licht im leeren Raume stets mit einer bestimmten, vom Bewegungszustand des emittierenden *und des empfangenden* Körpers unabhängigen Geschwindigkeit *V* fortpflanze«.

Genaugenommen kündigt sich diese Begriffsverschiebung schon in der Gleichung (2) an, denn auch die Definition der Lichtgeschwindigkeit V, die Einstein dort unternimmt, kann nur für ruhende Systeme Geltung beanspruchen. Sie enthält nämlich inhaltlich eine Durchschnittsberechnung, deren Ergebnis sich bei wechselnden Ausgangsgrößen verändert. Der im Zähler der Gleichung (2) verwendete Ausdruck $2AB$ bedeutet eine Verdoppelung der Strecke von A nach B. Und der im Nenner verwendete Ausdruck $t'_A - t_A$ bezeichnet die Zeitdifferenz zwischen der Absendung des Lichtsignals in A und seiner Rückkehr nach A *nach Reflektion in B*. Die Gleichsetzung von doppelter Strecke und doppelter Zeit ist also nur gerechtfertigt, wenn Hin- und Rückweg des Lichts gleiche Zeit in Anspruch nehmen. Das wiederum ist nur im ruhenden System selbstverständlich. Für ein bewegtes System trifft es jedenfalls beim Schall nicht zu. Deshalb kann es beim Licht nicht selbstverständlich sein, sondern bedürfte wenigstens einer Begründung.

(5) Als Ergebnis ist also festzuhalten, daß Einsteins Begründung der speziellen Relativitätstheorie auf einer inhaltlichen Begriffsverschiebung nach Art des Rommel-Beispiels[222] beruht, die sich auch in seinen Gleichungen als mathematischer Fehler niederschlägt. Seine Ableitung der sogenannten Lorentztransformation, also des Systems von Gleichungen, das unter Berücksichtigung des Prinzips der Konstanz der Lichtgeschwindigkeit eine Umrechnung der Koordinaten von ruhenden und bewegten Systemen

---

222 Vgl. oben, Kap. 6, III, 2c (S. 184 ff.).

ermöglichen sollte, enthält einen inneren Widerspruch, den wir in der Gleichung (6) gesehen haben. Sie ist mathematisch falsch.

Weil der Ursprung des Fehlers in dem Prinzip der Konstanz der Lichtgeschwindigkeit selbst begründet ist, muß derselbe Fehler auch bei jeder anderen Ableitung der Lorentztransformation auftreten, die von diesem Prinzip ausgeht. Das habe ich im Anhang *2* zu diesem Buch am Beispiel von drei anderen Ableitungen der Lorentztransformation, die einem Originaltext von Einstein und zwei modernen Lehrbüchern entnommen sind, demonstriert, weil eine Darstellung an dieser Stelle den Rahmen des Textes sprengen würde.

V

Nach dieser sehr deutlichen Kritik an Einsteins spezieller Relativitätstheorie möchte ich das Kapitel nicht schließen, ohne auf einen wesentlichen Unterschied zwischen seinem gedanklichen Ansatz und demjenigen einzugehen, den Max Planck verfolgte. Er rückt die fortschrittlichen Seiten der Einsteinschen Physik in ein helleres Licht.

(*1*) Max Planck beschäftigte sich in seinen Untersuchungen mit physikalischen Erscheinungen wie beispielsweise der Strahlung idealer schwarzer Körper. Aber es war ihm, wie wir gesehen haben, ganz unwichtig, ob solche Erscheinungen in der Wirklichkeit überhaupt vorkommen. Ihn interessierte nicht einmal, ob sie wenigstens vorkommen können; daß wir sie uns *vorstellen* können, genügte ihm durchaus. Die Strahlen, die er berechnete, dachte er sich als ›isotrop‹, die Körper, von denen sie ausgingen, als ›homogen‹, das transportierende Medium als ›ruhend‹ und ihre Verteilung im Raum als ›gleichmäßig‹.[223] Bei allem, was er untersuchte, setzte er grundsätzlich immer ›ideale‹ Bedingungen voraus, ohne jemals zu versuchen, solche Bedingungen tatsächlich zu schaffen. Das ist nur damit zu erklären, daß auch die Antworten, nach denen er suchte, ›ideal‹ sein

---

223 Max Planck, ›Vorlesungen über die Theorie der Wärmestrahlung‹ (1906), S. 5 ff.

sollten. Sie lagen nicht auf der Ebene der physikalischen Erscheinungen oder Tatsachen, sondern auf der Ebene der Ideen, nämlich auf der abstrakten Ebene der Mathematik, die zur geistigen Welt menschlicher Gedanken zählt[224].

Wenn man allein das Ziel von Max Plancks Forschungen betrachtet, also die Aufgaben, die er sich gestellt hatte und für die er sich interessierte, war die Plancksche Physik vom materialistischen Standpunkt aus gesehen und überspitzt formuliert gewissermaßen eine *Physik des Nichts*. Sie befaßte sich nicht mit der Welt der Körper, sondern mit der Welt des Geistes. Plancks Naturkonstante h war eine Rechengröße und die ihr beigegebene Maßeinheit »erg x sec«, die er ausdrücklich als »Produkt aus Energie und Zeit«, also als Ergebnis einer Multiplikation bezeichnete[225], läßt sich keinem in der Natur vorkommenden Gegenstand zuordnen. So bleibt zum Verständnis seiner Gedanken in meinen Augen nur die Möglichkeit, daß er gar nicht versuchte, dem Begriff, den er entwickelt hatte, also der Naturkonstante h, einen Sachverhalt zuzuordnen, der in der Natur auch wirklich vorkommt. Sein eigentliches Thema war nicht die Physik, sondern die Mathematik. Er wollte nicht erklären, sondern rechnen; seine ganze Theorie bestand in einer fundamentalen Konfusion von Mathematik und Realität.

Darin sehe ich den wichtigsten Unterschied zwischen den gedanklichen Ansätzen von Max Planck und Albert Einstein. Auch Einstein hat seine Begriffe durcheinandergebracht, aber seine Physik war immer eine *Physik des Etwas*. Ich erinnere nochmals an seinen berühmten Satz:

> »Insofern sich die Sätze der Mathematik auf die Wirklichkeit beziehen, sind sie nicht sicher, und insofern sie sicher sind, beziehen sie sich nicht auf die Wirklichkeit.«[226]

---

224 Der Text setzt hier Karl Poppers Lehre von den ›3 Welten‹ voraus, die eine klare Unterscheidung zwischen der Ebene der physikalischen Erscheinungen und der geistigen Ebene der Mathematik durch eine nominalistische Definition ermöglicht. Zur näheren Darstellung vgl. Karl Popper, ›Objektive Erkenntnis‹, S. 172 ff.

225 Max Planck, ›Vorlesungen über die Theorie der Wärmestrahlung‹, S. 153, 162.

226 Albert Einstein, ›Geometrie und Erfahrung‹, in: ›Mein Weltbild‹, S. 196 ff. Ich habe den Text in Kap. 1, III, 1 (S. 51 ff.) im Zusammenhang zitiert.

Auch er glaubte zwar fest an die Allmacht mathematischer Theoreme und war von der Notwendigkeit der axiomatischen Methode zutiefst überzeugt. Nur blieb diese Überzeugung zumindest teilweise ein bloßes Lippenbekenntnis, denn er setzte sie nicht wirklich in Praxis um, jedenfalls nicht konsequent.

Die Probleme, die Einstein sah, und die Lösungen, die er vorschlug, waren immer *physikalische* Probleme und Lösungen. Seine Lichtquanten waren nicht, wie bei Planck, abstrakte Rechengrößen, sondern Träger physikalischer Energie; sie konnten Wirkungen auslösen und sich sogar im Raum bewegen. Auch seine Theorie der Brownschen Bewegung bezog sich auf wirkliche Teilchen, die in Flüssigkeiten schweben und zittern[227]. Seine spezielle Relativitätstheorie ging von der Bewegung des Lichts aus, die beobachtet werden kann, und die Lösung, die er vorschlug, lag in einer neuen Vorstellung der Zeit, die er wie Newton für einen Bestandteil der physikalischen Wirklichkeit hielt. Auch seine allgemeine Relativitätstheorie setzte diesen Ansatz fort, indem sie den Raum, den er ebenfalls für einen Bestandteil der physikalischen Wirklichkeit hielt, mit einer neuen physikalischen Beschaffenheit, nämlich mit der Eigenschaft der Krümmung ausstattete[228].

Auch wenn also Planck und Einstein einander in ihrer Überschätzung der Mathematik so nahe standen, muß Einstein doch, so glaube ich ihn zu verstehen, von grundsätzlich anderen Vorstellungen und dementsprechend auch von anderen Fragestellungen ausgegangen sein als Max Planck. Zwar waren die geistigen Welten, die sie sich vorstellten

---

227 Albert Einstein, ›Über die von der molekulartheoretischen Theorie geforderte Bewegung von in ruhenden Flüssigkeiten suspendierten Teilchen‹, Annalen der Physik, Bd. 17 (1905), S. 549 ff.

228 Nach den Grundsätzen des methodologischen Nominalismus ist ›Raum‹ ein Wort, liegt also auf der Ebene der Sprache. Es liegt bei uns, dem Menschen, diesem Wort einen Sachverhalt der physikalischen Welt zuzuordnen. In der Physik ist es üblich, den Fall, daß drei Geraden sich jeweils im Winkel von 90^0 zueinander anordnen lassen, als ›Raum‹ zu bezeichnen. Einsteins Vorschlag, den Raum statt dessen mit physikalischen Eigenschaften, etwa der Krümmung, auszustatten, beruht dagegen auf einer Verwechselung von Physik und Geometrie. Das habe ich in ›Popper *versus* Einstein‹ im einzelnen dargelegt (S. 77 ff.).

und in denen sie gedanklich lebten, bei beiden deterministische Welten. Sie setzten ein Universum voraus, das in allen seinen Abläufen bis ins letzte Detail von ewigen, unabänderlichen und prinzipiell vorhersehbaren Naturgesetzen regiert wird. Auch die mathematische Gesetzmäßigkeit dieser Abläufe ist beiden gemeinsam. Aber in der Planckschen Theorie übernahm die mathematische Gesetzmäßigkeit zugleich die Funktion einer *Ursache*. Darin liegt der entscheidende Unterschied. Für Max Planck war die Mathematik die *letzte* Erklärung, nach der man suchen konnte; war die mathematische Gesetzmäßigkeit einmal gefunden, dann waren aus seiner Sicht alle weiteren Fragen sinnlos. Sie konnten keine tieferen Erkenntnisse mehr zutage fördern, weil es eine tiefere Ursache als die Mathematik in seiner Vorstellung nicht geben konnte.

Demgegenüber war Einsteins Welt trotz der in ihr herrschenden mathematischen Gesetze eine Welt, in der die mechanischen oder wenigstens mechanistischen Zusammenhänge von Ursache und Wirkung als oberste Prinzipien Gültigkeit hatten. Die physikalischen Abläufe in dieser Welt verliefen zwar streng mathematisch, aber sie waren trotzdem *Geschehens*abläufe, also etwas Wirkliches, das deshalb durch einen Zusammenhang von wirklichen Ursachen und Wirkungen erklärt werden konnte und sollte[229]. Die Vorstellung, daß eine bloße Rechengröße wie Plancks Wirkungsquantum h selbst die *Ursache* physikalischer Effekte sein, oder daß sie gar eine Naturkonstante sein könnte, war Einstein völlig fremd. Sie war ihm dermaßen fremd, daß er Max Plancks Gedanken in diesem Punkt nicht einmal verstanden hat.

(2) Wenn meine Interpretation zutrifft, deutet sich damit eine Tragik in Einsteins Leben an, die bisher wenig gesehen wurde, obwohl sie von den sichtbaren Erfolgen seines Lebens nur oberflächlich überdeckt wird. Er schien ein Held seiner Zeit zu sein, war aber eigentlich ihr Opfer.

Einstein sah den Unterschied zwischen Mathematik und Physik, da-

---

229 Besonders deutlich wird dies in dem berühmten Aufsatz von Einstein, Podolsky, Rosen ›Can Quantum-Mechanical Description of Physical Reality Be Considered Complete?‹ Physical Review, Bd. 47 (1935), S. 777 ff. – Dazu sogleich im Text.

ran besteht kein Zweifel. Der zuletzt zitierte Satz bringt seine Kenntnis zum Ausdruck, und er muß auch in seinen Vorträgen der Empirie große Bedeutung beigemessen haben. Andernfalls hätte er den jungen Karl Popper wohl kaum gerade in diesem Punkt so stark beeindrucken können[230]. Außerdem kämpfte er beharrlich für eine Physik, die das Prinzip der Nahewirkung anerkennt, Fernwirkungen dagegen nicht akzeptiert. Dieser Kampf war lebenslang fast sein wichtigstes Thema. Physikalische Theorien, die von der Annahme ausgingen, daß Ereignisse an räumlich getrennten Orten unseres Universums miteinander verknüpft sein könnten, ohne daß zwischen ihnen ein physikalischer Wirkungszusammenhang besteht, erschienen ihm nicht hinnehmbar. Darauf beruht schon die allgemeine Relativitätstheorie, mit der er die von einer Anziehungskraft der Materie ausgehende Newtonsche Gravitationstheorie überwinden wollte. Denn daß die Anziehungskraft eine Fernwirkung wäre, hatte schon Newton selbst gesehen[231]. Einstein scheute keine Mühe und unterzog sich schwersten inneren Kämpfen, um eine Theorie zu formulieren, die dieses Problem überwinden sollte, weil es ihm so außerordentlich wichtig erschien. Und aus demselben Grund wandte er sich auch in dem berühmten, gemeinsam mit Boris Podolsky und Nathan Rosen verfaßten Aufsatz mit geradezu leidenschaftlichem Engagement gegen die sogenannte ›Kopenhagener Interpretation‹ der Quantenmechanik, die ebenfalls Fernwirkungen akzeptiert[232]. In beiden Fällen zog er sogar Dritte als Ratgeber hinzu, weil er sich der Aufgabe allein nicht gewachsen fühlte. Wenn man darin nicht einen Ausdruck

---

230   Dazu v. Mettenheim ›Popper *versus* Einstein‹, S. 1 ff.

231   Vgl. die Ausschnitte aus seinem Briefwechsel der Jahre 1692–1693 mit seinem Freund Bentley, zitiert in: ›Sir Isaac Newton's Mathematical Principles of Natural Philosophy and his System of the World‹, Anh. Bd. II, S. 633 f. – Vgl. auch oben S. 35.

232   Einstein, Podolsky, Rosen ›Can Quantum-Mechanical Description of Physical Reality Be Considered Complete?‹ Physical Review, Bd. 47 (1935), S. 777 ff. – Die Frage ist noch heute umstritten; vgl. mein ›Popper *versus* Einstein‹, Kapitel 8: ›Is there Action at a Distance?‹ (S. 156 ff.). Dort habe ich dargelegt, daß die Experimente von Aspect et al. (Aspect, Grangier, Roger, ›Experimental Realization of Einstein-Podolsky-Rosen Gedankenexperiment: A new Violation of Bell's Inequalities‹), ebensogut als Widerlegung der Hypothese interpretiert werden können, die Lichtgeschwindigkeit sei eine nicht überschreitbare Grenzgeschwindigkeit.

bloßer Hilflosigkeit sehen will, ist nur die Schlußfolgerung möglich, daß er nicht nur von der Notwendigkeit der axiomatischen Methode zutiefst durchdrungen war, sondern ebenso auch von der Notwendigkeit einer Physik, die nach wirklichen Erklärungen physikalischer Erscheinungen sucht[233].

Diese tiefe Überzeugung von der Notwendigkeit einer ›Physik des Etwas‹, also einer Physik, die physikalische Erscheinungen unter Beachtung des Lokalitätsprinzips erklären will, indem sie mechanistische Zusammenhänge annimmt, entspricht außerdem auch Einsteins familiärem Hintergrund. Er entstammte einer ausgesprochen technisch interessierten und praktisch orientierten Familie. Sein Vater hatte sich mit leider nicht dauerhaftem unternehmerischem Erfolg der Elektrotechnik zugewendet. Die »Elektrotechnische Fabrik J. Einstein & Cie.«, die der jüngere Bruder des Vaters, Jakob Einstein, in München gegründet hatte, befaßte sich mit der Herstellung von Dynamos, Bogenlampen, Glühbirnen und Strommeßgeräten und ähnlichen Apparaten und bemühte sich zeitweilig sogar um einen Auftrag zur Beleuchtung der Münchener Innenstadt[234]. Einsteins Vater betreute zwar die kaufmännische Seite des Unternehmens, während die Verantwortung für die technische Seite dem Bruder oblag, der Ingenieur war. Aber gerade diesem Onkel verdankte Einstein nach eigenem Bericht seine erste Begegnung mit Geometrie und Algebra, die ihn zutiefst faszinierte[235]. Die Vermutung ist deshalb nicht fernliegend, daß diese erste Begegnung, die von einem praktisch tätigen Ingenieur vermittelt wurde, auch von praktischen Beispielen ausging, daß sie also in einer Demonstration der Nützlichkeit der Geometrie und der Algebra bestand und daß beide deshalb in Einsteins Vorstellungswelt von Anfang an mit Sachverhalten verknüpft waren, die sich in mechanischen oder mechanistischen Kategorien ausdrücken ließen. Jedenfalls kann es einem interessierten Schüler, der in einer so praxisorientierten

---

233 Zur methodologischen Bedeutung der Unterscheidung zwischen Erklärungen und Beschreibungen vgl. oben Erster Hauptteil, I, S. 34 Fußn. 23.

234 Ich folge hier der Darstellung von Fölsing in: ›Albert Einstein – Eine Biographie‹, S. 21 ff., 35 ff., 41 ff.

235 Vgl. die in Kap. 1, III, 1 (S. 51 ff.) zitierten Texte.

Atmosphäre aufgewachsen war und der die höchst realen Erfolge und Mißerfolge des Familienunternehmens auf technischem und wirtschaftlichem Gebiet hautnah miterlebte, kaum in den Sinn gekommen sein, rein mathematische Gesetzmäßigkeiten als Ursachen im physikalischen Sinne einzuordnen. Der Einfluß des Onkels müßte das eigentlich verhindert haben.

Einsteins eigentliches Problem lag darin, daß seine an der Wirklichkeit orientierte Überzeugung mit der axiomatischen Theorie, von der er nicht minder fest überzeugt war, in einem unauflöslichen Konflikt stand. Bekannt ist, daß er in seinen wissenschaftlichen Bemühungen letztlich an dem Versuch scheiterte, eine einheitliche Feldtheorie zu entwickeln, in der die mathematischen Formeln des elektromagnetischen Feldes und des Gravitationsfeldes auf einheitliche Grundsätze zurückgeführt werden sollten. Die große ›Weltformel‹, aus der alles Wissen sich auf deduktivem Wege herleiten läßt, war sein eigentliches und letztes Ziel[236].

Aber es wird immer noch kaum gesehen, daß dieses Ziel schon aus theoretischen Gründen unerreichbar ist. Es kann nicht erreicht werden, weil die Zielsetzung selbst auf einem Mißverständnis beruht, nämlich auf einem Mißverständnis der Funktion von Logik und Mathematik. Einstein, das haben wir gesehen, dachte und glaubte:

»Das eigentlich schöpferische Prinzip liegt aber in der Mathematik.«[237]

Heute wissen wir dank der bewundernswerten Leistungen von Russell/Whitehead, Tarski und Popper, daß weder Logik noch Mathematik unser empirisches Wissen jemals vermehren können. Sie können deshalb auch kein neues empirisches Wissen schaffen, sondern immer nur bekanntes Wissen neu anordnen. Da Einstein das nicht sah, war er zum Scheitern verurteilt. Er verbrachte die letzten Jahrzehnte seines Lebens zwar in äußerlich erfreulichen Verhältnissen, wurde von allen Seiten bewundert und konnte sich ungestört seiner Geige und seinem Segelboot widmen.

---

236   Vgl. dazu oben Kap. 3 (S. 83 ff.).
237   Albert Einstein, ›Zur Methodik der theoretischen Physik‹ in: ›Mein Weltbild‹, S. 185 ff; ich haben den Text oben, Kap. 1, III, 1 (S. 51 ff.), zitiert.

224

Aber angesichts des totalen Stillstandes der eigenen wissenschaftlichen Leistung dürfte dieses Leben seinen inneren Ansprüchen kaum genügt haben.

8. *Kapitel:*
Was wird aus den Atomen?

›Se non è vero è molto ben trovato.‹
Giordano Bruno

Einsteins Großangriff auf die Ätherhypothese darf als gescheitert angesehen werden. Er wollte »die Einführung eines ›Lichtäthers‹ ... als überflüssig erweisen«. Statt dessen haben seine eigenen Theorien sich als Irrweg erwiesen.

Um die Dinge so zu sehen, muß man allerdings logische Argumente als zwingend anerkennen. Das ist durchaus keine Selbstverständlichkeit, sondern setzt den Standpunkt einer Wissenschaftstheorie voraus, die sich bewußt ist, daß jeder Wissenschaftler für seine Forschungen eine persönliche Verantwortung trägt. Im täglichen Leben gelten oft andere Maßstäbe, leider auch in der Wissenschaft. Selbst für Wissenschaftler können persönliche Interessen wichtiger sein als sachliche Argumente. Deshalb konnte Einsteins Angriff trotz seiner logischen Fehler praktisch höchst erfolgreich sein. Er hat jedenfalls entscheidend dazu beigetragen, die Ätherhypothese aufs schwerste zu diskreditieren, und zwar so gründlich, daß sie als wissenschaftliche Theorie seit bald hundert Jahren gewissermaßen nicht mehr salonfähig ist und in der heutigen Physik allenfalls noch die Rolle einer historischen Reminiszenz spielen kann. Ein theoretischer Physiker, der heute wagen wollte, ernsthaft für eine wie auch immer formulierte Ätherhypothese einzutreten, würde vermutlich seine berufliche Laufbahn aufs Spiel setzen. Die Strukturen sind so verkrustet, daß nur Außenseiter wie ich ein solches Risiko noch eingehen können.

Selbst für Außenseiter stellt sich aber die Frage, ob sich die Situation überhaupt noch ändern läßt. Die Chancen stehen nicht gut, denn das Beharrungsvermögen ist in jeder Wissenschaft groß. Viel wäre aber schon gewonnen, wenn wenigstens eine Diskussion darüber in Gang käme, welche Theorie überhaupt Anspruch auf Wahrheit erheben kann. Doch auch das stößt derzeit auf kaum überwindliche Schwierigkeiten.

Diese Schwierigkeiten sind vor allem im axiomatischen Wissenschaftsverständnis selbst begründet, das in der theoretischen Physik noch immer dominiert. Seine Anhänger sind leider allzuoft über jegliche Diskussion erhaben. Sie wurden in ihrer wissenschaftlichen Ausbildung zu der Vorstellung erzogen, die Aufgabe der Wissenschaft bestehe darin, unanfechtbare Wahrheiten zu entdecken und zu vermitteln. Also wollen sie, selbst wenn sie sich keineswegs sicher fühlen, wenigstens den äußeren Schein der Unanfechtbarkeit aufrechterhalten und meiden deshalb sachliche Diskussionen besonders dann, wenn sie sich ihnen nicht gewachsen fühlen, also gerade dann, wenn ihnen die Argumente fehlen.

Das Problem wird aber noch weiter verschärft. Die Rückkehr zur Äthertheorie, die mir unumgänglich erscheint, erfordert nämlich nicht nur ein Überdenken einzelner physikalischer Theorien, sondern einen völlig neuen Denkansatz, und zwar einen Denkansatz, der mit nahezu allen großen Theorien der Physik des 20. Jahrhunderts in Konflikt gerät. Die gedanklichen Voraussetzungen der heutigen theoretischen Physik müssen von Grund auf in Frage gestellt werden, und zwar ohne Ausnahme. Was das bedeutet, kann ich in diesem Kapitel nur andeutungsweise an einem Beispiel demonstrieren, nämlich am Beispiel *des planetarischen Atommodells,* das heute so anerkannt ist, daß es längst nicht mehr nur den Physikern, sondern auch der Allgemeinheit als unentbehrlicher Bestandteil ihres Weltbildes gilt.

Wer eine so weit verbreitete Theorie angreift, kann kaum mit Beifall rechnen. Wenigstens darin hatte Max Planck recht, als er resignierend feststellte:

> »Eine neue wissenschaftliche Wahrheit pflegt sich nicht in der Weise durchzusetzen, daß ihre Gegner überzeugt werden und sich belehrt erklären, sondern vielmehr dadurch, daß die Gegner allmählich aussterben und daß die heranwachsende Generation von vornherein mit der Wahrheit vertraut gemacht ist.«[238]

---

238   Max Planck, ›Vorträge und Erinnerungen‹, S. 13.

Ob die Wahrheit sich wirklich so eindeutig zu erkennen gibt, wie Planck damals mit seinen Worten voraussetzte, ist allerdings fraglich. Die einzige Hoffnung liegt aber jedenfalls in der Diskussion. Das planetarische Atommodell muß ernsthaft in Frage gestellt werden. Da ich mich mit meinen Angriffen auf die Quantentheorie und die Relativitätstheorie ohnehin bereits zwischen sämtliche Stühle gesetzt habe, kommt es für mich selbst auf diesen nächsten Schritt auch nicht mehr an. Für einen Fortschritt der theoretischen Physik erscheint er mir unerläßlich.

I

Es wird vermutlich nicht jedem auf den ersten Blick einleuchten, daß zwischen der Ätherhypothese und der Hypothese des planetarischen Atommodells ein unauflöslicher Widerspruch besteht. Aber nähere Überlegung wird den Konflikt sichtbar machen. Da die Hypothese des planetarischen Atommodells außerordentlich populär und besonders weit verbreitet ist, geht es um ein wichtiges Problem. Wir müssen deshalb zunächst den wissenschaftstheoretischen Status dieser Theorie genau untersuchen, und zwar speziell im Hinblick auf ihre Vereinbarkeit mit der Ätherhypothese. Schon bei diesem ersten Schritt stellt sich allerdings die Frage, mit welcher der verschiedenen Varianten der Ätherhypothese wir uns eigentlich auseinanderzusetzen haben. Gibt es überhaupt eine derartige Theorie, die hinreichend konkretisiert ist, um diskutiert werden zu können?

In der ursprünglichen Äthertheorie dachte man sich Materie und Äther immer streng voneinander getrennt. Man ging also davon aus, daß die Materie vom Äther gewissermaßen umspült oder durchweht wird. Diese Vorstellung hatte Descartes im einzelnen ausgearbeitet und Huygens vertieft, und sie lag auch den berühmten Versuchen von Michelson und Morley zugrunde. Der Ätherwind, den Michelson und Morley nachweisen wollten, war nur unter der Voraussetzung zu erwarten, daß Materie und Äther sich grundsätzlich unterscheiden und daß nur die Zwischenräume zwischen den einzelnen Bausteinen der Materie vom Äther erfüllt sind. Auch Fresnels Hypothese des bewegten Äthers ging wohl von dieser

Annahme aus. Nur so konnte nämlich die Vorstellung aufkommen, daß die Materie den Äther ›mitnehmen‹ könnte.

Es kommt aber auch eine ganz andere Variante der Äthertheorie in Betracht. Ich halte sie für die stärkste, weitaus stärker jedenfalls, als alle bisherigen Ätherhypothesen. Sie geht von der Annahme aus, daß die Materie nicht vom Äther umspült wird, sondern selbst Äther *ist,* und daß ihre Erscheinungsformen sich gewissermaßen als ein Anregungszustand oder eine Überlagerung des Äthers darstellen lassen. Materie könnte sich nach dieser Theorie zum Äther etwa so verhalten, wie Wellen sich zum Wasser verhalten, oder der Schall zur Luft. Was uns als Materie erscheint, könnte also eine Gleichförmigkeit dieser Überlagerung sein. Diese Hypothese, die ich hier vorstellen möchte, hat m. W. vor mir noch niemand ausdrücklich formuliert. Ich halte sie dennoch für die leistungsfähigste Variante der Ätherhypothese, weil sie einerseits deutlich mehr erklären kann als alle früheren Varianten, andererseits aber mit den bisher vorliegenden empirischen Befunden gut in Einklang zu bringen ist. Sie unterscheidet sich von anderen Äthertheorien dadurch, daß sie von der Identität von Äther und Materie ausgeht, also nicht nur das Licht, sondern auch die Materie selbst aus den physikalischen Eigenschaften des Äthers zu erklären versucht. Sie ist also einfacher, als alle früheren Ätherhypothesen und auch als alle Versuche, die Materie aus Atomen oder deren Bestandteilen zu erklären, denn sie erklärt eine Vielzahl von Erscheinungen aus nur einem Prinzip. Andererseits stellt sie aber hohe Anforderungen an unser Vorstellungsvermögen, aber das war beim Übergang zur kopernikanischen Theorie auch nicht anders. Da ein anerkanntes Prinzip der wissenschaftlichen Methode darin besteht, jede Theorie möglichst in ihrer stärksten Form auf die Probe zu stellen, weil mit der Widerlegung schwächerer Varianten nichts gewonnen wäre, sollten wir in erster Linie an diese Variante denken, wenn wir die Rückkehr zur Äthertheorie prüfen.

Meine Vorstellung dieser modifizierten Äthertheorie habe ich in meinem Buch ›Popper *versus* Einstein‹ dargestellt, natürlich aber nur in Grundzügen[239]. Eine nähere Ausarbeitung würde die Ausführung von

---

239 Vgl. ›Popper *versus* Einstein‹, Kapitel 6: ›Back to the Ether Hypothesis‹ (S. 111 ff.).

Experimenten voraussetzen, die meine Möglichkeiten übersteigen[240]. Die Theorie geht von der Annahme aus, daß sich der Äther im ganzen Universum in ständiger Bewegung befindet und daß gleiche mikrophysikalische Bedingungen, nämlich gleichmäßige elastische Reaktionen der einzelnen Ätherpartikeln gleichmäßige makrophysikalische Erscheinungen erzeugen, so daß die Stabilität der Materie sich aus der Stabilität solcher Bedingungen erklärt. Die Ätherpartikeln selbst haben wir uns, wenn es sie überhaupt gibt, jedenfalls so infinitesimal klein vorzustellen, daß wir ihre Einzelexistenz vernachlässigen können, weil sie jedenfalls für unser menschliches Wahrnehmungsvermögen nur als statistische Größen erkennbar werden. Danach hätte man sich das ganze Universum etwa wie eine Wolke vorzustellen, in der, was die Größenverhältnisse angeht, die einzelnen Himmelskörper oder Galaxien vielleicht die Rolle von Molekülen in der herkömmlichen Theorie einnehmen. In diesem unendlichen bewegten Äthermeer könnte sich die Materie ähnlich wie eine Welle in einem Fluß verhalten, die zwar von immer wechselnden Wassermolekülen durchströmt wird, trotzdem aber bei gleichbleibenden Bedingungen ihre äußere Erscheinung nicht ändert. Bei gleicher Strömung des Flusses und gleicher Form der Ufer beobachten wir an jedem Brückenpfeiler und an jeder Uferböschung gleichbleibend dieselbe Wellenform, und diese Form bleibt dauerhaft erhalten, solange die Bedingungen andauern, denen sie ihre Entstehung verdankt. Eine ähnliche Uniformität der Bedingungen könnte auch die Uniformität und damit die Stabilität der Materie erklären. Sie könnte sogar das Altern der Menschen erklären. Aus dieser Sicht sind also Äther und Materie nicht mehr wesensverschieden, sondern vielmehr unterschiedliche Erscheinungsformen derselben Substanz. Die Stabilität der Materie soll aus den physikalischen Eigenschaften des

---

240   Ich bin kritisiert worden, weil ich mich in ›Popper *versus* Einstein‹ darauf berufen hätte, kein Naturwissenschaftler zu sein. Diese Kritik halte ich für unberechtigt. Wer nicht über die Voraussetzungen zur Ausführung von Experimenten verfügt, kann trotzdem Widersprüche zwischen Theorien feststellen, neue Theorien aufstellen und Anregungen zu Experimenten geben, die solche Theorien auf die Probe stellen. Das habe ich in ›Popper *versus* Einstein‹ getan. Wäre die Kritik berechtigt, dann müßte übrigens die gesamte theoretische Physik in gleicher Weise kritisiert werden.

Äthers erklärt werden, insbesondere aus seiner Elastizität und aus dem Resonanzprinzip.

Um Einzelheiten dieser Theorie kann es hier nicht gehen. Sie müßten von Naturwissenschaftlern erarbeitet und sodann im Experiment auf die Probe gestellt werden, denn an gedanklichen Ansätzen für mögliche Experimente fehlt es nicht; auch das habe ich bereits dargelegt[241]. Aus methodologischer Sicht geht es vielmehr nur darum, daß die Vorstellung einer Materie, die nicht aus eigener Substanz, sondern nur aus der Erscheinungsform einer anderen Substanz besteht, die also gewissermaßen auf einer anderen Ebene existiert als die Substanz, der sie ihre Existenz verdankt, ein möglicher gedanklicher Ansatz ist.

Schon diese bloße Möglichkeit zwingt dazu, auch die Frage nach dem Aufbau der Materie von Grund auf neu zu überdenken. Das wiederum bedeutet, daß auch die bisher unangefochten anerkannte Theorie des planetarischen Atommodells neu überdacht werden muß. Wenn die theoretische Physik wirklich einen Neuanfang versuchen will, kann sie sich nicht leisten, weiterhin an Dogmen festzuhalten, die nicht in Frage gestellt werden dürfen, sondern muß bereit sein, *alle* überlieferten Theorien zu kritisieren. Sie muß auch zur Kenntnis nehmen, daß jede wissenschaftliche Erklärung, wenn sie eine Entdeckung sein soll, immer nur eine Erklärung des Bekannten durch das Unbekannte sein kann und deshalb, wenn sie einmal gefunden wurde, alsbald kritisch unter die Lupe genommen werden muß[242].

Besonders kritisch müssen Theorien betrachtet werden, die auf der Grundlage der Quantentheorie oder der Relativitätstheorie entwickelt wurden, denn beide haben sich als falsch erwiesen. Zu den Theorien, die danach neu überdacht werden müssen, zählt auch die Theorie des planetarischen Atommodells. Eine kritische Betrachtung wird leider ergeben, daß bisher nur wenige Anhaltspunkte für ihre empirische Richtigkeit erkennbar sind. Ich bedaure das selbst, denn die Theorie ist auch mir ans

---

241   ›Popper *versus* Einstein‹, Kapitel 10, ›Crucial Experiments‹, S. 187 ff.

242   Popper, ›Realism and the Aim of Science‹ (1983), S. 132; dazu näher mein: ›Popper *versus* Einstein‹, S. 105 f.

Herz gewachsen, und zwar nicht nur aus bloßer Gewohnheit, die sich ja leicht dem Verdacht geistiger Trägheit aussetzt, sondern wenigstens teilweise auch aus ernsthafter wissenschaftstheoretischer Überzeugung.

II

Unter den großen physikalischen Theorien des 20. Jahrhunderts zählte die Theorie des planetarischen Atommodells immer zu den erfreulichen Ausnahmeerscheinungen. Sie fragte gar nicht erst nach Begründungen, sondern ließ der Spekulation selbst in der theoretischen Physik von Anfang an ungebremsten Lauf. Wenn es um das planetarische Atommodell ging, war selbst unter theoretischen Physikern von Deduktion nie die Rede, nicht einmal unter Axiomatikern. Der besondere Charme der Theorie lag außerdem darin, daß sie für makrophysikalische und mikrophysikalische Vorgänge auf verwandte Modelle zurückgreifen wollte. Die gleiche Ordnung, die in unserem Sonnensystem herrscht und die Kopernikus entdeckt hatte, sollte im Prinzip auch auf der atomaren Ebene wieder anzutreffen sein. Schon wegen dieser Anschaulichkeit ist die Theorie uns allen liebgeworden. Sie hat der wissenschaftlichen Phantasie unzählige neue Anregungen gegeben und es deshalb auf jeden Fall verdient, daß sie bald ein ganzes Jahrhundert der Physik unangefochten dominieren konnte. Zudem scheint sie auch den Vorzug der Einfachheit für sich in Anspruch nehmen zu können.

Dennoch gerät gerade diese Theorie durch die Rückkehr zur Ätherhypothese in größte Schwierigkeiten, weil die Ätherhypothese das planetarische Atommodell bei näherer Überlegung doch wirklich sehr ernsthaft in Frage stellt. Um die Zweifel vor uns selbst auch moralisch zu rechtfertigen, sollten wir uns deshalb daran erinnern, daß das planetarische Atommodell in Wirklichkeit nie mehr als bloße Spekulation war. Zwar ist es nie direkt widerlegt worden, denn die letzten Bausteine der Materie lassen sich leider auch heute noch nicht direkt beobachten. Selbst stärkste Elektronenmikroskope haben nicht einmal genügend Auflösungsvermögen, um ein einzelnes Atom unmittelbar sichtbar zu machen. Noch we-

233

niger können sie die fast unendlich viel kleineren angeblichen Elektronen unmittelbar abbilden. Deshalb konnte das planetarische Atommodell noch nie direkt empirisch bestätigt werden. Alle Theorien über den Aufbau der Atome sind vielmehr Spekulation. Sie können sich allenfalls *mittelbar* auf Beobachtungen stützen, deren Richtigkeit sich jeweils nur im Lichte einer interpretierenden Theorie anhand von physikalischen Effekten überprüfen läßt.

Aber vor jeder empirischen Nachprüfung muß immer zuerst die Theorie stehen, also die spekulative Hypothese, die nachgeprüft werden soll. Das planetarische Atommodell bestand in einer solchen spekulativen Hypothese, die einer experimentellen Nachprüfung gerade deshalb dringend bedurfte, weil sie nicht nur wirklich neu, sondern zugleich auch phantasievoll und intuitiv bestechend war. Sie war wegen ihrer Anschaulichkeit und ihres ästhetischen Reizes besonders geeignet, das kritische Denken auszuschalten. Deshalb wurde sie von der physikalischen Wissenschaft auch sehr schnell und fast kritiklos akzeptiert.

Dieser leichte Erfolg ist aber nicht allein der Ästhetik zu verdanken. Wenn mein Eindruck nicht trügt, liegt seine Ursache hauptsächlich darin, daß man über den Aufbau des Atoms ohnehin nichts wußte. Es gab an der Wende vom 19. zum 20. Jahrhundert zwar konkurrierende Atomtheorien, aber keine von ihnen konnte aufgrund entscheidbarer Argumente den Vorzug vor anderen beanspruchen. Die Theorie des planetarischen Atommodells stieß also gewissermaßen in ein theoretisches und experimentelles Vakuum, weil man zwar einerseits immer mehr Hinweise auf die Existenz von Atomen zu sehen glaubte, andererseits aber trotzdem noch keine brauchbare Theorie zu ihrer Veranschaulichung gefunden hatte. Jede auch nur halbwegs plausible Theorie, die das Vakuum ausfüllte, war schon aus diesem Grund höchst willkommen. Außerdem hätte man in jener Zeit auch gar nicht gewußt, wie man eine Theorie über den strukturellen Aufbau des Atoms auch nur mittelbar experimentell nachprüfen sollte. Selbst mit den so wesentlich verbesserten experimentellen Möglichkeiten unserer Zeit scheint das immer noch nicht zu gelingen. Mir ist jedenfalls nicht bekannt, daß jemals physikalische Experimente ausgeführt worden wären, um die Theorie des planetarischen Atommodells ernsthaft auf die Probe zu stellen. Also war man auf den theoretischen Ansatz angewiesen, und dieser verhalf der Theorie zum Durchbruch. Die Frage ist daher, ob das nach einer Wiederbelebung der Ätherhypothese noch genügen kann.

(*1*) Um diese Frage zu beantworten, müssen wir uns zunächst nochmals die Problemsituation vergegenwärtigen. Wir erinnern uns, daß Ernest Rutherford 1911 ein Atommodell vorgeschlagen hatte, bei dem die Elektronen den Atomkern nach Art von Planeten umkreisen. Der spekulative Ansatz selbst war schon aus älteren Theorien bekannt, und Niels Bohr forderte dann, der Drehimpuls der Elektronenbahnen müsse sich als ganzzahliges Vielfaches der Planckschen Konstante h errechnen lassen. Diese Forderung beruhte allerdings weder auf empirischer Erkenntnis noch auf mathematischer Deduktion. Sie war vielmehr pure Spekulation, die Bohr in diesem Fall offenbar für erlaubt hielt, weil sie so entscheidend zur Harmonie des theoretischen Gesamtzusammenhangs beitrug. Das hat keiner so deutlich gesehen wie Werner Heisenberg, als er schrieb:

> »Auch wurde mir sehr schnell klar, daß die ganzen Ergebnisse Bohrs über das periodische System einfach intuitiv gewonnen waren. Bohr hatte gar nichts gerechnet. Er hatte nicht etwa versucht, diese fürchterlichen mathematischen Probleme aufzugreifen, sondern einfach die Erfahrung, so wie sie vorlag, anschaulich und begrifflich richtig zu deuten; und wir wissen ja nachträglich, daß seine Theorie des periodischen Systems in allen wesentlichen Punkten in Ordnung war.«[243]

Bohr war mit dieser Spekulation Plancks ursprünglicher Theorie sogar näher als Einstein, denn er stattete das Wirkungsquantum nicht mehr mit physikalischen Eigenschaften aus, sondern nahm Plancks Gedanken wieder auf, daß h eine rein rechnerische Größe sein sollte, nämlich eine elementare Naturkonstante[244]. Dieser Ansatz führte ihn zu der Annahme, daß das Atom Energie abgibt oder aufnimmt, indem seine Elektronen von

---

243 Werner Heisenberg, ›Erinnerungen an die Entwicklung der Atomphysik in den letzten 50 Jahren‹, in: ›Deutsche und jüdische Physik‹, S. 187 ff., 190.
244 Zu Einsteins Verständnis der ursprünglichen Quantentheorie vgl. oben Kap. 6, III (S. 178 ff.).

inneren auf äußere Bahnen oder von diesen wieder zurück auf innere Bahnen springen. In dieser Form zog Bohr die Theorie auch zur Erklärung der Spektralanalyse heran, die Bunsen und Kirchhoff seit 1859 entwickelt hatten. Damit wollte er den Zusammenhang zwischen dem Atommodell und dem Periodensystem der Elemente herstellen.

(2) Es bedarf wohl keiner näheren Erklärung, daß jedenfalls die Bohrsche Variante des planetarischen Atommodells unhaltbar geworden ist. Das hat mit der Rückkehr zur Ätherhypothese zunächst noch gar nichts zu tun, sondern folgt allein schon aus dem Zusammenbruch der Quantentheorie, den wir im 6. Kapitel gesehen haben. Wenn Plancks Wirkungsquantum *nicht* die Bedeutung einer Naturkonstanten hat, und wenn nicht einmal seine Unteilbarkeit jemals begründet worden ist oder begründet werden kann, ist kein Grund ersichtlich, warum die auf solchen logischen Fehlern aufbauende Größe h ausgerechnet mit der Bahn der Elektronen oder sonstiger wirklich existierender Partikeln in Verbindung gebracht werden sollte. Das versteht sich wohl von selbst.

Es gibt auch keinen Grund, der Bohrschen Theorie besonders nachzutrauern, auch wenn mit ihrem Untergang zugleich die gesamte Quantenmechanik untergeht. Ohne Konstanten gibt es zwar keine Berechnung, aber das allein rechtfertigt nicht die Annahme, die Natur müsse aus lauter Konstanten bestehen. Niels Bohrs Forderung, der Drehimpuls der Elektronenbahnen müsse sich als ganzzahliges Vielfaches der Planckschen Konstante h errechnen lassen, hat jedenfalls nach meiner Kenntnis nie zu irgendwelchen wissenschaftlichen Entdeckungen beigetragen. Auch sie war eine bloße Illusion, denn sie war nie eine erklärende, sondern immer eine interpretierende Theorie[245]. Sie verwies auf eine mathematische Größe, die wir heute als willkürlich ansehen müssen, und bereitete damit vielleicht manchen Wissenschaftlern intellektuelles Vergnügen, ergab aber im übrigen keine neue Informationen, für die man sich hätte

---

245   Die methodologische Bedeutung der Unterscheidung habe ich in ›Popper *versus* Einstein‹, S. 102 ff., 143 ff., 150 ff. und hier zu Beginn des Ersten Hauptteils dargelegt (S. 34 Fn. 23).

interessieren können. Der Zusammenhang mit der Quantentheorie und der Spektralanalyse, den sie scheinbar herstellen konnte, folgte immer nur daraus, daß die physikalische Theorie nachträglich jeweils den Ergebnissen angepaßt wurde, die vorher auf anderen Gebieten und anderen Wegen gefunden worden waren[246]. Auch die Entdeckung neuer Elemente verdanken wir zwar dem Periodensystem der Elemente, aber keineswegs der von Niels Bohr vorgeschlagenen Variante des planetarischen Atommodells, sondern eben der bereits vorher entdeckten Periodizität. Wenn wir also die Bohrsche Theorie aufgeben, wird das dem Fortschritt der Wissenschaft keinen Abbruch tun.

(3) Leider ist es aber damit nicht getan. Auch das planetarische Atommodell selbst, also die Vorstellung, daß das Atom aus einem Kern und den ihn umkreisenden Elektronen besteht, trägt bei näherer Überlegung gewissermaßen den Keim des Verderbens bereits in sich. Zudem zeigt sich bei näherer Überlegung, daß auch dieses Modell trotz seiner Anschaulichkeit zum Fortschritt der Wissenschaft nichts beigetragen hat. Selbst die Problemsituation, in der es vorgeschlagen wurde, existiert seit langem nicht mehr.

In den frühen Jahren des 20. Jahrhunderts, als Rutherford seine Theorie formulierte, sah die Welt ganz anders aus als Physiker sie heute sehen. Damals dachte man sich als Bestandteile des Atoms nur den positiv geladenen Atomkern und die negativ geladenen Elektronen. Sogar das Neutron war noch unbekannt. Es wurde erst 1921 ›entdeckt‹, nachdem Rutherford selbst den entscheidenden Hinweis gegeben hatte. Und der Atomkern galt damals noch als unteilbar. Das planetarische Atommodell beruhte also ursprünglich auf der Vorstellung einer ganz einfachen Zusammensetzung der Materie, deren wesentliche Grundprinzipien bekannt zu sein schienen. Ein Atomkern und die ihn umkreisenden Elektronen, das war alles. Wenn man diesem System als Drittes den Äther hinzufügte, der die Materie umspülte und das Universum erfüllte,

---

246 Werner Heisenberg, ›Erinnerungen an die Entwicklung der Atomphysik in den letzten 50 Jahren‹, in: ›Deutsche und Jüdische Physik‹, S. 187 ff., 190.

war damit noch keines der wesentlichen Prinzipien der Physik in Frage gestellt. Man schien sich eher im Gegenteil wieder der antiken Theorie der Elemente anzunähern.

Damit verglichen stehen wir heute vor einer grundlegend veränderten Situation, die auch bei der Abwägung des Für und Wider einer neuen Äthertheorie nicht außer Betracht bleiben darf. Denn die Zahl der Bestandteile, aus denen das Atom zusammengesetzt sein soll, hat sich seit jener Zeit ständig erweitert, was zunächst wohl der Experimentalphysik zu verdanken war.

1912 gelang es dem schottischen Physiker Charles Wilson, in sogenannten Nebelkammern Kondensationsspuren von Wasserdampf sichtbar zu machen, die als Bahnen elektrisch geladener Teilchen interpretiert wurden. Mit dieser Entwicklung und den ihr folgenden Blasenkammern und Funkenkammern begann eine nicht enden wollende Kette von Entdeckungen immer neuer Partikeln, die alle irgendwo innerhalb des Atomkerns oder seiner Hülle untergebracht werden mußten. Jede neu entdeckte Strahlung zwang zur Annahme neuer Teilchen. Hinzu kamen andere Ergebnisse, die auf rein rechnerischem Wege gewonnen wurden. Dem Neutron folgten das Positron und das Neutrino, später folgten Myonen, Kaonen und Pionen und viele weitere vergleichbare Bestandteile. Nachdem Otto Hahn die Kernspaltung entdeckt hatte (1938), gab es auch in der eigentlichen Kernphysik selbst kein Halten mehr. In der Atomtheorie spricht man mittlerweile kaum noch von einzelnen Teilchen, sondern vielmehr von ganzen Großfamilien von Baryonen oder Mesonen, die wiederum aus Quarks oder Leptonen, und wie sie sonst alle heißen mögen, zusammengesetzt sein sollen, von den unterschiedlichen Spin-Zuständen solcher Teilchen ganz zu schweigen.

Auf Einzelheiten kommt es hier nicht an, denn wir sind jedenfalls von der Entdeckung einheitlicher und einfacher Grundbausteine der Materie viel weiter entfernt als das noch vor hundert Jahren der Fall zu sein schien. Bei unvoreingenommener Betrachtung müßte man deshalb eigentlich alle diese Entdeckungen neuer Partikeln als Widerlegungen der Theorie des planetarischen Atommodells interpretieren, jedenfalls nach dessen ursprünglichem Verständnis. Nur Mangel an Kritikfähigkeit oder festgefahrener Dogmatismus können hiernach den Fortbestand der Theorie erklären.

(4) Auch ohne alle Einzelheiten ist damit schon jetzt eines sicher: Mit der dargestellten Entwicklung hat die theoretische Physik nicht nur die Bahnen der klassischen Atomistik verlassen; sie hat sogar das Ziel aus den Augen verloren, das diese verfolgte.

Der gedankliche Ausgangspunkt der klassischen Atomistik lag wohl ursprünglich in dem Problem der Veränderung, also in der uralten philosophischen Frage, wie ein Wesen sich verändern und doch dasselbe bleiben kann. Die Vorstellung, daß die Natur aus kleinsten Einheiten zusammengesetzt ist, die wechseln können, ohne daß das Ganze seine Identität einbüßt, schien hier den Ansatz zu einer Lösung zu bieten. Aber sie führte auch alsbald zu einem neuen Problem, das diesmal in einer Antinomie bestand. Nach allem, was man wußte, war jeder physikalische Körper teilbar. Andererseits erschien es aber nicht vorstellbar, daß dieser Prozeß der Teilung *ad infinitum sollte* fortgesetzt werden können. Es gab also einen gedanklichen Widerspruch, und über diesem Widerspruch grübelten die Philosophen der Antike und meinten, irgendwann müsse des Teilens doch ein Ende, also ein Punkt erreicht sein, an dem eine weitere Teilung nicht mehr möglich ist[247]. Diesem gedachten, letzten und unteilbaren Bestandteil der Materie gab man den Namen ›Atom‹, das Unteilbare. Schon daraus folgt, daß die heutigen Atome diesen Namen eigentlich zu Unrecht tragen, weil sie nicht nur alles andere als unteilbar sind, sondern auch schon lange nicht mehr den Anspruch erheben, letzte Bausteine der Materie zu sein.

Aber der klassischen Atomistik lag nicht nur ein gedankliches Problem, sondern auch ein methodologisches Prinzip zugrunde, das mittlerweile ebenfalls aufgegeben wurde. Die Suche nach letzten, unteilbaren Elementen der Materie war von der Antike bis zum heutigen Tage immer

---

247 Diese Antinomie hat offenbar zuerst Demokrit gesehen, der zusammen mit Leukippos auch als Erfinder der antiken Atomtheorie gilt. Vgl. Zeller, ›Die Philosophie der Griechen in ihrer geschichtlichen Entwicklung‹, Erster Teil, Zweite Abteilung, S. 1038 ff., 1058.

von dem Bestreben getragen, physikalische Erscheinungen auf möglichst wenige unveränderliche und unteilbare Einheiten zurückzuführen[248]. Ihr Ziel war also die *Einfachheit*, und damit stand sie keineswegs allein. Die Suche nach unveränderlichen letzten Einheiten der Natur und nach einer Erklärung physikalischer Erscheinungen durch möglichst wenige unterscheidbare Substanzen entsprach schon immer einem Grundbedürfnis der Wissenschaft[249]. In abgewandelter Form lag dieser Ansatz sogar Max Plancks Vorstellung eines ›Wirkungsquantums‹ und Einsteins Suche nach den ›Grundgesetzen‹ der Natur und nach der einzigen ›Weltformel‹ zugrunde. Nur einfache Lösungen, die unser Verstand auch bewältigen kann, können unser Bedürfnis nach Erklärungen befriedigen. Die Atomistik war der Versuch, die Materie aus einem solchen einfachen Prinzip zu erklären.

Empedokles kannte noch vier Elemente, nämlich Wasser, Erde, Feuer und Luft; Aristoteles fügte als fünftes Element den Äther hinzu und dabei blieb es für lange Zeit. Descartes glaubte sogar, die Zahl der Elemente auf nur drei reduzieren zu können[250]. Als im 17./18. Jahrhundert die chemischen Elemente entdeckt wurden, bedeutete das also für die Atomistik zunächst einen schweren Rückschlag, denn diese Entdeckung vermehrte die Grundbausteine der Materie ganz erheblich, anstatt sie zu vermindern. Sie führte aber im weiteren Verlauf auch zur Entdeckung der Daltonschen Gesetze (1801) und des Periodensystems der Elemente (1869), mit denen die Unterschiede der Elemente nicht mehr aus deren äußerer Gestalt, sondern aus dem Atomgewicht erklärt wurden. Damit schienen bereits wieder die Umrisse eines neuen, noch einfacheren Grundprinzips sichtbar zu werden, das auch den vielen verschiedenen in der Natur vorkommenden Stoffen zugrunde zu liegen schien. Aber auch dieses

---

248 Das galt schon lange bevor Leukippos wohl als erster eine Atomtheorie formulierte; vgl. z. B. Zeller, a.a.O., S. 939 ff.

249 Zum Prinzip der Einfachheit in der Wissenschaft vgl. auch Karl Popper, ›Wahrheit, Rationalität und das Wachstum der Erkenntnis‹, in: Karl Popper, ›Vermutungen und Widerlegungen‹, Bd. I, S. 312 ff., 315.

250 René Descartes, ›Traité de la Lumière‹, besonders Kapitel V, Œuvres, Bd. XI S. 1 ff., 23 ff.

einfache Grundprinzip war bereits wieder in Frage gestellt, bevor es noch richtig erforscht war, denn Faradays Entdeckung der Elektrolyse hatte schon 1834 die Notwendigkeit offenbart, zwischen Atomen und ihrer elektrischen Ladung zu unterscheiden. Also mußte es unterschiedliche Atome geben. Das führte zur Entwicklung der Elektronentheorie durch H. A. Lorentz (1895), die zwischen dem Atomkern und den Elektronen als Trägern der elektrischen Ladung unterschied.

Diese sehr einfache Theorie, die nur den Atomkern und die ihn umgebenden Elektronen kannte, wollte Ernest Rutherford dann in seinem planetarischen Atommodell fest verankern. Und Niels Bohr muß wohl gehofft haben, mit der Annahme eines Quantensprunges zwischen den verschiedenen Elektronenbahnen auch die vielen unsichtbaren Wellen und Strahlen, die ebenfalls im 19. Jahrhundert entdeckt worden waren, irgendwie in das System einordnen zu können.

Aber nach dem gegenwärtigen Stand der Wissenschaft sind diese Ansätze nicht nur aus erkenntnistheoretischen Gründen gescheitert. Vielmehr hat die große Zahl unterschiedlicher Teilchen, die das 20. Jahrhundert zutage gefördert hat oder zu haben glaubt, sogar das Ziel selbst in Frage gestellt. Wenn es nämlich diese vielen Teilchen gäbe, und wenn sie ihrerseits unteilbar sein sollten, dann könnte die heutige Theorie unser Bedürfnis nach Erklärung nicht mehr befriedigen. Sie bedürfte vielmehr ihrerseits dringend einer weiteren Erklärung.

(5) Es gibt einfach zu viele Teilchen, darin liegt die *crux* der Teilchenphysik nach ihrem heutigen Stand. Aus der Sicht unseres menschlichen Bedürfnisses nach Erklärungen haben die Partikeln, aus denen sich das Atom nach heutiger Theorie zusammensetzen soll, inzwischen längst die Funktion dessen übernommen, was in älteren Theorien noch die Elemente oder die Atome waren, aus denen man sich die Natur zusammengesetzt dachte. Sie sind sogar noch weit komplizierter. Wenn es wirklich so viele unterschiedliche Teilchen gäbe, wie die heutige Theorie annimmt, dann müßten wir also jetzt die Frage stellen, woraus sich ihre unterschiedlichen Eigenschaften ergeben und aus was sie sich zusammensetzen. Wir müssen deshalb auf einer neuen Stufe nach einer neuen Theorie suchen.

Das aber bedeutet, daß das planetarische Atommodell prinzipiell versagt hat, auch wenn das bisher offenbar noch nicht bemerkt wurde. Denn welchen Sinn könnte ein Atommodell haben, das nur als Hypothese existiert, weil es noch nie experimentell auf die Probe gestellt werden konnte, wenn es sich nur unter der Voraussetzung aufrechterhalten läßt, daß wir eine Vielzahl verschiedener Teilchen mit unterschiedlichen Eigenschaften und unterschiedlichen Voraussetzungen annehmen, die alle ihrerseits interpretations- und erklärungsbedürftig sind? Wenn es also so unübersichtlich wird, daß niemand es mehr überblicken kann? Nach der heutigen Theorie ist allein der Atomkern weit komplizierter, als sich Rutherford noch die damals schon zu komplizierte Atomhülle gedacht hatte. Irgendwelche Bezüge zur Wirklichkeit liefert das ganze planetarische Atommodell schon seit langem nicht mehr. Es trägt zur Erklärung physikalischer Erscheinungen nichts bei, sondern verkörpert nur noch die Erinnerung an eine liebgewordene Vorstellung.

Das war seinerzeit beim Übergang vom ptolemäischen Modell der himmlischen Sphären zur kopernikanischen Theorie des heliozentrischen Planetensystems auch nicht grundsätzlich anders. Daran sollten wir uns erinnern[251]. Tycho Brahes Exzenter und Epizyklen der Planetenbahnen lassen sich mit dem heutigen Stand der Teilchenphysik gut vergleichen. Wenn wir das planetarische Atommodell aus methodologischer Sicht sehen, wenn wir also seine Funktion als Erklärung physikalischer Erscheinungen betrachten, gibt es zwischen der damaligen und der heutigen Situation keinen Unterschied, jedenfalls keinen prinzipiellen und erst recht keinen, der zugunsten der Theorie des planetarischen Atommodells in die Waagschale fallen könnte. Nach der ptolemäischen Theorie mußte man auf der makrophysikalischen Ebene eine unüberschaubare Vielzahl von Exzentern und Epizyklen annehmen, um die sichtbaren

---

251   Vgl. dazu auch den oben in Kapitel 4, IV, 1 (S. 126) zitierten Text von Galilei. Die damalige Lage war sogar im Gegenteil weit schwieriger, denn damals sprachen alle Beobachtungen dagegen, die gewöhnliche Menschen täglich machen können, gegen die neue Theorie. Das Atom läßt sich dagegen nicht direkt beobachten, so daß die Verantwortung für die Theorie allein bei der Wissenschaft liegt. In dieser Verantwortung liegt deshalb heute das größte Problem.

242

Bewegungen der Planeten in die Kategorien des ptolemäischen Systems einzuordnen. Heute müssen wir auf der mikrophysikalischen Ebene eine noch weit weniger überschaubarere Vielzahl verschiedener Partikeln annehmen, um alle Strahlungen, Messungen von elektrodynamischen Zuständen und sonstigen mittelbaren Beobachtungen in die Kategorien des planetarischen Atommodells einzuordnen. Beides sind demnach reine Hilfshypothesen, also gedankliche Krücken, die einer widerlegten Theorie die letzten Tage verlängern sollen, statt sie in Würde sterben zu lassen.

III

Wo liegt nun der Zusammenhang zwischen diesen Überlegungen und der Rückkehr zur Äthertheorie, um den es hier geht? Ich sehe ihn vor allem darin, daß eine radikale Neuinterpretation der bekannten physikalischen Probleme nötig ist, wenn die theoretische Physik vielleicht eines Tages wieder zum Fortschritt der Wissenschaft beitragen will.

Wir müssen uns endlich an den Gedanken gewöhnen, daß unser menschliches Wissen nicht, wie die theoretische Physik offenbar meint, kurz vor der Vollendung steht, und daß wir deshalb auch mit dem, was wir für Atome oder deren Bestandteile halten, nicht kurz vor der Entdeckung der letzten Bausteine der Materie stehen. Nur menschliche Hybris kann zu solchen Annahmen verleiten, denn sie gehen unausgesprochen davon aus, daß der Mensch das Maß aller Dinge sei, und wenigstens näherungsweise sogar das Maß der Grenzen der Natur. In Wirklichkeit hat die Natur unseren Wahrnehmungsmöglichkeiten engste Grenzen gesetzt, und zwischen diesen Grenzen und dem, was in der ganzen Natur wirklich als *letzte* Erklärung anzusehen wäre, können Dimensionen liegen, von deren Größe wir schon deshalb keinerlei Vorstellung haben, weil sie jenseits unseres Wahrnehmungsvermögens liegen.

Deshalb sollten wir schon im methodologischen Ansatz unserer Erklärungsbemühungen sehr viel zurückhaltender werden und wenigstens versuchsweise annehmen, daß unsere Erkenntnismöglichkeiten von den wirklichen Grenzen der Natur noch immer meilenweit entfernt sein könnten. Wenn die Materie nur eine Überlagerung des Äthers ist, wie ich es oben vorgeschlagen habe, können zwischen den Grenzen, die der Natur durch ihre letzten Bausteine vielleicht irgendwo gesetzt sind, und dem, worauf unsere Sinne noch unmittelbar ansprechen, ganze Welten liegen. Wir brauchen die Bescheidenheit des Kantschen vernunftkritischen Ansatzes, der die Grenzen der menschlichen Vernunft und ihrer Erkenntnismöglichkeiten nicht nur in der Praxis unliebsam erfährt, sondern schon in der Theorie als Möglichkeit respektiert.

Diese wissenschaftstheoretische Sicht setzt bei aller Wißbegier eine fast demütige Einstellung gegenüber der Natur voraus. Danach kann der richtige Ansatz zu einer neuen Theorie der Materie und des Lichts nur darin bestehen, daß wir uns die physikalischen Erscheinungen aus Einheiten erklären, die noch weit kleiner sind als alles, was bisher dafür in Betracht gezogen wurde, so infinitesimal klein also, daß ihre Ausmaße selbst für mittelbare Beobachtungen praktisch keine Rolle spielen können, weil sie sich wegen ihrer minimalen Größe immer nur als *statistische Effekte* niederschlagen würden. Wenn wir uns diese Einheiten dann, wie Christiaan Huygens es vorgeschlagen hat, vollkommen homogen und zugleich hochelastisch denken, führt das zu der Vorstellung von Resonanzeffekten, die bei gleichbleibenden Bedingungen einen guten Ansatz dafür bieten können, die sichtbaren Erscheinungen der Materie als dauerhafte Wiederkehr immer gleicher Resonanzen zu erklären. Damit hätten wir das Prinzip einer zugleich spekulativen und empirisch nachprüfbaren, somit also einer *rationalen* Erklärung für die Stabilität der Materie gefunden. Wir müssen aber auch die Möglichkeit in Betracht ziehen, daß selbst diese Spekulation noch zu anmaßend sein könnte. Auch weit außerhalb des Bereichs der Beobachtungen, die unsere kümmerlichen Sinnesorgane uns ermöglichen, könnten immer noch *mehrere* unterschiedliche Substanzen existieren, aus deren Zusammenwirken sich dann vielleicht die einzelnen physikalischen Erscheinungen erklären lassen. Der Spekulation sind also keine Grenzen gesetzt, sondern nur ihrer empirischen Nachprüfbarkeit. Diese Grenzen können wir zwar nicht überwinden, aber wir können sie vielleicht durch phantasievolle Theorien und Experimente ein wenig erweitern. Das, so glaube ich, wollte Heinrich Hertz zum Ausdruck brin-

gen, als er den Satz formulierte, den ich als Motto an den Anfang dieses
Buchs gestellt habe:

›Nicht die Schranke, welche uns das Denken setzt, wollen wir niederwerfen,
wohl aber die Schranke, welche uns die Sinne setzten.‹[252]

Die wissenschaftstheoretische Sicht, die dem zugrunde liegt, ist zugleich
wagemutig und demütig. Sie ist wagemutig, weil sie der Spekulation
keine Grenzen setzt. Und sie ist demütig, weil sie sich bewußt ist, daß
der Mensch durch diese Spekulation niemals *gesichertes* Wissen erlangen
kann.

Das planetarische Atommodell erweist sich aus dieser Sicht vor allem
deshalb als unbrauchbar, weil es intellektuell zu unbescheiden ist. Es
ging ursprünglich davon aus, daß die Grenzen der Natur wirklich erreicht seien, sonst hätte man nicht den Begriff ›Atom‹ verwendet. Und
es setzt auch heute noch stillschweigend voraus, daß unsere Theorien
sich den Grenzen der Natur immerhin bis auf wenige Schritte genähert
haben, daß also unser menschliches Wissen jedenfalls kurz vor der Vollendung steht. Dafür gibt es aber keinerlei Anhaltspunkte, jedenfalls keine
empirischen.

Die Unendlichkeit kann in zwei Richtungen gehen, das wird oft verkannt.
Sie kann nicht nur in die unendlichen Weiten des Weltalls führen, die
selbst in Lichtjahren kaum zu beschreiben sind, sondern auch in die in-
finitesimale Winzigkeit eines Äthers, dessen Zusammensetzung so tief
unterhalb unserer Wahrnehmungsschwelle liegt, daß wir seine Bestandteile *nicht einmal mittelbar* erkennen können. Es ist sogar möglich, daß
wir diese Bestandteile selbst in unserer Phantasie nicht darstellen können,
weil damit die Grenzen unseres Vorstellungsvermögens überschritten werden. Wir sollten nicht vergessen, daß auch diesem Vorstellungsvermögen
Grenzen gesetzt sind. Es kann uns nicht einmal Farben ausmalen, die
außerhalb des sichtbaren Spektrums liegen. Deshalb sollten wir wenigstens die Möglichkeit in Betracht ziehen, daß der Äther aus Einheiten
zusammengesetzt sein könnte, die so klein sind, daß sie sich selbst in

---

252   Heinrich Hertz, ›Ueber die Constitution der Materie‹.

mittelbaren Beobachtungen nur als statistische Größe niederschlagen, etwa wie eine schnelle Bewegung auf einem langsam belichteten Film. Diese Vorstellung führt dann zurück zur Wellentheorie des Lichts und nach der hier vorgeschlagenen modifizierten Äthertheorie sogar zu einer Wellentheorie der Materie.

In dem unterschiedlichen theoretischen Ansatz sehe ich den eigentlichen Konflikt mit dem planetarischen Atommodell. Wenn die Materie aus einer Überlagerung des Äthers besteht, die sich aus den elastischen Reaktionen der einzelnen Ätherpartikeln erklärt, können wir uns alle Erscheinungen, die in Blasenkammern oder Funkenkammern sichtbar gemacht werden, zwar als Wirkung sich wiederholender und dabei auch verändernder Impulse erklären. Wir beobachten in solchen Experimenten also nicht die Bewegung von Partikeln, sondern allein die Bewegung von Anregungszuständen des Äthers oder der Materie. Aber für ein Atommodell, das *gegenständlich* aus einzelnen Partikeln besteht, ist in einer solchen Theorie kein Raum.

IV

Es läßt sich also feststellen, daß die Quantentheorie und die Relativitätstheorie gestorben sind, während die Äthertheorie lebt. Sie lebt allerdings derzeit nicht in der wissenschaftlichen Praxis, sondern nur als erkenntnistheoretischer Ansatz. Nach einem ganzen Jahrhundert, in dem sie von den berühmtesten Physikern hauptsächlich totgesagt wurde, ist das an sich schon erstaunlich genug. Aber noch weit wichtiger ist dies:

Die Äthertheorie lebt gerade deshalb, weil der Äther unbekannt ist. Denn weil er unbekannt ist, hat die Ätherhypothese gar keine Schwierigkeiten, unser Bedürfnis nach Erklärungen zu befriedigen. Sie verschafft uns die Möglichkeit, den Äther versuchsweise in unserer Phantasie jeweils genau mit den Eigenschaften auszustatten, die nötig sind, um bekannte Erscheinungen der physikalischen Wirklichkeit mit seiner Hilfe verständlich zu machen. Sie füllt also das theoretische Vakuum, das erklärungsbedürf-

246

tige Erscheinungen schaffen, mit neuen Theorien, die unseren Verstand beschäftigen, auch wenn sie zunächst nur spekulativ sind[253].

Für sich genommen führen solche Spekulationen über die Beschaffenheit kleinster Partikeln natürlich noch nicht weiter. Sie reichen kaum aus, um wenigstens die Erscheinungen der Polarisation verständlich zu machen. Aber in Verbindung mit anderen Beobachtungen könnten sie vielleicht eines Tages zum Ausgangspunkt neuer Entdeckungen werden. Besonders die auf Huygens zurückgehende Vorstellung, daß ein Transport von Energie sich auch ohne den Transport von Substanz nach streng mechanistischen Prinzipien erklären läßt, weil nicht Partikeln, sondern immer nur Impulse weitergegeben werden[254], bietet fruchtbare Ansätze. Laserstrahlen und die Erscheinungen der Supraleitung könnten in diesem Zusammenhang experimentelle Nachprüfungen ermöglichen, die es vielleicht eines Tages endlich auch erlauben, Elektrizität und Magnetismus nicht nur anzuwenden, sondern auch zu verstehen. Daß die Ätherhypothese die Möglichkeit bietet, die immer noch unerklärten Erscheinungen der Gravitation erstmals plausibel zu erklären, habe ich ebenfalls schon gezeigt[255]. Wenn wir Neues entdecken wollen, müssen wir also weiter spekulieren. Wir müssen sogar die Möglichkeit in Betracht ziehen, daß selbst der Äther noch nicht homogen ist, sondern sich aus unterschiedlichen Substanzen zusammensetzt, daß er also immer noch nicht die Grenze der Natur markiert, die wir so gerne finden möchten.

So beflügelt also unser Bedürfnis nach Erklärungen die Phantasie, während umgekehrt die Phantasie unser Bedürfnis nach Erklärungen befriedigt. Gemeinsam lassen die beiden natürlich die Frage offen, ob

---

253 Weil das so ist, stellen selbst so alte Beobachtungen wie die, daß Licht sich möglicherweise in transversalen Wellen ausbreitet, während wir beim Schall von longitudinalen Wellen ausgehen, die Ätherhypothese nicht vor grundsätzliche Probleme. Wir müssen nur den Äther hypothetisch mit Eigenschaften ausstatten, die solche Erscheinungen erklären, und das erweist sich als nicht besonders schwierig. Wenn der Äther aus kleinsten elastischen Partikeln besteht, ist es im Gegenteil fast selbstverständlich, daß durch einen Impuls in der Bewegungsrichtung des Lichts zugleich *auch* schwächere Impulse entstehen können, die senkrecht zu ihr verlaufen.

254 Vgl. oben Kap. 5, I, 1 (S. 147 f.).

255 ›Popper *versus* Einstein‹, Kap. 7, The Simple Cause of Gravitation (S. 141 ff.).

eine Theorie, die aus solchen Spekulationen entspringt, auch mit der Welt der Tatsachen in Einklang zu bringen ist. Wir stehen also wieder einmal an der Wegscheide, an der eine zunächst verantwortungslose Spekulation sich entweder in realitätsfernen Hirngespinsten endgültig verliert oder zur ernsthaften Wissenschaft wird, indem wir sie geistiger Disziplin unterwerfen und versuchen, ihre Aussagen nachprüfbar zu machen. Zwischen diesen beiden Wegen müssen wir uns entscheiden.

Auch die theoretische Physik muß sich entscheiden. Sie kann wählen, ob sie Einsteins Leistungen oder seine Fehler fortführen will. Einsteins großer Fehler lag in seinem Glauben an die axiomatische Methode. Sie führte zu den zirkelhaften und sterilen Hirngespinsten der Lichtquantenhypothese und der Relativitätstheorie, die einen Fortschritt der physikalischen Wissenschaft seit 100 Jahren systematisch behindern. Aber seine große Leistung lag in dem heuristischen Ansatz, den er als erster aus der Kantschen Theorie entwickelte und auf die Physik übertrug. Die Fortsetzung dieses Ansatzes führt in direkter Linie zu der problemorientierten und phantasievollen, trotzdem aber objektivistischen und kritischen Popperschen Wissenschaftstheorie. Sie führt zu einer Physik, die von der Spekulation ausgeht und diese erst nachträglich anhand von gezielten Experimenten überprüft.

Wenn die theoretischen Physiker Einsteins Andenken weiterhin ehren wollen, sollten sie sich für den letzteren Weg entscheiden. Nur so können sie die Voraussetzungen für wissenschaftliche Leistungen schaffen, ohne der Phantasie die Flügel zu stutzen. Wenn ihnen das gelingt, schließen sie damit zugleich auch den Graben, der die theoretische Physik und die Experimentalphysik heute voneinander trennt.

SCHLUSS
WOHIN ES GEHT, WER WEISS ES?

> ›Wohin es geht, wer weiß es. Erinnert er sich
> doch kaum woher er kam.‹
> JOHANN WOLFGANG V. GOETHE

Was bleibt noch nachzutragen? Die Quantentheorie und die Relativitätstheorie sind widerlegt, und zwar mit ihren eigenen Mitteln. Beide beruhen auf einem wahrhaft säkularen Irrtum der physikalischen Methode, einem Irrtum allerdings, der seinerseits in einer noch viel älteren philosophischen Tradition wurzelt. Auch das planetarische Atommodell wird sich nicht halten lassen, wenngleich aus anderen Gründen.

Aber das zentrale Anliegen des Buchs galt nicht der theoretischen Physik, sondern der Wissenschaftstheorie, ihr allerdings in ihrer Anwendung auf die theoretische Physik. Darauf möchte ich am Ende des Buchs noch einmal eingehen, denn das Bedenkliche an den dargestellten Fehlern ist, daß sie den Fortschritt der Wissenschaft systematisch behindern. Insofern beruht das Mißverständnis der wissenschaftlichen Methode, das in der heutigen theoretischen Physik dominiert, nicht nur auf einem säkularen Irrtum; es kann auch säkulare Folgen nach sich ziehen. Wir müssen uns nämlich entscheiden, ob wir ins geistige Mittelalter zurückfallen oder weitere wissenschaftliche Fortschritte erzielen wollen.

I

Die großen Fragen der naturwissenschaftlichen Erkenntnistheorie sind eigentlich seit langem beantwortet. Karl Popper hat in seiner *Logik der Forschung* eine Lösung gezeigt, die siebzig Jahre nach ihrer ersten Veröffentlichung (1934) noch immer keine ernst zu nehmenden Gegner gefunden hat. Mir selbst erscheint sie, obwohl ich in Fragen ihrer Anwendung oft anderer Ansicht bin als Popper[256], als Erkenntnistheorie nach bald vierzig Jahren persönlicher Auseinandersetzung (seit 1966) noch immer überzeugend. Ähnlich muß es übrigens auch Werner Heisenberg gesehen haben; das sei allen Physikern hier nochmals besonders gesagt. Wenn sie ihn als Theoretiker bewundern, sollten sie Gedanken, die er fast wörtlich von Karl Popper übernommen, aber als eigene widergegeben hat, nicht achtlos beiseite schieben[257]. Beachtliche Gegenargumente zu Poppers Theorie der naturwissenschaftlichen Erkenntnis sind jedenfalls bis heute nicht bekannt geworden[258].

Trotzdem hat Karl Popper einen großen Kampf verloren, und zwar denselben Kampf, den auch Michael Faraday verloren hat und den beide bis zuletzt nicht aufgeben wollten. Damit meine ich den Kampf für eine phantasievolle Naturwissenschaft, also für eine Naturwissenschaft, die sich nicht auf das beschränkt, was wir sehen, sondern die nach einer Wirklichkeit *hinter den Dingen* sucht[259].

Michael Faraday hat diese phantasievolle Naturwissenschaft wie kein anderer praktiziert und hat mit ihr beispiellose Erfolge erzielt. Seine Entdeckungen haben die ganze Welt verändert. Hätte er nicht so fest daran geglaubt, daß es hinter den sichtbaren Erscheinungen dieser Welt noch unsichtbare Kräfte gibt, die trotz ihrer Unsichtbarkeit physikalische Wirkungen haben und sich in der Materie einfangen lassen, dann wäre die elektrische Induktion vielleicht bis heute nicht entdeckt. Ohne sie gäbe es keine Generatoren und keine Elektromotoren, dementsprechend auch keine Kraftwerke, kein elektrisches Licht, keinen Benzinmotor mit elektrischer Zündung, kein Telefon, kein Radio oder Fernsehen und erst recht keine Computer. Die Entwicklung der Technik wäre vielleicht bei

---

256 Vgl. dazu den nachfolgenden Anhang 1 (S. 257 ff.).

257 Vgl. oben Kap. 6, II, 3 (S. 178 ff.), Fußn. 185.

258 Zu der Kritik von Thomas Kuhn hat Popper selbst Stellung genommen; vgl. Karl Popper, ›Realism and the Aim of Science‹ (1983), S. xxxi ff. Die Kritik von Albrecht Wellmer, ›Methodologie als Erkenntnistheorie‹ (1967) halte ich nicht für beachtlich. Das habe ich in ›Recht und Rationalität‹, S. 89, Fn. 5, näher begründet.

259 Vgl. besonders Karl Popper, ›Kepler: Seine Metaphysik des Sonnensystems und seine empirische Kritik‹, in: Karl Popper, ›Alles Leben ist Problemlösen‹, S. 145 ff., 146.

der Dampfmaschine stehengeblieben. Die technische Revolution des 20. Jahrhunderts hätte ohne Michael Faraday nicht stattgefunden.

Wäre die menschliche Phantasielosigkeit nicht so grenzenlos, dann hätten Faradays Erfolge eigentlich jeden von der Notwendigkeit einer spekulativen Wissenschaft überzeugen müssen. Erst recht hätte das geschehen müssen, nachdem Karl Popper sogar die theoretische Begründung dazu geliefert hatte, indem er zeigte, daß jede Erklärung, sofern sie eine Entdeckung ist, nur eine *Erklärung des Bekannten durch das Unbekannte* sein kann, und daß der Fortschritt einer Wissenschaft sich deshalb nicht systematisch vollzieht, sondern in revolutionären Sprüngen, durch Theorien, die wir selbst erfinden und erst nachträglich am Maßstab der Wirklichkeit messen.

Aber weder Faraday noch Popper konnten mit ihren Lehren die Wissenschaft erreichen, der ihre Gedanken am meisten galten, nämlich die theoretische Physik. Die meisten theoretischen Physiker, das ist jedenfalls mein Eindruck, halten die Physik heute noch für eine ›exakte Wissenschaft‹. Sie sehen ihre Aufgabe nur darin, das, was wir vermeintlich sicher wissen, möglichst genau zu beschreiben und zu berechnen. Sie merken nicht, daß die Physik niemals den heutigen Stand erreicht hätte, wenn unsere Vorfahren ebenso gedacht hätten. Und sie sehen auch nicht, daß die Physik sich damit selbst von jeder Entdeckung und somit auch von jeder weiteren Entwicklung abschneiden würde.

II

Karl Popper, so fürchte ich, hat seine Niederlage zum Teil selbst verursacht, denn seine Wissenschaftstheorie war zwar richtig, aber seine Anwendung dieser Theorie leider nicht hinreichend konsequent. Er hat die richtigen Ansätze gesehen, hat aber trotzdem nicht die Axt an die Wurzel gelegt. Die Wirklichkeit hinter den Erscheinungen, nach der er suchte, war für ihn keine physikalische Wirklichkeit; sie war letztlich wie bei Max Planck und bei Einstein doch nur die Wirklichkeit der Mathematik. Er hat sich nie die Frage gestellt, ob Theorien wie die Quantentheorie oder die Relativitätstheorie, die letzte Erklärungen in der Mathematik suchen, mit seinen eigenen Voraussetzungen vereinbar sind, besonders mit seinem Kriterium der Falsifizierbarkeit. Das habe ich im *Anhang 1* zu diesem Buch genauer dargestellt und dort auch eine Erklärung für Poppers Fehler vorgeschlagen[260].

Aber dieser Fehler berührt nicht Poppers Wissenschaftstheorie, sondern nur deren Anwendung. Was an wissenschaftstheoretischen Problemen nach Poppers Arbeiten noch offen ist, betrifft nicht die Wissenschaftstheorie selbst, sondern die Folgerungen, die sich in den Einzelwissenschaften aus ihr ergeben.

Diese Anwendung in den Einzelwissenschaften ist allerdings weit schwieriger, als ich früher dachte; das macht sie so ungemein interessant. Sie hat gegen Vorurteile zu kämpfen, die in den geistesgeschichtlichen Traditionen der abendländischen Welt seit unvordenklichen Zeiten tief und fest verwurzelt sind. Karl Popper hat wie kein anderer gegen diese Vorurteile gekämpft, in seiner *Offenen Gesellschaft* und in allen seinen Werken, bis ans Ende seines Lebens. Aber sie sind, wie ich fürchte, unausrottbar. Wie die Hydra von Lerna recken sie immer neue Häupter – heute und mit Sicherheit auch in Zukunft, in allen Zweigen der Wissenschaft, nicht nur in anderen, sondern sogar in uns selbst, also in jedem von uns. Auch dafür bietet Karl Popper das beste Beispiel. Obwohl er der mit Abstand größte Erkenntnistheoretiker seit Kant war, hat er sich in der Anwendung seiner eigenen Gedanken doch mehrfach und deutlich selbst widersprochen. Und immer wieder war es die Umsetzung des Kantschen Autonomieprinzips, an der die Anwendung auch bei ihm scheiterte. Meine Fehler werden andere entdecken.

III

Die Frage ist nur, ob es nicht schon zu spät ist. Kann ein Buch wie dieses, das sich herausnimmt, physikalische Theorien auf rein erkenntnistheoretischer

---

260 S. 257 ff.

Grundlage zu kritisieren, überhaupt noch etwas bewirken? Kann ein Außenseiter ohne nachgewiesene fachliche Autorität allein durch Argumente überzeugen? Ist unsere vom wirtschaftlichen Erfolg verwöhnte und ihm nachjagende Zeit noch imstande, auf dieser Ebene der abstrakten Theorie inhaltliche Diskussionen zu führen? Und befindet sich die theoretische Physik als Institution der Wissenschaft in einer Verfassung, an solchen Diskussionen teilzunehmen?

Das alles erscheint mir derzeit keineswegs gewährleistet. Wenn große Philosophen wie Karl Popper selbst nach Jahrzehnten kaum bekannt, Scharlatane wie Martin Heidegger aber trotz ihres abgrundtiefen moralischen und intellektuellen Versagens weiterhin in aller Munde sind und begeisterte Nachahmer finden, stehen die Aussichten für eine ernsthaft kritische Diskussion nicht gut. Wissenschaft hat, wie jeder weiß, etwas mit Wahrheit zu tun. Auch Logik hat etwas mit Wahrheit zu tun, daran ist nicht zu zweifeln. Aber:

> Die Logik ist kein Ausdruck der Wahrheit, sondern ein Ausdruck der Wahrheitsliebe.

Sie hat also etwas mit Moral zu tun. Das habe ich schon früher gesagt, und dasselbe gilt natürlich auch für Mathematik und Geometrie[261]. Auch Karl Popper hat das so gesehen, als er sagte:

> »Es gibt keine wissenschaftliche Grundlage der Ethik. Aber es gibt eine ethische Grundlage der Wissenschaft.«[262]

Alle Gesetze der Logik lassen sich auf den einfachen Gedanken zurückführen, daß es irreführend und deshalb in einer Wissenschaft unmoralisch ist, einen sprachlichen, mathematischen oder geometrischen Ausdruck innerhalb eines gedanklichen Zusammenhangs in wechselnden Bedeutungen zu gebrauchen. Aber die Nachricht scheint sich nicht zu verbreiten. Die Popper-Rezeption, die eigentlich in den Lehrplänen aller Gymnasien vorangetrieben werden müßte, scheitert am allgemeinen Bildungsmangel,

---

261 ›Popper *versus* Einstein‹, S. 40.
262 Karl Popper, ›Die Offene Gesellschaft und ihre Feinde‹, Bd. II, Kap. 24, S. 262 ff., 271.

der nach den Lernenden inzwischen längst auch die Lehrenden und die Regierenden erreicht hat.

Außerdem haben wir in der Vergangenheit schwere Fehler begangen, und zwar nicht zuletzt durch ein Übermaß an gutem Willen, dem es an der gleichzeitig nötigen Lebensklugheit fehlte. Institutionen, die in bester philanthropischer Absicht ins Leben gerufen wurden, um durch Belohnungen zu wissenschaftlichen Leistungen anzuspornen, wie beispielsweise die Nobelstiftung oder die ehemalige Kaiser-Wilhelm-Gesellschaft zur Förderung der Wissenschaften, die heute Max-Planck-Gesellschaft heißt, haben gerade wegen der hohen Dotierungen verstärkt das Interesse der Öffentlichkeit und der Medien auf sich gezogen. Dadurch haben sie nicht selten gerade das bewirkt, was sie eigentlich verhindern sollten, nämlich die Verfestigung dogmatischer Strukturen und damit die Stagnation der Wissenschaft.

Hätte die Kaiser-Wilhelm-Gesellschaft Einstein keine Rente ausgesetzt, dann wäre er wohl gezwungen gewesen, nach neuen Ansätzen zu suchen, und hätte dann vielleicht seinen Irrtum selbst bemerkt. Wäre ihm nicht für seine Lichtquantenhypothese der Nobelpreis verliehen worden, dann hätte vielleicht ein anderer bemerkt, daß Max Plancks Theorie mit ihr bereits wieder aufgegeben war. Aber wie sollte Einstein die Fehler entdecken, wenn er gerade ihretwegen mit öffentlicher Aufmerksamkeit und sogar mit Geld überschüttet wurde? Diskussionen über ›hätte‹ und ›wäre‹ führen natürlich nicht weiter. Die Fragestellung deutet aber immerhin an, daß die Bedingungen für eine offene Diskussion heute deshalb so erschwert sind, weil die beharrenden Kräfte in der Physik in der Vergangenheit allzusehr gestärkt wurden.

Wenn eine sachliche Diskussion noch stattfinden soll, müßte der Anstoß wohl von außen kommen, und dafür sehe ich derzeit leider nur wenig Chancen. Trotzdem bleibe ich auch in diesem Punkt optimistisch, wenngleich nur verhalten und auch nur auf wirklich lange Sicht. Aber ich bin überzeugt, daß die Einheit der geistigen Welt, die aus der Kantschen Theorie folgt und um die es mir auch in diesem Buch geht, letztlich nicht verlorengehen kann. Die Menschheit hat die Grenzen, die ihren Erkenntnismöglichkeiten gesetzt sind, noch lange nicht erreicht. Deshalb wird sie sich die Irreführungen, die die theoretische Physik ihr im 20. Jahrhundert zugemutet hat, hoffentlich nicht auf Dauer gefallen lassen. Von Aristarchos bis zu Kopernikus hat es mehr als 1700 Jahre gedauert, bis die heliozentrische Theorie sich gegen die ptolemäische Sphärentheorie durchsetzen konnte; da dürfen wir nach hundert Jahren Quantentheorie und Relativitätstheorie noch nicht verzweifeln.

Für wahrscheinlicher halte ich, daß die theoretische Physik auch selbst auf eine Diskussion angewiesen sein wird, weil sie sonst allmählich absterben müßte. Die ersten nekrotischen Erscheinungen machen sich schon bemerkbar. Diese Krankheit, so glaube ich, wird weiter fortschreiten und eines Tages wohl auch eine Selbstbesinnung der Wissenschaft in Gang setzen. Vielleicht ist das Geschehen am CERN dazu ein Beitrag[263]. Wenn das geschieht, könnte endlich auch ein neues Zeitalter großer physikalischer Entdeckungen anbrechen, ein Zeitalter, in dem Physiker die Physik nicht mehr mit Mathematik verwechseln, in dem Physik wieder phantasievoll sein darf wie zu Zeiten von Michael Faraday oder Heinrich Hertz, und in dem wir nicht die Schranke niederwerfen, welche uns das Denken setzt, sondern nur die Schranke, welche uns die Sinne setzten.

---

263 Vgl. dazu Vorwort zu dieser 2. Auflage.

ANHANG 1
ÜBER KARL POPPERS WISSENSCHAFTSLEHRE

> ›Ein Rationalist ist einfach ein Mensch, dem mehr daran liegt zu lernen, als recht zu behalten; der bereit ist, von anderen zu lernen, nicht etwa dadurch, daß er die fremde Meinung einfach aufnimmt, sondern dadurch, daß er gerne seine Ideen von anderen kritisieren läßt und gerne die Ideen anderer kritisiert.‹
>
> KARL POPPER

Die Sicht wissenschaftstheoretischer Probleme und Lösungen, die ich hier vorgeschlagen habe, stimmt nicht in jeder Hinsicht mit der überein, die Karl Popper vertreten hat. Erste Meinungsverschiedenheiten klingen schon in meinem Buch *Recht und Rationalität* (1984) an. Andere haben sich erst bei der Arbeit an ›Popper *versus* Einstein‹ (1998) ergeben, einzelne sogar erst bei der Arbeit an diesem Buch. Ich glaube in Poppers Sinne zu handeln, wenn ich in diesem Anhang alle Unterschiede so deutlich wie möglich zum Ausdruck bringe, damit sie diskutiert werden können. Karl Popper wußte, daß Diskussionen notwendig sind und daß sie die Wissenschaft fördern, weil die Wissenschaft vor allem von der Uneinigkeit lebt[264]. Wegen unserer Meinungsverschiedenheiten wollte er diese Diskussion sogar noch kurz vor seinem Tode selbst einleiten und erleben. Seine letzte Krankheit hat das leider verhindert[265]. Da ich seinen Standpunkt natürlich nur so wiedergeben kann, wie ich selbst ihn aufgefaßt habe, bemühe ich mich hier um eine kompakte Darstellung, die dem Leser Hinweise für ein eigenes Urteil geben soll. Mehr ist nicht beabsichtigt.

Manche Differenzen liegen im Ergebnis offen zutage. Das gilt besonders für die Beurteilung der Quantentheorie und der Relativitätstheorie.

---

264 Karl Popper, ›The Myth of the Framework‹, S. x.

265 Er hat 1994 veranlasst, daß ich zu einem Sommerseminar der Universität Madrid eingeladen wurde, um meine Gedanken vorzutragen. Das Seminar wurde dann wegen seiner letzten Erkrankung abgesagt; die Diskussion hat nie stattgefunden.

Popper hat sich zu beiden immer grundsätzlich positiv geäußert; ich halte dagegen beide schon im gedanklichen Ansatz für verfehlt[266]. Bei anderen geht es eher um Nuancen, so etwa bei der Beurteilung des Verhältnisses von Normen und Tatsachen, das allerdings in diesem Buch keine Rolle spielt. Popper sah in diesem Verhältnis einen ›kritischen Dualismus‹ und hielt diesen Gedanken für grundlegend, während ich ihn für inkonsequent, aber auch für nebensächlich halte[267]. Auch in der Beurteilung der Theorie der Logik und der Mathematik gehen die Meinungsverschiedenheiten im Ergebnis über Nuancen kaum hinaus[268]. Trotzdem liegen die Ursachen dort tiefer; deshalb haben die Unterschiede wiederum Auswirkungen, die sich auf anderen Gebieten bemerkbar machen, unter anderem bei Poppers Theorie der Wahrscheinlichkeit.

In allen Fällen sehe ich den Ursprung unserer Meinungsverschiedenheiten nicht in der Theorie, sondern in einem Fehler bei ihrer Anwendung. Poppers Verständnis des Kantschen Autonomieprinzips ist in meinen Augen nicht radikal genug und deshalb nicht immer konsequent. Ich möchte aber nochmals betonen, daß das an meiner Verehrung für Karl Popper und meiner Bewunderung seiner Leistungen nicht das geringste ändert. Ich verdanke den Standpunkt, den ich hier vertrete, nur ihm.

Viele Philosophen haben gar nicht bemerkt, daß Kants kritische Theorie in Wirklichkeit eine Revolution war. Das gilt leider nicht selten auch für sogenannte ›Kantianer‹. Gerade sie haben allzuoft ausgerechnet Kants bahnbrechende Entdeckung des Autonomieprinzips vernachlässigt, seine Irrtümer aber weiter verbreitet und dadurch seine Theorie diskreditiert und seinem Ruf sehr geschadet[269]. Das hat das intellektuelle Klima im

---

266   Vorstehend Kap. 6, 7 (S. 163 ff., 193 ff.).

267   Vgl. Popper, ›Die Offene Gesellschaft‹, Bd. 1 S. 90 ff., Bd. 2 S. 460 ff; v. Mettenheim ›Recht und Rationalität‹, S. 30 ff., sowie ›The Problem of Objectivity in Law and Ethics‹ in: ›Popper's Open Society after 50 Years‹, S. 111 ff., 120 ff.

268   Dazu nachfolgend II (S. 263 ff.).

269   Das hat Karl Popper besonders in seiner Gedächtnisrede zu Kants 150. Todestag eindrucksvoll dargestellt. Vgl. Karl Popper, ›Immanuel Kant, Der Philosoph der Aufklärung‹, jetzt in: Karl Popper, Die Offene Gesellschaft und ihre Feinde (1945), 7. deutsche Aufl. (1992), S. XX ff. Als konkrete Beispiele können Arthur Schopenhauer und Hans Kelsen dienen; vgl. v. Mettenheim, ›Recht und Rationalität‹, S. 3, 52 (Fußn.).

Umfeld der Philosophie und der Wissenschaftstheorie natürlich nicht günstig beeinflußt. In meinen Augen liegt deshalb ein geradezu unsterbliches Verdienst Karl Poppers schon darin, daß er Kant immer wohlwollend interpretiert hat. Er hat nie versucht, sich selbst über Kant zu erheben und als den größeren Philosophen darzustellen. Immer war er nur an der Sache interessiert und wollte aus dem, was Kant gesagt hat, das Beste machen, wenn nötig sogar etwas besseres als das, was Kant selbst vertreten hatte. Kants revolutionäre Autonomielehre hat er aufgegriffen und vorangetrieben; und die Fehler, die auch Kant nicht vermeiden konnte, hat er analysiert und bekämpft. Mir selbst, auch das möchte ich hier vorausschicken, hat erst Karl Popper zu einem Blickwinkel verholfen, der es mir ermöglicht hat, mir über Kant eine eigene Meinung zu bilden.

Aber obwohl Popper die Kantsche Autonomielehre überzeugender vertreten hat als jeder andere Philosoph vor ihm, in meinen Augen sogar überzeugender als Kant selbst, bin ich doch der Meinung, daß er sie immer noch nicht konsequent genug vertreten hat. In der Theorie der wissenschaftlichen Erkenntnis sehe ich zwischen seiner und meiner Auffassung (die ich ihm verdanke) keinen Unterschied. Aber in der Anwendung finde ich bei ihm einen großen gedanklichen Bruch, der sich durch fast alle seiner Werke zieht, soweit sie sich auf die Physik beziehen. Mein eigener Standpunkt ist jedenfalls noch radikaler als der seinige, und damit natürlich auch noch radikaler als Kants Standpunkt.

Das bedeutet aber zugleich, daß meine Kritik an Popper eine konstruktive Kritik ist. Ich glaube, daß die Wissenschaftstheorie in der Anwendung noch ›popperscher‹ werden muß, als Popper es war. Das ist die These, die ich hier vertreten möchte.

I. Zur Bewertung von Tarskis Methode

Ausgangspunkt unserer Meinungsverschiedenheiten ist Kants Autonomielehre, die ich im 4. Kapitel dargestellt habe[270]. Ich bin der Ansicht,

---

270 Kap. 4, IV (S.120 ff.).

daß sie nicht nur auf die Wahrnehmung der Wirklichkeit und auf unsere Moralvorstellungen anzuwenden ist, die wir als Menschen haben, sondern auch auf unsere Sprache, und deshalb auch auf die Logik und die Mathematik, die Teile unserer Sprache sind. Und mein Eindruck ist, daß Karl Popper diesen Aspekt, also die Bedeutung, die das Autonomieprinzip für die Sprache und damit auch für die Logik hat, entweder gar nicht gesehen oder in seiner Tragweite nicht erkannt hat. Und weil er ihn entweder nicht oder nicht klar gesehen hat, hat er den methodologischen Nominalismus, den Alfred Tarski auch in die Logik eingeführt hat, nicht konsequent genug vertreten.

Karl Popper war ein leidenschaftlicher Anhänger des methodologischen Nominalismus, daran besteht kein Zweifel. Aber ich hatte es sehr viel leichter als er. Ich konnte den Standpunkt, den er sich erst mühsam erkämpfen mußte, von Anfang an voraussetzen. Ich habe Karl Poppers kritischen Rationalismus und Alfred Tarskis methodologischen Nominalismus gleichzeitig als Teile einer zusammengehörigen Theorie kennengelernt, und zwar in Poppers Büchern, besonders in seiner *Offenen Gesellschaft*. Das geschah in einem Lebensalter, als meine eigenen philosophischen Interessen noch formbar waren. Meine Interessen auf diesem Gebiet waren erst im Erwachen begriffen und er war derjenige, der sie durch seine Bücher geweckt hat. Popper dagegen machte mit dem methodologischen Nominalismus erst durch Alfred Tarski Bekanntschaft, und zwar zu einer Zeit, als er seine wichtigste Theorie schon formuliert hatte und sein Buch über die *Logik der Forschung* (1934) bereits in Druckfahnen vorlag. Das hat er selbst so berichtet[271]. Erst danach konnte er Tarskis Gedanken allmählich auf die einzelnen Wissensgebiete anwenden. Für ihn war der methodologische Nominalismus deshalb in gewisser Weise immer ein Fremdkörper in seiner eigenen Theorie; er war nachträglich aufgepfropft. Für mich war er dagegen von Anfang an auch ein wesentliches Element des kritischen Rationalismus; ohne jenen wäre dieser aus

---

271 Vgl. dazu seinen eigenen Bericht in: Karl Popper, ›Ausgangspunkte, Meine intellektuelle Entwicklung‹, S. 137 f.; ferner ›Logik der Forschung‹, S. 45, 56, besonders S. 219, jeweils Fußnoten.

260

meiner Sicht unvollständig gewesen[272]. Und daß ich das so sehen konnte, verdanke ich Karl Popper.

Nachdem ich mir im Laufe der Zeit allmählich einen eigenen Standpunkt erarbeiten konnte, hat dieser unterschiedliche Ausgangspunkt zunächst zu einer Bewertung des methodologischen Nominalismus geführt, die mit Poppers Bewertung nicht in allen Punkten übereinstimmt. Popper hat sein Urteil über Tarski in den Worten zusammengefaßt:

> »In meinen Augen ist Tarskis Werk nicht wegen seiner erfolgreichen Beschreibung einer Methode zur Definition von ›wahr‹ philosophisch so bedeutend, sondern wegen seiner Rehabilitierung der Korrespondenztheorie der Wahrheit und des Beweises, daß hier keine Schwierigkeit mehr lauert, wenn man einmal die Notwendigkeit einer Metasprache verstanden hat, die reicher ist als die Objektsprache und ihre Syntax.«[273]

Auch in einem der letzten Vorträge, den er halten konnte, hat Popper diese Beurteilung nochmals betont[274]. Tarski war für ihn vor allem derjenige, der die Theorie der Wahrheit wieder zur Vernunft gebracht hatte.

Ich sehe das genau umgekehrt. Tarskis Bedeutung liegt für mich *in erster Linie* in der Methode, und zwar in der Methode der nominalistischen Definition. Seine Definition des Wahrheitsbegriffs ist eine Anwendung dieser Methode. Sie ist wichtig, aber sie ist für mich trotzdem nur ein Detail, eine von vielen Anwendungen einer Methode, die in allen Wissenschaften universell gültig ist. Karl Popper hat dieser Methode zwar den Namen ›methodologischer Nominalismus‹ gegeben[275], aber Tarski hat durch seine Unterscheidung zwischen Objektsprache und Metasprache als erster ihre konsequente Anwendung ermöglicht. In dieser konsequenten

---

272 Das habe ich schon in: v. Mettenheim, Recht und Rationalität (1984) so vertreten; vgl. dort Kapitel 2 (S. 15 ff.).

273 Karl Popper, ›Philosophische Bemerkungen zu Tarskis Theorie der Wahrheit‹, in: ›Objektive Erkenntnis‹, S. 347 ff., 356; vgl. auch den Abschnitt über Realismus in der Logik in: ›Logik, Physik und Geschichte in realistischer Sicht‹, a.a.O., S. 313 ff., 332 ff.

274 Karl Popper, ›Eine Welt der Propensitäten – Zwei neue Ansichten über Kausalität‹, in: Karl Popper, ›Eine Welt der Propensitäten‹, S. 1 ff., 16 f.

275 Tarski gebraucht den Ausdruck m. W. nicht. Die Namensgebung liegt also wohl in der Erwähnung in: Karl Popper, ›Die Offene Gesellschaft und ihre Feinde‹ Bd. I, S. 40.

Anwendung sehe ich nicht nur einen quantitativen, sondern einen wichtigen qualitativen Fortschritt gegenüber älteren Theorien, insbesondere gegenüber den *Principia Mathematica* von Whitehead und Russell. Sie offenbarte erst das zugrundeliegende universelle Prinzip. Und dieses universelle Prinzip hat Karl Popper meiner Ansicht nach entweder gar nicht oder jedenfalls nicht klar gesehen.

Popper hielt wenigstens zeitweilig, und zwar noch lange *nach* Veröffentlichung seiner *Logik der Forschung* (1934), für möglich, daß die Prinzipien des methodologischen Nominalismus nur auf empirische Aussagen anwendbar sein könnten, während er für die nichtempirische reine Mathematik sogar die essentialistische Methode nicht ausschließen wollte. So hat er es noch in der *Offenen Gesellschaft* (1945) ausdrücklich vertreten, also gerade in dem Buch, in dem er auch den methodologischen Nominalismus erstmals dargestellt hat[276]. Das zeigt, so meine ich, daß der methodologische Nominalismus, selbst zehn Jahre nachdem er ihn kennengelernt hatte, in Poppers eigener Gedankenwelt noch immer ein Fremdkörper war. In der *Offenen Gesellschaft* hat Popper die Mathematik und damit auch die Logik von der Anwendung des methodologischen Nominalismus sogar ausdrücklich ausgenommen, obwohl Tarskis Unterscheidung verschiedener Sprachebenen schon damals ans Licht gebracht hatte, daß *alle* Begriffe unserer Sprache, also selbst die einfachsten, nominalistisch definiert werden können; und obwohl damit zugleich sichtbar geworden war, daß die Regeln der Logik selbst in diesen einfachsten Begriffen liegen[277]. Das zeigt, wie mühsam auch Karl Popper sich seinen Standpunkt erarbeiten mußte.

---

276 So ausdrücklich in: Karl Popper ›Die Offene Gesellschaft und ihre Feinde‹ (1945), Kapitel 11, Abschn. II; 7. deutsche Aufl. (1992), Bd. II, S. 18.

277 Aufschlußreich ist z. B. ein Vergleich von Tarskis Methode mit Whitehead/Russells *Principia Mathematica*. Deren Versuch, den Begriff der ›Identität‹ ohne die Unterscheidung von Sprachebenen zu definieren (Abschn. 13), gerät zu einer hochkomplizierten Theorie der Identität und kommt dennoch nicht ohne den Satz aus: »This definition states that x and y are to be called identical when every predicative function satisfied by x is also satisfied by y.« Das Wort ›identical‹ wird also mit Hilfe des Wortes ›satisfied‹ definiert, womit die Zirkelhaftigkeit ihren Anfang nimmt.

II. Poppers Theorie der Logik und der Mathematik

Tarskis Methode ermöglichte unter anderem die Rückkehr zum objektiven Wahrheitsbegriff und dessen problemlose Verwendung, die Popper selbst so hoch veranschlagt. Sie ermöglichte aber auch die nominalistische Theorie der Logik, die ich an anderer Stelle erklärt und in diesem Buch (hoffentlich konsequent) angewendet habe[278]. Und erst diese nominalistische Theorie der Logik ermöglicht ihrerseits die klare Unterscheidung zwischen Logik und Wahrheit oder Mathematik und Wahrheit, die ich für noch wichtiger halte als die Theorie des Wahrheitsbegriffs selbst. Diese Unterscheidung ist nämlich ihrerseits notwendige Voraussetzung einer klaren Trennung von Physik und Mathematik, an der es in der theoretischen Physik derzeit fehlt.

In Karl Poppers Theorie der Logik und der Mathematik kommt aus meiner Sicht die subjektive Seite des Kantschen Autonomieprinzips nicht genügend zum Ausdruck, also das klare Bekenntnis dazu, daß die Logik nur für den zwingend ist, der die Wahrheit sagen *will*. Das entsprach zwar, wie ich aus persönlichen Begegnungen gut weiß[279], jedenfalls in späteren Jahren durchaus seiner Überzeugung und ist für seine Theorie auch eigentlich selbstverständlich. Denn das *kritische* Element seines kritischen Rationalismus liegt ja gerade in der Erkenntnis, daß der Rationalismus eine Entscheidung voraussetzt, die zwar moralisch gerechtfertigt, aber ihrerseits nicht mehr deduktiv begründet werden kann. Das hat Popper selbst oft und deutlich betont, am deutlichsten vielleicht mit seinem Appell an die intellektuelle Redlichkeit der Wissenschaftler mit den Worten:

»Es gibt keine wissenschaftliche Grundlage der Ethik, aber es gibt eine ethische Grundlage der Wissenschaft.«[280]

---

278 ›Recht und Rationalität‹, S. 17 ff., ›Popper *versus* Einstein‹, S. 11 ff.; zur Anwendung vgl. oben Kap. 6, III (S. 182 ff.).

279 Der Hinweis im Text bezieht sich vor allem auf ein Gespräch, das ich 1970 mit ihm über diese Frage führen konnte. Darüber habe ich in ›Popper *versus* Einstein‹, S. 18, Fußn. 20, näher berichtet. Wir haben aber auch bei unseren Diskussionen im Jahr 1994 über die Rolle der Logik gesprochen und waren in dem angesprochenen Punkt einer Meinung.

280 Zuerst wohl in: Karl Popper, ›Die Offene Gesellschaft und ihre Feinde‹, Bd. II, Kap. 24, S. 262 ff., 271.

Es geht also aus meiner Sicht nicht um einen Dissens in der Erkenntnistheorie selbst, sondern um die Anwendung seiner Gedanken in einem anderen Bereich. Diese Anwendungsfrage ist aber insofern grundlegend, als sie gerade die Theorie der Mathematik und der Logik betrifft, die wiederum universell sind. Ich bin der Ansicht, daß Poppers Denken in diesem Punkt inkonsequent war. Die notwendige Schlußfolgerung, daß Mathematik und Logik, weil sie eine persönliche Entscheidung voraussetzen, weder wahr noch gültig, sondern vielmehr nur zweckmäßig sein können, hat er nie gezogen, jedenfalls nicht ausdrücklich. Er hat nicht gesehen, daß der Grund für die Verbindlichkeit von Logik und Mathematik nur in uns selbst liegt.

(*1*) Schon bei den Axiomen der Geometrie konnte sich Popper nicht recht entscheiden, ob er sie für wahr oder für gültig halten sollte. Seine Stellungnahme zu dieser Frage war von Anfang an zwiespältig. In der *Logik der Forschung* (1934) hat er es zwar abgelehnt, die Geltung der Axiome der Geometrie daraus herzuleiten, daß sie ›unmittelbar einleuchtend‹ oder ›selbstverständlich‹ seien[281]. Aber er hat zugleich ausdrücklich offengelassen, ob sie als Festsetzungen oder als empirisch-wissenschaftliche Hypothesen aufzufassen seien. Beides hielt er für möglich. Damit blieb auch offen, ob sie Anspruch auf empirische Wahrheit erheben können oder ob sie, was ich für richtig halte, allein am Maßstab der Zweckmäßigkeit zu messen sind. Aber in einer konsequenten Wissenschaftstheorie dürfen solche Fragen nicht offen bleiben, so sehe ich es jedenfalls.

Auch Karl Popper war natürlich ein Kind seiner Zeit. Als er die *Logik der Forschung* schrieb, dachte er noch in ›Systemen‹. Er hielt immerhin für möglich, »den Grundbegriffen eines Systems, z. B. der Geometrie, Begriffe eines anderen Systems, z. B. der Physik, zuzuordnen«[282]. Das war nichts anderes als der Einsteinsche Gedanke, das nichtempirische axiomatische System der euklidischen Geometrie durch Hinzufügen ei-

---

281   Karl Popper, ›Logik der Forschung‹, Abschn. 17, S. 42 ff.; vgl. dazu schon mein ›Popper *versus* Einstein‹, S. 206 ff.
282   A.a.O., S. 44.

nes einzigen weiteren Axioms zu dem empirischen System der Physik zu erweitern[283].

In der zur gleichen Zeit (1930–1933) entstandenen Abhandlung über *Die beiden Grundprobleme der Erkenntnistheorie* wird die Zwiespältigkeit seiner damaligen Einstellung sogar noch deutlicher; vermutlich hat er deshalb so lange mit ihrer Veröffentlichung gezögert. Popper erörterte dort im 30. Abschnitt ausführlich die konventionalistische und die empiristische Deutung deduktiver axiomatischer Systeme, ohne sich aber klar zwischen beiden zu entscheiden. Er favorisierte sogar deutlich die empiristische Deutung und wandte sich deshalb gegen die Kritik, die Poincaré an ihr geübt hatte[284]. Deshalb hielt er auch Einsteins axiomatisches Verständnis der Physik für möglich, also die Auffassung, die ich im 2. Kapitel dargestellt und in den nachfolgenden Kapiteln kritisiert habe, weil die empiristische Deutung der Geometrie besonders in Verbindung mit einem Denken in ›Systemen‹ fast zwangsläufig zum axiomatischen Verständnis der Physik führt. Dieses axiomatische Verständnis der Physik widerspricht in meinen Augen einem Verständnis, das die Physik als eine empirische Wissenschaft auffaßt, wie es Poppers Prinzip der Falsifizierbarkeit richtigerweise voraussetzt.

Ich bin der Ansicht, daß Karl Popper diese Zwiespältigkeit auch in seinen späteren Werken niemals ganz überwunden hat. Er hat sich über die Bedeutung von Logik und Mathematik nie wirklich genau Rechenschaft abgelegt. Noch in der *Offenen Gesellschaft* (1945) wollte er rein mathematische Aussagen am Maßstab der Wahrheit messen[285]. Später bezeichnete

---

283 Vgl. oben Kap. 2, II (S. 64 ff.).

284 A.a.O., S. 207, 219.

285 Vgl. Karl Popper, ›Die Offene Gesellschaft und ihre Feinde‹ Bd. II, S. 22 f. Popper schrieb dort: »Jeder Mensch, der eine Idee, einen Gesichtspunkt oder eine arithmetische Methode, wie zum Beispiel das Multiplizieren, ›versteht‹ in dem Sinn, daß er ›ein Gefühl dafür bekommen hat, versteht jenes Ding in gewissem Sinn auf intuitive Weise; und es gibt zahlreiche intellektuelle Erfahrungen dieser Art. Aber andererseits würde ich betonen, daß diese Erfahrungen, so wichtig sie auch für unsere wissenschaftlichen Bemühungen sein mögen, nie zur Begründung der Wahrheit irgendeiner Idee oder Theorie dienen können, und sei diese Theorie für einen Forscher auch noch so ›intuitiv einsichtig‹ oder noch so ›selbstevident‹.« – Er sah das Multiplizieren als eine Methode an, und wollte ihr

er die Logik »als die Theorie der Deduktion oder Ableitbarkeit, oder wie man es nennen will«, und sah die Funktion gültiger Schlüsse darin, daß sie »die Wahrheit von den Prämissen auf die Konklusion übertragen«[286]. Die Frage, worauf eigentlich der zwingende Charakter logischer Schlüsse beruht, hat er sich in dieser Form offenbar nie gestellt; jedenfalls konnte er sich nicht zu einer klaren Antwort durchringen. Deshalb konnte er auch die Frage, warum die Kalküle der Logik und der Mathematik auf die Wirklichkeit anwendbar sind, letztlich nicht beantworten und hat dies sogar selbst gesagt[287].

Vielmehr setzt sich die gedankliche Unschärfe, die wir bei seiner Behandlung der Axiome der Geometrie gesehen haben, in seiner Theorie der Logik fort. Er behandelte die Regeln der Logik stellenweise sogar wie empirische Naturgesetze. Eine ›gute‹ oder ›gültige‹ logische Schlußregel sei »nützlich, weil kein Gegenbeispiel gefunden werden kann, das heißt, weil wir uns auf sie als Verfahrensregel verlassen können, die uns von wahren Tatsachenbeschreibungen zu wahren Tatsachenbeschreibungen führt«[288]. Dieser Hinweis auf ›Gegenbeispiele‹ ist aber nichts anderes als die Anwendung seines Falsifizierbarkeitskriteriums auf die Regeln der Logik selbst. Damit stellte er die Regeln der Logik auf eine Ebene mit den empirischen Naturgesetzen. Folgerichtig hätte er sie eigentlich auch am Maßstab der Wahrheit (statt, wie ich für richtig halte, an dem der Zweckmäßigkeit) messen müssen. Das hat er zwar nie ausdrücklich gesagt, aber die Möglichkeit muß in seinem Denken gegenwärtig gewesen sein und klingt auch in seinen Schriften gelegentlich an[289]. Er bezeich-

---

Verständnis am Maßstab der Wahrheit messen. In der Anmerkung zu diesem Text (a.a.O., S. 344) behandelt er die Aussage 2 + 2 = 4 als eine wahre Aussage.

286 Karl Popper ›Logik, Physik und Geschichte in realistischer Sicht‹, in: ›Objektive Erkenntnis‹, S. 313 ff., 332.

287 Karl Popper, ›Warum sind die Kalküle der Logik und der Arithmetik auf die Wirklichkeit anwendbar?‹, in: ›Vermutungen und Widerlegungen‹, Bd. I, S. 292 ff.

288 A.a.O., S. 299 (meine Hervorhebung).

289 Vgl. etwa in der ›Offenen Gesellschaft‹ die Anm. 43 zu Kapitel 11, wo er die Aussage 2 + 2 = 4 als ›wahr‹ behandelt. Auch im weiteren Text dieser Anmerkung bringt er zwar zum Ausdruck, daß er es für verfehlt hält, die Wahrheit einer Aussage mit ihrer Selbstevidenz zu begründen. Aber er sagt nicht, daß es bei Aussagen wie 2 + 2 = 4 überhaupt nicht um Wahrheit, sondern um Definitionen geht.

nete die logischen Schlußregeln zwar auch als ›Handlungsvorschriften‹ und sagte dann: »… deshalb können sie für die Wirklichkeit nicht in dem Sinne gelten, daß sie auf die Wirklichkeit ›passen‹, sondern nur in dem Sinne, daß wir sie befolgen. Eine Welt, in der sie nicht gelten, wäre daher nicht eine unlogische Welt, sondern eine Welt, die von unlogischen Menschen bevölkert ist«[290]. Aber im weiteren Verlauf des Aufsatzes verteidigte er trotzdem die Auffassung, die Regeln der Logik seien »Gesetze bestimmter beschreibender Sprachen – Gesetze des Wortgebrauchs und vor allem des Gebrauchs von Sätzen«[291]. Damit setzte er eine Gültigkeit voraus, die vom jeweiligen Individuum unabhängig ist.

An keiner mir bekannten Stelle seiner Werke hat Popper klar zum Ausdruck gebracht, daß wir uns nicht nur für oder gegen die Logik entscheiden, sondern daß wir die Regeln der Logik darüber hinaus sogar selbst schaffen. Sein Bild von den ›unlogischen Menschen‹, die unsere Welt bevölkern, spricht sogar dagegen, daß er es so gesehen haben könnte. Denn es gibt keine unlogischen Menschen, sondern nur unlogische Aussagen. Selbst die rationalsten Menschen können in konkreten Situationen völlig irrational und selbst die irrationalsten Menschen können in konkreten Situationen auch rational denken und handeln. Menschen können reagieren. Deshalb können sie auch heute so und morgen anders reagieren. Sie entscheiden sich nicht einmal und dann auf Dauer für oder gegen die Logik, sondern in jedem Augenblick, in dem sie die Sprache als Instrument der Mitteilung benutzen. Sie können heute ›logisch‹, und schon im nächsten Augenblick ›unlogisch‹ sein, denn sie schaffen ihre Sprache und damit auch deren Logik selbst, und zwar in jedem Augenblick[292]. Das halte ich zwar für eine notwendige Konsequenz von Poppers Theorie, insbesondere auch seiner Theorie der ›drei Welten‹ und seiner Beobachtung

---

290 A.a.O., S. 297.
291 A.a.O., S. 300.
292 Das entspricht dem Standpunkt, den ich schon in ›Recht und Rationalität‹ für das Verhältnis von Normen und Tatsachen vertreten habe. Vgl. dort besonders Kapitel 1, Abschn II; auch ›The Problem of Objectivity in Law and Ethics‹ S. 111 ff., 116.

›Alles Leben ist Problemlösen‹[293]. Aber Karl Popper scheint die Regeln der Logik trotzdem eher als ein fertig daliegendes Normensystem angesehen zu haben, das dem Menschen vorgegeben ist und das wir deshalb nur *als ganzes* akzeptieren oder verwerfen können.

(2) In gewisser Hinsicht, so ist jedenfalls mein Eindruck, waren also Logik, Mathematik und Geometrie für Popper immer noch ein *a priori* gültiges Wissen im Kantschen Sinne, und zwar trotz seiner berechtigten Kritik an diesem Teil der Kantschen Lehre[294]. Sie waren für ihn unabhängig vom Menschen objektiv gültig. Man konnte sich zwar für oder gegen sie entscheiden. Aber man konnte sie nicht ändern.

Wenn meine Interpretation richtig ist, erklärt sie zugleich, weshalb Popper sich für die methodologische Seite von Tarskis Lehre weniger interessierte als für dessen Rehabilitierung der Korrespondenztheorie der Wahrheit[295]. Logik und Mathematik standen für ihn von vornherein nicht zur Disposition. Weil er sie als ein fertig daliegendes Normensystem ansah, das wir nur als ganzes akzeptieren oder verwerfen können, bestand für ihn gar keine Notwendigkeit, irgendeine Methode auf die Logik und die Mathematik selbst anzuwenden, auch nicht die nominalistische Methode. Aus seiner Sicht bedurften Logik und Mathematik überhaupt keiner Methode. Eher könnte man sagen, sie *waren* für ihn die Methode; jedenfalls waren sie objektiv gültig und, so muß er gedacht haben, verstanden sich auch ohne Methode von selbst.

Daß die Logik prinzipiell offen ist, und daß selbst die Mathematik gar kein System in diesem Sinne, sondern ebenfalls prinzipiell offen ist, hat Popper nach eigener Aussage erst um 1960 aus einer Diskussion mit

---

293   Vgl. dazu Karl Popper, ›Alles Leben ist Problemlösen‹ in ›Objektive Erkenntnis‹, S. 123 ff., 172 ff.; Karl Popper/John C. Eccles, ›Das Ich und sein Gehirn‹, S. 64 ff.; auch Karl Popper, ›Die Offene Gesellschaft und ihre Feinde‹ Bd. I, S. 78, wo die Entstehung dieser Lehre schon erkennbar wird.

294   Zu seiner Kritik vgl. z. B. Karl Popper, ›Zwei Seiten des Alltagsverstandes: ein Plädoyer für den Realismus des Alltagsverstandes und gegen die Erkenntnistheorie des Alltagsverstandes‹, Abschn. 28, in: ›Objektive Erkenntnis‹, S. 44 ff., 106 ff.

295   Vgl. den oben (S. 261) wiedergegebenen Textausschnitt.

268

Imre Lakatos gelernt[296]. Aber zu den Konsequenzen, die sich daraus ergeben, hat er sich leider nicht mehr geäußert. Ob er jemals erkannt hat, daß wir uns nicht nur für oder gegen die Regeln der Logik entscheiden, sondern daß wir diese Regeln sogar selbst schaffen, kann ich nicht sagen. In seinen Werken habe ich jedenfalls eine solche Aussage nicht gefunden, und in unseren Diskussionen sind wir zu diesen Themen nicht vorgedrungen; dagegen kenne ich Passagen, die deutlich dagegen sprechen, daß er es so gesehen haben könnte[297]. Trotzdem läßt die überaus reiche Entwicklung, die die Mathematik seit Euklid genommen hat, in meinen Augen keinen Zweifel daran, daß die Regeln der Logik und der Mathematik tatsächlich geistige Erzeugnisse des Menschen sind. Aus meiner Sicht hätte also Poppers kritischer Rationalismus noch um eine Nuance kritischer sein müssen. Darin scheint mir die tiefste Wurzel unserer Meinungsverschiedenheiten zu liegen.

(3) Die Ursache dieses unterschiedlichen Ansatzes sehe ich darin, daß Popper zwischen System und Objektivität einen Zusammenhang vermutete, den es in Wirklichkeit nicht gibt[298]. Er hat, wie ich glaube, die Probleme der Objektivität und der Gültigkeit der Logik und der Mathematik miteinander vermengt.

Denn der Objektivismus der Popperschen Theorie, den auch ich für außerordentlich wichtig halte, hängt keineswegs davon ab, daß Logik

---

296   Vgl. ›Beyond the Search for Invariants‹, in ›The World of Parmenides‹, S. 146 ff., 152 f.

297   Vgl. z. B. den Beginn des Abschnitts über Realismus in der Logik in: ›Logik, Physik und Geschichte in realistischer Sicht‹, a.a.O., S. 313 ff., 332.

298   Für diese Interpretation habe ich Gründe, die, soweit ich sie nicht im Text dargelegt habe, schwer greifbar sind. Einer der wichtigsten liegt darin, daß Popper auch in anderen Fragen in ›Systemen‹ dachte, insbesondere in Fragen der Ethik. Er wollte auch moralischen Normen eine vom Menschen unabhängige objektive Gültigkeit beimessen. Aber auch das kann ich nur als Interpretation verschiedener Äußerungen behaupten, die er u.a. in einer privaten Korrespondenz gemacht hat. Für diese Interpretation gibt es also zwar Anhaltspunkte, aber sie läßt sich kaum zwingend begründen. Am deutlichsten ist vielleicht der Umstand, daß F. A. v. Hayek in seiner Lehre von den ›Rules of Just Conduct‹ eine derartige Auffassung nachdrücklich vertreten und Popper ihn immer nur zustimmend erwähnt. Vgl. F. A. v. Hayek, ›Law, Legislation and Liberty‹, Bd. 1 S. 96 ff.; Bd. 2 S. 40 ff., 62 ff.; dazu näher mein ›Recht und Rationalität‹, S. 70, 71, Fußn. 4, 5.

269

und Mathematik unabhängig vom Menschen gültig sind, sondern nur, daß sie an einem Maßstab zu messen sind, der außerhalb des jeweiligen Beobachters liegt. Er setzt also nicht voraus, daß die Regeln der Logik ein fertig daliegendes, objektiv unbeeinflußbares Normensystem sind. Wir können auch neue Normen oder Regeln entwickeln, wie das in der Geschichte der Mathematik immer wieder geschehen ist, etwa bei der Entwicklung der analytischen Geometrie, der Integralrechnung oder der sphärischen Geometrie. Es kommt immer auf die Problemsituation an. Genauso hängt auch die Objektivität ethischer Normen nicht davon ab, daß die Moralgesetze ein fertig daliegendes Normensystem sind. Wenn sich neue moralische Probleme stellen, wie dies etwa in unserer Zeit bei der Gentechnik der Fall ist, müssen wir auch neue ethische Normen entwickeln. Alle Normen, ob ethische, logische oder mathematische, sind vom Menschen selbst geschaffen. Aber der Maßstab, an dem sie zu messen sind, kann trotzdem außerhalb des Menschen liegen. Er mag unsicher sein; aber wenn er auf Kriterien zurückgreift, die vom Menschen nicht beeinflußt werden, verdient er trotz dieser Unsicherheit das Prädikat ›objektiv‹[299].

Ein Zusammenhang zwischen System und Objektivität besteht deshalb auch in der Physik nur scheinbar, und nur wenn man in fertigen ›Systemen‹ denkt, wie Popper es wohl damals gewohnt war. Auch er konnte sich nur allmählich zu einer *offenen* Wissenschaft durchringen. Wenn man dagegen Logik und Mathematik auf die *einzige* Regel zurückführt, nämlich die Regel, *daß Begriffe und Zeichen innerhalb eines gedanklichen Zusammenhangs nur einheitlich verwendet werden dürfen*, wird die Objektivität schon dadurch gewährleistet, daß die Einhaltung dieser einzigen Regel ihrerseits intersubjektiv nachprüfbar ist. Poppers These:

»Die Objektivität der wissenschaftlichen Sätze liegt darin, daß sie intersubjektiv nachprüfbar sein müssen«[300],

---

299 Der Text soll zum Ausdruck bringen, daß die Wahl des passenden Ausdrucks eine Frage der Zweckmäßigkeit ist. Zur inhaltlichen Unterscheidung zwischen Sicherheit und Objektivität vgl. ›The Problem of Objectivity in Law and Ethics‹.
300 ›Logik der Forschung‹, S. 18.

270

ist nach meinem Verständnis nicht auf empirische Aussagen beschränkt. Sie gilt für alle Aussagen, sofern das Kriterium der Nachprüfbarkeit anerkannt ist. Also gilt sie selbstverständlich auch für Sätze einer Metasprache, die sich auf die Einheitlichkeit der in der Objektsprache verwendeten Begriffe beziehen, denn das Kriterium der Einheitlichkeit ist seinerseits intersubjektiv nachprüfbar. Das wiederum ist eine Konsequenz des methodologischen Nominalismus, nämlich der Tatsache, daß wir jeden Begriff *ad hoc* definieren können.

Weil wir selbst den Zusammenhang zwischen Begriff und Bedeutung herstellen, kann jeder von uns ohne Schwierigkeiten nachprüfen, ob ein Begriff einheitlich verwendet oder ob seine Bedeutung geändert wurde. Ich erinnere nochmals an das Rommel-Beispiel im 6. Kapitel, aber auch an die Kritik an Einsteins Zeitbegriff im 7. Kapitel[301]. Daß die Kritik, die ich dort vorgetragen habe, nachprüfbar ist, steht wohl außer Frage. Diese Möglichkeit der intersubjektiven Nachprüfung ist aber völlig ausreichend, um die Objektivität der Logik und der Mathematik zu gewährleisten, ohne daß wir auf ein fertig daliegendes ›System‹ der Logik oder der Mathematik angewiesen wären. Auch meine Theorie ist also eine objektivistische Theorie.

III. Auswirkungen der Unterschiede

In Karl Poppers Theorie sind Logik und Mathematik Bestandteile der ›Welt 3‹, also der Welt der geistigen Erzeugnisse des Menschen, deren objektive Realität er stets betont hat[302]. Diese Ansicht teile ich ohne Einschränkung.

Nur sehe ich weder die Logik noch die Mathematik als geschlossene

---

301   Dort Abschn. II (S. 201 ff.) und IV (S. 210 ff.).
302   Vgl. dazu Karl Popper, ›Objektive Erkenntnis‹, S. 123 ff., 172 ff.; Karl Popper/John C. Eccles, Das Ich und sein Gehirn, S. 64 ff.; auch Karl Popper, ›Die Offene Gesellschaft und ihre Feinde‹ Bd. I, S. 78, wo die Entstehung dieser Lehre schon erkennbar wird, sowie Anhang I zu: Karl Popper, ›Das offene Universum: Ein Argument für den Indeterminismus‹.

Systeme an, sondern vielmehr beide als Bestandteile der Sprache, die ihrerseits kein System, sondern prinzipiell offen ist. Die Sprache ist von Menschen geschaffen worden, lebt mit ihnen und wird von ihnen gestaltet und ist deshalb im Unterschied zur empirischen Wahrheit vom Menschen nicht unabhängig. Aber trotzdem kann sie objektive Probleme und objektive Wahrheiten enthalten, die allerdings immer nur immanente Probleme oder Wahrheiten sind, weil sie sich nie auf die außerhalb der Sprache liegende empirische Wirklichkeit, sondern immer nur auf die Sprache selbst beziehen können.

Ich glaube, daß auch Karl Popper der Sache nach diese Meinung vertreten hat[303]. Ich sehe also zwischen seiner Theorie der naturwissenschaftlichen Erkenntnis und derjenigen, die ich vertrete, keinen grundsätzlichen Unterschied, sondern nur einen Unterschied in der gedanklichen Folgerichtigkeit. Solche scheinbar unbedeutenden Unterschiede ziehen allerdings manchmal überproportionale Konsequenzen nach sich. Denn die Meinungsverschiedenheiten zwischen Popper und mir sind jedenfalls in der Beurteilung der Quantentheorie und der Relativitätstheorie im Ergebnis auf keinen Fall zu überbrücken. Das beruht aber, wenn ich die Dinge richtig sehe, nicht auf einem theoretischen Dissens in Grundsatzfragen, sondern hauptsächlich auf einem unterschiedlichen Problembewußtsein. Manche Fragen, die ich in diesem Buch erörtert habe, hätten meiner Ansicht nach eigentlich auch für Karl Popper ein Problem sein müssen. Aber sein Verständnis der Mathematik und der Logik ließ ihn darüber hinwegsehen.

(*1*) Aus meiner Sicht hat Karl Popper der Mathematik in fast allen seinen Werken zur naturwissenschaftlichen Erkenntnistheorie eine Bedeu-

---

303 Ganz sicher bin ich mir in diesem Punkt nicht. In: Karl Popper/John C. Eccles, ›Das Ich und sein Gehirn‹, S. 65 f., erörtert Popper die Autonomie und Objektivität von Welt 3 anhand eines Beispiels der Mathematik (2 x 2 = 4) und sagt dazu: »Es ist eine Wahrheit, die gegenüber der Konvention und Übersetzung invariant ist.« Demgegenüber bin ich der Ansicht, daß Aussagen wie 2 x 2 = 4 überhaupt nichts mit Wahrheit zu tun haben und daß ihre Invarianz gegenüber Konvention und Übersetzung eine Folge des Umstandes ist, daß es sich um nichtempirische Aussagen handelt, die sich nicht auf die vom Menschen unabhängige Wirklichkeit beziehen.

tung beigemessen, die ihr nicht zukommt. Er hat in den Regeln der Mathematik letzte Erklärungen für physikalische Erscheinungen gesucht, ohne zu bedenken, daß es letzte Erklärungen sowieso nicht gibt[304], und daß deshalb auch die Mathematik nie *erklären*, sondern immer nur *beschreiben* kann[305].

Das ist mehr als verständlich, wenn man berücksichtigt, in welcher Zeit Karl Popper aufgewachsen war. Als er 1902 geboren wurde, war die Quantentheorie soeben formuliert worden (1900) und die Formulierung der Relativitätstheorie stand kurz bevor (1905). Seine ganze Jugend stand also im Zeichen der neuen mathematischen Physik, die damals als bedeutender Fortschritt der Menschheit gefeiert und selbst von Fachleuten nicht in Zweifel gezogen wurde. Was ich in diesem Buch als fundamentale Verwechselung von Mathematik und Wirklichkeit kritisiere, wurde ihm als wissenschaftliches Ideal vorgestellt. Wie hätte er es mit seinen damals noch unfertigen Überzeugungen in Frage stellen sollen? Welche Maßstäbe der Kritik hätte er anlegen sollen? Gerade junge Wissenschaftler sind ja in besonderem Maße auf Grundsätze angewiesen, weil es ihnen an Erfahrung noch fehlt; deshalb neigen sie auch so oft dazu, solche Grundsätze allzu starr anzuwenden. Auch Karl Popper mußte sich seinen eigenen kritischen Standpunkt erst mühsam erarbeiten. Wir dürfen uns nicht wundern, wenn ihm das nicht in einem Schritt und nicht auf allen Gebieten zugleich gelang, besonders wenn wir selbst das Glück hatten, seine Gedanken schon in jungen Jahren kennenzulernen. Unter solchen Voraussetzungen ist es sehr viel einfacher, diese Gedanken auch auf die Quantentheorie und die Relativitätstheorie anzuwenden, als es für ihn gewesen sein muß.

Aber alles menschliche Verständnis und selbst meine fast grenzenlose Bewunderung für Karl Popper ändern nichts daran, daß seine Einstellung zur Äthertheorie und zum empirischen Aussagegehalt der Quantentheorie und der Relativitätstheorie inkonsequent und letztlich falsch war. So sehe ich es jedenfalls.

---

304   Das hat er selbst so gesehen; vgl. Popper, ›Realism and the Aim of Science‹, S. 134 ff.
305   Zu dieser Unterscheidung vgl. oben Erster Hauptteil, I (S. 34 Fußn. 23).

(*2*) Nach den Voraussetzungen, die er selbst formuliert hatte, hätte Karl Popper eigentlich die Quantentheorie und die Relativitätstheorie ablehnen und statt dessen ein glühender Anhänger der Ätherhypothese sein müssen[306]. Denn die Ätherhypothese erfüllt in methodologischer Hinsicht schlechthin alle Kriterien, die er selbst in seiner Wissenschaftstheorie für eine gute naturwissenschaftliche Theorie gefordert hatte. Sie beschreibt eine Wirklichkeit hinter den Erscheinungen, die, wie er selbst sagte, jeder echte Wissenschaftler sucht[307]. Sie enthält eine wichtige neue empirische Information, die als kühne Hypothese eingeführt wird und das Bekannte durch das Unbekannte erklärt[308]. Und sie läßt sich so formulieren, daß die aus ihr abzuleitenden Folgerungen einer experimentellen Nachprüfung zugänglich sind; trotzdem hatte sie aber – in der Form der Hypothese des bewegten Äthers – auch zu seiner Zeit jeder experimentellen Nachprüfung standgehalten und hält ihr bis heute stand. Das habe ich an anderer Stelle gezeigt[309].

Wenn Popper darüber hinaus noch versucht hätte, die Methode anzuwenden, die er sonst immer so vorbildlich praktiziert hat, nämlich die Äthertheorie wohlwollend zu interpretieren und deshalb so stark wie möglich darzustellen, bevor er sie angriff, hätte er sogar zu der Auffassung gelangen können, daß der Äther nicht selbst Materie, sondern vielmehr eine Überlagerung der Materie ist, wie ich es an anderer Stelle vorgeschlagen habe. Er hätte dann sogar seine These bestätigt finden können,

---

306 Das muß Popper zeitweilig auch selbst so gesehen haben. In: ›Quantum Theory and the Schism in Physics‹ (1982), S. 126, schrieb er: »I am deeply in love with the waves (much more than with the particles)«, und erklärte dazu in einer Fußnote: «Der Grund ist, daß Theorien von Wellen (oder Feldern) die Möglichkeit bieten, die Materie durch etwas zu erklären, das nicht Materie ist (und allgemeiner ist als Materie).

307 Der Gedanke war ihm sehr wichtig. Vgl. Karl Popper, ›Kepler: Seine Metaphysik des Sonnensystems und seine empirische Kritik‹ in: Karl Popper, ›Leben ist Problemlösen‹, S. 145 ff., 146; ferner ›The Myth of the Framework‹, S. 116; ›The World of Parmenides‹, S. 106; Karl Popper/John C. Eccles, ›Das Ich und sein Gehirn‹, S. 27.

308 Zur Bedeutung der ›Kühnheit‹ für den wissenschaftlichen Fortschritt vgl. Karl Popper, ›Die Offene Gesellschaft und ihre Feinde‹ Bd. II, S. 19; zur Erklärung des Bekannten durch das Unbekannte vgl. Karl Popper, ›Realism and the Aim of Science‹, S. 132; vgl. auch mein ›Popper *versus* Einstein‹, S. 105 ff.

309 ›Popper *versus* Einstein‹ (1998), Kap. 6 ff.

»daß es sowohl Teilchen wie auch Wellen gibt und daß die materiellen Teilchen von immateriellen Wellen gesteuert werden«[310].

Denn das ist genau die Auffassung, zu der die Ätherhypothese nach meiner Überzeugung führt, wenn man sie konsequent zu Ende denkt.

(3) Aber Karl Popper folgte einem anderen Ansatz, und ich glaube, daß er damit die Bedeutung der Mathematik falsch einschätzte. Denn die Quantentheorie und die Relativitätstheorie stehen eigentlich in direktem Widerspruch zu seiner eigenen Theorie. Sie setzen vermeintlich sichere logische und mathematische Operationen an die Stelle riskanter empirischer Hypothesen. Sie bieten also *letzte* Erklärungen, die ihrerseits nicht mehr diskutiert werden können.[311] Und gerade deshalb können ihre logischen und mathematischen Operationen nur entweder langweilig oder falsch sein. Wenn sie die Regeln der Logik beachten, müssen sie sich auf Tautologien beschränken und sind deshalb langweilig; jeder Computer könnte sie besser erledigen. Und wenn sie sich nicht auf Tautologien beschränken, müssen sie die Regeln der Logik verletzen und sind deshalb falsch.

Popper hätte also von seinem eigenen Standpunkt aus eigentlich beide Theorien von vornherein verwerfen müssen. Aber seine unscharfe Sicht der Logik und sein abweichendes Verständnis der Mathematik, die er als ein gültiges *System* ansah, bewirkten in beiden Fällen, daß er von der mathematischen Seite der Theorien zu sehr beeindruckt war und die Frage nach ihrem empirischen Aussagegehalt vernachlässigte.

(a) Quantentheorie: Das zeigt sich schon bei der Quantentheorie. Poppers Buch *Quantum Theory and the Schism in Physics* ist in der Zeit von 1951 bis 1956 als Band 3 seines *Postscript* zur *Logik der Forschung* (1934)

---

310   Karl Popper, ›Alles Leben ist Problemlösen‹ (1995), S. 148. Vgl. dazu ›Popper *versus* Einstein‹, S. 119 ff.

311   Zur Problematik solcher ›letzten Erklärungen‹ vgl. Karl Popper, ›Objektive Erkenntnis‹, S. 123 ff., 172 ff.; ›Realism and the Aim of Science‹, S. 134 ff.; Karl Popper/John C. Eccles, ›Das Ich und sein Gehirn‹, S. 215 f.; auch Karl Popper, ›Die Offene Gesellschaft und ihre Feinde‹, Bd. I, S. 78, wo die Entstehung dieser Lehre schon erkennbar wird.

entstanden, wurde aber erst 1982 veröffentlicht[312]. Es bringt sein tiefes Unbehagen an der Entwicklung der Quantentheorie sehr deutlich zum Ausdruck, vor allem sein Unbehagen an der Entwicklung seit der sogenannten ›Kopenhagener Interpretation der Quantenmechanik‹ (1927). Diese Weitsicht verdient in meinen Augen größte Bewunderung. Karl Popper hat die Krise der theoretischen Physik bereits zu einer Zeit vorhergesehen, als die meisten sie noch auf der Höhe ihres Ansehens sahen.

Aber Poppers Kritik greift aus meiner Sicht trotzdem zu kurz, weil das Problem noch tiefer liegt, als er dachte. Die Frage, ob die Quantentheorie überhaupt geeignet ist, irgendwelche physikalischen Probleme zu lösen, kommt in seinem Buch schlicht und einfach nicht vor. Er hat sich diese Frage offenbar nie gestellt, obwohl sie doch eigentlich die Fundamentalfrage ist, von der alles abhängt. Deshalb findet sich in dem ganzen Buch auch keine Erörterung der empirischen Grundlagen der Quantentheorie, also der Frage, ob sie experimentell nachprüfbar ist und solchen Nachprüfungen standgehalten hat. Auch in seinem Beitrag zu der 1977 gemeinsam mit John Eccles veröffentlichten Abhandlung über *Das Ich und sein Gehirn*, in dem er die erkenntnistheoretischen Grundprobleme der Physik nochmals ausführlich ansprach, hat er diese Probleme nicht erörtert[313]. Ich glaube zwar nicht, daß das absichtlich geschah; aber ihm fehlte jedenfalls das Problembewußtsein. Er scheint einfach nie in Frage gestellt zu haben, daß die Quantentheorie im Prinzip eine empirische Theorie ist. Deshalb scheint er sich auch nie die Frage gestellt zu haben, ob es für die anspruchsvollen Aussagen dieser Theorie überhaupt empirische Anhaltspunkte gibt, insbesondere für die Behauptung einer elementaren Naturkonstanten h.

Im 6. Kapitel habe ich dargestellt, warum ich die Quantentheorie schon im wissenschaftstheoretischen Ansatz für verfehlt halte und warum sie jedenfalls in der Form, in der Max Planck sie vertreten hat, keineswegs

---

312   Karl Popper, ›Die Quantentheorie und das Schisma der Physik‹.
313   Karl Popper/John C. Eccles, ›Das Ich und sein Gehirn‹. Vgl. insbesondere S. 239 f., wo Popper behauptet, die Maxwellsche Theorie habe sich von einer essentialistischen zu einer nicht-essentialistischen und pluralistischen Theorie gewandelt, ohne dies aber zu begründen.

eine empirische Theorie war. Popper scheint sich dagegen nicht einmal gefragt zu haben, ob sie überhaupt experimentell nachprüfbar ist. Da sich dies mit seiner eigenen Wissenschaftstheorie auf keinen Fall verträgt, kann ich mir sein Verhalten nur daraus erklären, daß er das Problem nicht erkannt hatte. Das wiederum scheint mir darauf zu beruhen, daß er in solchen Fragen doch noch von dem axiomatischen Wissenschaftsverständnis ausging, das auch Max Planck und Einstein vertreten hatten und das mit seiner eigenen Theorie eigentlich unvereinbar ist.

Deshalb sehe ich die Unterschiede zwischen Karl Poppers Theorie und meiner Theorie, die im Ergebnis nicht zu bezweifeln sind, trotzdem nicht als grundsätzlich an. Sie betreffen nicht die Wissenschaftstheorie, sondern deren Anwendung auf die theoretische Physik. Hätte Karl Popper die Frage nach der Falsifizierbarkeit der Quantentheorie ausdrücklich gestellt und diskutiert, und wäre er dann zu einem anderen Ergebnis gelangt, müßte man vielleicht von einem tiefgreifenden Dissens ausgehen. Da das aber nicht der Fall war, geht es meines Erachtens in wissenschaftstheoretischer Hinsicht nur um eine oberflächliche Meinungsverschiedenheit.

(b) Wahrscheinlichkeitstheorie: Poppers Theorie der Wahrscheinlichkeit hängt mit der Quantentheorie eng zusammen und wirft eine ähnliche Frage auf. Er glaubte, die methodologischen Probleme der Quantentheorie lösen zu können, indem er die Existenz, also die physikalische Wirklichkeit von Wahrscheinlichkeits*feldern* postulierte, die dann als Ursache der quantentheoretischen Unbestimmtheiten dienen sollten[314]. Dazu schrieb er:

> »Ich glaube, daß Wellen (sogar solche der zweiten Quantisierung) mathematische Darstellungen von *Propensitäten*, oder von dispositionalen Eigenschaften der physikalischen Situationen sind (solcher Art wie der Versuchsaufbau), die als Propensitäten der *Teilchen* interpretierbar sind, unter bestimmten Umständen bestimmte Zustände einzunehmen.

---

314 Karl Popper, ›Ausgangspunkte, Meine intellektuelle Entwicklung‹, S. 221 ff; ›Realism and the Aim of Science‹, S. 347 ff; ›Die Quantentheorie und das Schisma der Physik‹, S. 42 ff., 80 ff., 145 ff., 151 ff.; ›Das offene Universum: Ein Argument für den Indeterminismus‹.

...

Erinnern wir uns, daß nach der hier vorgeschlagenen Interpretation Propensitäten und Propensitätenfelder genauso real sind wie Kräfte und Kraftfelder. Wie Kräfte sind sie dispositionale Eigenschaften, und wie Kräfte oder Kraftfelder sind sie nicht so sehr Eigenschaften der Teilchen, als vielmehr der gesamten physikalischen Situation. Wie Kräfte sind sie *relationale* Eigenschaften«.[315] (Poppers Hervorhebungen.)

Die ›propensity‹ einer Situation, also ihre ›Tendenz‹ oder ›Neigung‹, bestimmte physikalische Zustände zu verwirklichen, sollte demnach in Poppers Theorie als physikalische Eigenschaft der Situation selbst angesehen werden, nämlich als ein ›Wahrscheinlichkeitsfeld‹, das wiederum als physikalische Eigenschaft einer experimentellen Anordnung oder eines Gesamtarrangements anzusehen sei. So habe ich ihn jedenfalls verstanden[316]. Damit wollte er die Wahrscheinlichkeit selbst in den Rang einer physikalischen Eigenschaft erheben, die wiederum als physikalische Erklärung des Indeterminismus dienen sollte.

Aus meiner Sicht hat Popper das Problem der Quantentheorie damit nicht gelöst, sondern eher den gedanklichen Fehler, der an ihrem Anfang steht, auf die Spitze getrieben. Bevor ich diese Kritik genauer erkläre, möchte ich aber vorausschicken, daß ich jedenfalls eines der Ergebnisse von Poppers *Propensity Interpretation* akzeptiere und für sehr wichtig halte. Es leuchtet mir nämlich ein, daß Wahrscheinlichkeitsaussagen nicht nur bei einer großen Anzahl gleichförmiger Ereignisse möglich sind, sondern daß wir auch singulären Ereignissen quantifizierbare Wahrscheinlichkeiten zuordnen können. Genau das bereitet aber jeder mathematischen Interpretation des Wahrscheinlichkeitskalküls Schwierigkeiten, weil sie sinnvolle Wahrscheinlichkeitsaussagen nur bei sich häufig wiederholenden Ereignissen für möglich hält.

Meine Kritik setzt also nicht an diesem Punkt an, im Gegenteil. Wenn beispielsweise ein Fußballspiel zwischen den Mannschaften A und B nur einmal gespielt wird, bin ich der Ansicht, daß man trotzdem schon vor

---

315   Karl Popper, ›Die Quantentheorie und das Schisma der Physik‹, S. 147, 148; vgl. auch S. 92 ff.; ferner Karl Popper, ›Eine Welt der Propensitäten‹, S. 22 ff., besonders S. 28.

316   Vgl. dazu schon ›Popper *versus* Einstein‹ (1998), S. 209 ff.

dem Spiel durchaus auch sinnvoll darüber reden kann, welchen Ausgang es wohl haben wird. Manche schließen sogar Wetten darauf ab. Und solange das Spiel nicht stattgefunden hat, kann man auch sinnvoll darüber reden, wie es wahrscheinlich ausgehen wird. Auch damit können Buchmacher Geld verdienen. Für die physikalischen Situationen oder experimentellen Anordnungen, die Popper erörtert hat, gilt natürlich im Grundsatz dasselbe.

Das beruht aber meiner Ansicht nach nicht auf irgendwelchen physikalischen Eigenschaften der Fußballspieler, der Mannschaften oder des Schiedsrichters, und auch nicht auf physikalischen Eigenschaften der experimentellen Anordnungen. Es beruht überhaupt nicht auf physikalischen Eigenschaften. Vielmehr geht es aus meiner Sicht auch in diesen Fällen wieder einmal um den *methodologischen Nominalismus*. Wenn wir das Wort ›Wahrscheinlichkeit‹ gebrauchen, müssen wir zuerst wissen, was wir damit ausdrücken wollen. Wenn wir nicht wissen, was wir damit ausdrücken wollen, sollten wir das Wort vermeiden. Das gilt jedenfalls in der Wissenschaft.

Ich selbst vermute, daß die meisten Menschen, die singuläre Ereignisse in Kategorien der Wahrscheinlichkeit beschreiben, dabei von einer Art gedanklicher Fiktion Gebrauch machen. Um im Bild zu bleiben: Wir wissen, daß das Spiel zwischen den Mannschaften A und B nur einmal gespielt werden wird und deshalb natürlich in Wirklichkeit auch nur ein Ergebnis haben kann. Aber solange das Spiel noch nicht stattgefunden hat, können wir es fiktiv trotzdem so beurteilen, *als ob* eine größere Zahl von Begegnungen zwischen beiden Mannschaften zu erwarten sei. Und wir wissen aus Erfahrung, daß Fußballmannschaften nicht immer gleich spielen und daß der Ausgang eines Spiels auch vom Zufall beeinflußt werden kann, beispielsweise vom Wetter, von Verletzungen oder der sonstigen Tagesform der Spieler. Auf diese Erfahrung und die Fiktion einer Vielzahl von Begegnungen können wir das Urteil oder die Vermutung stützen, die eine Mannschaft werde häufiger siegen als die andere. Und dieses Urteil, das sich also auf eine fiktive große Zahl stützt, bezeichnen wir verkürzt als ›Wahrscheinlichkeit‹. Das scheint mir jedenfalls der Sachverhalt zu sein, den die meisten Menschen im Sinn haben, wenn sie von der Wahrscheinlichkeit singulärer Ereignisse sprechen[317]. Und ich halte diesen Sprachgebrauch schon deshalb für vernünftig, weil er etwas zum Ausdruck bringt, was wir gerne sagen möchten, was andere auch verstehen und was sie vielleicht sogar interessiert.

Aber der Sachverhalt, dem der Begriff der ›Wahrscheinlichkeit‹ in solchen Fällen zugeordnet wird, ist keine physikalische Eigenschaft irgendeiner Situation oder Sache und kann deshalb auf der Ebene der physikalischen Tatsachen auch nichts *erklären*. Er kann weder erklären, warum im konkreten Fall doch die Mannschaft B gesiegt hat, obwohl die Mannschaft A eigentlich stärker war, noch kann er erklären, warum die Mannschaft A bei einer Vielzahl von Begegnungen nicht jedesmal siegt, sondern vielleicht nur in 80 % der Fälle. Wahrscheinlichkeiten sind als Erklärungen physikalischer Ereignisse grundsätzlich ungeeignet. Das hat Karl Popper an anderer Stelle selbst genauso gesehen[318].

Trotzdem beruht auch dieser Gebrauch des Wahrscheinlichkeitsbegriffs nicht auf einer subjektiven Interpretation. Er ist nicht nur bloße ›Meinung‹. Die Annahme einer Vielzahl von Ereignissen, die er voraussetzt, ist zwar als fiktiver Sachverhalt nicht einmal existent, aber auch nicht-existente Ereignisse lassen sich objektiv beurteilen. In der Volkswirtschaftslehre geschieht das fortwährend, und nicht nur dort. Auch andere Wissenschaften sind darauf angewiesen, sich intensiv mit rein hypothetischen Szenarien auseinanderzusetzen. Ich nenne als Beispiele etwa die Archäologie oder die der der Medizin zuzurechnende Epidemiologie. Das ist auch in der Wissenschaft gar nichts Besonderes. Wichtig ist nur, daß wir zwischen Sicherheit und Objektivität bzw. Unsicherheit und Subjektivität unterscheiden, weil beide Ausdrücke üblicherweise für

---

317 Solche gedanklichen Fiktionen sind in anderen Wissenschaftsgebieten durchaus nicht ungewöhnlich. Die Volkswirtschaftslehre hat es z. B. sehr häufig mit ihnen zu tun. Auch in der Rechtswissenschaft kommen solche Fiktionen vor. Vgl. z. B. mein ›Recht und Rationalität‹, S. 106 ff., sowie ›The Problem of Objectivity in Law and Ethics‹, S. 111 ff., 118 ff., wo ich dargelegt habe, daß jede Rechtsanwendung von der Fiktion eines vernunftbegabten Gesetzgebers ausgehen muß, obwohl wir genau wissen, daß es ihn nicht gibt.

318 Karl Popper, ›Die Quantentheorie und das Schisma der Physik‹, S. 60 f.; vgl. dazu mein ›Popper *versus* Einstein‹, S. 126 ff., 211 ff.

unterschiedliche Sachverhalte gebraucht werden und die Unterscheidung dieser Sachverhalte auch gar nicht schwierig ist. Ein Sachverhalt, von dem wir wenig sichere Kenntnisse haben, läßt sich trotzdem objektiv kritisieren und beurteilen, und solche Aufgaben sind in den meisten Wissenschaften an der Tagesordnung. In gleicher Weise lassen sich auch fiktive Sachverhalte objektiv kritisieren, wenngleich die Unsicherheit dann noch größer sein mag. Das habe ich an anderer Stelle gezeigt[319]. Entscheidend ist nur, daß der Maßstab der Beurteilung außerhalb des Menschen liegt und von ihm unabhängig ist. Darin liegt seine Objektivität. Fiktionen sind auf jeden Fall in der Sprache erlaubt; ich bin der Ansicht, daß sie sogar in der Wissenschaft erlaubt sind.

Nur als *Erklärungen* irgendwelcher physikalischen Ereignisse sind fiktive Sachverhalte ungeeignet, weil sie gar keinen Anspruch darauf erheben, Teil der physikalischen Wirklichkeit zu sein. Sie können, um ein von Popper zitiertes Bild zu gebrauchen, »weder stoßen noch gestoßen werden«[320]. Deshalb sind Wahrscheinlichkeiten als Erklärungen physikalischer Ereignisse grundsätzlich ungeeignet, und deshalb widerspricht Poppers Versuch, die Probleme der Quantentheorie durch die Verweisung auf Wahrscheinlichkeitsfelder zu lösen, in meinen Augen den Prinzipien des methodologischen Nominalismus. Hätte Popper recht, dann wäre seine Erklärung eine *letzte* Erklärung, die selbst keine weiteren Fragen mehr zuläßt, und gerade solche letzten Erklärungen kann es nach seiner Theorie nicht geben[321].

---

319 In ›The Problem of Objectivity in Law and Ethics‹, besonders Abschn. III, 2.

320 Die Formulierung stammt von A. Landé; Popper zitiert sie in: ›Die Quantentheorie und das Schisma der Physik‹, S. 54. Zum Gebrauch des Begriffs ›wirklich‹ vgl. auch Karl Popper/John C. Eccles, ›Das Ich und sein Gehirn‹, S. 28 ff.

321 An diesem Widerspruch ändert auch Poppers Versuch nichts, die Probleme der Wahrscheinlichkeit mit den Erscheinungen des radioaktiven Zerfalls in Verbindung zu bringen. Vgl. Karl Popper, ›Die Quantentheorie und das Schisma der Physik‹, S. 95. Mir erscheint dieser Versuch zusammenhangslos und sogar ein besonders deutlicher Ausdruck des verfehlten gedanklichen Ansatzes. Auch eine Verweisung auf Wahrscheinlichkeitsfelder sagt uns nämlich nichts, was wir nicht schon vorher wußten, enthält also keine Erweiterung unseres empirischen Wissens. Wir erfahren nichts Neues über die Welt, in der wir leben, sondern lernen nur neue Bedeutungen bloßer Vokabeln. Damit bedeutet der Versuch den Abbruch der rationalen Diskussion an dieser Stelle.

(c) Relativitätstheorie: Bei ihr kann ich mich besonders kurz fassen, weil ich Poppers Verständnis der Logik und der Mathematik oben *(II)* erörtert habe. Und meine eigene Beurteilung der Relativitätstheorie habe ich im 7. Kapitel und im unten nachfolgenden Anhang (2) ausführlich dargelegt.

Karl Popper folgt Einsteins empiristischer Deutung der Geometrie und hält deshalb auch die Relativitätstheorie für eine empirische Theorie. Der zugrundeliegende Fehler liegt aus meiner Sicht in seiner unklaren Theorie der Logik und der Mathematik. Er liegt aber auch in seinem mangelnden Problembewußtsein, das allerdings in diesem Fall besonders verständlich ist, weil er seine eigene Theorie einer Anregung Einsteins verdankte. Ich bin immer noch der Ansicht, daß vor allem die Dankbarkeit, die er gegenüber Einstein empfand, ihn daran hinderte, dessen Theorien kritischer anzusehen[322].

Nach meiner Ansicht kann die Relativitätstheorie schon deshalb keine empirische Theorie sein, weil sie von widersprechenden Prämissen ausgeht, nämlich von einem Zeitbegriff, der zugleich relativ und nicht relativ ist. Popper hat selbst überzeugend demonstriert, daß aus widersprechenden Prämissen jede beliebige Aussage abgeleitet werden kann[323]. Das bedeutet aber, daß die Relativitätstheorie unwiderlegbar ist und deshalb nach Poppers Kriterium der Falsifizierbarkeit keine empirische Theorie sein kann.

Die der speziellen Relativitätstheorie zugrundeliegende Prämisse der Konstanz der Lichtgeschwindigkeit enthält allerdings eine empirische Aussage. Diese Aussage ist aber durch das Sagnac-Experiment klar widerlegt[324]. Popper kannte das Experiment offenbar nicht. Er konnte es kaum kennen, weil es in der relativistischen Literatur verschwiegen wird. Ich bin überzeugt, daß auch er die Relativitätstheorie abgelehnt hätte,

---

Wenn wir die Möglichkeit des Zufalls mit der Existenz von Wahrscheinlichkeitsfeldern begründen, gibt es danach nichts mehr zu erklären. Das kann ich nicht akzeptieren und das hätte meiner Ansicht nach auch Karl Popper von seinem Standpunkt aus nicht akzeptieren dürfen.

322   Diese Ansicht habe ich schon in ›Popper *versus* Einstein‹, S. 199, vertreten.

323   Karl Popper, ›Was ist Dialektik‹, in: ›Vermutungen und Widerlegungen‹, Bd. II, S. 451 ff., 459 ff.

324   Vgl. oben Kap. 3, II, 4 (S. 92 f.).

und zwar sowohl die spezielle als auch die allgemeine Relativitätstheorie, wenn er es gekannt hätte.

(d) Wirklichkeit der Zeit: Mit der Relativitätstheorie hängt die Frage eng zusammen, ob die Zeit ›existiert‹, ob sie also Teil der physikalischen Wirklichkeit ist, ob sie eine Richtung hat und ob es so etwas wie eine rückwärtslaufende Zeit geben kann. Zu diesen Fragen hat Popper sich ausführlich geäußert[325]. Seine Stellungnahme ist mir aber bei weitem nicht deutlich genug.

Popper bezeichnet Raum und Zeit als ›Abstraktionen‹ und schreibt dazu:

> »Time, watever it may be, becomes like space at least in so far as it forms just one dimension in a four-dimensional manifold which we may call ›objectivey co-present‹, in the sense that no part comes objectively before or after another.«

Damit unterläuft ihm in meinen Augen genau die gleiche Verwechslung von Mathematik und Realität, die ich auch bei Max Planck und Einstein kritisiert habe. Und deshalb verlieren sich seine weiteren Gedanken zur Wirklichkeit der Zeit in Problemen der Entropie, die aus meiner Sicht mit der Frage gar nichts zu tun haben.

Auch bei der Frage nach der Wirklichkeit der Zeit geht es aus meiner Sicht zunächst um ein Problem der sprachlichen Klarheit, also um die Anwendung der Prinzipien des methodologischen Nominalismus. Wenn wir von ›Zeit‹ reden, müssen wir selbst wissen, was wir mit dem Wort bezeichnen wollen, und müssen das dem Gesprächspartner oder dem Leser im Zweifel auch mitteilen. Mein einfacher Vorschlag geht dahin, das Wort ›Zeit‹ als Ausdruck dafür zu gebrauchen, daß unsere Welt nicht stillsteht, weil sich an jeder Stelle des Universums selbst dann etwas ändert, wenn sich scheinbar nichts ändert, also als Ausdruck für physikalische Prozesse schlechthin, d. h. für die Situation, daß die Materie ein physikalischer

---

325   Ich denke besonders an seinen Vortrag Beyond the Search for Invariants (1965), jetzt in: Karl Popper, The World of Parmenides (posthum 1998), S. 146 ff., 166 ff.

Prozeß ist, daß wir selbst physikalische Prozesse sind und das ganze Universum kein statischer Zustand, sondern ein dynamischer Prozeß ist.

Wer diesem Vorschlag *nicht* folgen will, müßte jetzt einen Gegenvorschlag machen. Denn mit Popper bin ich der Ansicht:

> ›Ein Wort auszusprechen und nichts damit zu meinen, ist eines Philosophen unwürdig‹.[326]

Und wer meinem Vorschlag folgen will, aber trotzdem von einer ›rückwärts laufenden Zeit‹ spricht, müßte, wenn er der Meinung ist, daß es etwas Derartiges gibt, als nächstes klarstellen, was er mit dem Ausdruck bezeichnen will. Er müßte vor allem klarstellen, ob er sagen will, daß *alle* physikalischen Prozesse rückwärts laufen oder nur einzelne Prozesse im Verhältnis zu anderen Prozessen. Wenn er dann behaupten will, daß etwa nur die Erdrotation ihre Richtung ändert, hätte ich damit keine theoretischen Probleme. Ich hätte nur um so größere empirische Zweifel.

Wenn er dagegen behauptet, daß etwa nur eine einzelne Partikel sich ›in der Zeit rückwärts bewegt‹[327], würde ich einwenden, daß er damit dem Ausdruck ›Zeit‹ damit entgegen unserer gemeinsamen Prämisse doch einen anderen Sachverhalt zuordnet, als ich vorgeschlagen habe, daß er sich also selbst widerspricht. Denn der Begriff der ›Zeit‹, den ich vorgeschlagen habe und auf den wir uns (fiktiv) geeinigt haben, besagt nichts über Vorwärts- oder Rückwärtsbewegungen. Er sollte vielmehr nur besagen, daß unsere Welt nicht stillsteht, weil sich an jeder Stelle des Universums selbst dann etwas ändert, wenn sich scheinbar nichts ändert. Er sollte also Ausdruck für physikalische Prozesse schlechthin sein, d. h. für die Situation, daß die Materie ein physikalischer Prozeß ist, daß wir selbst physikalische Prozesse sind und das ganze Universum kein statischer Zustand, sondern ein dynamischer Prozeß ist. Mit diesem sehr allgemeinen Verständnis ist

---

326 Der Ausspruch stammt von George Berkeley. Popper zitiert ihn zustimmend in: ›Eine Bemerkung über Berkeley als Vorläufer von Mach und Einstein‹, ›Vermutungen und Widerlegungen‹, Bd. I (1994), S. 243 ff., 244.

327 Besonders deutlich in diesem Sinne Feynman in ›QED – die seltsame Theorie des Lichts und der Materie‹, S. 114.

284

es nicht vereinbar, daß einzelne Prozesse vorwärts oder rückwärts laufen sollen, weil wir uns dafür zunächst auch darauf einigen müßten, was wir unter einer solchen Richtung verstehen wollen.

Deshalb würde ich meinen fiktiven Gesprächspartner zunächst bitten, mir noch einmal zu erklären, welche Bedeutung er dem Ausdruck ›Zeit‹ eigentlich zuordnen will. Da dies in der Literatur bisher nie geschehen ist, bin ich einstweilen der Ansicht, daß diejenigen, die für möglich halten, daß irgendwelche Partikeln sich ›in der Zeit rückwärts bewegen‹, gar nicht wissen, wovon sie reden[328]. Deshalb halte ich es im Unterschied zu Popper auch nicht für sinnvoll, mich mit ihren mathematischen Formeln auseinanderzusetzen.

(e) Dualismus von Normen und Tatsachen: Die unterschiedliche Bewertung des methodologischen Nominalismus bei Karl Popper und mir wirkt sich auch in seiner Theorie des ›kritischen Dualismus‹ von Normen und Tatsachen aus, auf die er in der *Offenen Gesellschaft* großes Gewicht gelegt hat. Mein einziger Einwand gegen diese Theorie ist, daß die ihr zugrundeliegende Frage falsch gestellt ist. Sie beantwortet eine ›Was ist?‹-Frage, nämlich die Frage, ob Normen Tatsachen sind[329]. Und da Popper andererseits nicht bezweifelt, daß Normen, und zwar auch moralische Normen, *wirklich* sind, bleibt die Zielrichtung dieser Frage im Dunkeln. Ich halte deshalb seine Theorie des kritischen Dualismus für inkonsequent, aber auch für unwichtig. Ich kann auch nicht erkennen, daß Popper in seinen späteren Werken irgendwelche Folgerungen aus dieser Lehre gezogen hätte. Es hängt also nichts von ihr ab. Da ich das schon an anderer Stelle ausführlich erklärt habe[330], erwähne ich unsere Meinungsverschiedenheit in diesem Punkt hier nur der Vollständigkeit halber.

---

328   Neben Feynman (s. die vorige Fußn.) gilt das z. B. auch für Barrow/Tipler, ›The Anthropic Cosmological Principle‹, S. 173 ff., 179, oder Hawking in: Stephen Hawking/Roger Penrose, ›The Nature of Space and Time‹, S. 75 ff., 98. Die Beispiele ließen sich fast beliebig vermehren.

329   Zur grundsätzlichen Fehlerhaftigkeit solcher Fragen vgl. Karl Popper/John C. Eccles, ›Das Ich und sein Gehirn‹, S. 19 f., 134 ff.

330   v. Mettenheim, ›Recht und Rationalität‹, S. 35 ff.; ›The Problem of Objectivity in Law and Ethics‹ in: ›Popper's Open Society after 50 Years‹, S. 111 ff.

IV. Zusammenfassung

Zusammenfassend ist also aus meiner Sicht zu sagen, daß ich Karl Poppers Theorie der wissenschaftlichen Erkenntnis uneingeschränkt akzeptiere, seiner Anwendung in einzelnen Fragen aber nicht immer folge. Die Ursache unserer Meinungsverschiedenheiten sehe ich darin, daß er Kants Autonomieprinzip nicht konsequent auf die Sprache selbst – und damit auf die Mathematik und die Geometrie – angewendet hat. Aber das alles ändert nichts daran, daß ich ihn für den größten Philosophen seit Kant halte, und damit natürlich auch für den größten Philosophen des 20. Jahrhunderts. Wieviel ich ihm verdanke, kann ich auch in diesem Buch kaum angemessen zum Ausdruck bringen.

EINSTEINS RECHENFEHLER (KURZFASSUNG)

Worum geht es? Einsteins Aufsatz *Zur Elektrodynamik bewegter Körper*[331] enthält die erste Darstellung seiner speziellen Relativitätstheorie. Ihr mathematisches Kernstück ist die sogenannte ›Lorentztransformation‹, eine Gruppe von mathematischen Formeln, die das Verhältnis von Raum und Zeit in Systemen beschreiben sollen, die sich relativ zueinander bewegen. Einstein hat sie aus den nachfolgend zitierten Gleichungen (1) bis (3) abgeleitet.

1. **Einsteins Gleichungen** (in seinem Originaltext S. 894, 896, 897):

$$(1) \quad t_B - t_A = t'_A - t_B$$

$$(2) \quad t_B - t_A = \frac{r_{AB}}{V - v}$$

$$(3) \quad t'_A - t_B = \frac{r_{AB}}{V + v}$$

Einsteins Notation:
AB: ein Stab (System) mit den Enden A und B
t: die Zeit im ruhenden System
t'_A: die Zeit bei A nach Reflexion des Lichtsignals bei B
τ: die Zeit des bewegten Systems
V: die Lichtgeschwindigkeit
v: die Geschwindigkeit des bewegten Systems
r: die Länge des bewegten Systems AB

2. **Daraus folgt** [rechte Seiten von (2) und (3) eingesetzt in (1)]:[332]

$$(4) \quad \frac{r_{AB}}{V - v} = \frac{r_{AB}}{V + v}$$

$$(5a,b,c) \quad V - v = V + v \quad \text{oder} \quad +v = -v \quad \text{oder} \quad + = -$$

3. **Weitere Folgerungen:** Da die Ausdrücke in den Nennern der Gleichungen (2) und (3), ohne daß Einstein die Notation geändert hätte, in den Nennern der von Einstein später verwendeten Gleichung

---

331 Annalen der Physik, Bd. 17 [1905], S. 891 ff. Originaltext unten Anhang 4 (S. 309 ff.).
332 Näher oben S. 193 ff. sowie nachfolgend Anhang 3, I (S. 289 f.).

$$(6) \qquad \frac{1}{2}\left[t(0,0,0,t)+t\left(0,0,0,\left\{t+\frac{x'}{V-v}+\frac{x'}{V+v}\right\}\right)\right]=t\left(x',0,0,t+\frac{x'}{V-v}\right)$$

wiederkehren (in seinem Originaltext S. 898), *gilt $v \neq v$ auch für diese Gleichung (6) und alle weiteren Formeln, die Einstein aus ihr ableitet.* Auch die Gleichung

$$(7) \qquad \tau = t\sqrt{1-\left(\frac{v}{V}\right)^2}$$

die die Relativität der Zeit als Verhältnis der Zeit t des ruhenden Systems zur Zeit τ des bewegten Systems ausdrücken soll (in seinem Originaltext S. 904), baut auf dem in Gleichung (5) dargestellten Widerspruch auf.

Anhang 3
Zur Mathematik der Lorentztransformation

›Es wäre kein Wunder fürwahr, wenn die Zeit einem solchen Schurken das Stundenglas ins Gesicht schmisse.‹
Georg Christoph Lichtenberg

Im 7. Kapitel haben wir gesehen, daß Einsteins spezielle Relativitätstheorie auf mathematischen Gleichungen aufbaut, die einen logischen Widerspruch enthalten. Der Widerspruch ergab sich zwischen den dort zitierten Gleichungen (1) und (3) und (4), auf denen Einsteins weitere Überlegungen aufbauten. Auf diese mathematische Seite der speziellen Relativitätstheorie möchte ich hier noch genauer eingehen. Deshalb werde ich im ersten Abschnitt (*I*) dieses Anhangs zeigen, daß Einstein den im 7. Kapitel dargestellten Widerspruch auch im weiteren Verlauf seiner Abhandlung keineswegs aufgelöst hat. Und in den folgenden Abschnitten werde ich diese Argumentation verstärken, indem ich demonstriere, daß der gleiche logische Fehler, der Einsteins Darstellung der Relativitätstheorie zugrunde liegt, auch in anderen Darstellungen der Relativitätstheorie nachweisbar ist, wenngleich er an unterschiedlichen Stellen auftreten kann. Dieser Anhang ist also für Leser bestimmt, die – aus welchen Gründen auch immer – die mathematischen Überlegungen, auf denen die spezielle Relativitätstheorie aufbaut, genauer nachprüfen möchten.

I. Einsteins Urtext

Zunächst geht es um die Frage, ob Einstein den oben[333] dargestellten mathematischen Widerspruch zwischen den Gleichungen (1) und (3) und

---

333 Kap. 7, IV (S. 210 ff., 214).

(4) im weiteren Verlauf seiner Abhandlung *Zur Elektrodynamik bewegter Körper* aufgelöst hat[334].

(*1*) Einstein erörtert in § 3 seiner Abhandlung, im unmittelbaren Anschluß an die im 7. Kapitel zuletzt zitierte Textpassage, die sogenannte ›Lorentztransformation‹, also die Theorie der rechnerischen Beziehungen zwischen den Koordinaten eines ruhenden Systems und eines relativ zu diesem gleichförmig bewegten Systems. Allerdings änderte er dort ohne erkennbaren Grund die Notation, was das Verständnis seiner Gedanken erschwert. Die betrachteten Systeme werden in § 3 nicht mehr wie in §§ 1 und 2 seines Textes mit *AB*, sondern vielmehr mit *K* und *k* bezeichnet, wobei *K* für das ruhende und *k* für das bewegte System steht. Einstein schrieb:

»Seien im ›ruhenden‹ Raum zwei Koordinatensysteme, d. h. zwei Systeme von je drei von einem Punkte ausgehenden, aufeinander senkrechten starren materiellen Linien, gegeben. Die *X*-Achsen beider Systeme mögen zusammenfallen, ihre *Y*- und *Z*-Achsen bezüglich parallel sein. Jedem Systeme sei ein starrer Maßstab und eine Anzahl Uhren beigegeben, und es seien beide Maßstäbe sowie alle Uhren einander genau gleich.

Es werde nun dem Anfangspunkte des einen der beiden Systeme (*k*) eine (konstante) Geschwindigkeit *v* in Richtung der wachsenden *x* des anderen, ruhenden Systems (*K*) erteilt, welche sich auch den Koordinatenachsen, dem betreffenden Maßstabe sowie den Uhren mitteilen möge. Jeder Zeit *t* des ruhenden Systems *K* entspricht eine bestimmte Lage der Achsen des bewegten Systems und wir sind aus Symmetriegründen befugt anzunehmen, daß die Bewegung von *k* so beschaffen sein kann, daß die Achsen des bewegten Systems zur Zeit *t* (es ist mit ›t‹ immer eine Zeit des ruhenden Systems bezeichnet) den Achsen des ruhenden Systems parallel seien.

Wir denken uns nun den Raum sowohl vom ruhenden System *K* aus mittels des ruhenden Maßstabes als auch vom bewegten System *k* mittels des mit ihm bewegten Maßstabes ausgemessen und so die Koordinaten *x, y, z* bez. ξ, η, ζ ermittelt. Es werde ferner mittels der im ruhenden System befindlichen ruhenden Uhren durch Lichtsignale in der in § 1 angegebenen Weise die Zeit *t* des ruhenden Systems für alle Punkte des letzteren bestimmt, in denen sich Uhren befinden; ebenso werde die Zeit τ des bewegten Systems für alle Punkte des bewegten

---

334   Albert Einstein, ›Zur Elektrodynamik bewegter Körper‹, Annalen der Physik, Bd. 17 [1905], S. 891 ff. (nachf. Anh. 4, I, S. 309 ff.).

290

Systems, in welchen sich relativ zu letzterem ruhende Uhren befinden, bestimmt durch Anwendung der in § 1 genannten Methode der Lichtsignale zwischen den Punkten, in denen sich die letzteren Uhren befinden.

Zu jedem Wertsystem x, y, z, t, welches Ort und Zeit eines Ereignisses im ruhenden System vollkommen bestimmt, gehört ein jenes Ereignis relativ zum System k festlegendes Wertsystem ξ, η, ζ, und es ist nun die Aufgabe zu lösen, das diese Größen verknüpfende Gleichungssystem zu finden.

Zunächst ist klar, daß drei Gleichungen *linear* sein müssen wegen der Homogenitätseigenschaften, welche wir Raum und Zeit beilegen.

Setzen wir

$$x' = x - vt \tag{7}$$

so ist klar, daß einem im System k ruhenden Punkte ein bestimmtes, von der Zeit unabhängiges Wertsystem x', y, z zukommt. Wir bestimmen zuerst τ als Funktion von x, y, z und t. Zu diesem Zweck haben wir in Gleichungen auszudrücken, daß τ nichts anderes ist als der Inbegriff der Angaben von im System k ruhenden Uhren, welche nach der im § 1 gegebenen Regel synchron gemacht worden sind.

Vom Anfangspunkt des Systems k aus werde ein Lichtstrahl zur Zeit τ_0 längs der *X-Achse* nach x' gesandt und von dort zur Zeit τ_1 nach dem Koordinatenursprung reflektiert, wo er zur Zeit τ_2 anlange; so muß dann sein:

$$1/2\,(\tau_0 + \tau_2) = \tau_1 \tag{8}$$

oder, indem man die Argumente der Funktion τ beifügt und das Prinzip der Konstanz der Lichtgeschwindigkeit im ruhenden Systeme anwendet:

$$\frac{1}{2}\left[\,t(0,0,0,t)+t\left(0,0,0,\left\{t+\frac{x'}{V-v}+\frac{x'}{V+v}\right\}\right)\right]=t\left(x',0,0,t+\frac{x'}{V-v}\right) \tag{9}$$

Hieraus folgt, wenn man x' unendlich klein wählt:

$$\frac{1}{2}\left(\frac{1}{V-v}+\frac{1}{V+v}\right)\frac{\partial\tau}{\partial t}=\frac{\partial\tau}{\partial x'}+\frac{1}{V-v}\cdot\frac{\partial\tau}{\partial t} \tag{10}$$

oder

$$\frac{\partial\tau}{\partial x'}+\frac{v}{V^2-v^2}\cdot\frac{\partial\tau}{\partial t}=0 \tag{11}$$

Es ist zu bemerken, daß wir statt des Koordinatenursprunges jeden anderen Punkt als Ausgangspunkt des Lichtstrahles hätten wählen können und es gilt deshalb die eben erhaltene Gleichung für alle Werte von x', y und z.«

(*2*) Einsteins Ausführungen bestätigen den Widerspruch, den ich im 7. Kapitel dargestellt habe. Das werden die folgenden Überlegungen zeigen. Der Widerspruch geht also auf Einsteins eigene Gedanken zurück, weil Einstein ihn offenbar nicht bemerkt hat.

(*a*) Einstein hatte die Gleichung (1) für ein *ruhendes* System mit den Endpunkten A und B aufgestellt, wie der im 7. Kapitel zitierte Text zu dieser Gleichung (1) zeigt. Sie sollte die Gleichzeitigkeit von Ereignissen in A und B definieren, ohne daß von einer Bewegung des Systems AB oder von A relativ zu B die Rede war. Dagegen sollten die Gleichungen (3) und (4) für ein längs der x-Achse *bewegtes*, in sich starres System gelten, an dessen Enden sich Uhren befinden und das Einstein an dieser Stelle ebenfalls mit den Endpunkten A und B bezeichnet. Wenn die Gleichung (1) nicht für das bewegte System gelten sollte, für das die Gleichungen (3) und (4) aufgestellt wurden, wäre damit wenigstens der Ursprung des Widerspruchs aufgedeckt.

Aber das ist nach Einsteins Text keineswegs der Fall. Im Gegenteil: Einstein verweist bei den Gleichungen (3) und (4) ausdrücklich auf »das im § 1 aufgestellte Kriterium für den synchronen Gang zweier Uhren«. § 1 trägt die Überschrift »Definition der Gleichzeitigkeit« und beschreibt in der Gleichung (1) ein Kriterium für den synchronen Gang zweier Uhren. Der Text zu den Gleichungen (3) und (4) kann also nur dahin verstanden werden, daß Einstein auf die Gleichung (1) verweisen wollte. Auch bei der oben zitierten Gleichung (9), die ebenfalls ausdrücklich für das System k, also für das bewegte System aufgestellt wurde, verweist Einstein wieder auf »im System k ruhende Uhren, welche nach der im § 1 gegebenen Regel synchron gemacht worden sind«. Vernünftigerweise ist also überhaupt nicht zu bezweifeln, daß er die Gleichung (1) auch im bewegten System anwenden wollte. Wäre das nicht der Fall, dann wäre seine weitere Ableitung unvollständig.

(*b*) Das bestätigt Einsteins weiterer Text. Wir finden nämlich die Gleichung (1) in späteren Gleichungen, die sich auf das bewegte System beziehen, auch inhaltlich wieder. Das ist allerdings nicht auf den ersten Blick zu erkennen, weil Einstein inzwischen die Notation gewechselt hat.

Zur Verdeutlichung des Sachverhalts betrachten wir jetzt zunächst die

Gleichung (8). Nach Einsteins Worten soll sie für das bewegte System gelten, das Einstein ursprünglich mit $\overline{AB}$ bezeichnet hatte, im Text zu dieser Gleichung (8) aber nunmehr mit k bezeichnet. Um an seine ursprüngliche Notation zu erinnern, werde ich deshalb die Endpunkte dieses bewegten Systems hier A_k und B_k benennen. In der Gleichung (8) bezeichnet τ_0 dann die Zeit bei Aussendung des Lichtsignals im Anfangspunkt A_k; τ_1 bezeichnet die Zeit bei Ankunft des Lichtsignals im Endpunkt B_k; und τ_2 bezeichnet die Zeit bei Rückkehr des Lichtsignals nach A_k. Die linke Seite der Gleichung ist demnach ein Ausdruck für das *arithmetische Mittel* der Zeit, die das Licht für die Wege von A_k nach B_k (Hinweg) und von B_k nach A_k (Rückweg) benötigt, während die rechte Seite nur die *einfache Zeit* bezeichnet, die es für den Weg von A_k nach B_k (Hinweg) benötigt.

Die Gleichung (8) ist also nur richtig, wenn die Zeit, die das Licht für den Hinweg benötigt, der für den Rückweg genau entspricht. Sie setzt voraus, daß die Bedingungen für Hin- und Rückweg genau gleich sind. Diese Annahme ist für das *ruhende* System ohne weiteres plausibel. Einstein hatte sie in der Gleichung (1) formuliert.

Im *bewegten* System k ist diese Voraussetzung aber nicht mehr selbstverständlich. Für andere als die Lichtgeschwindigkeit würde sie mit Sicherheit nicht gelten. Wenn ich in einem Eisenbahnzug, dessen Eigengeschwindigkeit 100 *km/h* beträgt, mit einer Geschwindigkeit von 15 *km/h* vorwärts, also in Fahrtrichtung laufe, beträgt meine Geschwindigkeit über Grund nicht 100 *km/h*, sondern addiert sich zu der des Eisenbahnzuges, beträgt also 115 *km/h*. Daher würden sich im bewegten System durch Addition und Subtraktion von Geschwindigkeiten für Hin- und Rückweg unterschiedliche Zeiten ergeben. Die Gleichung (8) folgt also für das bewegte System nur aus dem Prinzip der Konstanz der Lichtgeschwindigkeit, das eine Anwendung des Additionstheorems auf die Lichtgeschwindigkeit ausschließen soll. Ohne diese Besonderheit, die Einstein in Anwendung seiner heuristischen Methode als ›Voraussetzung‹ eingeführt hatte, müßten Geschwindigkeiten innerhalb des bewegten Systems je nach Bewegungsrichtung zu der Eigengeschwindigkeit des bewegten Systems addiert oder von ihr subtrahiert werden.

Das bedeutet aber, daß die Gleichung (8) nur richtig ist, wenn die Gleichung (1) auch im bewegten System gilt. Nur wenn sie gilt, ist die oben genannte Voraussetzung erfüllt, daß die Zeit, die das Licht für den Hinweg von A_k nach B_k benötigt, der für den Rückweg von B_k nach A_k genau entsprechen wird. Dies wiederum führt zur Anwendung der Gleichungen (5) und (6) und damit zu dem oben dargestellten Widerspruch.

(*c*) Auch im weiteren Text seines Aufsatzes hat Einstein den Widerspruch nicht wieder aufgelöst. Seine Ableitungen beruhen vielmehr auf dem dargestellten Widerspruch.

Um das zu erkennen ist es nicht einmal nötig, die besonders kompliziert wirkende Gleichung (9) in allen Einzelheiten zu durchdenken. Es genügt vielmehr die Tatsache, daß wir auf beiden Seiten dieser Gleichung im Nenner der inneren Klammerausdrücke die Ausdrücke $V + v$ bzw. $V - v$ wiederfinden, die aus den Gleichungen (3) und (4) bereits bekannt waren und die Einstein *nur dort* in den Gleichungen (3) und (4), also an keiner anderen Stelle seines Aufsatzes eingeführt hat. Wären sie nicht aus den Gleichungen (3) und (4) entnommen, wären sie also in der Gleichung (9) unerklärt.

Im vorigen Abschnitt haben wir gesehen, daß Einstein in Gleichung (8) die Zeit für den einfachen Hinweg τ_1 mit dem arithmetischen Mittel aus Hin- und Rückweg $\frac{1}{2}\,(\tau_0 + \tau_2)$ uneingeschränkt gleichsetzt. Deshalb enthält die daraus abgeleitete Gleichung (9) auf der linken Seite die eingesetzten Zeichen für das arithmetische Mittel der Zeiten von Hin- und Rückweg des Lichts im bewegten System, also die umgeformten Werte für $\frac{1}{2}\,(\tau_0 + \tau_2)$, auf der rechten Seite dagegen die eingesetzten Zeichen für τ_1, also für den einfachen Hinweg. Da diese Zeichen sich, wie aus den Gleichungen (3) und (4) ersichtlich ist, von den Zeichen für den Rückweg durch das *umgekehrte Vorzeichen* von v unterscheiden, wird der oben dargestellte logische Widerspruch zwischen der Gleichung (1) einerseits und den Gleichungen (3) und (4) andererseits nicht aufgelöst, sondern besteht auch in der Gleichung (9) fort. Dasselbe gilt für die Gleichung (10).

Erst durch die Umformung dieser Gleichung (10) in die Gleichung (11) wird der Widerspruch unsichtbar. Diese Umformung genügt aber nicht den formalen Regeln der Mathematik, weil die Multiplikation zweier un-

294

gleicher Größen, nämlich der Größen $v \neq v$ (vgl. Gleichung 6a,b,c) nicht in der Weise ausgedrückt werden kann, daß eine von ihnen ins Quadrat erhoben wird. Einsteins weitere Ableitung der Lorentztransformation beruht auf diesem formalen Fehler.

II. Das Lehrbuch von Greiner/Rafelski

Die folgenden Textabschnitte sollen deshalb zeigen, daß dieser mathematische und logische Fehler, der Einsteins ursprünglicher Theorie zugrunde lag, auch bei anderen Ableitungen der Lorentztransformation immer wieder auftreten muß, sofern sie zu demselben Ergebnis führen. Damit will ich von vornherein dem möglichen Einwand begegnen, es möge zwar sein, daß Einstein seinerzeit ein Fehler unterlaufen ist; die Relativitätstheorie sei aber trotzdem richtig, denn man habe inzwischen ganz andere und weit überzeugendere Ableitungen der Lorentztransformation gefunden.

Solche Einwände sind aus logischen Gründen unhaltbar. Wenn nämlich aus denselben Prämissen dasselbe Ergebnis abgeleitet werden soll, muß die Ableitung auch denselben mathematischen oder logischen Fehler enthalten. Der Fehler ist also unvermeidlich. Er kann allerdings an verschiedenen Stellen des Gedankengangs auftreten und kann auch mehr oder weniger gut verborgen werden. Aber an irgendeiner Stelle muß er zwangsläufig in jeder Ableitung der Lorentztransformation enthalten sein, sofern sie zu demselben Gleichungssystem führt, das Einstein seiner speziellen Relativitätstheorie zugrundegelegt hat. Das sollen die nachfolgenden Ausführungen zeigen, mit denen ich demonstrieren werde, daß drei sehr unterschiedliche, aber jeweils besonders bekannte Ableitungen der Lorentztransformation ebenfalls auf widersprüchlichen Aussagen aufbauen.

(1) In dem für Studienanfänger bestimmten Lehrbuch der speziellen Relativitätstheorie von Greiner/Rafelski[335] findet sich die folgende Darstellung des Prinzips der ›relativistischen Uhr‹:

---

335   Greiner/Rafelski, ›Spezielle Relativitätstheorie‹, 3. Aufl. (1992), S. 21 ff.

»Wir wollen in einem Gedankenexperiment versuchen, die absolute Zeit zu messen. Dazu nehmen wir an, wir hätten den Raum mit einem dichten Netz von Gitterpunkten versehen und hätten an jedem Gitterpunkt eine Uhr angebracht. Die Uhren seien alle synchronisiert, d. h. schlagen in der noch absoluten Zeit gleichzeitig. Wir denken uns nun zwei Spiegel S_1 und S_2 parallel zueinander, zwischen denen ein Lichtpuls läuft. Die Distanz der Spiegel sei l (Fig.1)[336].

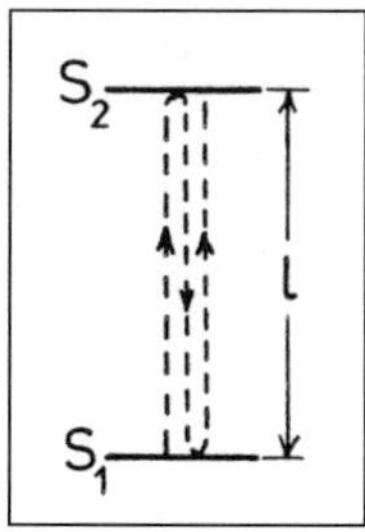

(Abbildung 4)

Als Zeiteinheit benutzen wir nun die Periode dieser Lichtpulsuhr mit den Spiegeln S_1 und S_2; sie ist

$$\tau = \frac{2l}{c} \qquad (12)$$

Wir überlegen uns nun, was passiert, wenn sich die Uhr bewegt. Diesen Sachverhalt haben wir in Fig. 2 dargestellt.

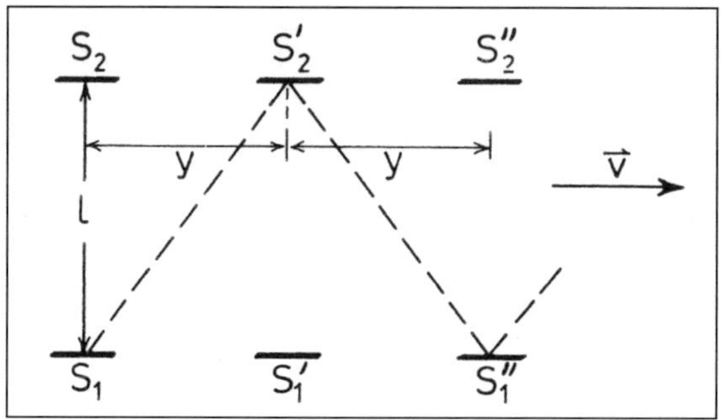

(Abbildung 5)

---

336 Die Numerierung der Abbildungen und Gleichungen ist dem vorliegenden Text angepaßt.

Die Zeit, die das Licht benötigt, um von S_1 zu $S_2{}'$ (bzw. von $S_2{}'$ zu $S_1{}''$) zu gelangen ist (vgl. …)[337]

$$t = \frac{y}{v} \qquad \text{oder} \qquad t = \frac{\sqrt{l^2 + y^2}}{c} \qquad\qquad (13\text{a,b})$$

Analog den Überlegungen zum Michelson-Experiment[338] ist damit

$$y = l \frac{v/c}{\sqrt{1 - (v/c)^2}} \qquad\qquad (14)$$

Die Periode der bewegten Uhr ist

$$\tau' = 2t = \frac{2y}{v} \qquad\qquad (15)$$

Eingesetzt ergibt sich

$$\tau' = \frac{2l}{c} \cdot \frac{1}{\sqrt{1 - (v/c)^2}} \qquad\qquad (16)$$

oder

$$\tau' = \tau \cdot \frac{1}{\sqrt{1 - (v/c)^2}} \qquad\qquad (17)$$

oder

also $\tau' > \tau$. Die gleichmäßig bewegte Uhr läuft langsamer als die ruhende Uhr.«

Soweit die Darstellung von Greiner/Rafelski. Die Gleichung (17) entspricht derjenigen, die Einstein zu demselben Zweck entwickelt hat[339].

(2) Vergleichen wir diese Darstellung mit Einsteins eigenen Texten, so fällt auf, daß Greiner/Rafelski das Prinzip der Lichtgeschwindigkeit *nicht* voraussetzen.

---

337 An dieser Stelle verweisen Greiner/Rafelski auf eine früher dargestellte Gleichung

$$y = l_2 \frac{v/c}{\sqrt{1 - (v/c)^2}}$$

338 Die damit von Greiner/Rafelski in Bezug genommene Gleichung ist mit der nachfolgenden Gleichung (16) identisch.

339 Vgl. Einstein, ›Grundzüge der Relativitätstheorie‹ (1922), 6. Aufl. (1990), S. 39; ›Über die spezielle und die allgemeine Relativitätstheorie‹ (1917), 23. Aufl. (1988), S. 25.

Die Definition der Zeiteinheit in Abb. 4 und Gleichung (12) geht zwar auf Einsteins Vorschlag zurück. Dieser Vorschlag beruhte auf der einleuchtenden Annahme, etwaige Einflüsse einer Relativbewegung des (hypothetischen) Äthers müßten sich durch die Berücksichtigung von Hin- und Rückweg des Lichts gegenseitig aufheben. Damit wollte Einstein eine Auseinandersetzung mit der Ätherhypothese vermeiden; die Einführung eines Lichtäthers sollte »sich als überflüssig erweisen« [340].

Aber diese Definition der Zeiteinheit setzt keine Konstanz der Lichtgeschwindigkeit in dem Sinne voraus, daß die Geschwindigkeit der Lichtquelle nicht zur Lichtgeschwindigkeit *addiert* werden darf. Der Ausschluß des Additionstheorems für *c* wird im Text von Greiner/Rafelski nicht erwähnt und spielt für ihre Darstellung keine Rolle.

Einstein hatte dagegen in seiner ersten Darstellung der speziellen Relativitätstheorie die Gleichung (17) mit komplizierten Berechnungen aus der Lorentztransformation abgeleitet, die ihrerseits das Prinzip der Konstanz der Lichtgeschwindigkeit voraussetzt[341]. Im Vergleich dazu erscheint die Darstellung von Greiner/Rafelski ungleich einfacher und eleganter.

(*3*) Diese Darstellung wirft also die Frage auf, wie zwei so unvereinbare Ansätze zu demselben Ergebnis führen können. Wie kann es sein, daß Greiner/Rafelski *ohne* das Prinzip der Konstanz der Lichtgeschwindigkeit zu demselben Ergebnis gelangen, das Einstein nur *mit* diesem Prinzip errechnen konnte?

(*a*) Bei Analyse des Textes von Greiner/Rafelski fällt zunächst eine terminologische Unschärfe auf. Vergleichen wir das ruhende System (Abb. 4) mit dem bewegten System (Abb. 5), so gilt im ruhenden System

$$l = ct \qquad \text{oder } c = \frac{l}{t} \tag{18a,b}$$

---

340   Einstein, ›Zur Elektrodynamik bewegter Körper‹, Annalen der Physik (1905), S. 891, 892, 894 (unten Anhang 4, I, S. 309 ff.).

341   Einstein, a.a.O. (Fn. 340), S. 891, 897 ff; vgl. auch ›Grundzüge der Relativitätstheorie‹ (1922), 6. Aufl. (1990), S. 39.

während Greiner/Rafelski für das bewegte System die Gleichung

$$t = \frac{\sqrt{l^2 + y^2}}{c} \quad \text{oder} \quad c = \frac{\sqrt{l^2 + y^2}}{t} \tag{13b,c}$$

einsetzen. Der Unterschied zwischen (18b) und (13c) ist augenfällig. Der Ausdruck $\sqrt{l^2 + y^2}$ im Zähler der Gleichung (13b,c) entspricht geometrisch der Diagonalen $\overline{S_1 S_2'}$ in Abb.2, die länger ist als l (Pythagoras). Somit gilt $\sqrt{l^2 + y^2} > l$. Daraus folgt, bezogen auf die Gleichungen (12) und (18) einerseits und (13b,c) andererseits, daß $c > c$. Die Darstellung von Greiner/Rafelski setzt also voraus, daß das Licht auf der längeren Strecke $\overline{S_1 S_2'}$ langsamer fließt, als auf der Definitionsstrecke l. Das Zeichen ›c‹ wird in den Gleichungen (12) und (13b) in verschiedenen Bedeutungen gebraucht, steht also dort für eine Variable.

(*b*) Was folgt nun daraus für die spezielle Relativitätstheorie? Die terminologische Unschärfe in der Darstellung von Greiner/Rafelski läßt sich unter Berücksichtigung der Abbildungen 4 und 5 auf die Gleichungen (12) und (13b) zurückführen, weil die Lichtgeschwindigkeit c in (13b) eine andere ist als in (12). Die Abbildung 5 macht zugleich deutlich, daß diese Unklarheit sich aus einer Nichtbeachtung des Prinzips der Konstanz der Lichtgeschwindigkeit ergibt. Wenn eine in beiden Systemen konstante Lichtgeschwindigkeit geometrisch dargestellt werden soll, müßte richtigerweise auch für das bewegte System $t' = l/c$ eingeführt werden.

Aber die weiteren Rechenoperationen von Greiner/Rafelski führen dennoch zu derselben Formel (17), die auch Einstein errechnet hatte. Diese Formel folgt logisch zwingend aus der Gleichung (13b), in der c größer ist als in (12). Da die Rechenoperationen von Greiner/Rafelski einfach und fehlerfrei sind, müssen wir also annehmen, daß die Formel (17) eine *variable* Lichtgeschwindigkeit voraussetzt.

III. Einsteins ›einfache Ableitung der Lorentztransformation‹

In dieser Annahme werden wir durch einen Text bestärkt, mit dem Einstein
selbst eine ›einfache Ableitung der Lorentztransformation‹ dargestellt hat.

(*1*) In dem 1917 erstmals veröffentlichten Buch ›Über die spezielle und
die allgemeine Relativitätstheorie‹ verwendet Einstein die nachfolgende
Abbildung[342]

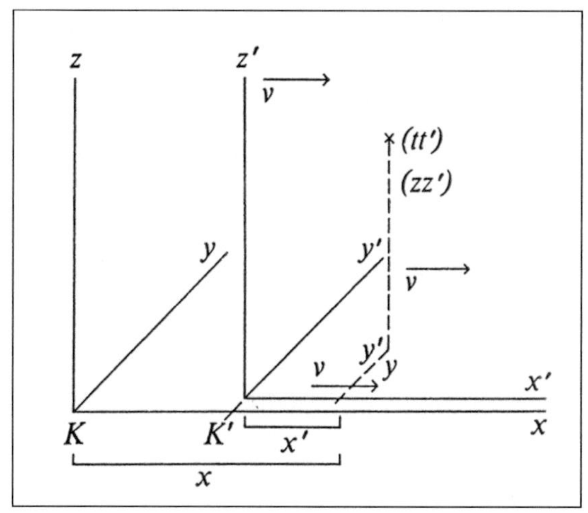

(Abbildung 6)

und erläutert dazu:

> »Bei der (scil. in Abbildung 6) angedeuteten relativen Orientierung der
> Koordinatensysteme fallen die x-Achsen beider Systeme dauernd zusammen. Wir
> können hier das Problem teilen, indem wir zunächst nur Ereignisse betrachten,
> die auf der x-Achse lokalisiert sind. Ein solches Ereignis ist bezüglich des
> Koordinatensystems K durch die Abszisse x und die Zeit t, bezüglich K' durch
> die Abszisse x' und die Zeit t' gegeben. Gesucht sind x' und t', wenn x und t
> gegeben sind.

---

342   23. Aufl. 1988, S. 22 und 76 ff.

300

Ein Lichtsignal, welche längs der positiven x-Achse vorschreitet, pflanzt sich nach der Gleichung

$$x = ct \quad oder \quad x - ct = 0 \tag{19}$$

fort. Da dasselbe Signal sich auch relativ zu K' mit der Geschwindigkeit c fortpflanzen soll, so wird die Fortpflanzung relativ zu K' durch die analoge Formel

$$x' - ct' = 0 \tag{20}$$

beschrieben. Diejenigen Raum-Zeit-Punkte (Ereignisse), welche (19) erfüllen, müssen auch (20) erfüllen. Das wird offenbar der Fall sein, wenn allgemein die Beziehung

$$(x' - ct') = \lambda(x - ct) \tag{21}$$

erfüllt ist, wobei λ eine Konstante bedeutet; denn gemäß (21) bedingt das Verschwinden von $x - ct$ das Verschwinden von $x' - ct'$.«

Einstein beschreibt sodann den entsprechenden Vorgang entlang der negativen x-Achse unter Anwendung der zunächst ebenfalls noch unbekannten Konstante μ mit der Gleichung

$$(x' + ct') = \mu \, (x + ct), \tag{22}$$

führt dann ›bequemlichkeitshalber‹ die neuen Bezeichnungen

$$a = (\lambda + \mu)/2 \quad und \quad b = (\lambda - \mu)/2 \tag{23a, b}$$

ein und errechnet mit ihnen die Gleichung

$$a^2 = \frac{1}{1 - v^2 / c^2} \tag{24}$$

(2) Unter logischen Gesichtspunkten wirft diese Ableitung einer wichtigen Formel der Lorentztransformation zwei grundlegende Fragen auf.

(*a*) Vergleichen wir die Gleichungen (19) und (20) mit Abbildung 6, so wird deutlich, daß die Gleichung (21) eigentlich

$$x' - ct' = 0' \qquad\qquad (20a)$$

lauten müßte. Denn der Nullpunkt des bewegten Systems K' ist ein anderer als der des ruhenden Systems K. Die Gleichung $x' - ct' = 0$ wurde für das bewegte Koordinatensystem K' aufgestellt, gilt also nur für dieses System. Mit der Gleichsetzung in Gleichung (21) überträgt Einstein sie aber in das ruhende Koordinatensystem K, für das sie nicht bestimmt war. Behalten wir zur Verdeutlichung des Unterschiedes zwischen den Systemen $0'$ als Bezeichnung des Nullpunkts von K' bei, so gilt nach Abbildung 6

$$0' = vt \quad oder \quad x - x' = vt \qquad\qquad (25a,b)$$

und somit

$$\textit{für alle } x \neq 0 \textit{ gilt: } 0 \neq 0' \qquad\qquad (26)$$

Dieser Unterschied, der darauf beruht, daß die Gleichungen für verschiedene Koordinatensysteme aufgestellt wurden, verschwindet bei Einsteins Gleichungen (21) und (22) in den noch unbekannten Konstanten λ und μ.

(*b*) Der daraus resultierende logische Widerspruch fällt nicht sofort ins Auge, weil gleichzeitig eine unerkannte Multiplikation mit Null eingeführt wird. Setzen wir nämlich die Gleichungen (19) und (20) bzw. (20a) in (21) ein, dann ergibt sich

$$0' = \lambda \cdot 0 \qquad\qquad (27)$$

Nach anerkannten Regeln der Mathematik bedeutet dies, daß aus den Gleichungen, in denen die Multiplikation mit Null enthalten ist, *jedes beliebige Ergebnis* abgeleitet werden kann. Das erkennen wir daran, daß wir für λ und μ in Einsteins Gleichungen (21) und (22) – und somit auch für *a* in den Gleichung (23a) und (24) – jeden beliebigen Wert einsetzen können, ohne daß die Gleichungen unrichtig werden[343].

---

343 Ein entsprechendes Theorem ist auch in der Logik anerkannt. Es ist beweisbar (im strikt mathematisch-logischen Sinne), daß aus einem System von Sätzen mit einander widersprechenden Aussagen jede beliebige Aussage abgeleitet werden kann. Zur Darstellung dieses Beweises vgl. z. B. Karl Popper, ›Was ist Dialektik‹ (1937), in: ›Vermutungen und Widerlegungen‹ Bd. II, S. 451 ff., 459 ff.

(2) Als Ergebnis kann also festgehalten werden, daß die Formel

$$\tau' = \tau \cdot \frac{1}{\sqrt{1-(v/c)^2}} \qquad (17)$$

die in der speziellen Relativitätstheorie das Verhältnis der Zeit im ruhenden System zu der Zeit im bewegten System beschreibt, logisch zwingend aus einem System von Gleichungen abgeleitet werden kann, in dem die Lichtgeschwindigkeit als Variable behandelt wird, während sie nicht aus einem System von Gleichungen abgeleitet werden kann, in dem die Lichtgeschwindigkeit als Konstante behandelt wird.

IV. Das Lehrbuch von A. P. French (M.I.T.)

Der nachfolgende Text bezieht sich auf ein amerikanisches Standardlehrbuch zur speziellen Relativitätstheorie, das erstmals 1968 in der Lehrbuchserie des Massachusetts Institute of Technology erschienen ist und inzwischen mindestens 18 Neudrucke erfahren hat. Da es in englischer Sprache verfaßt ist, habe ich auch meine Kritik in dieser Sprache formuliert, konnte sie aber damals nicht veröffentlichen.

(1) A. P. French's textbook on special relativity explains the deduction of the Lorentz-Einstein transformations like this[344].

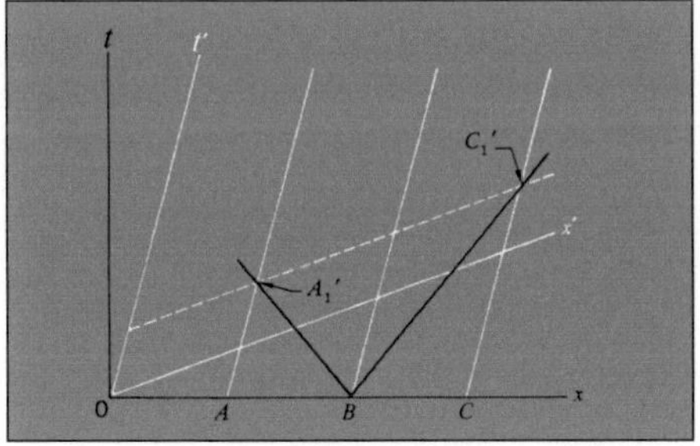

Figure 7

---

344 A. P. French, ›Special Relativity‹, M.I.T. Introductory Physics Series, (1st ed. 1968, 16th reprint, 1997), pp. 76 ff.

»Look now at *Fig. 7* [345]. It depicts the operation of defining simultaneity at stations A and C which are moving at speed v with respect to an inertial frame S. We have already discussed such a diagram (...)[346]. But now we have added lines to represent the coordinate axes of the frame S' in which A and C are at rest. How have we done this? The axis of t' is readily described; it is the line $x' = 0$, i.e., the world line of the origin of S'. And since the frame S' has a speed v along the x direction with respect to S, the position of this origin is described in S by the equation $x = vt$ if the origins of S and S' coincide at the time $t = 0$.

What about the axis of x? This is the line that connects all points corresponding to $t = 0$. Any line of the form $t' = $ constant is parallel to this x' axis. But the line $A_1'C_1'$ is just such a line, since A_1' and C_1' are events by which simultaneity in S' is defined. Hence we construct the x' axis by drawing a line parallel to $A_1'C_1'$, and for convenience we make it pass through 0, which is thus described both by

$$x = 0, \ t = 0 \tag{28}$$

and by

$$x' = 0, \ t' = 0. \tag{29}$$

The noncoincidence of the axes x and x' does not, of course, imply any geometric tilting of one with respect to the other; it is a purely formal tilting in the abstract space constructed from the x and t coordinates.

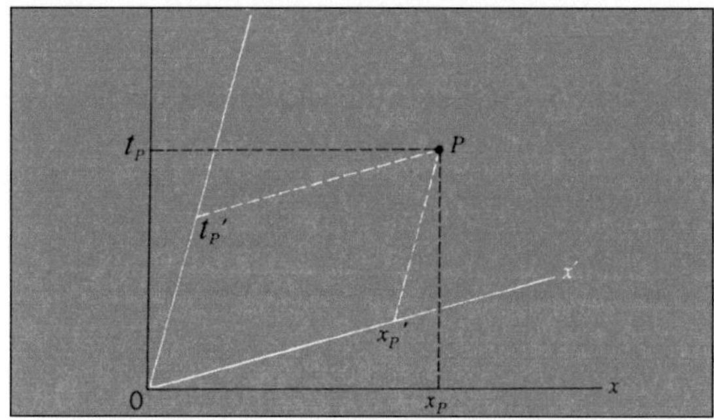

Figure 8

Now this type of diagram displays for us a key feature of the kinematic transformations of special relativity. In *Fig. 8* any point P in the plane of the

<hr>

345   Numbers of figures and equations have been adapted to this paper.
346   At this point French refers to a previous diagram.

diagram represents what is called a *point event*, which can be characterized alternatively by the values of x and t or of x' and t'. And our construction implies that x' and t' alike should be linear functions of both x and t. Similarly, x and t are linear functions of x' and t'. This linearity is a fundamental property of the transformation equations. If they did not have this form, a motion recorded as motion at constant velocity along a straight line in one frame (say S) would not be recorded as uniform rectiliear motion in S'. This would therefore conflict with Galileo's law of inertia and with our basic dynamical condition that all inertial frames are equivalent.

The symmetry implied by the relativity principle means that the form of the relationships must be as follows:

$$x = ax' + bt' \qquad (30)$$

with

$$x' = ax - bt \qquad (31)$$

These are set up so as to resemble as closely as possible the Galilean transformation (equations)[347] to which they must certainly reduce for sufficiently small values of the speed v of S' relative to S. The motion of the origin of S as measured in S' is defined by putting

$$x = 0 \qquad (32)$$

in the first of these equations. Similarly, the motion of the origin of S' as measured in S is defined by putting

$$x' = 0 \qquad (33)$$

in the second equation. The velocities are equal and opposite and both of magnitude v. This gives us the condition

$$b/a = v \qquad (34)$$

Next we consider the descriptions according to S and S' of a light signal travelling in the positive x direction. Let the signal originate at 0 of *Fig. 7*. It is then described by the following very simple equations in S and S', respectively:

$$x = ct \quad x' = ct' \qquad (35a,b)$$

---

347   At this point French refers to the following equations of the Galilean transformation: $x = x' + vt$; $x' = x - vt$ which he had quoted earlier in his book.

Substitute these particular expressions for x and x' in equations (30, 31), and we get the following:

$$ct = (ac + b)\, t' \qquad (36)$$

$$ct' = (ac - b)\, t \qquad (37)$$

Eliminating t and t' between these last equations, and using the condition $b = av$ from equation (36), we find

$$c^2 = a^2\, (c^2 - v^2) \qquad (38)$$

Therefore,

$$a = \frac{1}{(1 - v^2/c^2)1/2} \qquad (39)$$

It may be noted that …«

From this last equation (39) French then deduces the formulae of the Lorentz transformation in a way largely analogous to that taken by Einstein in his original paper on the special theory of relativity[348].
(2) Let us now take a look at some formal aspects of French's deduction.

(a) We first consider formulae (28) and (29). In the text to these formulae French had referred to *Fig. 7* depicting two reference frames in relative motion. The x'axis had been made to pass through 0 ›for convenience‹. Starting from this premisse it was to be understood that $x = 0$ and $x'= 0$.

The space/time coordinates of a stationary reference system (S) and a moving system (S') will not coincide permanently, but only at one single point, or point event, when the systems are exactly overlapping. Formula (28), consisting of two sections separated by a comma, is therefore a mathematically correct description of this single point event; but it is not a correct description of the general functional relations between x and 0, nor between t' and 0. It is logically correct only if read

$$x = 0 \quad \textit{if, and only if,} \quad t = 0 \qquad (40a)$$

---

348   ›Zur Elektrodynamik bewegter Körper‹, Annalen der Physik 1905, pp. 891 ff. (see Appendix 4 below, pp. 309 ff.)

which implies

$$\text{for all } t \neq 0,\, x \neq 0 \qquad\qquad (40b)$$

The same must hold for formula (29). It is logically correct only if read

$$x' = 0 \quad \text{if, and only if,} \quad t' = 0 \qquad\qquad (41a)$$

which implies

$$\text{for all } t' \neq 0,\, x' \neq 0 \qquad\qquad (41b)$$

(*b*) We now consider French's equations (30) and (31). They resemble the corresponding equations of the Galilean transformation[349] in some aspects. But the relation between x and x' is no longer defined by velocity (v) and time (t). The new and unknown factors a and b have been introduced; and the time t' of the moving system S' is now a function of distance, described by x and x', and these unknown factors a and b. It is no longer the same as in S.

So this is where Einstein's concept of ›relative time‹ enters the algebra. As mentioned by French in his text, factors a and b indicate that the relationship between x and x' as well as between t and t' is to be a linear function.

(*c*) We now come to equations (32) and (33). French explains in his text referring to these formulae that »the motion of the origin of S as measured in S' is defined by putting $x = 0$.«

The meaning of this sentence is not clear. Motion can be described geometrically by a change of the coordinates of space and time. For an algebraic definition of motion we therefore need a functional equation permitting different values for the coordinates of space and time. Hence $x = 0$ cannot be the definition of a motion, nor can $x' = 0$.

It seems that at this point French has omitted the second part of equations (28) and (29), as explained in formulae (40a,b) and (41a,b).

---

349   See Note 348.

(*d*) French's text to formulae (31–34) shows that formula (34) was deduced from equations (31) and (33), which give us

$$ax - bt = 0 \quad or \quad ax = bt \quad or \quad x = bt/a \qquad (42a,b,c)$$

In combination with the general functional relationship $v = x/t$ we get $b/a = v$. Formula (32) therefore presupposes the truth of (31), which is not a true description of a functional relationship, but only true for the single point event $t' = 0$, as we have seen in (41a,b).

(*e*) It follows from this that the transformations of formulae (36) and (37) to (38) and (39), which presuppose (34), are not based on valid rules of mathematical inference. French's further deduction of the Lorentz transformation rests on these equations.

Zwei Originaltexte von Planck und Einstein

I.

3. Zur Elektrodynamik bewegter Körper; von A. Einstein.

Daß die Elektrodynamik Maxwells — wie dieselbe gegenwärtig aufgefaßt zu werden pflegt — in ihrer Anwendung auf bewegte Körper zu Asymmetrien führt, welche den Phänomenen nicht anzuhaften scheinen, ist bekannt. Man denke z. B. an die elektrodynamische Wechselwirkung zwischen einem Magneten und einem Leiter. Das beobachtbare Phänomen hängt hier nur ab von der Relativbewegung von Leiter und Magnet, während nach der üblichen Auffassung die beiden Fälle, daß der eine oder der andere dieser Körper der bewegte sei, streng voneinander zu trennen sind. Bewegt sich nämlich der Magnet und ruht der Leiter, so entsteht in der Umgebung des Magneten ein elektrisches Feld von gewissem Energiewerte, welches an den Orten, wo sich Teile des Leiters befinden, einen Strom erzeugt. Ruht aber der Magnet und bewegt sich der Leiter, so entsteht in der Umgebung des Magneten kein elektrisches Feld, dagegen im Leiter eine elektromotorische Kraft, welcher an sich keine Energie entspricht, die aber — Gleichheit der Relativbewegung bei den beiden ins Auge gefaßten Fällen vorausgesetzt — zu elektrischen Strömen von derselben Größe und demselben Verlaufe Veranlassung gibt, wie im ersten Falle die elektrischen Kräfte.

Beispiele ähnlicher Art, sowie die mißlungenen Versuche, eine Bewegung der Erde relativ zum „Lichtmedium" zu konstatieren, führen zu der Vermutung, daß dem Begriffe der absoluten Ruhe nicht nur in der Mechanik, sondern auch in der Elektrodynamik keine Eigenschaften der Erscheinungen entsprechen, sondern daß vielmehr für alle Koordinatensysteme, für welche die mechanischen Gleichungen gelten, auch die gleichen elektrodynamischen und optischen Gesetze gelten, wie dies für die Größen erster Ordnung bereits erwiesen ist. Wir wollen diese Vermutung (deren Inhalt im folgenden „Prinzip der Relativität" genannt werden wird) zur Voraussetzung erheben und außerdem die mit ihm nur scheinbar unverträgliche

Voraussetzung einführen, daß sich das Licht im leeren Raume stets mit einer bestimmten, vom Bewegungszustande des emittierenden Körpers unabhängigen Geschwindigkeit V fortpflanze. Diese beiden Voraussetzungen genügen, um zu einer einfachen und widerspruchsfreien Elektrodynamik bewegter Körper zu gelangen unter Zugrundelegung der Maxwellschen Theorie für ruhende Körper. Die Einführung eines „Lichtäthers" wird sich insofern als überflüssig erweisen, als nach der zu entwickelnden Auffassung weder ein mit besonderen Eigenschaften ausgestatteter „absolut ruhender Raum" eingeführt, noch einem Punkte des leeren Raumes, in welchem elektromagnetische Prozesse stattfinden, ein Geschwindigkeitsvektor zugeordnet wird.

Die zu entwickelnde Theorie stützt sich — wie jede andere Elektrodynamik — auf die Kinematik des starren Körpers, da die Aussagen einer jeden Theorie Beziehungen zwischen starren Körpern (Koordinatensystemen), Uhren und elektromagnetischen Prozessen betreffen. Die nicht genügende Berücksichtigung dieses Umstandes ist die Wurzel der Schwierigkeiten, mit denen die Elektrodynamik bewegter Körper gegenwärtig zu kämpfen hat.

I. Kinematischer Teil.

§ 1. Definition der Gleichzeitigkeit.

Es liege ein Koordinatensystem vor, in welchem die Newtonschen mechanischen Gleichungen gelten. Wir nennen dies Koordinatensystem zur sprachlichen Unterscheidung von später einzuführenden Koordinatensystemen und zur Präzisierung der Vorstellung das „ruhende System".

Ruht ein materieller Punkt relativ zu diesem Koordinatensystem, so kann seine Lage relativ zu letzterem durch starre Maßstäbe unter Benutzung der Methoden der euklidischen Geometrie bestimmt und in kartesischen Koordinaten ausgedrückt werden.

Wollen wir die *Bewegung* eines materiellen Punktes beschreiben, so geben wir die Werte seiner Koordinaten in Funktion der Zeit. Es ist nun wohl im Auge zu behalten, daß eine derartige mathematische Beschreibung erst dann einen physikalischen Sinn hat, wenn man sich vorher darüber klar geworden ist, was hier unter „Zeit" verstanden wird.

Wir haben zu berücksichtigen, daß alle unsere Urteile, in welchen die Zeit eine Rolle spielt, immer Urteile über *gleichzeitige Ereignisse* sind. Wenn ich z. B. sage: „Jener Zug kommt hier um 7 Uhr an," so heißt dies etwa: „Das Zeigen des kleinen Zeigers meiner Uhr auf 7 und das Ankommen des Zuges sind gleichzeitige Ereignisse."[1]

Es könnte scheinen, daß alle die Definition der „Zeit" betreffenden Schwierigkeiten dadurch überwunden werden könnten, daß ich an Stelle der „Zeit" die „Stellung des kleinen Zeigers meiner Uhr" setze. Eine solche Definition genügt in der Tat, wenn es sich darum handelt, eine Zeit zu definieren ausschließlich für den Ort, an welchem sich die Uhr eben befindet; die Definition genügt aber nicht mehr, sobald es sich darum handelt, an verschiedenen Orten stattfindende Ereignisreihen miteinander zeitlich zu verknüpfen, oder — was auf dasselbe hinausläuft — Ereignisse zeitlich zu werten, welche in von der Uhr entfernten Orten stattfinden.

Wir könnten uns allerdings damit begnügen, die Ereignisse dadurch zeitlich zu werten, daß ein samt der Uhr im Koordinatenursprung befindlicher Beobachter jedem von einem zu wertenden Ereignis Zeugnis gebenden, durch den leeren Raum zu ihm gelangenden Lichtzeichen die entsprechende Uhrzeigerstellung zuordnet. Eine solche Zuordnung bringt aber den Übelstand mit sich, daß sie vom Standpunkte des mit der Uhr versehenen Beobachters nicht unabhängig ist, wie wir durch die Erfahrung wissen. Zu einer weit praktischeren Festsetzung gelangen wir durch folgende Betrachtung.

Befindet sich im Punkte *A* des Raumes eine Uhr, so kann ein in *A* befindlicher Beobachter die Ereignisse in der unmittelbaren Umgebung von *A* zeitlich werten durch Aufsuchen der mit diesen Ereignissen gleichzeitigen Uhrzeigerstellungen. Befindet sich auch im Punkte *B* des Raumes eine Uhr — wir wollen hinzufügen, „eine Uhr von genau derselben Beschaffenheit wie die in *A* befindliche" — so ist auch eine zeitliche Wertung der Ereignisse in der unmittelbaren Umgebung von

---

[1] Die Ungenauigkeit, welche in dem Begriffe der Gleichzeitigkeit zweier Ereignisse an (annähernd) demselben Orte steckt und gleichfalls durch eine Abstraktion überbrückt werden muß, soll hier nicht erörtert werden.

311

B durch einen in B befindlichen Beobachter möglich. Es ist aber ohne weitere Festsetzung nicht möglich, ein Ereignis in A mit einem Ereignis in B zeitlich zu vergleichen; wir haben bisher nur eine „A-Zeit“ und eine „B-Zeit“, aber keine für A und B gemeinsame „Zeit“ definiert. Die letztere Zeit kann nun definiert werden, indem man *durch Definition* festsetzt, daß die „Zeit“, welche das Licht braucht, um von A nach B zu gelangen, gleich ist der „Zeit“, welche es braucht, um von B nach A zu gelangen. Es gehe nämlich ein Lichtstrahl zur „A-Zeit“ t_A von A nach B ab, werde zur „B-Zeit“ t_B in B gegen A zu reflektiert und gelange zur „A-Zeit“ t'_A nach A zurück. Die beiden Uhren laufen definitionsgemäß synchron, wenn

$$ t_B - t_A = t'_A - t_B. $$

Wir nehmen an, daß diese Definition des Synchronismus in widerspruchsfreier Weise möglich sei, und zwar für beliebig viele Punkte, daß also allgemein die Beziehungen gelten:

1. Wenn die Uhr in B synchron mit der Uhr in A läuft, so läuft die Uhr in A synchron mit der Uhr in B.

2. Wenn die Uhr in A sowohl mit der Uhr in B als auch mit der Uhr in C synchron läuft, so laufen auch die Uhren in B und C synchron relativ zueinander.

Wir haben so unter Zuhilfenahme gewisser (gedachter) physikalischer Erfahrungen festgelegt, was unter synchron laufenden, an verschiedenen Orten befindlichen, ruhenden Uhren zu verstehen ist und damit offenbar eine Definition von „gleichzeitig“ und „Zeit“ gewonnen. Die „Zeit“ eines Ereignisses ist die mit dem Ereignis gleichzeitige Angabe einer am Orte des Ereignisses befindlichen, ruhenden Uhr, welche mit einer bestimmten, ruhenden Uhr, und zwar für alle Zeitbestimmungen mit der nämlichen Uhr, synchron läuft.

Wir setzen noch der Erfahrung gemäß fest, daß die Größe

$$ \frac{2\,\overline{AB}}{t'_A - t_A} = V $$

eine universelle Konstante (die Lichtgeschwindigkeit im leeren Raume) sei.

Wesentlich ist, daß wir die Zeit mittels im ruhenden System

ruhender Uhren definiert haben; wir nennen die eben definierte Zeit wegen dieser Zugehörigkeit zum ruhenden System „die Zeit des ruhenden Systems".

§ 2. Über die Relativität von Längen und Zeiten.

Die folgenden Überlegungen stützen sich auf das Relativitätsprinzip und auf das Prinzip der Konstanz der Lichtgeschwindigkeit, welche beiden Prinzipien wir folgendermaßen definieren.

1. Die Gesetze, nach denen sich die Zustände der physikalischen Systeme ändern, sind unabhängig davon, auf welches von zwei relativ zueinander in gleichförmiger Translationsbewegung befindlichen Koordinatensystemen diese Zustandsänderungen bezogen werden.

2. Jeder Lichtstrahl bewegt sich im „ruhenden" Koordinatensystem mit der bestimmten Geschwindigkeit V, unabhängig davon, ob dieser Lichtstrahl von einem ruhenden oder bewegten Körper emittiert ist. Hierbei ist

$$\text{Geschwindigkeit} = \frac{\text{Lichtweg}}{\text{Zeitdauer}},$$

wobei „Zeitdauer" im Sinne der Definition des § 1 aufzufassen ist.

Es sei ein ruhender starrer Stab gegeben; derselbe besitze, mit einem ebenfalls ruhenden Maßstabe gemessen, die Länge l. Wir denken uns nun die Stabachse in die X-Achse des ruhenden Koordinatensystems gelegt und dem Stabe hierauf eine gleichförmige Paralleltranslationsbewegung (Geschwindigkeit v) längs der X-Achse im Sinne der wachsenden x erteilt. Wir fragen nun nach der Länge des *bewegten* Stabes, welche wir uns durch folgende zwei Operationen ermittelt denken:

a) Der Beobachter bewegt sich samt dem vorher genannten Maßstabe mit dem auszumessenden Stabe und mißt direkt durch Anlegen des Maßstabes die Länge des Stabes, ebenso, wie wenn sich auszumessender Stab, Beobachter und Maßstab in Ruhe befänden.

b) Der Beobachter ermittelt mittels im ruhenden Systeme aufgestellter, gemäß § 1 synchroner, ruhender Uhren, in welchen Punkten des ruhenden Systems sich Anfang und Ende des auszumessenden Stabes zu einer bestimmten Zeit t befinden.

58*

Die Entfernung dieser beiden Punkte, gemessen mit dem schon benutzten, in diesem Falle ruhenden Maßstabe ist ebenfalls eine Länge, welche man als „Länge des Stabes" bezeichnen kann.

Nach dem Relativitätsprinzip muß die bei der Operation a) zu findende Länge, welche wir „die Länge des Stabes im bewegten System" nennen wollen, gleich der Länge l des ruhenden Stabes sein.

Die bei der Operation b) zu findende Länge, welche wir „die Länge des (bewegten) Stabes im ruhenden System" nennen wollen, werden wir unter Zugrundelegung unserer beiden Prinzipien bestimmen und finden, daß sie von l verschieden ist.

Die allgemein gebrauchte Kinematik nimmt stillschweigend an, daß die durch die beiden erwähnten Operationen bestimmten Längen einander genau gleich seien, oder mit anderen Worten, daß ein bewegter starrer Körper in der Zeitepoche t in geometrischer Beziehung vollständig durch *denselben* Körper, wenn er in bestimmter Lage *ruht*, ersetzbar sei.

Wir denken uns ferner an den beiden Stabenden (A und B) Uhren angebracht, welche mit den Uhren des ruhenden Systems synchron sind, d. h. deren Angaben jeweilen der „Zeit des ruhenden Systems" an den Orten, an welchen sie sich gerade befinden, entsprechen; diese Uhren sind also „synchron im ruhenden System".

Wir denken uns ferner, daß sich bei jeder Uhr ein mit ihr bewegter Beobachter befinde, und daß diese Beobachter auf die beiden Uhren das im § 1 aufgestellte Kriterium für den synchronen Gang zweier Uhren anwenden. Zur Zeit[1] t_A gehe ein Lichtstrahl von A aus, werde zur Zeit t_B in B reflektiert und gelange zur Zeit t'_A nach A zurück. Unter Berücksichtigung des Prinzipes von der Konstanz der Lichtgeschwindigkeit finden wir:

$$t_B - t_A = \frac{r_{AB}}{V - v}$$

____

1) „Zeit" bedeutet hier „Zeit des ruhenden Systems" und zugleich „Zeigerstellung der bewegten Uhr, welche sich an dem Orte, von dem die Rede ist, befindet".

und
$$t_A - t_B = \frac{r_{AB}}{V + v},$$

wobei r_{AB} die Länge des bewegten Stabes — im ruhenden System gemessen — bedeutet. Mit dem bewegten Stabe bewegte Beobachter würden also die beiden Uhren nicht synchron gehend finden, während im ruhenden System befindliche Beobachter die Uhren als synchron laufend erklären würden.

Wir sehen also, daß wir dem Begriffe der Gleichzeitigkeit keine *absolute* Bedeutung beimessen dürfen, sondern daß zwei Ereignisse, welche, von einem Koordinatensystem aus betrachtet, gleichzeitig sind, von einem relativ zu diesem System bewegten System aus betrachtet, nicht mehr als gleichzeitige Ereignisse aufzufassen sind.

§ 3. Theorie der Koordinaten- und Zeittransformation von dem ruhenden auf ein relativ zu diesem in gleichförmiger Translationsbewegung befindliches System.

Seien im „ruhenden" Raume zwei Koordinatensysteme, d. h. zwei Systeme von je drei von einem Punkte ausgehenden, aufeinander senkrechten starren materiellen Linien, gegeben. Die X-Achsen beider Systeme mögen zusammenfallen, ihre Y- und Z-Achsen bezüglich parallel sein. Jedem Systeme sei ein starrer Maßstab und eine Anzahl Uhren beigegeben, und es seien beide Maßstäbe sowie alle Uhren beider Systeme einander genau gleich.

Es werde nun dem Anfangspunkte des einen der beiden Systeme (k) eine (konstante) Geschwindigkeit v in Richtung der wachsenden x des anderen, ruhenden Systems (K) erteilt, welche sich auch den Koordinatenachsen, dem betreffenden Maßstabe sowie den Uhren mitteilen möge. Jeder Zeit t des ruhenden Systems K entspricht dann eine bestimmte Lage der Achsen des bewegten Systems und wir sind aus Symmetriegründen befugt anzunehmen, daß die Bewegung von k so beschaffen sein kann, daß die Achsen des bewegten Systems zur Zeit t (es ist mit „t" immer eine Zeit des ruhenden Systems bezeichnet) den Achsen des ruhenden Systems parallel seien.

Wir denken uns nun den Raum sowohl vom ruhenden System K aus mittels des ruhenden Maßstabes als auch vom bewegten System k mittels des mit ihm bewegten Maßstabes ausgemessen und so die Koordinaten x, y, z bez. ξ, η, ζ ermittelt. Es werde ferner mittels der im ruhenden System befindlichen ruhenden Uhren durch Lichtsignale in der in § 1 angegebenen Weise die Zeit t des ruhenden Systems für alle Punkte des letzteren bestimmt, in denen sich Uhren befinden; ebenso werde die Zeit τ des bewegten Systems für alle Punkte des bewegten Systems, in welchen sich relativ zu letzterem ruhende Uhren befinden, bestimmt durch Anwendung der in § 1 genannten Methode der Lichtsignale zwischen den Punkten, in denen sich die letzteren Uhren befinden.

Zu jedem Wertsystem x, y, z, t, welches Ort und Zeit eines Ereignisses im ruhenden System vollkommen bestimmt, gehört ein jenes Ereignis relativ zum System k festlegendes Wertsystem ξ, η, ζ, τ, und es ist nun die Aufgabe zu lösen, das diese Größen verknüpfende Gleichungssystem zu finden.

Zunächst ist klar, daß die Gleichungen *linear* sein müssen wegen der Homogenitätseigenschaften, welche wir Raum und Zeit beilegen.

Setzen wir $x' = x - v\,t$, so ist klar, daß einem im System k ruhenden Punkte ein bestimmtes, von der Zeit unabhängiges Wertsystem x', y, z zukommt. Wir bestimmen zuerst τ als Funktion von x', y, z und t. Zu diesem Zwecke haben wir in Gleichungen auszudrücken, daß τ nichts anderes ist als der Inbegriff der Angaben von im System k ruhenden Uhren, welche nach der im § 1 gegebenen Regel synchron gemacht worden sind.

Vom Anfangspunkt des Systems k aus werde ein Lichtstrahl zur Zeit τ_0 längs der X-Achse nach x' gesandt und von dort zur Zeit τ_1 nach dem Koordinatenursprung reflektiert, wo er zur Zeit τ_2 anlange; so muß dann sein:

$$\tfrac{1}{2}(\tau_0 + \tau_2) = \tau_1$$

oder, indem man die Argumente der Funktion τ beifügt und das Prinzip der Konstanz der Lichtgeschwindigkeit im ruhenden Systeme anwendet:

$$\tfrac{1}{2}\left[\tau\,(0, 0, 0, t) + \tau\left(0, 0, 0, \left\{t + \frac{x'}{V-v} + \frac{x'}{V+v}\right\}\right)\right]$$
$$= \tau\left(x', 0, 0, t + \frac{x'}{V-v}\right).$$

Hieraus folgt, wenn man x' unendlich klein wählt:

$$\tfrac{1}{2}\left(\frac{1}{V-v}+\frac{1}{V+v}\right)\frac{\partial \tau}{\partial t}=\frac{\partial \tau}{\partial x'}+\frac{1}{V-v}\frac{\partial \tau}{\partial t},$$

oder

$$\frac{\partial \tau}{\partial x'}+\frac{v}{V^2-v^2}\frac{\partial \tau}{\partial t}=0.$$

Es ist zu bemerken, daß wir statt des Koordinatenursprunges jeden anderen Punkt als Ausgangspunkt des Lichtstrahles hätten wählen können und es gilt deshalb die eben erhaltene Gleichung für alle Werte von x', y, z.

Eine analoge Überlegung — auf die H- und Z-Achse angewandt — liefert, wenn man beachtet, daß sich das Licht längs dieser Achsen vom ruhenden System aus betrachtet stets mit der Geschwindigkeit $\sqrt{V^2-v^2}$ fortpflanzt:

$$\frac{\partial \tau}{\partial y}=0$$

$$\frac{\partial \tau}{\partial z}=0.$$

Aus diesen Gleichungen folgt, da τ eine *lineare* **Funktion ist**:

$$\tau = a\left(t-\frac{v}{V^2-v^2}x'\right),$$

wobei a eine vorläufig unbekannte Funktion $\varphi(v)$ ist und der Kürze halber angenommen ist, daß im Anfangspunkte von k für $\tau=0$ $t=0$ sei.

Mit Hilfe dieses Resultates ist es leicht, die Größen ξ, η, ζ zu ermitteln, indem man durch Gleichungen ausdrückt, daß sich das Licht (wie das Prinzip der Konstanz der Lichtgeschwindigkeit in Verbindung mit dem Relativitätsprinzip verlangt) auch im bewegten System gemessen mit der Geschwindigkeit V fortpflanzt. Für einen zur Zeit $\tau=0$ in Richtung der wachsenden ξ ausgesandten Lichtstrahl gilt:

$$\xi = V\tau,$$

oder

$$\xi = aV\left(t-\frac{v}{V^2-v^2}x'\right).$$

Nun **bewegt sich** aber der Lichtstrahl relativ **zum Anfangs-**

punkt von k im ruhenden System gemessen mit der Geschwindigkeit $V - v$, so daß gilt:

$$\frac{x'}{V - v} = t.$$

Setzen wir diesen Wert von t in die Gleichung für ξ ein, so erhalten wir:

$$\xi = a \frac{V^2}{V^2 - v^2} x'.$$

Auf analoge Weise finden wir durch Betrachtung von längs den beiden anderen Achsen bewegte Lichtstrahlen:

$$\eta = V t = a V \left(t - \frac{v}{V^2 - v^2} x' \right),$$

wobei

$$\frac{y}{\sqrt{V^2 - v^2}} = t; \quad x' = 0;$$

also

$$\eta = a \frac{V}{\sqrt{V^2 - v^2}} y$$

und

$$\zeta = a \frac{V}{\sqrt{V^2 - v^2}} z.$$

Setzen wir für x' **seinen Wert ein, so erhalten wir:**

$$\tau = \varphi(v) \beta \left(t - \frac{v}{V^2} x \right),$$
$$\xi = \varphi(v) \beta (x - v t),$$
$$\eta = \varphi(v) y,$$
$$\zeta = \varphi(v) z,$$

wobei

$$\beta = \frac{1}{\sqrt{1 - \left(\frac{v}{V} \right)^2}}$$

und φ eine vorläufig unbekannte Funktion von v ist. Macht man über die Anfangslage des bewegten Systems und über den Nullpunkt von τ keinerlei Voraussetzung, so ist auf den rechten Seiten dieser Gleichungen je eine additive Konstante zuzufügen.

Wir haben nun zu beweisen, daß jeder Lichtstrahl sich, im bewegten System gemessen, mit der Geschwindigkeit V fortpflanzt, falls dies, wie wir angenommen haben, im ruhenden

System der Fall ist; denn wir haben den Beweis dafür noch nicht geliefert, daß das Prinzip der Konstanz der Lichtgeschwindigkeit mit dem Relativitätsprinzip vereinbar sei.

Zur Zeit $t = \tau = 0$ werde von dem zu dieser Zeit gemeinsamen Koordinatenursprung beider Systeme aus eine Kugelwelle ausgesandt, welche sich im System K mit der Geschwindigkeit V ausbreitet. Ist (x, y, z) ein eben von dieser Welle ergriffener Punkt, so ist also

$$x^2 + y^2 + z^2 = V^2 t^2.$$

Diese Gleichung transformieren wir mit Hilfe unserer Transformationsgleichungen und erhalten nach einfacher Rechnung:

$$\xi^2 + \eta^2 + \zeta^2 = V^2 \tau^2.$$

Die betrachtete Welle ist also auch im bewegten System betrachtet eine Kugelwelle von der Ausbreitungsgeschwindigkeit V. Hiermit ist gezeigt, daß unsere beiden Grundprinzipien miteinander vereinbar sind.

In den entwickelten Transformationsgleichungen tritt noch eine unbekannte Funktion φ von v auf, welche wir nun bestimmen wollen.

Wir führen zu diesem Zwecke noch ein drittes Koordinatensystem K' ein, welches relativ zum System k derart in Paralleltranslationsbewegung parallel zur Ξ-Achse begriffen sei, daß sich dessen Koordinatenursprung mit der Geschwindigkeit $-v$ auf der Ξ-Achse bewege. Zur Zeit $t = 0$ mögen alle drei Koordinatenanfangspunkte zusammenfallen und es sei für $t = x = y = z = 0$ die Zeit t' des Systems K' gleich Null. Wir nennen x', y', z' die Koordinaten, im System K' gemessen, und erhalten durch zweimalige Anwendung unserer Transformationsgleichungen:

$$t' = \varphi(-v)\beta(-v)\left\{\tau + \frac{v}{V^2}\xi\right\} = \varphi(v)\varphi(-v)t,$$

$$x' = \varphi(-v)\beta(-v)\{\xi + v\tau\} = \varphi(v)\varphi(-v)x,$$

$$y' = \varphi(-v)\eta = \varphi(v)\varphi(-v)y,$$

$$z' = \varphi(-v)\zeta = \varphi(v)\varphi(-v)z.$$

Da die Beziehungen zwischen x', y', z' und x, y, z die Zeit t nicht enthalten, so ruhen die Systeme K und K' gegeneinander, und es ist klar, daß die Transformation von K auf K' die identische Transformation sein muß. Es ist also:

$$\varphi(v)\,\varphi(-v) = 1\,.$$

Wir fragen nun nach der Bedeutung von $\varphi(v)$. Wir fassen das Stück der H-Achse des Systems k ins Auge, das zwischen $\xi = 0$, $\eta = 0$, $\zeta = 0$ und $\xi = 0$, $\eta = l$, $\zeta = 0$ gelegen ist. Dieses Stück der H-Achse ist ein relativ zum System K mit der Geschwindigkeit v senkrecht zu seiner Achse bewegter Stab, dessen Enden in K die Koordinaten besitzen:

$$x_1 = v\,t, \quad y_1 = \frac{l}{\varphi(v)}, \quad z_1 = 0.$$

und

$$x_2 = v\,t, \quad y_2 = 0, \quad z_2 = 0\,.$$

Die Länge des Stabes, in K gemessen, ist also $l/\varphi(v)$; damit ist die Bedeutung der Funktion φ gegeben. Aus Symmetriegründen ist nun einleuchtend, daß die im ruhenden System gemessene Länge eines bestimmten Stabes, welcher senkrecht zu seiner Achse bewegt ist, nur von der Geschwindigkeit, nicht aber von der Richtung und dem Sinne der Bewegung abhängig sein kann. Es ändert sich also die im ruhenden System gemessene Länge des bewegten Stabes nicht, wenn v mit $-v$ vertauscht wird. Hieraus folgt:

$$\frac{l}{\varphi(v)} = \frac{l}{\varphi(-v)}\,,$$

oder

$$\varphi(v) = \varphi(-v)\,.$$

Aus dieser und der vorhin gefundenen Relation folgt, daß $\varphi(v) = 1$ sein muß, so daß die gefundenen Transformationsgleichungen übergehen in:

$$\tau = \beta\left(t - \frac{v}{V^2}\,x\right),$$
$$\xi = \beta(x - v\,t),$$
$$\eta = y,$$
$$\zeta = z,$$

wobei

$$\beta = \frac{1}{\sqrt{1 - \left(\dfrac{v}{V}\right)^2}}\,,$$

**§ 4. Physikalische Bedeutung der erhaltenen Gleichungen,
bewegte starre Körper und bewegte Uhren betreffend.**

Wir betrachten eine starre Kugel[1]) vom Radius R, welche
relativ zum bewegten System k ruht, und deren Mittelpunkt
im Koordinatenursprung von k liegt. Die Gleichung der Oberfläche dieser relativ zum System K mit der Geschwindigkeit v
bewegten Kugel ist:

$$\xi^2 + \eta^2 + \zeta^2 = R^2 .$$

Die Gleichung dieser Oberfläche ist in x, y, z ausgedrückt zur
Zeit $t = 0$:

$$\frac{x^2}{\left(\sqrt{1 - \left(\frac{v}{V}\right)^2}\right)^2} + y^2 + z^2 = R^2 .$$

Ein starrer Körper, welcher in ruhendem Zustande ausgemessen
die Gestalt einer Kugel hat, hat also in bewegtem Zustande —
vom ruhenden System aus betrachtet — die Gestalt eines
Rotationsellipsoides mit den Achsen

$$R\sqrt{1 - \left(\frac{v}{V}\right)^2}, \; R, \; R .$$

Während also die Y- und Z-Dimension der Kugel (also
auch jedes starren Körpers von beliebiger Gestalt) durch die Bewegung nicht modifiziert erscheinen, erscheint die X-Dimension
im Verhältnis $1 : \sqrt{1 - (v/V)^2}$ verkürzt, also um so stärker, je
größer v ist. Für $v = V$ schrumpfen alle bewegten Objekte —
vom „ruhenden" System aus betrachtet — in flächenhafte
Gebilde zusammen. Für Überlichtgeschwindigkeiten werden
unsere Überlegungen sinnlos; wir werden übrigens in den
folgenden Betrachtungen finden, daß die Lichtgeschwindigkeit
in unserer Theorie physikalisch die Rolle der unendlich großen
Geschwindigkeiten spielt.

Es ist klar, daß die gleichen Resultate von im „ruhenden"
System ruhenden Körpern gelten, welche von einem gleichförmig bewegten System aus betrachtet werden. —

Wir denken uns ferner eine der Uhren, welche relativ
zum ruhenden System ruhend die Zeit t, relativ zum bewegten

---

1) Das heißt einen Körper, welcher ruhend untersucht Kugelgestalt
besitzt.

System ruhend die Zeit τ anzugeben befähigt sind, im Koordinatenursprung von k gelegen und so gerichtet, daß sie die Zeit τ angibt. Wie schnell geht diese Uhr, vom ruhenden System aus betrachtet?

Zwischen die Größen x, t und τ, welche sich auf den Ort dieser Uhr beziehen, gelten offenbar die Gleichungen:

$$\tau = \frac{1}{\sqrt{1 - \left(\frac{v}{V}\right)^2}}\left(t - \frac{v}{V^2}\,x\right)$$

und

$$x = v\,t.$$

Es ist also

$$\tau = t\sqrt{1 - \left(\frac{v}{V}\right)^2} = t - \left(1 - \sqrt{1 - \left(\frac{v}{V}\right)^2}\right)t,$$

woraus folgt, daß die Angabe der Uhr (im ruhenden System betrachtet) pro Sekunde um $\left(1 - \sqrt{1 - (v/V)^2}\right)$ Sek. oder — bis auf Größen vierter und höherer Ordnung um $\frac{1}{2}(v/V)^2$ Sek. zurückbleibt.

Hieraus ergibt sich folgende eigentümliche Konsequenz. Sind in den Punkten A und B von K ruhende, im ruhenden System betrachtet, synchron gehende Uhren vorhanden, und bewegt man die Uhr in A mit der Geschwindigkeit v auf der Verbindungslinie nach B, so gehen nach Ankunft dieser Uhr in B die beiden Uhren nicht mehr synchron, sondern die von A nach B bewegte Uhr geht gegenüber der von Anfang an in B befindlichen um $\frac{1}{2}t\,v^2/V^2$ Sek. (bis auf Größen vierter und höherer Ordnung) nach, wenn t die Zeit ist, welche die Uhr von A nach B braucht.

Man sieht sofort, daß dies Resultat auch dann noch gilt, wenn die Uhr in einer beliebigen polygonalen Linie sich von A nach B bewegt, und zwar auch dann, wenn die Punkte A und B zusammenfallen.

Nimmt man an, daß das für eine polygonale Linie bewiesene Resultat auch für eine stetig gekrümmte Kurve gelte, so erhält man den Satz: Befinden sich in A zwei synchron gehende Uhren und bewegt man die eine derselben auf einer geschlossenen Kurve mit konstanter Geschwindigkeit, bis sie wieder nach A zurückkommt, was t Sek. dauern möge, so geht die letztere Uhr bei ihrer Ankunft in A gegenüber der unbewegt gebliebenen um $\frac{1}{2} t (v/V)^2$ Sek. nach. Man schließt daraus, daß eine am Erdäquator befindliche Unruhuhr um einen sehr kleinen Betrag langsamer laufen muß als eine genau gleich beschaffene, sonst gleichen Bedingungen unterworfene, an einem Erdpole befindliche Uhr.

§ 5. Additionstheorem der Geschwindigkeiten.

In dem längs der X-Achse des Systems K mit der Geschwindigkeit v bewegten System k bewege sich ein Punkt gemäß den Gleichungen:

$$\xi = w_\xi \, \tau,$$

$$\eta = w_\eta \, \tau,$$

$$\zeta = 0,$$

wobei w_ξ und w_η Konstanten bedeuten.

Gesucht ist die Bewegung des Punktes relativ zum System K. Führt man in die Bewegungsgleichungen des Punktes mit Hilfe der in § 3 entwickelten Transformationsgleichungen die Größen x, y, z, t ein, so erhält man:

$$x = \frac{w_\xi + v}{1 + \dfrac{v\,w_\xi}{V^2}}\, t,$$

$$y = \frac{\sqrt{1 - \left(\dfrac{v}{V}\right)^2}}{1 + \dfrac{v\,w_\xi}{V^2}}\, w_\eta\, t,$$

$$z = 0.$$

Das Gesetz vom Parallelogramm der Geschwindigkeiten gilt also nach unserer Theorie nur in erster Annäherung. Wir setzen:

$$U^2 = \left(\frac{dx}{dt}\right)^2 + \left(\frac{dy}{dt}\right)^2,$$

$$w^2 = w_\xi^2 + w_\eta^2$$

und

$$\alpha = \operatorname{arctg} \frac{w_y}{w_x};$$

α ist dann als der Winkel zwischen den Geschwindigkeiten v und w anzusehen. Nach einfacher Rechnung ergibt sich:

$$U = \frac{\sqrt{(v^2 + w^2 + 2\,v\,w\cos\alpha) - \left(\dfrac{v\,w\sin\alpha}{V}\right)^2}}{1 + \dfrac{v\,w\cos\alpha}{V^2}}.$$

Es ist bemerkenswert, daß v und w in symmetrischer Weise in den Ausdruck für die resultierende Geschwindigkeit eingehen. Hat auch w die Richtung der X-Achse (Ξ-Achse), so erhalten wir:

$$U = \frac{v + w}{1 + \dfrac{v\,w}{V^2}}.$$

Aus dieser Gleichung folgt, daß aus der Zusammensetzung zweier Geschwindigkeiten, welche kleiner sind als V, stets eine Geschwindigkeit kleiner als V resultiert. Setzt man nämlich $v = V - \varkappa$, $w = V - \lambda$, wobei $\varkappa$ und λ positiv und kleiner als V seien, so ist:

$$U = V\,\frac{2\,V - \varkappa - \lambda}{2\,V - \varkappa - \lambda + \dfrac{\varkappa\lambda}{V}} < V.$$

Es folgt ferner, daß die Lichtgeschwindigkeit V durch Zusammensetzung mit einer „Unterlichtgeschwindigkeit" nicht geändert werden kann. Man erhält für diesen Fall:

$$U = \frac{V + w}{1 + \dfrac{w}{V}} = V.$$

Wir hätten die Formel für U für den Fall, daß v und w gleiche Richtung besitzen, auch durch Zusammensetzen zweier Transformationen gemäß § 3 erhalten können. Führen wir neben den in § 3 figurierenden Systemen K und k noch ein drittes, zu k in Parallelbewegung begriffenes Koordinatensystem k' ein, dessen Anfangspunkt sich auf der Ξ-Achse mit der Geschwindigkeit w bewegt, so erhalten wir zwischen den Größen x, y, z, t und den entsprechenden Größen von k' Gleichungen, welche sich von den in § 3 gefundenen nur dadurch unterscheiden, daß an Stelle von „v" die Größe

$$\frac{v + w}{1 + \dfrac{v\,w}{V^2}}$$

tritt; man sieht daraus, daß solche Paralleltransformationen —
wie dies sein muß — eine Gruppe bilden.

Wir haben nun die für uns notwendigen Sätze der unseren
zwei Prinzipien entsprechenden Kinematik hergeleitet und gehen
dazu über, deren Anwendung in der Elektrodynamik zu zeigen.

II. Eektrodynamischer Teil.

§ 6. Transformation der Maxwell-Hertzschen Gleichungen für den leeren Raum. Über die Natur der bei Bewegung in einem Magnetfeld auftretenden elektromotorischen Kräfte.

Die Maxwell-Hertzschen Gleichungen für den leeren
Raum mögen gültig sein für das ruhende System K, so daß
gelten möge:

$$\frac{1}{V}\frac{\partial X}{\partial t} = \frac{\partial N}{\partial y} - \frac{\partial M}{\partial z}, \quad \frac{1}{V}\frac{\partial L}{\partial t} = \frac{\partial Y}{\partial z} - \frac{\partial Z}{\partial y},$$

$$\frac{1}{V}\frac{\partial Y}{\partial t} = \frac{\partial L}{\partial z} - \frac{\partial N}{\partial x}, \quad \frac{1}{V}\frac{\partial M}{\partial t} = \frac{\partial Z}{\partial x} - \frac{\partial X}{\partial z},$$

$$\frac{1}{V}\frac{\partial Z}{\partial t} = \frac{\partial M}{\partial x} - \frac{\partial L}{\partial y}, \quad \frac{1}{V}\frac{\partial N}{\partial t} = \frac{\partial X}{\partial y} - \frac{\partial Y}{\partial x},$$

wobei (X, Y, Z) den Vektor der elektrischen, (L, M, N) den der
magnetischen Kraft bedeutet.

Wenden wir auf diese Gleichungen die in § 3 entwickelte
Transformation an, indem wir die elektromagnetischen Vorgänge auf das dort eingeführte, mit der Geschwindigkeit v
bewegte Koordinatensystem beziehen, so erhalten wir die
Gleichungen:

$$\frac{1}{V}\frac{\partial X}{\partial \tau} = \frac{\partial \beta\left(N - \frac{v}{V}Y\right)}{\partial \eta} - \frac{\partial \beta\left(M + \frac{v}{V}Z\right)}{\partial \zeta},$$

$$\frac{1}{V}\frac{\partial \beta\left(Y - \frac{v}{V}N\right)}{\partial \tau} = \frac{\partial L}{\partial \zeta} - \frac{\partial \beta\left(N - \frac{v}{V}Y\right)}{\partial \xi},$$

$$\frac{1}{V}\frac{\partial \beta\left(Z + \frac{v}{V}M\right)}{\partial \tau} = \frac{\partial \beta\left(M + \frac{v}{V}Z\right)}{\partial \xi} - \frac{\partial L}{\partial \eta},$$

$$\frac{1}{V}\frac{\partial L}{\partial \tau} = \frac{\partial \beta\left(Y - \frac{v}{V}N\right)}{\partial \zeta} - \frac{\partial \beta\left(Z + \frac{v}{V}M\right)}{\partial \eta},$$

$$\frac{1}{V}\frac{\partial \beta\left(M + \frac{v}{V}Z\right)}{\partial \tau} = \frac{\partial \beta\left(Z + \frac{v}{V}M\right)}{\partial \xi} - \frac{\partial X}{\partial \zeta},$$

$$\frac{1}{V}\frac{\partial \beta\left(N - \frac{v}{V}Y\right)}{\partial \tau} = \frac{\partial X}{\partial \eta} - \frac{\partial \beta\left(Y - \frac{v}{V}N\right)}{\partial \xi},$$

wobei

$$\beta = \frac{1}{\sqrt{1 - \left(\frac{v}{V}\right)^2}}.$$

Das Relativitätsprinzip fordert nun, daß die Maxwell-Hertzschen Gleichungen für den leeren Raum auch im System k gelten, wenn sie im System K gelten, d. h. daß für die im bewegten System k durch ihre ponderomotorischen Wirkungen auf elektrische bez. magnetische Massen definierten Vektoren der elektrischen und magnetischen Kraft $((X', Y', Z')$ und $(L', M', N'))$ des bewegten Systems k die Gleichungen gelten:

$$\frac{1}{V}\frac{\partial X'}{\partial \tau} = \frac{\partial N'}{\partial \eta} - \frac{\partial M'}{\partial \zeta}, \qquad \frac{1}{V}\frac{\partial L'}{\partial \tau} = \frac{\partial Y'}{\partial \zeta} - \frac{\partial Z'}{\partial \eta},$$

$$\frac{1}{V}\frac{\partial Y'}{\partial \tau} = \frac{\partial L'}{\partial \zeta} - \frac{\partial N'}{\partial \xi}, \qquad \frac{1}{V}\frac{\partial M'}{\partial \tau} = \frac{\partial Z'}{\partial \xi} - \frac{\partial X'}{\partial \zeta},$$

$$\frac{1}{V}\frac{\partial Z'}{\partial \tau} = \frac{\partial M'}{\partial \xi} - \frac{\partial L'}{\partial \eta}, \qquad \frac{1}{V}\frac{\partial N'}{\partial \tau} = \frac{\partial X'}{\partial \eta} - \frac{\partial Y'}{\partial \xi}.$$

Offenbar müssen nun die beiden für das System k gefundenen Gleichungssysteme genau dasselbe ausdrücken, da beide Gleichungssysteme den Maxwell-Hertzschen Gleichungen für das System K äquivalent sind. Da die Gleichungen beider Systeme ferner bis auf die die Vektoren darstellenden Symbole übereinstimmen, so folgt, daß die in den Gleichungssystemen an entsprechenden Stellen auftretenden Funktionen bis auf einen für alle Funktionen des einen Gleichungssystems gemeinsamen, von ξ, η, ζ und τ unabhängigen, eventuell von v abhängigen Faktor $\psi(v)$ übereinstimmen müssen. Es gelten also die Beziehungen:

$$X' = \psi(v)X, \qquad\qquad L' = \psi(v)L,$$

$$Y' = \psi(v)\beta\left(Y - \frac{v}{V}N\right), \qquad M' = \psi(v)\beta\left(M + \frac{v}{V}Z\right),$$

$$Z' = \psi(v)\beta\left(Z + \frac{v}{V}M\right), \qquad N' = \psi(v)\beta\left(N - \frac{v}{V}Y\right).$$

Bildet man nun die Umkehrung dieses Gleichungssystems, erstens durch Auflösen der soeben erhaltenen Gleichungen, zweitens durch Anwendung der Gleichungen auf die inverse Transformation (von k auf K), welche durch die Geschwindigkeit $-v$ charakterisiert ist, so folgt, indem man berücksichtigt, daß die beiden so erhaltenen Gleichungssysteme identisch sein müssen:

$$\varphi(v)\cdot\varphi(-v) = 1.$$

Ferner folgt aus Symmetriegründen[1]

$$\varphi(v) = \varphi(-v);$$

es ist also

$$\varphi(v) = 1,$$

und unsere Gleichungen nehmen die Form an:

$$X' = X, \qquad\qquad L' = L,$$
$$Y' = \beta\left(Y - \frac{v}{V}N\right), \quad M' = \beta\left(M + \frac{v}{V}Z\right),$$
$$Z' = \beta\left(Z + \frac{v}{V}M\right), \quad N' = \beta\left(N - \frac{v}{V}Y\right).$$

Zur Interpretation dieser Gleichungen bemerken wir folgendes. Es liegt eine punktförmige Elektrizitätsmenge vor, welche im ruhenden System K gemessen von der Größe „eins" sei, d. h. im ruhenden System ruhend auf eine gleiche Elektrizitätsmenge im Abstand 1 cm die Kraft 1 Dyn ausübe. Nach dem Relativitätsprinzip ist diese elektrische Masse auch im bewegten System gemessen von der Größe „eins". Ruht diese Elektrizitätsmenge relativ zum ruhenden System, so ist definitionsgemäß der Vektor (X, Y, Z) gleich der auf sie wirkenden Kraft. Ruht die Elektrizitätsmenge gegenüber dem bewegten System (wenigstens in dem betreffenden Augenblick), so ist die auf sie wirkende, in dem bewegten System gemessene Kraft gleich dem Vektor (X', Y', Z'). Die ersten drei der obigen Gleichungen lassen sich mithin auf folgende zwei Weisen in Worte kleiden:

1. Ist ein punktförmiger elektrischer Einheitspol in einem elektromagnetischen Felde bewegt, so wirkt auf ihn außer der

---

1) Ist z. B. $X = Y = Z = L = M = 0$ und $N \neq 0$, so ist aus Symmetriegründen klar, daß bei Zeichenwechsel von v ohne Änderung des numerischen Wertes auch Y' sein Vorzeichen ändern muß, ohne seinen numerischen Wert zu ändern.

elektrischen Kraft eine „elektromotorische Kraft", welche unter Vernachlässigung von mit der zweiten und höheren Potenzen von v/V multiplizierten Gliedern gleich ist dem mit der Lichtgeschwindigkeit dividierten Vektorprodukt der Bewegungsgeschwindigkeit des Einheitspoles und der magnetischen Kraft. (Alte Ausdrucksweise.)

2. Ist ein punktförmiger elektrischer Einheitspol in einem elektromagnetischen Felde bewegt, so ist die auf ihn wirkende Kraft gleich der an dem Orte des Einheitspoles vorhandenen elektrischen Kraft, welche man durch Transformation des Feldes auf ein relativ zum elektrischen Einheitspol ruhendes Koordinatensystem erhält. (Neue Ausdrucksweise.)

Analoges gilt über die „magnetomotorischen Kräfte". Man sieht, daß in der entwickelten Theorie die elektromotorische Kraft nur die Rolle eines Hilfsbegriffes spielt, welcher seine Einführung dem Umstande verdankt, daß die elektrischen und magnetischen Kräfte keine von dem Bewegungszustande des Koordinatensystems unabhängige Existenz besitzen.

Es ist ferner klar, daß die in der Einleitung angeführte Asymmetrie bei der Betrachtung der durch Relativbewegung eines Magneten und eines Leiters erzeugten Ströme verschwindet. Auch werden die Fragen nach dem „Sitz" der elektrodynamischen elektromotorischen Kräfte (Unipolarmaschinen) gegenstandslos.

§ 7. Theorie des Doppelerschen Prinzips und der Aberration.

Im Systeme K befinde sich sehr ferne vom Koordinatenursprung eine Quelle elektrodynamischer Wellen, welche in einem den Koordinatenursprung enthaltenden Raumteil mit genügender Annäherung durch die Gleichungen dargestellt sei:

$$
\begin{aligned}
&X = X_0 \sin \Phi, \quad L = L_0 \sin \Phi, \\
&Y = Y_0 \sin \Phi, \quad M = M_0 \sin \Phi, \quad \Phi = \omega\left(t - \frac{a\,x + b\,y + c\,z}{V}\right). \\
&Z = Z_0 \sin \Phi, \quad N = N_0 \sin \Phi,
\end{aligned}
$$

Hierbei sind $(X_0,\, Y_0,\, Z_0)$ und $(L_0,\, M_0,\, N_0)$ die Vektoren, welche die Amplitude des Wellenzuges bestimmen, a, b, c die Richtungskosinus der Wellennormalen.

Wir fragen nach der Beschaffenheit dieser Wellen, wenn dieselben von einem in dem bewegten System k ruhenden

Beobachter untersucht werden. — Durch Anwendung der in
§ 6 gefundenen Transformationsgleichungen für die elektrischen
und magnetischen Kräfte und der in § 3 gefundenen Transformationsgleichungen für die Koordinaten und die Zeit erhalten wir unmittelbar:

$$X' = X_0 \sin \Phi', \qquad L' = L_0 \sin \Phi',$$

$$Y' = \beta\left(Y_0 - \frac{v}{V}N_0\right)\sin \Phi', \qquad M' = \beta\left(M_0 + \frac{v}{V}Z_0\right)\sin \Phi',$$

$$Z' = \beta\left(Z_0 + \frac{v}{V}M_0\right)\sin \Phi', \qquad N' = \beta\left(N_0 - \frac{v}{V}Y_0\right)\sin \Phi',$$

$$\Phi' = \omega'\left(\tau - \frac{a'\,\xi + b'\,\eta + c'\,\zeta}{V}\right),$$

wobei

$$\omega' = \omega\,\beta\left(1 - a\,\frac{v}{V}\right),$$

$$a' = \frac{a - \dfrac{v}{V}}{1 - a\dfrac{v}{V}},$$

$$b' = \frac{b}{\beta\left(1 - a\dfrac{v}{V}\right)},$$

$$c' = \frac{c}{\beta\left(1 - a\dfrac{v}{V}\right)}$$

gesetzt ist.

Aus der Gleichung für ω' folgt: Ist ein Beobachter relativ
zu einer unendlich fernen Lichtquelle von der Frequenz v mit
der Geschwindigkeit v derart bewegt, daß die Verbindungslinie „Lichtquelle–Beobachter" mit der auf ein relativ zur
Lichtquelle ruhendes Koordinatensystem bezogenen Geschwindigkeit des Beobachters den Winkel φ bildet, so ist die von
dem Beobachter wahrgenommene Frequenz v' des Lichtes
durch die Gleichung gegeben:

$$v' = v\,\frac{1 - \cos\varphi\,\dfrac{v}{V}}{\sqrt{1 - \left(\dfrac{v}{V}\right)^2}}.$$

Dies ist das Doppelersche Prinzip für beliebige Geschwindig-

59*

keiten. Für $\varphi = 0$ nimmt die Gleichung die übersichtliche Form an:

$$v' = v \sqrt{\frac{1 - \dfrac{v}{V}}{1 + \dfrac{v}{V}}} \, .$$

Man sieht, daß — im Gegensatz zu der üblichen Auffassung — für $v = -\infty$, $v = \infty$ ist.

Nennt man φ' den Winkel zwischen Wellennormale (Strahlrichtung) im bewegten System und der Verbindungslinie „Lichtquelle–Beobachter", so nimmt die Gleichung für a' die Form an:

$$\cos \varphi' = \frac{\cos \varphi - \dfrac{v}{V}}{1 - \dfrac{v}{V} \cos \varphi} \, .$$

Diese Gleichung drückt das Aberrationsgesetz in seiner allgemeinsten Form aus. Ist $\varphi = \pi/2$, so nimmt die Gleichung die einfache Gestalt an:

$$\cos \varphi' = - \frac{v}{V} \, .$$

Wir haben nun noch die Amplitude der Wellen, wie dieselbe im bewegten System erscheint, zu suchen. Nennt man A bez. A' die Amplitude der elektrischen oder magnetischen Kraft im ruhenden bez. im bewegten System gemessen, so erhält man:

$$A'^2 = A^2 \frac{\left(1 - \dfrac{v}{V} \cos \varphi\right)^2}{1 - \left(\dfrac{v}{V}\right)^2} \, ,$$

welche Gleichung für $\varphi = 0$ in die einfachere übergeht:

$$A'^2 = A^2 \frac{1 - \dfrac{v}{V}}{1 + \dfrac{v}{V}} \, .$$

Es folgt aus den entwickelten Gleichungen, daß für einen Beobachter, der sich mit der Geschwindigkeit V einer Lichtquelle näherte, diese Lichtquelle unendlich intensiv erscheinen müßte.

§ 8. Transformation der Energie der Lichtstrahlen. Theorie des auf vollkommene Spiegel ausgeübten Strahlungsdruckes.

Da $A^2/8\pi$ gleich der Lichtenergie pro Volumeneinheit ist, so haben wir nach dem Relativitätsprinzip $A'^2/8\pi$ als die Lichtenergie im bewegten System zu betrachten. Es wäre daher A'^2/A^2 das Verhältnis der „bewegt gemessenen" und „ruhend gemessenen" Energie eines bestimmten Lichtkomplexes, wenn das Volumen eines Lichtkomplexes in K gemessen und in k gemessen das gleiche wäre. Dies ist jedoch nicht der Fall. Sind a, b, c die Richtungskosinus der Wellennormalen des Lichtes im ruhenden System, so wandert durch die Oberflächenelemente der mit Lichtgeschwindigkeit bewegten Kugelfläche

$$(x - Vat)^2 + (y - Vbt)^2 + (z - Vct)^2 = R^2$$

keine Energie hindurch; wir können daher sagen, daß diese Fläche dauernd denselben Lichtkomplex umschließt. Wir fragen nach der Energiemenge, welche diese Fläche im System k betrachtet umschließt, d. h. nach der Energie des Lichtkomplexes relativ zum System k.

Die Kugelfläche ist — im bewegten System betrachtet — eine Ellipsoidfläche, welche zur Zeit $\tau = 0$ die Gleichung besitzt:

$$\left(\beta\xi - a\beta\frac{v}{V}\xi\right)^2 + \left(\eta - b\beta\frac{v}{V}\xi\right)^2 + \left(\zeta - c\beta\frac{v}{V}\xi\right)^2 = R^2.$$

Nennt man S das Volumen der Kugel, S' dasjenige dieses Ellipsoides, so ist, wie eine einfache Rechnung zeigt:

$$\frac{S'}{S} = \frac{\sqrt{1 - \left(\dfrac{v}{V}\right)^2}}{1 - \dfrac{v}{V}\cos\varphi}.$$

Nennt man also E die im ruhenden System gemessene, E' die im bewegten System gemessene Lichtenergie, welche von der betrachteten Fläche umschlossen wird, so erhält man:

$$\frac{E'}{E} = \frac{\dfrac{A'^2}{8\pi}\,S'}{\dfrac{A^2}{8\pi}\,S} = \frac{1 - \dfrac{v}{V}\cos\varphi}{\sqrt{1 - \left(\dfrac{v}{V}\right)^2}},$$

welche **Formel für** $\varphi = 0$ in die einfachere **übergeht:**

$$\frac{E'}{E} = \sqrt{\frac{1 - \dfrac{v}{V}}{1 + \dfrac{v}{V}}}.$$

Es ist bemerkenswert, daß die Energie und die Frequenz eines Lichtkomplexes sich nach demselben Gesetze mit dem Bewegungszustande des Beobachters ändern.

Es sei nun die Koordinatenebene $\xi = 0$ eine vollkommen spiegelnde Fläche, an welcher die im letzten Paragraph betrachteten ebenen Wellen reflektiert werden. Wir fragen nach dem auf die spiegelnde Fläche ausgeübten Lichtdruck und nach der Richtung, Frequenz und Intensität des Lichtes nach der Reflexion.

Das einfallende Licht sei durch die Größen A, $\cos \varphi$, v (auf das System K bezogen) definiert. Von k aus betrachtet sind die entsprechenden Größen:

$$A' = A \frac{1 - \dfrac{v}{V} \cos \varphi}{\sqrt{1 - \left(\dfrac{v}{V}\right)^2}},$$

$$\cos \varphi' = \frac{\cos \varphi - \dfrac{v}{V}}{1 - \dfrac{v}{V} \cos \varphi},$$

$$v' = v \frac{1 - \dfrac{v}{V} \cos \varphi}{\sqrt{1 - \left(\dfrac{v}{V}\right)^2}}.$$

Für das reflektierte Licht erhalten wir, wenn wir den Vorgang auf das System k beziehen:

$$A'' = A',$$

$$\cos \varphi'' = - \cos \varphi',$$

$$v'' = v'.$$

Endlich erhält man durch Rücktransformieren aufs ruhende System K für das reflektierte Licht:

$$A''' = A'' \frac{1 + \frac{v}{V}\cos\varphi''}{\sqrt{1 - \left(\frac{v}{V}\right)^2}} = A \cdot \frac{1 - 2\frac{v}{V}\cos\varphi + \left(\frac{v}{V}\right)^2}{1 - \left(\frac{v}{V}\right)^2},$$

$$\cos\varphi''' = \frac{\cos\varphi'' + \frac{v}{V}}{1 + \frac{v}{V}\cos\varphi''} = -\frac{\left(1 + \left(\frac{v}{V}\right)^2\right)\cos\varphi - 2\frac{v}{V}}{1 - 2\frac{v}{V}\cos\varphi + \left(\frac{v}{V}\right)^2},$$

$$v''' = v'' \frac{1 + \frac{v}{V}\cos\varphi''}{\sqrt{1 - \left(\frac{v}{V}\right)^2}} = v \frac{1 - 2\frac{v}{V}\cos\varphi + \left(\frac{v}{V}\right)^2}{\left(1 - \frac{v}{V}\right)^2}.$$

Die auf die Flächeneinheit des Spiegels pro Zeiteinheit auftreffende (im ruhenden System gemessene) Energie ist offenbar $A^2/8\pi\,(V\cos\varphi - v)$. Die von der Flächeneinheit des Spiegels in der Zeiteinheit sich entfernende Energie ist $A'''^2/8\pi\,(-V\cos\varphi''' + v)$. Die Differenz dieser beiden Ausdrücke ist nach dem Energieprinzip die vom Lichtdrucke in der Zeiteinheit geleistete Arbeit. Setzt man die letztere gleich dem Produkt $P \cdot v$, wobei P der Lichtdruck ist, so erhält man:

$$P = 2\,\frac{A^2}{8\pi}\,\frac{\left(\cos\varphi - \frac{v}{V}\right)^2}{1 - \left(\frac{v}{V}\right)^2}.$$

In erster Annäherung erhält man in Übereinstimmung mit der Erfahrung und mit anderen Theorien

$$P = 2\,\frac{A^2}{8\pi}\cos^2\varphi.$$

Nach der hier benutzten Methode können alle Probleme der Optik bewegter Körper gelöst werden. Das Wesentliche ist, daß die elektrische und magnetische Kraft des Lichtes, welches durch einen bewegten Körper beeinflußt wird, auf ein relativ zu dem Körper ruhendes Koordinatensystem transformiert werden. Dadurch wird jedes Problem der Optik bewegter Körper auf eine Reihe von Problemen der Optik ruhender Körper zurückgeführt.

§ 9. Transformation der Maxwell-Hertzschen Gleichungen mit Berücksichtigung der Konvektionsströme.

Wir gehen aus von den Gleichungen:

$$\frac{1}{V}\left\{u_x\,\varrho + \frac{\partial X}{\partial t}\right\} = \frac{\partial N}{\partial y} - \frac{\partial M}{\partial z}, \qquad \frac{1}{V}\frac{\partial L}{\partial t} = \frac{\partial Y}{\partial z} - \frac{\partial Z}{\partial y},$$

$$\frac{1}{V}\left\{u_y\,\varrho + \frac{\partial Y}{\partial t}\right\} = \frac{\partial L}{\partial z} - \frac{\partial N}{\partial x}, \qquad \frac{1}{V}\frac{\partial M}{\partial t} = \frac{\partial Z}{\partial x} - \frac{\partial X}{\partial z},$$

$$\frac{1}{V}\left\{u_z\,\varrho + \frac{\partial Z}{\partial t}\right\} = \frac{\partial M}{\partial x} - \frac{\partial L}{\partial y}, \qquad \frac{1}{V}\frac{\partial N}{\partial t} = \frac{\partial X}{\partial y} - \frac{\partial Y}{\partial x},$$

wobei

$$\varrho = \frac{\partial X}{\partial x} + \frac{\partial Y}{\partial y} + \frac{\partial Z}{\partial z}$$

die $4\,\pi$-fache Dichte der Elektrizität und $(u_x,\,u_y,\,u_z)$ den Geschwindigkeitsvektor der Elektrizität bedeutet. Denkt man sich die elektrischen Massen unveränderlich an kleine, starre Körper (Ionen, Elektronen) gebunden, so sind diese Gleichungen die elektromagnetische Grundlage der Lorentzschen Elektrodynamik und Optik bewegter Körper.

Transformiert man diese Gleichungen, welche im System K gelten mögen, mit Hilfe der Transformationsgleichungen von § 3 und § 6 auf das System k, so erhält man die Gleichungen:

$$\frac{1}{V}\left\{u_\xi\,\varrho' + \frac{\partial X'}{\partial \tau}\right\} = \frac{\partial N'}{\partial \eta} - \frac{\partial M'}{\partial \zeta}, \qquad \frac{\partial L'}{\partial \tau} = \frac{\partial Y'}{\partial \zeta} - \frac{\partial Z'}{\partial \eta},$$

$$\frac{1}{V}\left\{u_\eta\,\varrho' + \frac{\partial Y'}{\partial \tau}\right\} = \frac{\partial L'}{\partial \zeta} - \frac{\partial N'}{\partial \xi}, \qquad \frac{\partial M'}{\partial \tau} = \frac{\partial Z'}{\partial \xi} - \frac{\partial X'}{\partial \zeta},$$

$$\frac{1}{V}\left\{u_\zeta\,\varrho' + \frac{\partial Z'}{\partial \tau}\right\} = \frac{\partial M'}{\partial \xi} - \frac{\partial L'}{\partial \eta}, \qquad \frac{\partial N'}{\partial \tau} = \frac{\partial X'}{\partial \eta} - \frac{\partial Y'}{\partial \xi},$$

wobei

$$\frac{u_x - v}{1 - \dfrac{u_x v}{V^2}} = u_\xi\,,$$

$$\frac{u_y}{\beta\left(1 - \dfrac{u_x v}{V^2}\right)} = u_\eta\,, \qquad \varrho' = \frac{\partial X'}{\partial \xi} + \frac{\partial Y'}{\partial \eta} + \frac{\partial Z'}{\partial \zeta} = \beta\left(1 - \frac{v\,u_x}{V^2}\right)\varrho\,.$$

$$\frac{u_z}{\beta\left(1 - \dfrac{u_x v}{V^2}\right)} = u_\zeta\,.$$

Da — wie aus dem Additionstheorem der Geschwindigkeiten (§ 5) folgt — der Vektor $(u_\xi,\ u_\eta,\ u_\zeta)$ nichts anderes ist als die Geschwindigkeit der elektrischen Massen im System k gemessen, so ist damit gezeigt, daß unter Zugrundelegung unserer kinematischen Prinzipien die elektrodynamische Grundlage der Lorentzschen Theorie der Elektrodynamik bewegter Körper dem Relativitätsprinzip entspricht.

Es möge noch kurz bemerkt werden, daß aus den entwickelten Gleichungen leicht der folgende wichtige Satz gefolgert werden kann: Bewegt sich ein elektrisch geladener Körper beliebig im Raume und ändert sich hierbei seine Ladung nicht, von einem mit dem Körper bewegten Koordinatensystem aus betrachtet, so bleibt seine Ladung auch — von dem „ruhenden" System K aus betrachtet — konstant.

§ 10. Dynamik des (langsam beschleunigten) Elektrons.

In einem elektromagnetischen Felde bewege sich ein punktförmiges, mit einer elektrischen Ladung ε versehenes Teilchen (im folgenden „Elektron" genannt), über dessen Bewegungsgesetz wir nur folgendes annehmen:

Ruht das Elektron in einer bestimmten Epoche, so erfolgt in dem nächsten Zeitteilchen die Bewegung des Elektrons nach den Gleichungen

$$\mu \frac{d^2 x}{d t^2} = \varepsilon X$$

$$\mu \frac{d^2 y}{d t^2} = \varepsilon Y$$

$$\mu \frac{d^2 z}{d t^2} = \varepsilon Z,$$

wobei x, y, z die Koordinaten des Elektrons, μ die Masse des Elektrons bedeutet, sofern dasselbe langsam bewegt ist.

Es besitze nun zweitens das Elektron in einer gewissen Zeitepoche die Geschwindigkeit v. Wir suchen das Gesetz, nach welchem sich das Elektron im unmittelbar darauf folgenden Zeitteilchen bewegt.

Ohne die Allgemeinheit der Betrachtung zu beeinflussen, können und wollen wir annehmen, daß das Elektron in dem Momente, wo wir es ins Auge fassen, sich im Koordinatensprung befinde und sich längs der X-Achse des Systems K mit der Geschwindigkeit v bewege. Es ist dann einleuchtend, daß das Elektron im genannten Momente ($t = 0$) relativ zu einem längs der X-Achse mit der konstanten Geschwindigkeit v parallelbewegten Koordinatensystem k ruht.

Aus der oben gemachten Voraussetzung in Verbindung mit dem Relativitätsprinzip ist klar, daß sich das Elektron in der unmittelbar folgenden Zeit (für kleine Werte von t) vom System k aus betrachtet nach den Gleichungen bewegt:

$$\mu \frac{d^2 \xi}{d\tau^2} = \varepsilon X',$$

$$\mu \frac{d^2 \eta}{d\tau^2} = \varepsilon Y',$$

$$\mu \frac{d^2 \zeta}{d\tau^2} = \varepsilon Z',$$

wobei die Zeichen ξ, η, ζ, τ, X', Y', Z' sich auf das System k beziehen. Setzen wir noch fest, daß für $t = x = y = z = 0$ $\tau = \xi = \eta = \zeta = 0$ sein soll, so gelten die Transformationsgleichungen der §§ 3 und 6, so daß gilt:

$$\tau = \beta \left(t - \frac{v}{V^2} x \right),$$

$$\xi = \beta \, (x - v\,t), \qquad X' = X,$$

$$\eta = y, \qquad\qquad Y' = \beta \left(Y - \frac{v}{V} N \right),$$

$$\zeta = z, \qquad\qquad Z' = \beta \left(Z + \frac{v}{V} M \right).$$

Mit Hilfe dieser Gleichungen transformieren wir die obigen Bewegungsgleichungen vom System k auf das System K und erhalten:

$$(\mathrm{A}) \qquad \begin{cases} \dfrac{d^2 x}{dt^2} = \dfrac{\varepsilon}{\mu} \dfrac{1}{\beta^3} X, \\[2mm] \dfrac{d^2 y}{dt^2} = \dfrac{\varepsilon}{\mu} \dfrac{1}{\beta} \left(Y - \dfrac{v}{V} N \right), \\[2mm] \dfrac{d^2 z}{dt^2} = \dfrac{\varepsilon}{\mu} \dfrac{1}{\beta} \left(Z + \dfrac{v}{V} M \right). \end{cases}$$

Wir fragen nun in Anlehnung an die übliche Betrachtungsweise nach der „longitudinalen" und „transversalen" Masse des bewegten Elektrons. Wir schreiben die Gleichungen (A) in der Form

$$\mu\,\beta^3\,\frac{d^2 x}{d t^2} = \varepsilon X = \varepsilon X',$$

$$\mu\,\beta^2\,\frac{d^2 y}{d t^2} = \varepsilon\,\beta\left(Y - \frac{v}{V}\,N\right) = \varepsilon Y',$$

$$\mu\,\beta^2\,\frac{d^2 z}{d t^2} = \varepsilon\,\beta\left(Z + \frac{v}{V}\,M\right) = \varepsilon Z'$$

und bemerken zunächst, daß $\varepsilon X'$, $\varepsilon Y'$, $\varepsilon Z'$ die Komponenten der auf das Elektron wirkenden ponderomotorischen Kraft sind, und zwar in einem in diesem Moment mit dem Elektron mit gleicher Geschwindigkeit wie dieses bewegten System betrachtet. (Diese Kraft könnte beispielsweise mit einer im letzten System ruhenden Federwage gemessen werden.) Wenn wir nun diese Kraft schlechtweg „die auf das Elektron wirkende Kraft" nennen und die Gleichung

Massenzahl $\times$ Beschleunigungszahl = Kraftzahl

aufrechterhalten, und wenn wir ferner festsetzen, daß die Beschleunigungen im ruhenden System K gemessen werden sollen, so erhalten wir aus obigen Gleichungen:

$$\text{Longitudinale Masse} = \frac{\mu}{\left(\sqrt{1 - \left(\frac{v}{V}\right)^2}\right)^3},$$

$$\text{Transversale Masse} = \frac{\mu}{1 - \left(\frac{v}{V}\right)^2}.$$

Natürlich würde man bei anderer Definition der Kraft und der Beschleunigung andere Zahlen für die Massen erhalten; man ersieht daraus, daß man bei der Vergleichung verschiedener Theorien der Bewegung des Elektrons sehr vorsichtig verfahren muß.

Wir bemerken, daß diese Resultate über die Masse auch für die ponderabeln materiellen Punkte gilt; denn ein ponderabler materieller Punkt kann durch Zufügen einer *beliebig kleinen* elektrischen Ladung zu einem Elektron (in unserem Sinne) gemacht werden.

Wir bestimmen die kinetische Energie des Elektrons. Bewegt sich ein Elektron vom Koordinatenursprung des Systems K aus mit der Anfangsgeschwindigkeit 0 beständig auf der

X-Achse unter der Wirkung einer elektrostatischen Kraft X, so ist klar, daß die dem elektrostatischen Felde entzogene Energie den Wert $\int \varepsilon X dx$ hat. Da das Elektron langsam beschleunigt sein soll und infolgedessen keine Energie in Form von Strahlung abgeben möge, so muß die dem elektrostatischen Felde entzogene Energie gleich der Bewegungsenergie W des Elektrons gesetzt werden. Man erhält daher, indem man beachtet, daß während des ganzen betrachteten Bewegungsvorganges die erste der Gleichungen (A) gilt:

$$ W = \int \varepsilon X dx = \int_0^v \beta^3 v\, dv = \mu V^2 \left\{ \frac{1}{\sqrt{1 - \left(\frac{v}{V}\right)^2}} - 1 \right\}. $$

W wird also für $v = V$ unendlich groß. Überlichtgeschwindigkeiten haben — wie bei unseren früheren Resultaten — keine Existenzmöglichkeit.

Auch dieser Ausdruck für die kinetische Energie muß dem oben angeführten Argument zufolge ebenso für ponderable Massen gelten.

Wir wollen nun die aus dem Gleichungssystem (A) resultierenden, dem Experimente zugänglichen Eigenschaften der Bewegung des Elektrons aufzählen.

1. Aus der zweiten Gleichung des Systems (A) folgt, daß eine elektrische Kraft Y und eine magnetische Kraft N dann gleich stark ablenkend wirken auf ein mit der Geschwindigkeit v bewegtes Elektron, wenn $Y = N.v/V$. Man ersieht also, daß die Ermittelung der Geschwindigkeit des Elektrons aus dem Verhältnis der magnetischen Ablenkbarkeit A_m und der elektrischen Ablenkbarkeit A_e nach unserer Theorie für beliebige Geschwindigkeiten möglich ist durch Anwendung des Gesetzes:

$$ \frac{A_m}{A_e} = \frac{v}{V}. $$

Diese Beziehung ist der Prüfung durch das Experiment zugänglich, da die Geschwindigkeit des Elektrons auch direkt, z. B. mittels rasch oszillierender elektrischer und magnetischer Felder, gemessen werden kann.

2. Aus der Ableitung für die kinetische Energie des Elektrons folgt, daß zwischen der durchlaufenen Potential-

differenz und der erlangten Geschwindigkeit v des Elektrons die Beziehung gelten muß:

$$P = \int X\, dx = \frac{\mu}{\varepsilon}\, V^2 \left\{ \frac{1}{\sqrt{1 - \left(\frac{v}{V}\right)^2}} - 1 \right\}.$$

3. Wir berechnen den Krümmungsradius R der Bahn, wenn eine senkrecht zur Geschwindigkeit des Elektrons wirkende magnetische Kraft N (als einzige ablenkende Kraft) vorhanden ist. Aus der zweiten der Gleichungen (A) erhalten wir:

$$- \frac{d^2 y}{d t^2} = \frac{v^2}{R} = \frac{\varepsilon}{\mu}\, \frac{v}{V}\, N \cdot \sqrt{1 - \left(\frac{v}{V}\right)^2}$$

oder

$$R = V^2 \frac{\mu}{\varepsilon} \cdot \frac{\frac{v}{V}}{\sqrt{1 - \left(\frac{v}{V}\right)^2}} \cdot \frac{1}{N}.$$

Diese drei Beziehungen sind ein vollständiger Ausdruck für die Gesetze, nach denen sich gemäß vorliegender Theorie das Elektron bewegen muß.

Zum Schlusse bemerke ich, daß mir beim Arbeiten an dem hier behandelten Probleme mein Freund und Kollege M. Besso treu zur Seite stand und daß ich demselben manche wertvolle Anregung verdanke.

Bern, Juni 1905.

(Eingegangen 30. Juni 1905.)

II.

Zur Theorie des Gesetzes der Energieverteilung im Normalspectrum; von M. Planck.

(Vorgetragen in der Sitzung vom 14. December 1900.)

(Vgl. oben S. 235.)

M. H.! Als ich vor mehreren Wochen die Ehre hatte, Ihre Aufmerksamkeit auf eine neue Formel zu lenken, welche mir geeignet schien, das Gesetz der Verteilung der strahlenden Energie auf alle Gebiete des Normalspectrums auszudrücken[1], gründete sich meine Ansicht von der Brauchbarkeit der Formel, wie ich schon damals ausführte, nicht allein auf die anscheinend gute Uebereinstimmung der wenigen Zahlen, die ich Ihnen damals mitteilen konnte, mit den bisherigen Messungsresultaten[2], sondern hauptsächlich auf den einfachen Bau der Formel und insbesondere darauf, dass dieselbe für die Abhängigkeit der Entropie eines bestrahlten monochromatisch schwingenden Resonators von seiner Schwingungsenergie einen sehr einfachen logarithmischen Ausdruck ergiebt, welcher die Möglichkeit einer allgemeinen Deutung jedenfalls eher zu versprechen schien, als jede andere bisher in Vorschlag gebrachte Formel, abgesehen von der Wien'schen, die aber durch die Thatsachen nicht bestätigt wird.

Entropie bedingt Unordnung, und diese Unordnung glaubte ich erblicken zu müssen in der Unregelmässigkeit, mit der auch im vollkommen stationären Strahlungsfelde die Schwingungen des Resonators ihre Amplitude und ihre Phase wechseln, sofern man Zeitepochen betrachtet, die gross sind gegen die Zeit einer Schwingung, aber klein gegen die Zeit einer Messung. Die constante Energie des stationär schwingenden Resonators

---

1) M. Planck, Verhandl. der Deutschen Physikal. Gesellsch. **2.** p. 202. 1900.

2) Inzwischen haben die Herren H. Rubens und F. Kurlbaum (Sitzungsber. d. k. Akad. d. Wissensch. zu Berlin vom 25. October 1900, p. 929) für sehr lange Wellen eine directe Bestätigung gegeben.

ist danach nur als ein zeitlicher Mittelwert aufzufassen, oder, was auf dasselbe hinauskommt, als der augenblickliche Mittelwert der Energien einer grossen Anzahl von gleichbeschaffenen Resonatoren, die sich im nämlichen stationären Strahlungsfelde weit genug entfernt voneinander befinden, um sich nicht gegenseitig direct zu beeinflussen. Da somit die Entropie eines Resonators durch die Art der gleichzeitigen Energieverteilung auf viele Resonatoren bedingt ist, so vermutete ich, dass sich diese Grösse durch Einführung von Wahrscheinlichkeitsbetrachtungen, deren Bedeutung für den zweiten Hauptsatz der Thermodynamik Hr. L. Boltzmann[1]) zuerst aufgedeckt hat, in die elektromagnetische Theorie der Strahlung würde berechnen lassen müssen. Diese Vermutung hat sich bestätigt; es ist mir möglich geworden, einen Ausdruck für die Entropie eines monochromatisch schwingenden Resonators, und somit auch für die Verteilung der Energie im stationären Strahlungszustand, d. h. im Normalspectrum, auf deductivem Wege zu ermitteln, wobei es nur nötig wird, der von mir in die elektromagnetische Theorie eingeführten Hypothese der „natürlichen Strahlung" eine etwas weitergehende Fassung zu geben als bisher. Ausserdem aber haben sich hierbei noch andere Beziehungen ergeben, die mir für weitere Gebiete der Physik und auch der Chemie von erheblicher Tragweite zu sein scheinen.

Indessen liegt mir heute nicht sowohl daran, jene Deduction, welche sich auf die Gesetze der elektromagnetischen Strahlung, der Thermodynamik und der Wahrscheinlichkeitsrechnung stützt, hier systematisch in allen Einzelheiten durchzuführen, als vielmehr daran, Ihnen den eigentlichen Kernpunkt der ganzen Theorie möglichst übersichtlich darzulegen, und dies kann wohl am besten dadurch geschehen, dass ich Ihnen hier ein neues, ganz elementares Verfahren beschreibe, durch welches man, ohne von einer Spectralformel oder auch von irgend einer Theorie etwas zu wissen, mit Hülfe einer einzigen Naturconstanten die Verteilung einer gegebenen Energiemenge auf die einzelnen Farben des Normalspectrums, und dann mittels einer zweiten Naturconstanten auch die Temperatur dieser

---

1) L. Boltzmann, namentlich Sitzungsber. d. k. Akad. d. Wissensch. zu Wien (II) 76. p. 373. 1877.

Energiestrahlung zahlenmässig berechnen kann. Es wird Ihnen bei dem anzugebenden Verfahren manches willkürlich und umständlich erscheinen, aber ich lege hier, wie gesagt, nicht Wert auf den Nachweis der Notwendigkeit und der leichten praktischen Ausführbarkeit, sondern nur auf die Klarheit und Eindeutigkeit der gegebenen Vorschriften zur Lösung der Aufgabe.

In einem von spiegelnden Wänden umschlossenen diathermanen Medium mit der Lichtfortpflanzungsgeschwindigkeit c befinden sich in gehörigen Abständen voneinander eine grosse Anzahl von linearen monochromatisch schwingenden Resonatoren, und zwar N mit der Schwingungszahl ν (pro Secunde), N' mit der Schwingungszahl ν', N'' mit der Schwingungszahl ν'' etc., wobei alle N grosse Zahlen sind. Das System enthalte eine gegebene Menge Energie: die Totalenergie E_t, in erg, die teils in dem Medium als fortschreitende Strahlung, teils in den Resonatoren als Schwingung derselben auftritt. Die Frage ist, wie sich im stationären Zustand diese Energie auf die Schwingungen der Resonatoren und auf die einzelnen Farben der in dem Medium befindlichen Strahlung verteilt und welche Temperatur dann das ganze System besitzt.

Zur Beantwortung dieser Frage fassen wir zuerst nur die Schwingungen der Resonatoren ins Auge, und erteilen ihnen versuchsweise bestimmte willkürliche Energien; nämlich den N Resonatoren ν etwa die Energie E, den N' Resonatoren ν' die Energie E' etc. Natürlich muss die Summe:

$$E + E' + E'' + \ldots = E_0$$

kleiner sein als E_t. Der Rest $E_t - E_0$ entfällt dann auf die im Medium befindliche Strahlung. Nun ist noch die Verteilung der Energie auf die einzelnen Resonatoren innerhalb jeder Gattung vorzunehmen, zuerst die Verteilung der Energie E auf die N Resonatoren mit der Schwingungszahl ν. Wenn E als unbeschränkt teilbare Grösse angesehen wird, ist die Verteilung auf unendlich viele Arten möglich. Wir betrachten aber — und dies ist der wesentlichste Punkt der ganzen Berechnung — E als zusammengesetzt aus einer ganz bestimmten Anzahl endlicher gleicher Teile und bedienen uns dazu der Naturconstanten $h = 6{,}55 \cdot 10^{-27}$ [erg $\times$ sec]. Diese Constante mit der gemeinsamen Schwingungszahl v der Resonatoren multiplicirt ergiebt das Energieelement ε in erg, und durch Division von E durch ε erhalten wir die Anzahl P der Energieelemente, welche unter die N Resonatoren zu verteilen sind. Wenn der so berechnete Quotient keine ganze Zahl ist, so nehme man für P eine in der Nähe gelegene ganze Zahl.

Nun ist einleuchtend, dass die Verteilung der P Energieelemente auf die N Resonatoren nur auf eine endliche ganz bestimmte Anzahl von Arten erfolgen kann. Jede solche Art der Verteilung nennen wir nach einem von Hrn. BOLTZMANN für einen ähnlichen Begriff gebrauchten Ausdruck eine „Complexion". Bezeichnet man die Resonatoren mit den Ziffern 1, 2, 3 ... bis N, schreibt diese der Reihe nach nebeneinander, und setzt unter jeden Resonator die Anzahl der auf ihn entfallenden Energieelemente, so erhält man für jede Complexion ein Symbol von folgender Form:

1	2	3	4	5	6	7	8	9	10
7	38	11	0	9	2	20	4	4	5

Hier ist $N = 10$, $P = 100$ angenommen. Die Anzahl aller möglichen Complexionen ist offenbar gleich der Anzahl aller möglichen Ziffernbilder, die man auf diese Weise, bei bestimmtem N und P, für die untere Reihe erhalten kann. Um jedes Missverständnis auszuschliessen, sei noch bemerkt, dass zwei Complexionen als verschieden anzusehen sind, wenn die entsprechenden Ziffernbilder dieselben Ziffern, aber in verschiedener Anordnung, enthalten. Aus der Combinationslehre ergiebt sich die Anzahl aller möglichen Complexionen zu

$$\frac{N . (N + 1) . (N + 2) \ldots (N + P - 1)}{1 . \quad 2 \quad . \quad 3 \ldots \quad P} = \frac{(N + P - 1)!}{(N - 1)! \; P!}$$

und mit genügender Annäherung

$$= \frac{(N + P)^{N + P}}{N^N \, P^P}.$$

Dieselbe Rechnung führen wir bei den Resonatoren der übrigen Gattungen aus, indem wir für jede Resonatorgattung die Anzahl der bei der für sie angenommenen Energie möglichen Complexionen bestimmen. Die Multiplication aller so erhaltenen Zahlen ergiebt dann die Gesamtzahl $\Re$ der bei der versuchsweise vorgenommenen Energieverteilung in allen Resonatoren zusammengenommen möglichen Complexionen.

So entspricht auch jeder anderen willkürlich vorgenommenen Energieverteilung E, E', E'', ... eine in der angegebenen Weise zu bestimmende Zahl $\Re$ von möglichen Complexionen. Unter allen Energieverteilungen nun, welche bei constant gehaltenem $E_0 = E + E' + E'' + \ldots$ möglich sind, giebt es eine einzige ganz bestimmte, für welche die Zahl der möglichen Complexionen $\Re_0$ grösser ist als für jede andere; diese Energieverteilung suchen wir auf, eventuell durch Probiren; denn sie ist gerade diejenige, welche die Resonatoren im stationären Strahlungsfelde annehmen, wenn sie insgesamt die Energie E_0 besitzen. Dann lassen sich alle Grössen E, E', E'' ... durch die eine Grösse E_0 ausdrücken. Durch Division von E durch N, von E' durch N' etc. erhält man dann den stationären Wert der Energie U_ν, $U_{\nu'}'$, $U_{\nu''}''$ ... eines einzelnen Resonators einer jeden Gattung, und daraus auch die räumliche Dichtigkeit der dem Spectralbezirk ν bis $\nu + d\nu$ angehörenden strahlenden Energie im diathermanen Medium:

$$u_\nu \, d\nu = \frac{8\,\pi\,\nu^2}{c^3} \cdot U_\nu \, d\nu \, ,$$

wodurch auch die in dem Medium enthaltene Energie bestimmt ist.

Von allen angeführten Grössen erscheint jetzt nur noch E_0 als willkürlich gewählt. Man sieht aber leicht, wie auch noch E_0 aus der gegebenen totalen Energie E_t zu berechnen ist. Denn wenn der gewählte Wert von E_0 etwa einen zu grossen Wert von E_t ergeben sollte, so ist er entsprechend zu verkleinern, und umgekehrt.

Nachdem so die stationäre Energieverteilung mit Hülfe der einen Constante h ermittelt ist, findet man die entsprechende Temperatur ϑ in Celsiusgraden mittels einer zweiten Naturconstanten $k = 1{,}346 \cdot 10^{-16}$ [erg : grad] durch die Gleichung:

$$\frac{1}{\vartheta} = k \, \frac{d \log \Re_0}{d E_0} \, .$$

Das Product $k \log \Re_0$ ist die Entropie des Systems der Resonatoren; sie ist die Summe der Entropien aller einzelnen Resonatoren.

Es würde nun freilich sehr umständlich sein, die angegebenen Rechnungen wirklich auszuführen, obwohl es gewiss nicht ohne Interesse wäre, an einem einfachen Fall einmal den so zu erreichenden Grad von Annäherung an die Wahrheit zu prüfen. Viel directer zeigt eine allgemeinere, genau an der Hand der gegebenen Vorschriften ausgeführte durchaus mühelose Rechnung, dass die auf solche Weise bestimmte normale Energieverteilung im durchstrahlten Medium dargestellt wird durch den Ausdruck:

$$ u_\nu \, d\nu = \frac{8\pi h \nu^3}{c^3} \cdot \frac{d\nu}{e^{\frac{h\nu}{k\vartheta}} - 1}, $$

welcher genau der von mir früher angegebenen Spectralformel entspricht:

$$ E_\lambda \, d\lambda = \frac{c_1 \lambda^{-5}}{e^{\frac{c_2}{\lambda\vartheta}} - 1} \cdot d\lambda. $$

Die formalen Abweichungen sind bedingt durch die Unterschiede in der Definition von u_ν und E_λ. Die obere Formel ist insofern etwas allgemeiner, als sie für ein ganz beliebiges diathermanes Medium mit der Lichtfortpflanzungsgeschwindigkeit c gilt. Die mitgeteilten Zahlenwerte von h und k habe ich aus dieser Formel nach den Messungen von F. KURLBAUM[1]) und von O. LUMMER und E. PRINGSHEIM[2]) berechnet.

Ich wende mich noch mit einigen kurzen Bemerkungen zu der Frage nach der Notwendigkeit der angegebenen Deduction. Dass das für eine Resonatorgattung angenommene Energieelement ε proportional sein muss der Schwingungszahl ν, lässt sich unmittelbar aus dem höchst wichtigen WIEN'schen sogenannten Verschiebungsgesetz folgern. Die Beziehung zwischen u und U ist eine der Grundgleichungen der elektromagnetischen Strahlungstheorie. Im übrigen basirt die ganze Deduction auf dem einen Satz, dass die Entropie eines Systems von Resonatoren mit gegebener Energie proportional ist dem Logarithmus der Gesamtzahl der bei dieser

---

1) F. KURLBAUM, Wied. Ann. **65**. p. 759. 1898 ($S_{100} - S_0 =$ 0,0731 Watt : cm²).

2) O. LUMMER u. E. PRINGSHEIM, Verhandl. d. Deutsch. Physik. Gesellsch. **2**. p. 176. 1900 ($\lambda_m \vartheta = 2940\,\mu \times$ grad).

Energie möglichen Complexionen, und dieser Satz lässt sich seinerseits zerlegen in zwei andere: 1. dass die Entropie des Systems in einem bestimmten Zustand proportional ist dem Logarithmus der Wahrscheinlichkeit dieses Zustandes, und 2. dass die Wahrscheinlichkeit eines jeden Zustandes proportional ist der Anzahl der ihm entsprechenden Complexionen, oder mit anderen Worten, dass irgend eine bestimmte Complexion ebenso wahrscheinlich ist als irgend eine andere bestimmte Complexion. Der 1. Satz kommt, auf Strahlungsvorgänge angewandt, wohl nur auf eine Definition der Wahrscheinlichkeit eines Zustandes hinaus, insofern man bei der Energiestrahlung von vornherein gar kein anderes Mittel besitzt, um die Wahrscheinlichkeit zu definiren, als eben die Bestimmung der Entropie. Hier liegt einer der Unterschiede gegenüber den entsprechenden Verhältnissen in der kinetischen Gastheorie. Der 2. Satz bildet den Kernpunkt der ganzen vorliegenden Theorie; sein Beweis kann in letzter Linie nur durch die Erfahrung geliefert werden. Er lässt sich auch als eine nähere Präcisirung der von mir eingeführten Hypothese der natürlichen Strahlung auffassen, die ich bisher nur in der Form ausgesprochen habe, dass die Energie der Strahlung sich vollkommen „unregelmässig" auf die einzelnen in ihr enthaltenen Partialschwingungen verteilt.[1] Ich beabsichtige die hier nur angedeuteten Ueberlegungen nächstens an anderer Stelle ausführlich mit allen Rechnungen mitzuteilen, zugleich mit einem Rückblick auf die bisherige Entwicklung der Theorie.

---

1) M. PLANCK, Ann. d. Phys. 1. p. 73. 1900. Wenn Hr. W. WIEN in seinem Pariser Rapport (II, p. 38, 1900) über die theoretischen Gesetze der Strahlung meine Theorie der irreversibeln Strahlungsvorgänge deshalb nicht befriedigend findet, weil sie nicht den Nachweis erbringe, dass die Hypothese der natürlichen Strahlung die einzige ist, welche zur Irreversibilität führt, so verlangt er nach meiner Meinung von dieser Hypothese doch wohl etwas zu viel. Denn wenn man die Hypothese beweisen könnte, so wäre es eben keine Hypothese mehr, und man brauchte eine solche überhaupt gar nicht erst aufzustellen. Dann würde man aber auch nichts wesentlich Neues aus ihr ableiten können. Von demselben Standpunkt aus müsste doch wohl auch die kinetische Gastheorie als unbefriedigend erklärt werden, weil der Nachweis noch nicht erbracht ist, dass die atomistische Hypothese die einzige ist. welche die Irreversibilität erklärt, und ein entsprechender Vorwurf dürfte mehr oder minder alle nur auf inductivem Wege gewonnenen Theorien treffen.

Zum Schluss möchte ich noch auf eine wichtige Consequenz der entwickelten Theorie hinweisen, die zugleich eine weitere Prüfung ihrer Zulässigkeit ermöglicht. Hr. Boltzmann[1]) hat gezeigt, dass die Entropie eines im Gleichgewicht befindlichen einatomigen Gases gleich ist $\omega R \log \mathfrak{P}_0$, wobei $\mathfrak{P}_0$ die Anzahl der bei der wahrscheinlichsten Geschwindigkeitsverteilung möglichen Complexionen (die „Permutabilität"), R die bekannte Gasconstante ($8{,}31 . 10^7$ für $O = 16$), ω das für alle Substanzen gleiche Verhältnis der Masse eines wirklichen Molecüles zur Masse eines g-Molecüles darstellt. Sind nun in dem Gase auch strahlende Resonatoren vorhanden, so ist nach der hier entwickelten Theorie die Entropie des ganzen Systems proportional dem Logarithmus der Zahl aller möglicher Complexionen, Geschwindigkeiten und Strahlung zusammengenommen. Da aber nach der elektromagnetischen Theorie der Strahlung die Geschwindigkeiten der Atome vollkommen unabhängig sind von der Verteilung der strahlenden Energie, so ist die Gesamtzahl der Complexionen einfach gleich dem Producte der auf die Geschwindigkeiten und der auf die Strahlung bezüglichen Zahlen, mithin die Gesamtentropie, wenn f einen Proportionalitätsfactor bedeutet:

$$f \log (\mathfrak{P}_0 \,\mathfrak{R}_0) = f \log \mathfrak{P}_0 + f \log \mathfrak{R}_0 .$$

Der erste Summand ist die kinetische, der zweite die Strahlungsentropie. Durch Vergleichung mit den vorigen Ausdrücken erhält man hieraus:

$$f = \omega R = k,$$

oder

$$\omega = \frac{k}{R} = 1{,}62 . 10^{-24},$$

d. h. ein wirkliches Molecül ist das $1{,}62 . 10^{-24}$ fache eines g-Molecüles, oder: ein Wasserstoffatom wiegt $1{,}64 . 10^{-24}$ g, da $H = 1{,}01$, oder: auf ein g-Molecül eines jeden Stoffes gehen $1/\omega = 6{,}175 . 10^{23}$ wirkliche Molecüle. Hr. O. E. Meyer[2]) berechnet diese Zahl auf $640 . 10^{21}$, also nahe übereinstimmend.

---

1) L. Boltzmann, Sitzungsber. d. k. Akad. d. Wissensch. zu Wien (II) 76. p. 428. 1877.

2) O. E. Meyer, Die kinetische Theorie der Gase, 2. Aufl. p. 337. 1899.

Die LOSCHMIDT'sche Constante $\mathfrak{N}$, d. h. die Anzahl Gasmolecüle in 1 ccm bei $0^{\,0}$ C. und 1 Atm. Druck ist:

$$\mathfrak{N} = \frac{1\,013\,200}{R\,.\,273\,.\,\omega} = 2{,}76\,.\,10^{19}.$$

Hr. DRUDE[1]) findet $\mathfrak{N} = 2{,}1\,.\,10^{19}$.

Die BOLTZMANN-DRUDE'sche Constante α, d. h. die mittlere lebendige Kraft eines Atomes bei der absoluten Temperatur 1 ist:

$$\alpha = \tfrac{3}{2}\,\omega\,R = \tfrac{3}{2}\,k = 2{,}02\,.\,10^{-16}.$$

Hr. DRUDE[2]) findet $\alpha = 2{,}65\,.\,10^{-16}$.

Das Elementarquantum der Elektricität e, d. h. die elektrische Ladung eines positiven einwertigen Ions oder Elektrons ist, wenn ε die bekannte Ladung eines einwertigen g-Ions bedeutet:

$$e = \varepsilon\,\omega = 4{,}69\,.\,10^{-10}\ \text{elektrostatisch}.$$

Hr. F. RICHARZ[3]) findet $1{,}29\,.\,10^{-10}$, Hr. J. J. THOMSON[4]) neuerdings $6{,}5\,.\,10^{-10}$.

Alle diese Beziehungen beanspruchen, wenn die Theorie überhaupt richtig ist, nicht annähernde, sondern absolute Gültigkeit. Daher fällt die Genauigkeit der berechneten Zahlen wesentlich mit derjenigen der relativ unsichersten, der Strahlungsconstanten k, zusammen, und übertrifft somit bei weitem alle bisherigen Bestimmungen dieser Grössen. Ihre Prüfung durch directere Methoden wird eine ebenso wichtige wie notwendige Aufgabe der weiteren Forschung sein.

---

1) P. DRUDE, Ann. d. Phys. 1. p. 578. 1900.
2) l. c.
3) F. RICHARZ, Wied. Ann. 52. p. 397. 1894.
4) J. J. THOMSON, Phil. Mag. (5) 46. p. 528. 1898.

Dieses Buch wendet sich an naturwissenschaftlich-philosophisch interessierte Leser. Es enthält eine Kritik der großen physikalischen Theorien des 20. Jahrhunderts, namentlich der Quantentheorie, der Relativitätstheorie und der Theorie des planetarischen Atommodells. Die Kritik setzt an den methodologischen Grundlagen der Theorien an. Deshalb sind zum Verständnis selbst dort, wo mathematische Formeln zitiert werden, keine besonderen mathematischen Kenntnisse erforderlich; sonst hätte ich das Buch nicht schreiben können. Ausgangspunkt der Kritik ist Karl Poppers Wissenschaftslehre. Die Frage, die allem zugrunde liegt, ist also die nach der Unterscheidung von Wissen und Nichtwissen, die Grundfrage der modernen Erkenntnistheorie.

I

Manches, was ich hier zu sagen habe, mag auf erste Sicht anmaßend wirken und dadurch befremden. Große Wissenschaftler, deren Leistung längst Legende geworden ist und deren Ruf über ihr eigenes Fachgebiet weit hinausreicht, haben in den Augen einer ehrfürchtigen Nachwelt Dankbarkeit und Bewunderung verdient. Wenn statt dessen nach hundert Jahren eine Kritik formuliert wird, die das Werk so berühmter Forscher wie Max Planck, Albert Einstein oder Niels Bohr in seinen Grundlagen angreift und die zudem von dem Vertreter eines fremden Fachgebiets ausgeht, wird sie vielen schon darum als Produkt eines kranken Geistes gelten, das man beiseite schieben darf, ohne irgend jemandem dafür Rechenschaft schuldig zu sein. Da nützt es wenig, wenn diese Kritik sich auf Grundsätze der Erkenntnistheorie stützt, die vor hundert Jahren noch gar nicht bekannt waren, weil sie erst Jahrzehnte später von großen Wissenschaftlern wie Karl Popper, Alfred Tarski und Kurt Gödel erarbeitet wurden.

Widerspruchsfreiheit einer Wissenschaft ist ein hohes Gut, aber sie wird leider nicht zu allen Zeiten und in allen Disziplinen gleichermaßen geschätzt. In der theoretischen Physik steht sie derzeit nicht hoch im Kurs. Ich wage trotzdem den Versuch einer Fundamentalkritik der theoretischen Physik des 20. Jahrhunderts, denn Dankbarkeit und Bewunderung sprechen zwar für die Redlichkeit desjenigen, der sie zum Ausdruck bringt, sind aber meist Feinde der Wissenschaft, besonders wenn sie Jahrhunderte überdauern. Ohne Kritik kann es keine Diskussion geben und ohne Diskussion gibt es keinen wissenschaftlichen Fortschritt. Im Falle der Quantentheorie, der Relativitätstheorie und der Theorie des planetarischen Atommodells hat diese Diskussion nie stattgefunden, weil sie dem Zeitgeist und den Verhältnissen zur Zeit der Entstehung dieser Theorien nicht entsprach. Sie müßte deshalb endlich nachgeholt werden.

Außerdem hoffe ich auf die anregende Wirkung der Provokation. Wer Kritik an Einstein oder an Planck prinzipiell für unbotmäßig hält, mag sich gerade dadurch herausgefordert sehen, meine Argumente zu prüfen, um ihnen bessere entgegenzusetzen. Auch solche Leser können eine Diskussion über ein Thema in Gang setzen, das eigentlich die ganze Menschheit angeht, weil es ihre Zukunft betrifft. Fachübergreifende Diskussionen sind unbequem, aber leider sind nur von ihnen fachübergreifende Ergebnisse zu erwarten. Nur in solchen Diskussionen ließe sich auch der oft gehörte Einwand prüfen, Quantentheorie und Relativitätstheorie seien durch Experimente tausendfach bestätigt worden. Ich halte diesen Einwand für unhaltbar und, wenn er ungeprüft nachgeplappert wird, für verantwortungslos. Ein verantwortungsbewußter Wissenschaftler müßte seit Kurt Gödels berühmtem Beweis (1931) und Karl Poppers *Logik der Forschung* (1934) wissen, daß jede experimentelle ›Bestätigung‹ eine Interpretation des Experiments voraussetzt, die denselben logischen Gefahren ausgesetzt ist wie die angeblich bestätigte Theorie selbst. In Wirklichkeit gibt es bis heute keine empirischen Bestätigungen der Quantentheorie, der Relativitätstheorie oder der Theorie des planetarischen Atommodells. Es gibt nur verbogene Interpretationen fragwürdiger Befunde. Das werde ich im einzelnen darlegen.

II

Das Skript zu diesem Buch hat von Anfang 2005 bis Anfang 2009 im Internet ausgelegen. An der vorliegenden Fassung habe ich Verdeutlichungen und sprachliche Verbesserungen ausgeführt und bei der Gelegenheit auch kleinere Ungenauigkeiten beseitigt. Die wesentlichen inhaltlichen Aussagen sind aber unverändert geblieben.

Das Buch führt Gedanken fort, die ich schon in ›Popper *versus* Einstein‹ (1998, englisch) begonnen habe. Als ich es schrieb, hoffte ich, das ›Einsteinjahr‹ 2005, in dem sein Todestag sich zum fünfzigsten Mal jährte und seine spezielle Relativitätstheorie hundert Jahre alt wurde, könnte vielleicht die Diskussion über die erkenntnistheoretischen Grundfragen der theoretischen Physik auslösen, die so dringend notwendig ist. Diese Hoffnung hat sich leider nicht erfüllt, obwohl ich damals alle mir namentlich bekannten Institutionen der theoretischen Physik im deutschsprachigen Raum direkt zu der Diskussion eingeladen habe. Seitdem sind aber Ereignisse eingetreten, die aufmerksamen Wissenschaftlern eigentlich weiteren Anlass zum Nachdenken geben müßten.

(*1*) Am 26. Dezember 2004 (daher im Internetskript noch kurz erwähnt) hat ein Seebeben (Tsunami) an den Küsten des Indischen Ozeans verheerende Zerstörungen angerichtet, die zahllose Menschen das Leben kosteten. Das Epizentrum lag vor der Küste von Sumatra, aber die Flutwellen erreichten innerhalb von wenigen Stunden auch die Tausende von Kilometern entfernten Küsten von Ost- und Südostafrika, wo sie noch schwere Schäden anrichteten. Niemand glaubt wohl, daß sich in so kurzer Zeit auch nur ein einziges Wassermolekül körperlich von Sumatra nach Südafrika bewegt haben könnte, geschweige denn jene haushohen Wellenberge, die die Zerstörungen verursachten. Jeder erkennt vielmehr sofort, daß die Wassermoleküle des Indischen Ozeans zwar in Schwingungen gerieten, aber ihre Positionen in horizontaler Richtung kaum veränderten. Nur die Schwingungen selbst breiteten sich fast mit Schallgeschwindigkeit im Wasser aus.

Die Natur ist also in der Lage, Energie zu transportieren, ohne physische Substanz zu transportieren, das hat sie handgreiflich demonstriert.

351

Trotzdem hält die theoretische Physik unbeirrt daran fest, daß solches beim Licht nicht möglich sei, sondern daß Licht in Partikeln (Photonen) transportiert werde, die sich zudem, um der Relativitätstheorie zu gehorchen, mit konstanter Geschwindigkeit zu bewegen haben. Mancher fühlt sich vielleicht – wie ich – an Christian Morgensterns Mond erinnert, der sich deutschen Lesern zu bequemen hatte.

(2) Am 29. August 2005 wurde die Stadt New Orleans von einem verheerenden Hurrikan heimgesucht, einem der schwersten, die in den USA jemals gemessen wurden. 2008 wurde sie von einem noch schwereren Hurrikan nur knapp verschont. Solche Wirbelstürme will man heute mit den klimatischen Bedingungen der spätsommerlichen Jahreszeit im Golf von Mexiko erklären.

Beim Anblick von Satellitenbildern des Hurrikans Katrina[350] drängt sich aber die Frage auf, ob nicht der Golf von Mexiko seine Form dem Umstand verdanken könnte, daß dort seit Millionen von Jahren immer wieder schwerste Wirbelstürme auftreten. Charles Darwin hätte das vermutlich so gesehen. Nicht der Golf von Mexiko hätte dann die Wirbelstürme verursacht, sondern die Wirbelstürme den Golf von Mexiko.

Aber wo liegt dann die Ursache der Wirbelstürme? Naheliegend wäre es, bei gleichen Erscheinungen auch nach gleichen Ursachen zu suchen. Da Zyklonen und Hurrikans auf Fotografien die gleiche Spiralform aufweisen wie die Galaxien des Weltraums, könnte man also darüber nachdenken, ob die Mechanismen, denen die gigantischen Galaxien des Weltalls ihre Wirbelform verdanken, nicht vielleicht dieselben sind, die auch die Wirbelstürme auf unserer Erde verursachen.

In ›Popper *versus* Einstein‹ habe ich in groben Zügen eine Theorie dargestellt, die solche Erscheinungen aus gemeinsamen Prinzipien erklärt. Ich habe auch gezeigt, daß diese Theorie zugleich eine ganze Reihe anderer Erscheinungen erklärt, darunter die bis heute nicht verstandene Gravitation und die Erdrotation. Sie erklärt aus einer einzigen einfachen Hypothese weit

---

350 Zu sehen z. B. bei Wikipedia, Stichwort ›Hurrikan‹.

mehr, als alle heute gängigen Theorien aus vielen unterschiedlichen und weit komplizierteren Hypothesen glauben erklären zu können.

Allerdings setzt meine Theorie voraus, daß wir Materie auch in ihren kleinsten Teilen nicht länger als statischen Zustand, sondern als dynamischen Prozeß verstehen. Wir müssen also von Grund auf umdenken und zu einer modifizierten Form der Ätherhypothese zurückkehren. Diese Rückkehr zu einer Theorie, die seit hundert Jahren als überwunden gilt, ist schmerzhaft und erfordert deshalb Mut; darin dürfte einer der Gründe liegen, warum die Diskussion der modifizierten Äthertheorie, die ich gerne in Gang setzen wollte, bislang ebenfalls nicht stattgefunden hat. Ein anderer Grund liegt aber in einem verfehlten Wissenschaftsverständnis, das leider weit verbreitet ist. Das zeigt ein weiteres Ereignis.

(3) Am 30. Juli 2008 wurden von der Raumsonde Cassini aus mit den Mitteln der Spektralanalyse auf dem Saturnmond Titan riesige Erdgasvorkommen festgestellt. Erdöl und Erdgas entstanden nach bei uns gängiger Theorie aus Meeresorganismen wie Plankton und Algen, die abstarben, auf den Meeresgrund absanken und im Laufe von Jahrmillionen durch nachfolgendes Absinken weiterer Sedimente einem hohen Druck und hohen Temperaturen ausgesetzt waren. Neben dieser *biotischen* Entstehungstheorie wird aber besonders in den GUS-Ländern auch eine *abiotische* Theorie vertreten, derzufolge die Entstehung von Erdöl und Erdgas auf geologische Bildungsmechanismen des Erdmantels und der tieferen Kruste zurückzuführen sei[351].

Soviel ich weiß glaubt niemand, daß es auf dem Saturnmond Titan jemals organisches Leben gegeben haben könnte. Deshalb müßte die biotische Theorie nach den Cassini-Beobachtungen eigentlich als widerlegt gelten. Das DLR-Institut für Planetenforschung in Berlin möchte aber neuerdings die Cassini-Beobachtungen damit erklären, daß auf dem Saturnmond chemische Bestandteile, die der Entstehung des Lebens auf der Erde vorausgingen, tiefgefroren konserviert worden seien. Es gebe dort

---

351 Vgl. z. B. Brockhaus Enzyklopädie oder Wikipedia, jeweils Stichwort ›Erdöl‹.

vielleicht einen ›hydrologischen‹ Zyklus wie auf der Erde mit Wolken, Regen, Flüssen und Seen[352].

Experimentalwissenschaftler müssen bereit sein, von der Natur zu lernen. Wir lernen aber nichts, wenn wir eine widerlegte Theorie neuen Entdeckungen anpassen, indem wir Hilfshypothesen erfinden, die komplizierter sind als die ursprüngliche Theorie. Seriöse Wissenschaftler müssen empirische Widerlegungen akzeptieren, wenn diese hinreichend gesichert sind. Sonst findet der Lernprozeß nicht statt. Sofern also die Cassini-Beobachtungen nicht selbst Zweifeln ausgesetzt sind, ist die biotische Theorie der Erdöl- und Erdgasentstehung widerlegt.

Das bedeutet aber nicht, daß die abiotische Theorie, die die Entstehung von Erdöl und Erdgas aus geologischen Bildungsmechanismen des Erdmantels und der tieferen Kruste erklärt, deswegen richtig sein muß. Wir sollten vielmehr auch darüber nachdenken, ob es nicht neben der Photosynthese noch andere Formen der Umwandlung oder Speicherung von Energie in Materie geben kann, oder ob unsere Erde vielleicht neben dem ständigen Energiezufluß durch die Sonnenstrahlung noch anderen Formen des Energiezuflusses ausgesetzt ist, die wir nur bisher noch nicht entdeckt oder nicht verstanden haben. Da Erdöl und Erdgas gespeicherte Energien sind, könnte ihre Entstehung nicht nur geologisch zu erklären sein, sondern auch damit zusammenhängen, daß der Erde Energie zugeführt wurde. Es könnte beispielsweise sein, daß die Energiezufuhr der Sonneneinstrahlung durch die Kälteverluste der Erde nur unvollständig kompensiert wird und daß deshalb im Inneren der Erde immer mehr Energie gespeichert wird, die in höheren Lagen als Erdöl und Erdgas in Erscheinung tritt. Die modifizierte Äthertheorie, die ich vorgeschlagen habe, läßt derartige Interpretationen als möglich erscheinen. Sie kann also Ansätze zu völlig neuen Forschungsprogrammen bieten.

(4) Der Umgang mit experimentellen Ergebnissen erweist sich in der theoretischen Physik auch sonst als Problem. Am 10. September 2008

---

352 Vgl. DLR Portal; http://www.dlr.de/saturn/.

354

wurde am CERN[353] in Genf" der ›Large Hadron Collider‹ (LHC) in Betrieb genommen. Als in den achtziger Jahren des vorigen Jahrhunderts die Gelder für dieses gigantische Experiment bewilligt wurden, glaubte man noch an die Möglichkeit einer Energiegewinnung durch Kernfusion. Sie sollte die Energieprobleme der ganzen Menschheit lösen und die Großbeschleuniger sollten den Weg dazu weisen. Heute (2008) schreibt das CERN auf seiner LHC-Homepage:

> *»LHC – the aim of the exercise:*
> *To smash protons moving at 99.999999 %*
> *of the speed of light into each other*
> *and so recreate conditions a fraction of a second after the big bang.*
> *The LHC experiments try and work out what happened.«*

Das Ziel der Energiegewinnung wird nicht mehr erwähnt. Stattdessen will man jetzt am CERN die Bedingungen rekonstruieren, die nach dem Urknall geherrscht haben sollen.

(*4.1*) Das ist wirtschaftlich und wissenschaftlich gleichermaßen unseriös. Es ist wirtschaftlich unseriös, weil die zur Erforschung der Kernenergie bewilligten Gelder zweckentfremdet werden. Die am CERN beteiligten Staaten hätten nicht 3,8 Milliarden Euro ausgegeben, um den Urknall zu rekonstruieren, an den damals (1980) kaum jemand glaubte. Und es ist wissenschaftlich unseriös, weil das CERN mindestens zwei umstrittene Theorien als richtig voraussetzt, ohne auch nur zu erwähnen, daß sie in der theoretischen Physik bisher noch nie zu Ende diskutiert worden sind, nämlich die Teilchenhypothese der Materie und die Urknallhypothese der Entstehung des Universums.

Am CERN hat man das Seriositätsproblem offenbar erkannt. Die LHC-Homepage führt jedenfalls über den Link »Why« auch zu weiteren Forschungsfragen. Unter anderem erfährt der Leser, man erhoffe sich von den LHC-Experimenten die Entdeckung des sogenannten »Higgs-

---

353 Conseil Européen pour la Recherche Nucléaire.

Teilchens«, das schon vor mehr als 40 Jahren vorausgesagt worden sei und ohne dessen Existenz das Standardmodell der Teilchenphysik in Schwierigkeiten geriete, weil dann alle Elementarteilchen masselos sein müßten. Das macht die Sache aber nicht besser, eher im Gegenteil. Es zeigt nämlich, daß man auch am CERN mit Hilfe des LHC und auf Kosten der Steuerzahler der beteiligten Staaten eine Theorie bestätigen will, die sonst als widerlegt angesehen werden müßte.

(*4.2*) Das LHC-Experiment wird *nie* einen Beitrag zur Energiegewinnung leisten, dessen bin ich mir sicher. Die Behauptung mag gewagt erscheinen, aber es gibt für sie Gründe, die ich sehr lange geprüft und in diesem Buch genau erklärt habe, besonders im 8. Kapitel, das allerdings auf den vorhergehenden Kapiteln aufbaut und deshalb nicht isoliert gelesen werden sollte.

Die Teilchen, die man im LHC zum Kollidieren bringen will, existieren in Wirklichkeit nicht. Jedenfalls gibt es für den Glauben an ihre Existenz bisher keinen einzigen Grund, der einer kritischen Prüfung standhalten könnte. Alle Erscheinungen, die man dort oder in anderen Experimenten beobachtet, lassen sich aus einer Wellentheorie der Materie wesentlich besser erklären.

Die Grundsatzdiskussion über Wellen und Teilchen ist immer noch nicht entschieden, das habe ich schon in ›Popper *versus* Einstein‹ und auch in diesem Buch gezeigt. Sie ist nach dem Zweiten Weltkrieg nur praktisch zum Erliegen gekommen, nicht zuletzt weil die Entdeckung der Kernspaltung (1938) und die Atombombe (1945) bei vordergründiger Betrachtung allzu handgreiflich für die Teilchenhypothese zu sprechen schienen. Wer aber heute den Stand rekonstruiert, den die Diskussion damals erreicht hatte, der wird feststellen, daß die weitaus besseren Argumente schon immer *gegen* die Teilchentheorie der Materie sprachen. Sie sprechen deshalb heute noch stärker für die Rückkehr zu der modifizierten Ätherhypothese, die ich in ›Popper *versus* Einstein‹ vorgeschlagen habe. Eine Theorie, die aus nur einer Hypothese eine Vielzahl von Erscheinungen erklären kann, ist besser als eine Theorie, die nur mit immer neuen komplizierten Hilfshypothesen notdürftig mit der Wirklichkeit in Einklang zu bringen ist.

356

(4.3) Wenigstens müßte eine Diskussion stattfinden. Diskussionen kosten meistens nichts, auf keinen Fall aber 3,8 Milliarden Euro. Deshalb hätte die Kontroverse zwischen Wellentheorie und Teilchentheorie eigentlich längst ausgetragen sein müssen, bevor *ad infinitum* finanzielle Mittel in das LHC-Experiment investiert wurden. Dieser Fehler läßt sich nun nicht mehr rückgängig machen. Aber wer heute die Verantwortung trägt, sollte sich wenigstens darüber im klaren sein, daß die exorbitanten Mittel, die man dem CERN zur Verfügung gestellt hat und weiterhin zur Verfügung stellen will, den Fortschritt der Wissenschaft nicht fördern, sondern *behindern*, weil immer größerer Mut benötigt wird, um begangene Fehler einzugestehen.

Dabei geht es nicht um wissenschaftliche Qualifikation. In jeder Wissenschaft gibt es mehr oder minder qualifizierte Wissenschaftler, das versteht sich von selbst. Aber die *theoretische* Physik versagt heute als Institution, weil sie national und international fehlorganisiert ist. Sie ist gegenüber anderen Wissenschaften privilegiert, weil praktisch verwertbare Resultate, die wirtschaftliche Impulse geben könnten, von ihr nicht erwartet werden. Und sie kennt ihre Privilegien. Die in ihr und von ihr lebenden Wissenschaftler sind oft gar nicht daran interessiert, die grundlegenden Ansätze der etablierten Theorien selbständig zu durchdenken oder gar in Frage zu stellen, denn sie verdanken ihnen den gegenwärtigen Einfluß, der ihnen auch den Zugang zu den relevanten Medien verschafft. Deshalb ist das Beharrungsvermögen etablierter Theorien in der theoretischen Physik viel zu groß. Ihre Anhänger sind zwar an einem aufmerksamen Publikum, aber keineswegs an wirklich neuen Entdeckungen interessiert.

Wenn aber Gegenmeinungen kein wirksames Medium finden, in dem sie sich artikulieren können, darf man sich nicht wundern, wenn Kritiker in der theoretischen Physik sogar mafiose Strukturen zu erkennen glauben. Das erste, was dort geschaffen werden müßte, ist eine Diskussionskultur, die dem Stand der Zivilisation im 21. Jahrhundert entspricht, indem sie Gegenmeinungen zu Wort kommen läßt, sie anhört und auch ernst nimmt. Zur Zeit werden die wirklichen Grundfragen der theoretischen Physik überhaupt nicht diskutiert, weil nur zustimmende Meinungen veröffentlicht werden können. Es droht in Vergessenheit zu geraten, daß die größten Probleme der theoretischen Physik immer noch ungelöst sind. Deshalb darf man Wissenschaftlern unserer Zeit, denen soviel Geld anvertraut wird, nicht außerdem noch erlauben, sich unbemerkt aus der Verantwortung zu stehlen, indem sie die ihnen vorgegebenen Forschungsziele nachträglich und unbemerkt verschieben. Genau das geschieht aber zur Zeit am CERN.

III

Meine Philippika endet hier. Karl Popper hat gesagt: »In schwierigen Zeiten ist man verpflichtet, Optimist zu sein.« Ich bekenne mich auch darin als sein Anhänger. Trotz großer Enttäuschungen habe ich die Hoffnung nicht aufgegeben, daß der Lernprozeß, den ich anregen möchte, irgendwann wirklich stattfinden wird. Vielleicht können theoretische Physiker doch wieder lernen, zwischen Mathematik und Physik zu unterscheiden. Dann könnte die theoretische Physik eines Tages wieder so phantasievoll werden, wie zu Zeiten von Michael Faraday.

Königsbach-Stein, im Dezember 2008   *Christoph v. Mettenheim*

LITERATURVERZEICHNIS

AGASSI, JOSEPH: Radiation Theory and the Quantum Revolution (1993).

ASPECT, GRANGIER, ROGER: Experimental Realization of Einstein-Podolsky-Rosen Gedankenexperiment: A new Violation of Bell's Inequalities‹; Phys. Rev. Lett. 49 (1982), S. 91.

BACON, FRANCIS: Novum Organon (1620).

BARROW, JOHN D. UND TIPLER, FRANK J: The Anthropic Cosmological Principle (1986).

BOSCOVICH, ROGER JOSEPH: De lege virium in natura existentium (1755).

BORN, MAX: Die Relativitätstheorie Einsteins (1920), 5. Aufl. (1969).

BOHR, NIELS: Das Quantenpostulat und die neuere Entwicklung der Atomistik, Naturwissenschaften, Bd. 16 (1928), S. 245 ff.

BOHR, NIELS/KALCKAR, FRITZ: On the Transmutation of Atomic Nuclei by Impact of Material Particles, Det Kongelige Danske Videnskabernes Sclskabs, matcmastisk-fysiske Meddelelser, Bd. 14 (1937), Nr. 10.

DAY, PETER: The Philosopher's Tree, A Selection of Michael Faraday's Writings (1999).

DESCARTES, RENÉ: Traité de la Lumière (1664); Œuvres de Descartes publiés par Charles Adam & Paul Tannery (1996), Bd. XI, S. 1 ff.

DÜRRENMATT, FRIEDRICH: Albert Einstein, Vortrag gehalten an der Eidgenössischen Technischen Hochschule, Zürich, anläßlich der Feier des 100. Geburtstages von Albert Einstein (1979).

ECCLES, JOHN: Die Evolution des Gehirns – die Erschaffung des Selbst (1989).

EINSTEIN, ALBERT: Äther und Relativitätstheorie, Rede gehalten am 5. Mai 1920 an der Reichs-Universität zu Leiden (1920).

– Geometrie und Erfahrung (1921), in: Mein Weltbild, hgg. v. Carl Seelig (1991) S. 196 ff.

– Die Grundlagen der Allgemeinen Relativitätstheorie, Annalen der Physik, Bd. 49 (1916), S. 769 ff.

– Grundzüge der Relativitätstheorie [1956], 6. Aufl.

– Ist die Trägheit eines Körpers von seinem Energieinhalt abhängig? Annalen der Physik, Bd. 18 (1905), S. 639.

– Mein Weltbild, hgg. v. Carl Seelig (1991).

– Was ist Relativitätstheorie (1919), in: Mein Weltbild, hgg. v. Carl Seelig (1991), S. 209 ff.

– Das Raum-, Äther- und Feld-Problem der Physik (1930), in: Mein Weltbild, hgg. v. Carl Seelig (1991), S. 229 ff.

– Über die spezielle und die allgemeine Relativitätstheorie (1917), 22. Aufl. (1988).

– Über die von der molekulartheoretischen Theorie geforderte Bewegung von in ruhenden Flüssigkeiten suspendierten Teilchen, Annalen der Physik, Bd. 17 (1905), S. 549 ff.

– Über einen die Erzeugung und Umwandlung des Lichts betreffenden heuristischen Standpunkt, Annalen der Physik, Bd. 17 (1905), S. 132 ff.

– Zur Elektrodynamik bewegter Körper, Annalen der Physik, Bd. 17 [1905], S. 891 ff.

– Zur Methodik der theoretischen Physik in: Mein Weltbild, hgg. v. Carl Seelig (1991) S. 185 ff.

EINSTEIN, ALBERT/PODOLSKY, BORIS/ROSEN, NATHAN: Can Quantum-Mechanical Description of Physical Reality Be Considered Complete? Physical Review, Bd. 47 (1935), S. 777 ff.

FARADAY, MICHAEL: The Chemical History of a Candle (1861).

– THE FORCES OF MATTER (1862).

FEYNMAN, RICHARD P.: QED – die seltsame Theorie des Lichts und der Materie (1992); deutsche Übersetzung von: QED – The Strange Theory of Light and Matter (1985).

FÖLSING, ALBRECHT: Albert Einstein – Eine Biographie, 2. Aufl. (1993).

– Heinrich Hertz – Eine Biographie (1997).

FRENCH, A. P.: Special Relativity (Aufl. 1997).

FRICKE, H.: Der Fehler in Einsteins Relativitätstheorie (1920).

GALILEI, GALILEO: Sidereus Nuncius (1610), Übersetzung von Christian

Wagner in: Galileo Galilei, Schriften, Briefe, Dokumente (1987), herausgegeben von Anna Mudry.

GÖDEL, KURT: Über formal unentscheidbare Sätze der Principia Mathmatica und verwandter Systeme, Monatshefte für Mathematik und Physik, Bd. 38 (1931).

GERTHSEN CHRISTIAN/VOGEL, HELMUT: Physik, 17. Aufl. (1993).

GOENNER, HUBERT: Einführung in die spezielle und allgemeine Relativitätstheorie (1996).

GREINER W./RAFELSKI, J.: Spezielle Relativitätstheorie, 3. Aufl. (1992), S. 25 f.

HAFELE J. C./KEATING, R. E.: Around-the-World Atomic Clocks: Predicted Relativistic Time Gains, Science, Bd. 177 (1972), S. 166; dieselben unmittelbar anschließend: Around-the-World Atomic Clocks: Observed Relativistic Time Gains, Bd. 177 S. 168.

HAWKING, STEPHEN: A Brief History of Time (1988).

HAWKING STEPHEN/PENROSE, ROGER: The Nature of Space and Time (1996).

HECK, PHILIPP: Gesetzesauslegung und Interessenjurisprudenz (1914).

HEISENBERG, WERNER: Erinnerungen an die Entwicklung der Atomphysik in den letzten 50 Jahren (1968), in: Deutsche und Jüdische Physik (1992), S. 187 ff.

– Mehrkörperprobleme und Resonanz in der Quantenmechanik‹, Zeitschrift für Physik, Bd. 41 (1927), S. 239 ff.

– Physik und Philosophie (1959).

– Prinzipielle Fragen der modernen Physik (1937), in: Deutsche und Jüdische Physik (1992), S. 28 ff.

– Über das Weltbild der Naturwissenschaft, Physik (1942), in: Deutsche und Jüdische Physik (1992), S. 104 ff.

– Der Teil und das Ganze, Gespräche im Umkreis der Atomphysik (1973).

HERMANN, ARMIN: ›Albert Einstein‹ in: Die Großen Physiker, hgg. v. Karl v. Mayenn (1997), Bd. II, S. 227 ff.

HERMANN, ARMIN: ›Max Planck‹ in: Die Großen Physiker, hgg. v. Karl v. Mayenn (1997), Bd. II, S. 143 ff.

HERTZ, HEINRICH: Ueber die Constitution der Materie (1884), hgg. v. Albrecht Fölsing (1999).

HILBERT, DAVID: Grundlagen der Geometrie (1899).

HOFFMANN, DIETER: Ernst Mach, in: Große Physiker, hgg. v. Karl v. Maÿenn (1997), Bd. II, S. 24 ff.

HUBBLE, EDWIN: The Realm of the Nebulae (1935).

HUME, DAVID A: Treatise of Human Nature (1740).

JAFFE, BERNARD: Michelson and the Speed of Light (1971).

KANT, IMMANUEL: Die Religion innerhalb der Grenzen der bloßen Vernunft, Vom Afterdienst Gottes in einer statutarischen Religion, Insel-Ausgabe (1960), Bd. IV, S. 649 ff.

– Grundlegung zur Metaphysik der Sitten, Übergang zur Metaphysik der Sitten; Insel-Ausgabe (1960), Bd. IV.

– Kritik der reinen Vernunft, 1. Aufl. (1781), 2. Aufl. (1787), Insel-Ausgabe (1960), Bd. II.

Kelly, A. G.: Time and the Speed of Light – a New Interpretation, The Institution of the Engineers of Ireland, Monograph No. 1(1995).

– A New Theory on the Behaviour of Light, The Institution of the Engineers of Ireland, Monograph No. 2 (1995)

– Reliability of Relativistic Effect Tests on Airborne Clocks, The Institution of the Engineers of Ireland, Monograph No. 3(1996).

KUHN, THOMAS: The Structure of Scientific Revolutions (1962).

LARENZ, KARL: Methodenlehre der Rechtswissenschaft (1960).

LEDERMAN, LEON: The God Particle (1993).

LEIBNIZ, GOTTFRIED WILHELM: Nouveaux essais sur l'entendement humain (1704).

LINDLEY, DAVID: Das Ende der Physik (1993).

MAGEE, BRYAN: Confessions of a Philosopher (1997).

MAXWELL, JAMES CLERK: A Treatise on Electricity and Magnetism, (1873); 3. Aufl. (1891); Oxford-Ausgabe (1998)

– Matter and Motion (1877), Neudruck der Ausgabe von 1920, hgg. v. Joseph Larmor.

MAÿENN, KARL VON: Die Großen Physiker (1997).

– ›Hendrik Antoon Lorentz‹ in: Die Großen Physiker, hgg. v. Karl v. Maÿenn (1997), Bd. II, S. 87 ff.

METTENHEIM, CHRISTOPH VON: Popper versus Einstein (1998).

– Recht und Rationalität (1984).

– The Problem of Objectivity in Law and Ethics in: Popper's Open Society after 50 Years, edited by Ian Jarvie and Sandra Pralong (1999).

NAGEL ERNEST/NEWMAN, JAMES R.: Gödel's Proof (1959).

NEWTON, SIR ISAAC: Sir Isaac Newton's Mathematical Principles of Natural Philosophy and his System of the World, translated by Andrew Motte (1729), hgg. v. Florian Cajori (1934, Nachdruck 1962).

NODDACK, IDA: Über das Element 93, Angewandte Chemie, Bd. 47 (1934), S. 653 f.

PENROSE, ROGER: siehe: Hawking, Stephen

PLANCK, MAX: Persönliche Erinnerungen aus alten Zeiten in: Vorträge und Erinnerungen (1933).

– Sinn und Grenzen der exakten Wissenschaft (1941), in: Vorträge und Erinnerungen, 5. Aufl. (1949), S. 363 ff.

– Vorlesungen über die Theorie der Wärmestrahlung (1906).

– Vorträge und Erinnerungen (1949; 5. Aufl. der Wege zur physikalischen Erkenntnis).

– Zur Theorie des Gesetzes der Energieverteilung im Normalspectrum, Verhandlungen der Deutschen Physikalischen Gesellschaft, Bd. 17 (1900).

PODOLSKY, BORIS: siehe: Einstein, Albert/Podolsky, Boris/Rosen, Nathan

POINCARÉ, HENRI: Wissenschaft und Hypothese (1906).

POPPER, SIR KARL: Alles Leben ist Problemlösen (1994).

– Ausgangspunkte, Meine intellektuelle Entwicklung (1979).

– Das offene Universum: Ein Argument für den Indeterminismus (2001), deutsche Übersetzung von: The Open Universe: An Argument for Indeterminism (1956).

– Die beiden Grundprobleme der Erkenntnistheorie (1979).

– Die Offene Gesellschaft und ihre Feinde (1945), 7. deutsche Aufl. (1992).

– Die Quantentheorie und das Schisma der Physik (2001), deutsche Übersetzung von: Quantum Theory and the Schism in Physics (1982).

– Eine Welt der Propensitäten (1995).

– Knowledge and the Body-Mind Problem (1994).

– Logik der Forschung (1934).

– Objektive Erkenntnis (1973).

– Realism and the Aim of Science (1983).

– The Myth of the Framework (posthum 1994).

– The World of Parmenides (posthum 1998).

– Vermutungen und Widerlegungen, Bd. I (1994).

POPPER, SIR KARL/ECCLES, JOHN C.: Das Ich und sein Gehirn (1977).

RECHENBERG, HELMUT: ›Lise Meitner und Otto Hahn, Irène Joliot-Curie und Frédéric Joliot‹ in: Die Großen Physiker, herausgegeben von Karl v. Maÿenn (1997), Bd. II, S. 210 ff.

RIEMANN, BERNHARD: Über die Hypothesen, welche der Geometrie zu Grunde liegen, Abhandlungen der Kgl. Gesellschaft der Wissenschaften zu Göttingen (1867 posthum erschienen).

ROSEN, NATHAN: siehe: Einstein, Albert/Podolsky, Boris/Rosen, Nathan

RUDER, HANNS U. MARGRET: Die spezielle Relativitätstheorie (1993).

RUSSELL, LORD BERTRAND: s. Whitehead, A. N.

SAGNAC, GEORGES: De L'éther lumineux, démontré par l'effet du vent relatif d'éther, Comptes rendus, Bd. 157 (1913), 708

– Sur la preuve de la réalité de l'éther lumineux, Comptes rendus, Bd. 157 (1913), S. 1410.

SCHOLTYSSEK, JOACHIM: Robert Bosch und der liberale Widerstand gegen Hitler 1933 bis 1945 (1999).

SCHRÖDER, ULRICH E:. Spezielle Relativitätstheorie, 3. Aufl. (1994).

SCHRÖDINGER, ERWIN: Die Struktur der Raum-Zeit (1987); deutsche Übersetzung von Space-Time Structure (1950).

SCHÜLLER, VOLKMAR: Christian Huygens, in: Die Großen Physiker, hgg. v. Karl v. Maÿenn (1997), Bd. I, S.185.

SEXL, ROMAN/SCHMIDT, HERBERT K.: Raum – Zeit – Relativität, 3. Aufl. (1991).

SPINOZA, BARUCH DE: Ethica Ordine Geometrico demonstrata (posthum 1677).

TARSKI, ALFRED: Introduction to Logic (1941), 3. Aufl. (1965).

– Logic, Semantics, Metamathematics (1956), 2. Aufl. (1983), dort S. 152 ff, The Concept of Truth in Formalized Languages (1930–1932).

TEICHMANN, JÜRGEN: Das Werk von Galvani und Volta, in: Die Großen Physiker, hgg. v. Karl v. Maÿenn (1997), Bd. I.

TIPLER, FRANK J., SIEHE.: Barrow, John D. und Tipler, Frank J.

DI TROCCHIO, FEDERICO: Newtons Koffer (1997), 2. Aufl. (1998).

VIGIER, J. P.: New non-zero interpretation of the Sagnac effect as a direct experimental justification of the Langevin paradox, Phys. Lett. A (1997), S. 75 ff.

WELLMER, ALBRECHT: Methodologie als Erkenntnistheorie (1967).

WHITEHEAD, ALFRED NORTH/RUSSELL, BERTRAND: Principia Mathematica (1910).

WEIZSÄCKER, CARL FRIEDRICH V.: Aufbau der Physik (1985).

WITTGENSTEIN, LUDWIG: Tractatus Logico-Philosphicus (1922).

YOURGRAU, PALLE: Gödel, Einstein und die Folgen (2005).

ZAHAR, ELIE: Einstein's Revolution – A Study in Heuristics (1989).

ZELLER, EDUARD: Die Philosophie der Griechen in ihrer geschichtlichen Entwicklung, 6. Aufl. (1963).